Hospital Architecture

병원건축

김광문 著

圖書出版 世進社

병원건축

서 문

우리나라에 서양식 병원이 건립된 지 약 120년이 되는 이 시점에서 돌이켜보면 병원건축은 많은 발전을 하여 왔다. 특히 1977년 의료보험 실시 이후 양적으로나 질적인 면에서 발전은 놀랄 만하다. 최근 10년 사이에 우리나라 병원건축의 수준은 세계 수준으로 발전하였다고 생각된다.

미국에서 발전된 병원관리학이 일본에 도입된 1940년대 이후의 일본의 병원은 합리적이고 과학적인 운영을 하게 된다. 또 한편으로 건축계획학이 전문 분야로의 위치를 확고하게 정립하는 시기가 1960년대 초반부터였다. 병원관리학과 건축계획학을 접목시켜 병원건축을 더욱 발전시킨 곳이 동경대학의 요시다케(吉武) 교수 연구실을 중심으로 한 그룹이다. 필자는 요시다케 연구실에 5년간 재적하면서, 또한 그 이전의 메이지대학 우라(浦) 교수 연구실 시절부터 병원건축계획을 위한 조사를 통하여 병원건축의 연구방법을 습득하였다.

한국에 귀국한 1968년에는 마침 한양대학교병원을 건립하는 설계 단계였다. 그 병원의 설계에도 참여했고 후에 필자의 대학원 석사과정에 지원한 여러 문하생들과 같이 병원건축의 연구를 한국에서 시작하였다. 그 후 그들은 병원건축의 발전을 위하여 땀 흘려 연구하고 그것을 바탕으로 실무자들에게 널리 계몽한 결실이 우리나라의 병원건축 발전에 기여한 바 큰 것이라 생각한다. 그러나 아직 우리나라에는 수년 전에 필자를 중심으로 번역한 병원건축 책자가 있을 뿐 병원건축에 관한 전문서적이 뚜렷이 없는 실정이다. 본서는 수년 전부터 기획한 결과물로서, 병원건축에 대한 연구를 평생 동안 계속한 여러 전문가들이 모여서 각자가 분담하여 집필하였고, 그것을 서로가 토의하고 조정하였다.

본서는 전체가 10장으로 구성되어 있다.

1장에는 보건과 의료제도의 현황과 각국의 의료제도의 비교를 개괄하였다. 2장은 병원의 정의와 병원의 기능을 서술하고 있다. 병원건축은 일반건축과 비교하여 볼 때 특별한 특성을 갖고 있으므로 그 건축적 특성과 건축의 관리와 운영에 관하여 서술하고 있다. 3장은 병원건축의 전체계획을 다루는 장으로서, 병원의 진료권과 의료수요 예측방법과 병원의 규모를 결정하는 요인에 대하여 서술하였다. 아울러 배지계획, 병원건축 형태, 내부의 동선계획에 대하여 서술하였고, 병원건축의 성장과 변화에 대응하는 건축계획의 방법을 소개하였다. 4장은 병동에 대한 서술이다. 병동은 병원건축의 기본이며 병원의 축소판이라 할 정도로 중요하다. 병동은 나라마다 다른 형태를 나타내기도 하며 나라의 문화와도 깊은 관련이 있기 때문에 여러 나라의 예를 많이 소개하였다. 5장은 외래진료부에 대해 서술하였다. 외래진료부는 점차 그 중요성이 부각되고 있다. 이에 따른 새로운 형태의 외래진료부에 대한 경향과 현황을 서술하였다. 6장은 중앙진료부에 대해 서술하였다. 중앙진료부는 병원에서 환자에게 진단과 치료를 직접 하는 곳으로서, 병원의 심장부라고 할 수 있다. 이 중앙진료부는 의료기술의 발달로 항상 변화와 증축을 하여야 하는 부분이기도 하다. 이들의 현황과 문제점을 서술하였다. 7~10장은 병원에서의 공급과 관리를 위한 부서에 관한 서술이다. 병원의 여러 가지 활동을 뒷받침하는 부서로서 밖으로 흔히 눈에 띄지는 않으나 인간으로 비유할 때 혈관의 역할을 하는 부서로서, 그 중요성에 대하여 서술하였다.

이 책의 집필을 마무리하는 시점에서 볼 때 우리나라의 보건의료시설은 큰 변혁을 맞이하고 있다. 과학기술 공학이 발전되고 그에 따라 진료·간호 기술도 변화가 일어나고 있다. 특히 정보공학 기술이 병원의료에 미치는 영향은 무시할 수 없다. 정부에서도 의료제도 개혁안을 만들고 있어 의료시설이 어떤 방향으로 갈 것인지 예측하기 어려운 상황이다. 그러나 어느 방향으로 병원이 변하든 간에 병원건축의 기본은 존속할 것이고, 발전 변화한다 해도 현재의 모습을 충분히 인식하여야 할 필요가 있다. 이와 같은 관점에서 병원건축의 원전으로서의 역할을 할 수 있는 책자가 되었으면 하는 바람이 간절하다. 끝으로, 이 책의 편집을 위하여 수고하신 도서출판 세진사 편집부 직원들과 그리고 출판을 맡아주신 문형진 사장께 감사의 뜻을 표한다.

1999년 여름
김 광 문

차 례

제1장 의료와 병원건축

제2장 병원건축의 개념과 특성

제3장 병원의 전체계획

제4장 병동부문

제5장 외래진료부문

제6장 중앙진료부문

제7장 공급부문

제8장 관리부문

제9장 교육연구부문

제10장 부대시설

제1장 의료와 병원건축

이 장에서는 의료개념의 변화와 의료시설의 발전과정을 살펴보고, 의료보건시설의 배경인 사회보장제도와 의료제도가 각국에서 어떻게 시행되고 있는가를 알아봄으로써 의료시설의 앞으로의 발전 방향을 찾고자 한다.

1-1 의료 개념의 변화

근년에 이르러 의료는 놀라우리만큼 급속히 진보하고 있다. 이러한 의료의 진보와 그 영향은 산업혁명에 비길 만하다고 할 수 있다. 의료의 발달은 직접적으로는 인간의 수명을 연장시켜 개발도상국에서는 인구의 폭발적인 증가를 가져오고 선진국에서는 양적 증가보다 질적인 면의 변화가 눈에 뜨이며, 특히 고령자의 증대현상이 현저하다. 또 간접적으로는 취업, 소득, 주택 등의 경제, 사회, 문화 등 다방면에 걸쳐 심각한 영향을 주고 있다. 뿐만 아니라 장기이식, 인공수정, 안락사 등의 문제는 의료기술의 범주를 넘어 인간의 본질에 대한 것으로 법이나 종교의 문제로 대두되고 있다. 이상과 같은 문제들은 모두 병원건축에 영향을 미치고 있다.

20세기 초반까지만 해도 병원은 굶주리고 헐벗은 무의탁 고아, 노인, 병자들을 돌보는 수용소로서의 역할을 하고 있었다. 즉, 종교단체나 자선단체 또는 국가에서 운영하는 구빈원(救貧院)적 성격의 시설이었거나 전염병환자의 수용소였다. 그러므로 경제적으로 여유있는 계층보다는 가난한 사람이 병원을 이용했다.

병원이 그런 대로 규모를 갖추기 시작한 것은 18세기부터다. 20세기 초까지도 의학의 발전이 그다지 크게 이루어지지 않았으므로 병원의 수준은 별로 높지 않았다. 20세기에 들어와 특히 2차 대전을 전후하여 의학이 급격하게 발전됨에 따라 병원은 현대 의료의 중심이 되었다.

그림 1-1 파리시민병원 13세기경(Hotel Dieu의 내부 모습)[1)]

우리나라의 의료의 총체적인 개념도 선진국과 큰 차이 없이 꾸준히 계속 변화해 왔으며 그 범위도 점차 확대되어 왔다. 병원은 병의 치료뿐 아니라 재활의학도 중요시하게 되었다. 이전에는 병이 치유되면 병원의 역할이 끝난 것으로 생각했다. 그러나 오늘날은 환자가 정상적인 인간으로 사회에 복귀할 때까지 지켜보려는 노력을 하고 있다. 한 예를 들면, 뇌졸중과 같은 질병의 경우에는 발병과 동시에 재활을 고려한다. 이러한 변화의 흐름 속에서 재활전문 병원도 탄생하게 되었다.

의료는 만능일 수 없으며 어느 정도 한계가 있다. 아무리 좋은 의료를 집중적으로 시술해도 죽음을 맞이해야 하는 경우도 있다. 그러한 환자를 위하여 임종간호를 어떻게 해야 하느냐에 관한 문제도 점차 제기되고 있다. 이들 말기환자를 맞이하는 시설로서 호스피스가 있다. 우리나라에서는 아직 익숙하지 않지만 편안하게 죽음을 맞이할 수 있게 하기 위한 시설에 대하여 차츰 관심이 높아져 가고 있다. 이와 같이 의료의 개념이 확대되면서 앞으로 요양원(너싱홈), 주간병원(데이케어 센터), 야간병원과 재택간호 등의 시설이 보편화될 것이다.

의료는 더욱더 발전되어 과거에는 의료의 범주에 포함되지 않았던 여러 시설에까지 확대되고 있다. 향후 이러한 확대대상은 어느 것까지 포함할지 관심이 쏠리고 있다.

1) 岡田光正外 : 現代建築學 建築計劃 2, 鹿島出版社, 東京, p.79, 1991.

예방의학도 한 발짝 더 나가 건강한 사람의 정밀검사를 목적으로 하는 건강진단센터도 보급되고 있다. 최근에는 전산기라든가 의료 장비를 도입하여 단시간에 많은 사람들의 건강진단이 가능한 시설이 많아지고 있다.

이상과 같은 의료의 변화와 발전에 따라 병원의 기능도 변화되지 않을 수 없었다. 지금까지와 같이 한 개의 병원에서 모든 기능을 갖춘 만능적인 종합병원의 형태는 앞으로는 변화될 것이다. 각각의 역할을 분담하여 개개의 전문성을 높이는 방향으로 병원은 발전될 것이다. 앞으로 병원의 전문화는 다음과 같은 방향이 예상된다.

1) 소화기, 순환기, 호흡기 등의 장기별 전문병원
   의학 발전의 과정을 감안하면 자연적인 추세이다.
2) 암을 비롯한 난치병의 전문병원
   아직 해결되지 않고 있는 문제에 도전하고 연구하는 시설이라고 할 수 있다.
3) 출산기의 모자, 소아, 노인과 같이 연령적 구분의 전문병원
   이것은 연령층에 따라 각기 다른 특수성이 있기 때문이다.
4) 기타 사회체제 또는 의료제도에서 기인한 전문병원
   응급병원(구급병원) 또는 대도시의 방재병원 등을 들 수 있다.

그러나 이와 같은 전문병원에서도 현실적으로는 문제가 있다. 소아전문병원의 예를 들면 다음과 같다.

소아전문병원은 일반전문병원에서 감당할 수 없는 특수한 질병을 대상으로 연구와 고도의 진료를 한다. 그 결과 새로운 진단이나 치료의 방법을 개발할 수 있으며, 소아의료전문의의 연수와 소아의료 전문 간호사와 의료기사의 양성이 이루어질 수 있다. 소아병원은 단순한 지역병원으로서의 기능뿐 아니라 그 병원이 위치한 지역 일대의 소아의 보건, 예방, 진단과 치료의 발전을 위하여 기여하여야 할 의무를 갖고 있어야 한다. 그렇게 생각할 때 그 소아병원의 진료권은 어느 정도 광범위한 것이어야 한다. 그러나 현실적으로는 그렇지 못하다. 소아전문병원에 입원하지 않아도 되는 환자가 소아병원의 병상을 차지하고 있어 전문병원으로서의 기능을 다하지 못하고 있는 경우도 있다.

그 외에도 병원의 성격을 급성기의 환자를 위한 것인가 만성기의 환자를 위한 것인가에 대하여 그 역할을 명확하게 할 필요도 있을

것이다.

다시 말하면 병원간의 PPC(Progressive Patients Care) (2-1 참조) 간호량에 대응한 단계별 간호단위구성이 있어야 한다. 이와 같은 문제점은 병원계획 이전에 논의되어야 할 것이다.

1-2 병원건축의 발전과정

병원은 고도의 건축기술과 환경기술을 제어하고 구사하여 고도로 복잡한 의료기기로 가장 효과적으로 환자를 치료할 수 있는 기능을 요구하는 건축이라는 것은 다 알려진 사실이다. 그러나 최근 들어 의학의 진보와 의료기술의 발전을 배경으로 한 적극적인 치료의 장으로 건설되기 시작한 역사는 짧다. 병원건축이 거대한 치료공장으로서의 모습을 갖추게 된 것은 불과 50~60년 전부터이다. 그 이전에는 병원은 집 없는 환자를 수용하여 자연치유되기를 기다리는 시설로의 성격이 더 많았다.

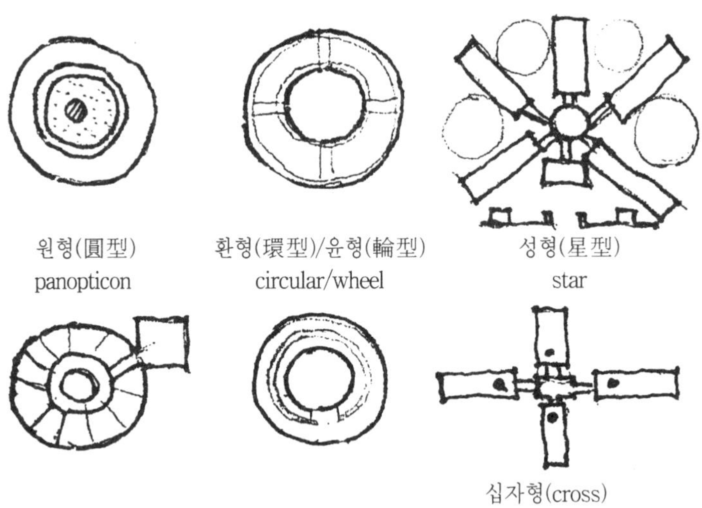

그림 1-2 교도소의 평면형

과거 병원 면적은 80~90%가 병동이었다. 병원의 역사는 병동의 역사라고 할 수 있다. 그것도 처음부터 병원으로 설계된 것이 아니라 형무소, 궁전, 또는 저택을 병원으로 전용하여 사용했기 때문에 원내 환경은 열악했고, 원내 감염으로 사망률도 높았다. 19세기에 활약한 나이팅게일은 병원건축은 환자에게 해를 주어서는 안된다는 것을 제일 조건으로 생각했다. 그렇기 때문에 일조와 통풍의 확보와 아울러 원내 감염의 방지를 고려하여 자연적인 회복력이 최대한 발휘될 수 있는 환경을 제공하는 것이 병원의 기본적 조건이었다.

그 후 근대 서양의학은 특히 외과학 분야에서 발달된 멸균마취, 지혈 등의 기술에 힘입어 장족의 발전을 하였다. 또 19세기부터 20세기에 걸쳐 서양의학의 획기적인 발전—각종 세균의 발견, X선과 라듐의 진료에의 응용, 항생물질의 발견 등 내과학과 약학의 업적들은 병원에서의 의료를 크게 변모시키는 결과로 이어진다.

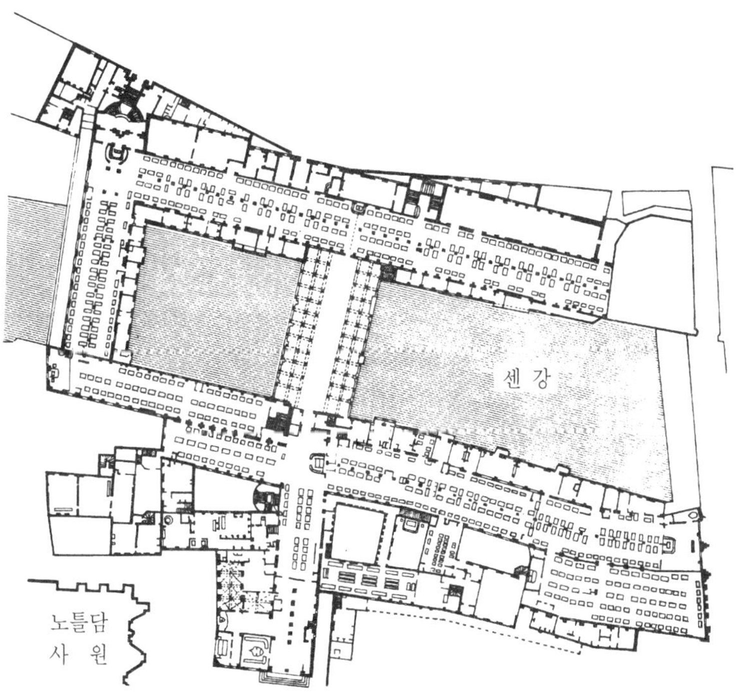

그림 1-3 파리시민병원 1층 평면도[2)]

1-2-1 한국 병원의 발전과정

우리나라의 상고 의학은 주술적인 민간 의학이었다. 삼국시대에 이르러 한의학이 도입되었고, 그 후 한의학은 우리나라 의학의 근간이 되었다. 의료기관으로서는 고려 광종 때(963년) 설치한 제위실(濟危室), 문종 때 설치한 동서대비원(東西大悲院), 예종 때 설치한

2) 岡田光正 外 : op.cit., p. 79.

혜민국(惠民國)이 주로 빈민 환자를 치료하였다는 기록이 있다. 그 후 조선시대에는 고려시대의 명칭을 그대로 쓴 혜민국과 동서활인서(東西活人署, 동서대비원)를 설치하여 서민들에 시료와 함께 의학교육기관의 역할을 하였다.

서양의학이 우리나라에 처음으로 소개된 것은 중국에 건너온 독일인 예수회선교사 아담 샬의 교리서(敎理書)[3]가 우리나라에 수입된 것으로 보이는 1645년경이라고 추측되고 있다. 그러나 서양의료가 활발하게 도입되기 시작한 것은 병자수호조약(1876년) 이후이다. 서양의학의 도입은 조선조 말 거의 비슷한 시기에 다음과 같은 세 가지 경로에 의하여 이루어졌다. 첫째는 북미주 또는 유럽의 기독교 선교활동의 일환으로 선교의들에 의해 도입된 것, 둘째는 일본인이 정부 또는 민간 차원에서 한국에 진출해 있는 일본인 거류민을 진료할 목적으로 도입한 것, 셋째는 일본 정부의 영향력에 의해 대한제국 정부가 공적인 정부조직으로 도입한 것으로 분류할 수 있다.

그 후 우나라의 병원은 대한제국, 일제강점시대, 대한민국 정부수립시기와 1970, 1980년대의 경제적 성장기를 거치면서 많은 변모를 하여 왔다. 서양의학에 바탕을 둔 병원이 주로 외국인에 의해서 우리나라에 도입되는 과정에서 외국의 의료제도, 병원관리, 운영방식 등에 많은 영향을 받아 왔다.

1. 조선조 말 서양의학 도입시기(1877~1910)

1) 제생의원

병자년 한일수호조약 이후 일본은 거류민의 의료를 담당한다는 구실로 1877년 부산 영도에 제생병원을 설립하였다. 이것이 국내에서 현대 의술에 의한 최초의 병원이었다고 할 수 있으나, 일본 정부가 일본인 거류민을 위하여 일본 군의관을 파견하여 진료한 것으로 우리나라의 의학 또는 병원도입의 공적인 역사에서는 제외시키고 있다.

2) 광혜원[4]

의료선교사 알렌의 제의에 따라 정부에서 재동(齊洞)에 왕립병원인 광혜원을 1885년 4월에 설립하였다. 이것이 우리 정부가 세운 최초의 서양식 병원이었다. 당시 광혜원은 고관의 저택을 사용하였는

3) 이 교리서에는 로마 갈렌(Galen)의 인체생리설이 간략하게 기술되어 있다.

4) 광혜원(House of Extended Grace)은 설립 후 13일만에 이름을 제중원(House of Universal Helfulness)이라고 개칭하였다.

데, 40병상을 수용하는 병원으로 개조하는 데 대대적인 수리가 필요하였다고 하고 있다.[5] 당시 광혜원의 내부 구조도를 살펴보면, 환자들의 출구와 입구를 분리하고 환자들의 동선은 대문－마당－마루(입구)－외래진찰실－수술실・약국－출구－마당－대문의 순으로 이어지고 있다.

병실은 독방, 특실, 일반병실, 외과병실, 여자병실로 구성되고, 1인병실과 다인병실, 내・외과계의 구분을 하였음을 알 수 있다. 또한 일반병실과 여자병실은 담을 경계로 하고 있고 출입구도 분리하고 있다. 1인병실 8실(독방 7실, 특실 1실)과 일반병실 2실, 여자병실 2실, 외과병실 1실의 다인실 5실의 구성은 총 40병상 수용의 병원을 목표로 했을 때, 다인병실은 평균적으로 약 6명 정도 입원하는 실이었을 것으로 추정된다.[6] 당시 환자 수는 개원 후 계속 환자가 늘어 1일에 최고 260명의 환자를 볼 때도 있어 1년에 외래환자와 왕진환자를 합한 수가 거의 1만여명에 달하였다고 한다.

그림 1-4 광혜원[7]

5) Foreign Missionary Vol. XILV, No. 2, July, 1885, 연세대학교 의과대학, 의학 100년, pp. 18~25 재인용

6) 유영민, 우리나라 병원건축의 변천과정에 관한 연구(1) - 서양의학도입시기(1877~1910)를 중심으로-, 대한건축학회논문집, 7권 1호, pp. 201~202.

7) 의학신보 : 한국의학 100년사(上), 의학출판사, 초판, 서울, p. 74, 1984.

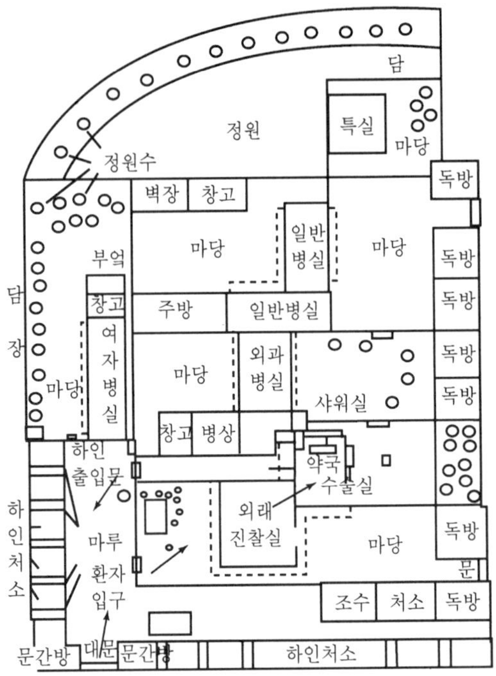

그림 1-5 광혜원 평면도[8)]

3) 대한의원

광혜원은 1885년 설립 이후 왕실 재정의 궁핍 등의 이유로 1894년에 미 북장로회 선교부에 이관되어 재조직되고, 그 후 5년 후인 1899년 정부의 병원관제 공포에 따라 내부 직할의 내부 병원이 설립되었다. 내부 병원은 정부의 공식직제에 의한 첫 공공병원으로, 이 내부 병원은 그 후 광제원으로 관제가 개정되었다. 당시 진료는 1명의 일본인 의사와 다수의 한의사에 의해 이루어진 한·양방 겸용의 상태였다. 광혜원은 그 후 관립의학교와 1905년에 설립된 적십자병원과 통합하여 새로운 건물을 짓고 1907년 대한의원으로 발족하였다. 대한의원에서는 한의원은 완전히 배제되고 진료과도 분화되는 등 비로소 종합병원의 형태를 갖추었다. 대한의원은 1907년 3월 본관 및 병실 7개 동과 부속 건물들이 함께 착공되어 1908년 11월 준공되었다. 본관 건물은 붉은 벽돌조의 2층 건물로 495평의 규모로 세워졌고, 외래시료부 건물은 1909년 붉은 벽돌의 2층 건물로 본관 서측편에 세워졌다. 1909년 당시 대한의원은 내과, 외과, 안과, 산과, 부인과, 이비인후과, 소아과, 피부과, 치과의 임상 9개 과와 약제과,

8) 유영민 : op.cit., p. 201에서 재인용. 연세대학교 의과대학, 의학 100년, p. 18.

서무과 등 총 11개 과로 구성되었다. 대한의원은 당시 대한제국의 위생행정 분야의 중추기관으로 치료부, 교육부, 위생부 등 2개부로 조직되었다. 이 대한의원은 1910년 일제 조선합병 후 총독부의원으로 변신한다.

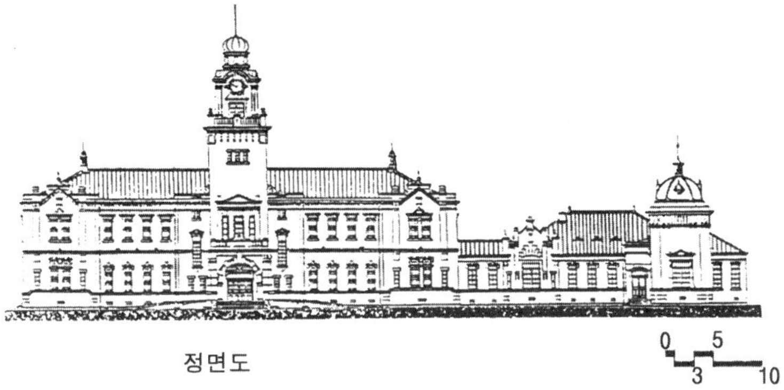

그림 1-6 대한의원 정면도

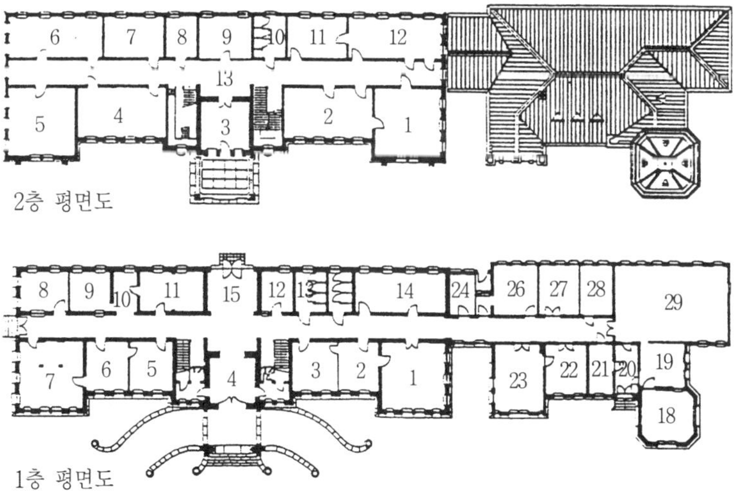

그림 1-7 대한의원 평면도[9)]

4) 세브란스 병원

북미주와 유럽 각국에서 들어온 기독교 각 교파의 선교의사들은 1885년에서 1910년 일제강점 이전까지 서울을 비롯한 전국 주요 도시에 25개 이상의 병원 및 진료소를 설치하였다. 이러한 병・의원

9) 서울대학교 병원, 대한의원 본관 실측조사 및 수리보고서, p. 89.

들은 광혜원이나 마찬가지로 현대 개념의 병원시설은 아니었고, 1~2명의 선교의사가 진료를 하는 외래 중심의 시설이었으며, 필요한 경우 10~20명의 환자를 입원시키는 시설을 갖추고 있었다. 이 중 우리나라 병원건축의 역사상 중요한 의미를 갖는 것은 1904년 완공된 세브란스 병원이다. 왕실로부터 이관받은 제중원의 운영을 맡고 있던 에비슨은 재래식 병원의 시설과 설비를 서구식의 난방, 급수, 하수로 구비된 현대식 양관병원을 신축하였다. 1902년에 기공하여 1904년 남대문 밖 복숭아골(도동)에 반지하 1층 지상 2층의 양관 병동 1동의 붉은 벽돌조 건물을 완공하였다. 그리고 병원 이름은 재정기부자의 이름을 따서 세브란스 병원이라 명명하였다. 당시의 세브란스 병원은 각과별 분화와 함께 X-선 진단시설, 검사실과 수술실 등을 갖춘 현대 개념의 종합병원이었다. 그 후 세브란스 병원 구내에는 여러 동의 관련 시설들이 계속 세워졌다.

그림 1-8 옛 세브란스 병원[10)]

2. 일제강점시기(1920~1945)

1) 총독부의원

대한의원은 총독부의원(1910)을 거쳐 1926년 경성제국대한부속 병원으로 발전되었다. 1910년 당시는 4개동 150병상 정도였으나, 1927년에는 8개 병동에 400개 병상을 갖출 정도로 규모가 커졌다.

10) 연세대학교 의과대학, 의학 100년, p. 18.

이 병원은 규모 면에서나, 진료 수준에 있어서 당시 우리나라 최대·최고 수준의 진료와 교육, 연구를 위한 종합병원이었다.

2) 도립의원

일제 강점 전 세 곳에 설치되었던 자혜의원은 강점 후 그해 10개가 더 증설되어 13개소가 되었고, 이의 관리는 도 행정에 이관되어 1925년에는 도립병원으로 명칭을 바꾸었다. 이 도립의원들의 대체적인 규모는 30~50병상으로서 최소 규모는 16병상, 최대 규모는 166병상이었다. 진료 과목은 작은 곳의 2개 과목에서부터 큰 곳의 8개 과까지 구성되었다. 해방되기 전까지 이 도립의원의 수는 42개로 이들 병원은 당시 최신의 건물로서 의료시설도 타 병원들보다 충실하게 갖추고 있었고 진료 수준도 매우 높았다. 당시 이러한 관 주도의 도립 병원망은 우리나라 의료의 주축이 되었다.

3. 대한민국 수립 초기(1945~1960년대)

이 시기에는 정치·사회적 불안, 전화로 인한 산업시설의 파괴 등으로 경제나 산업의 발전은 별로 이루어지지 못했다. 병원도 오히려 쇠퇴하거나 현상 유지를 하는 정도였다. 1950, 1960년대에 우리나라 병원건축의 흐름에 있어 중요한 역할을 하는 것은 국립의료원과 서울대학교 병원이라 할 수 있다.

1) 국립의료원

전후 우리나라에 여러 가지 형태로 원조를 제공해 주던 스칸디나비아 3국에서 1958년에 약 250병상 규모의 메디컬센터를 서울 을지로에 신축하고, 의료진과 경영진을 파견하여 직접 경영관리와 진료를 담당하였다. 당시 이 병원은 동양에서 가장 훌륭한 장비와 현대식 시설을 갖춘 병원으로서 영세서민에게 의료 혜택을 주고, 6·25 후 낙후되었던 의료시설의 현대화와 의료기술의 발달에 큰 역할을 하였으며, 또한 의료인 양성 배출에 크게 기여하고, 의료기관 신설을 촉진하는 계기가 되었다. 이 병원의 형태는 일제시대 병원의 병동부가 저층으로 된 파빌리온 형태와는 달리 병동부가 타 기능 부문과 분리되어 7층 고층 형태로 건립되었다.

2) 서울대학교 병원

1960년대 후반 우리나라 병원건축 역사상 획기적인 변환점으로서 서울대학교 의과대학 부속병원의 1,000병상 규모의 신축 계획을 들 수 있다. 이와 같은 규모는 그 당시로서는 매우 거대한 규모였을 뿐 아니라 현대적 병원의 건립 및 운영에 대한 경험이 극히 적었을 때에 이루어졌다는 점에서 대단히 중요한 의미를 갖는다. 이 병원은 저층 단일건물 형태에서 벗어나지 못하고 있던 그 당시에 진단 및 보조 시설들을 저층 지역에 위치시키고, 병동부를 고층화함으로써 1950년대 외국에서 등장하였던 상자형 형태의 수직적 동선 체계를 갖는 병원 형태를 최초로 우리나라에 도입했다. 이 병원은 계획 후 시행착오를 거치면서 12년이 지난 1978년에 완공되었다.

그림 1-9 서울대학교 병원

4. 성장 · 발전의 시기(1970년대 이후)

1970년대는 모든 산업사회와 의학의 각 분야에서 급속한 발전이 이루어지는 시기로서 경제 성장과 더불어 의료 수요도 급격히 증가하였다. 의료보험, 의료보호제도 등의 의료제도의 실시는 의료 수요를 더욱 가속화하였다. 이러한 의료 수요에 대응하여 대학병원 등을 중심으로 한 대형 의료시설들이 속속 건립되었다. 이러한 대형 의료시설들은 대부분 저층 기단부위에 병동이 고층화하는 형태를 띠고 있다. 1990년대에는 대기업의 참여에 의한 대규모의 민간 사립병원들이 기업의 자금력을 바탕으로 하여 높은 수준으로 건립되고 있다. 또한 특수전문병원으로서 소아병원, 암센터, 심장센터, 노인전문병원 등이 건립되고 있다.

표 1-1은 1970년에 병원 수가 223개였고, 그 중 종합병원은 불과 12개였던 것이 1999년에는 종합병원이 273개로 증가되었음을 보여주고 있다. 이와 같은 비약적인 증가는 주로 민간병원의 기여가 컸다.

표 1-1 의료시설의 공급추이*

년 도	종합병원	일반병원	의 원	특수병원	치과병・의원	한방병・의원
1970	12	223	5,513	10	1,344	2,443
1975	37	128	6,290	10	1,614	2,382
1980	82	240	6,610	5	2,028	2,382
1985	183	317	8,069	13	2,998	2,791
1988	213	323	9,595	28	4,004	3,609
1992	236	337	12,355	37	6,639	4,901
1996	271	421	15,002	50	8,775	6,493
1997	262	456	15,876	49	9,243	6,446
1998	268	508				
1999	273	557				

※자료 : 보건복지통계연보, 보건복지부, 각 연도

1-2-2 한국의 의료전달체계와 병원 이용자 수

우리나라는 1977년에 부분적인 의료보험을 실시하고 이어 1987년에는 농촌지역 주민들에 대한 의료보험을 실시하였다. 1978년 7월에 도시 자영자들의 의료보험이 적용되어 전국민이 의료 보장을 받게 되었다. 이와 시기를 같이하여 전국을 중진료권, 대진료권, 전국진료권으로 구분하고 의료기관을 제1차, 제2차, 제3차 기관으로 분류하여 지역간의 균형과 의료기관의 기능 분담을 시도하고 있다.

의료전달체계에 의하면 의료보험환자는 제1차 의료기관에서 진료를 먼저 받아야 하며 제2차 또는 제3차 의료기관의 진료가 필요한 경우에는 제1차 의료기관의 진료의뢰를 받아야만 진료를 받을 수 있도록 되어 있다. 그러나 가정의학과를 비롯한 일부 외래 중심과인 안과, 이비인후과, 피부과, 재활의학, 치과는 3차 기관에서도 전달체계에서 제외된다. 제3차 의료전달체계에 관계없이 처음부터 어느 의료기관이나 자유롭게 이용할 수 있도록 했다. 1999년 1월 현재 전국적으로 44개의 종합병원이 제3차 기관으로 지정되어 있다. 제3차 의료기관은 대학병원인 경우 500병상, 일반병원인 경우 700병상 이상일 때 지정받을 수 있다.

1. 의사 수와 의료시설 수

다음 표 1-2는 인구 만명당 의사 수를 비교한 것으로, 우리나라가 11.2명인 데 비하여 프랑스가 29.4명으로 가장 많고 미국이 25.3명, 일본이 17.7명이다(1997년 보건복지부통계연보에 의함).

표 1-2 인구 만명당 의사 수와 병상 수※

	한 국	일 본	영 국	캐나다	미 국	덴마크	서 독	프랑스
의사수	11.2	17.7	15.6	21.5	25.3	29.0	33.6	29.4
병상수	44	162	49	51	42	50	97	89
년 도	95	94	94	95	94	94	95	95

※치과의사 제외.
자료 : 보건복지부통계연보, 1997.

우리나라는 한방의사 수가 포함된 수이지만, 아직은 구미제국에 비하여 의사 수가 부족하다. 우리나라의 의사는 일반의와 전문의로 구분되며, 자유 개업을 인정하기 때문에 일반의는 개업을 하여 의원을 설립하고 전문의는 개업을 하거나 병원 근무의가 된다. 환자는 가까운 의원을 찾거나 유명의를 찾아 병원을 선택한다. 그러나 점차 의료전달체계가 확립되면서 환자 스스로가 3차 진료기관을 직접 찾는 일은 적어지고 있다.

정부는 2000년경부터 주치의(단골의) 제도를 도입하여 환자가 직접 병원을 선택하기보다는 주치의에 의한 건강관리와 치료, 그리고 필요하면 병원을 소개토록 하는 법을 개정할 예정이다.

다음 표 1-3은 우리나라 의료기관·종류별 의료시설 수와 병상 수를 나타낸 것이다.

종합병원과 일반병원의 수는 전체 의료시설 중에서 약 2.2%로 수적인 면에서 병원이 그다지 큰 비중을 차지하지 않음을 알 수 있다.

그러나 병상 수에서 볼 때 종합병원과 일반병원이 66%를 차지하고 있어 시설 수는 적으나 병상 수는 종합병원과 일반병원이 많다.

우리나라의 특이한 현상으로 한방 병원·의원이 전 시설 수의 19.7%를 차지하고 있다.

표 1-3 의료기관 및 병상 수*

	병 원 수	병 상 수
총 계	32,700(100%)	220,427(100%)
병 원	456(1.39%)	44,288(20.1%)
종 합 병 원	262(0.80%)	101,615(46.1%)
정 신 병 원	45	15,891(7.21%)
결 핵 병 원	3	1,428(0.65%)
나 병 원	1	1,100(0.50%)
치과 병원·의 원	9,243(28.3%)	159
한방 병원·의 원	6,446(19.7%)	5,702(2.59%)
일 반 의 원	15.876(48.6%)	49,586(22.5%)
부 설 의 원	240	510
조 산 소	161	148

※회사 또는 산업체의 종업원 부속 의원.
자료 : 보건사회통계연보, 1998.

다음 표 1-4는 병원만을 추출하여 설립 구분별로 시설 수를 표시한 것이다.

표 1-4 설립 구분별 병원 수 및 병상 수*

	병원의 수	병 상 수
국 공 립	101(12%)	20,840(18.0%)
법 인	363(43%)	69,090(60.0%)
사 립	386(45%)	25,258(21.9%)
합 계	850(100%)	115,188(100%)

※자료 : 병원신보-1999. 7. 5, 병상 수-1989년 보건사회 통계.

국·공립으로 설립된 것이 약 12%이고, 법인이 설립한 것이 43%, 개인이 설립한 병원이 약 45%로 국공립 병원이 그리 많지 않다. 그러나 병상 수에서 볼 때 병원 수와는 비례하지 않고 국공립 병원이 18%로 한 병원당 병상 규모가 사립병원에 비하여 다소 크다.

2. 의료시설 이용 환자 수와 시설이용선

인구 만명당 1일에 외래시설 이용자 수를 지방별로 표시한 것이 다음 표 1-5이다.

표 1-5 인구 만명당 1일 외래환자 수*

서울	247명	부산	258명	대구	290명	경북	213명
인천	256명	광주	258명	대전	257명	충북	212명
전남	208명	평균	247명				

※자료 : 보건사회통계연보, 1993.

대도시의 경우 인구 만명당 외래환자 수는 1일 250~260명이 지방 소도시 또는 농촌에서는 1일 평균 외래환자 수는 200~210명으로 대도시와 큰 차이가 있다. 전국 평균 247명의 외래환자 중 64%가 의원을 이용하고 있고, 종합・일반병원 이용이 약 15%로 외래의 경우 의원 이용이 병원보다 훨씬 많다. 군・면 소재지에서는 보건지소 또는 보건소에서의 이용도 약 74% 정도이다.

입원환자의 경우 종합병원과 병원을 이용하는 환자는 70%나 된다. 의원에 입원하는 비율은 전체의 약 19%이다.

표 1-6 외래환자의 시설별 이용률(1990. 8. 20. 1일단면조사)*

종합병원	10.4%	병 원	4.3%	치과병원・의원	11.2%
의 원	60.0%	보건소, 기타	7.4%	한방병원・의원	3.2%

※자료 : 보사부 연감, 1993. 12.

표 1-7 입원환자의 이용시설 비율*

종합병원	55.5%	병 원	14.7%	의 원	19.4%

※자료 : 보사부 연감 1993. 12

1-3 외국의 의료제도와 병원건축

1-3-1 영국의 의료제도와 병원

1. 영국의 의료

영국에는 NHS(National Health Service)라 불리는 국영의료제

도에 의해 모든 의료를 국가가 보장하고 있다. 모범적인 이 사회보장제도는 1948년에 실시되어 이미 50년의 역사를 갖고 있다. NHS는 단순히 질병의 진단 치료뿐만 아니라, 예방에서부터 재활에 이르는 종합적인 의료서비스를 제공하고 의약품의 제공, 방문 간호까지 실시하고 있다. 이에 소요되는 비용은 대부분(약 85%) 세금으로 충당한다.

1) 가정의

영국민은 저마다 가정의(일반의, general practitioner)를 신정하여 등록을 한다. 병이 나면 우선 가정의에게 진찰을 받는다. 진찰 결과, 검사 또는 입원이 필요하면 가정의를 통하여 병원을 소개받는다. 응급인 경우를 제외하고 환자가 직접 병원에 가는 것은 인정하지 않는다. 가정의는 자기에게 등록된 주민에 대한 예방과 그들의 의무기록을 평생 보관한다. 환자는 무료로 진료를 받으며, 가정의는 진료비를 국가에 청구하여 받는다.

2) 병원

영국에서는 옛날부터 일반의와 전문의의 구분이 뚜렷하였지만 NHS 실시 이후 일반의는 가정의, 전문의는 병원의로 위치가 정해졌다. 가정의가 환자를 병원에 진료의뢰를 한 경우에 병원의(전문의)가 병원의 외래진료부 또는 병동에서 진료를 담당한다.

거의 모든(90%) 병원이 공립이므로 외래진료·입원진료 일체가 무료이지만 자비 부담 진료를 희망하는 사람을 위하여 사비(私費) 병실(1%)도 있다.

3) 지역보건서비스

NHS의 주된 역할 중에는 지역보건서비스도 포함된다. 지역보건소에서는 모자보건, 노인보건, 장애자보건 및 학교보건, 예방접종, 정신위생상담, 방문간호 등 다각적인 활동을 한다. 보건소 내 진찰실이 갖추어져 가정의에게 진료장소를 제공하기도 한다. 전체 가정의 중에서 20% 정도는 보건소에서 진료를 하며, 나머지는 클리닉(우리나라의 의원급)에서 1~2명의 간호사와 함께 예방 및 진료를 한다.

4) 의료비 억제책

의료보장제도는 계속적인 재정압박을 받게 되고 그 가운데 NHS를 유지하기 위해서 영국 정부는 여러 가지 방안을 강구하였다. 첫째, 의료비의 일부를 환자 자신이 부담하도록 한 것이며, 둘째는 병상 수를 감소시켜 기존 병동의 일부를 폐쇄시키는 것 외에도 입원기간을 단축시켜 주간입원제(Day Ward)를 장려하여 통원치료를 활성화시켰다. 셋째는 사비(私費) 환자를 장려하는 것으로 최근에는 민간보험 가입자가 서서히 증가하고 있다.

2. 영국의 병원건축

보건복지부(DHSS : Department of Health and Social Security)에서는 전국 병원의 수준을 향상시키기 위하여 1960년부터 병원건축에 관한 전반적인 연구를 하고 있다. 그 성과를 살펴보면 그리니치지구 종합병원(1966년 착공, 1972년 완공)의 전면재건계획이 있다.

이 계획에서 기존 시설의 이용상황 등에 관한 대대적인 연구를 바탕으로 지상 4층에 반지하의 저층집약형 병원이 건립되었다. 영국에서 처음으로 시도되었던 각종 새로운 연구결과가 이 계획에 실제로 반영되었다. 그 후 영국의 경제사정이 악화되자 보건복지부는 베스트 바이(Best Buy) 병원 계획에 착수하였다. 그리니치 병원의 농촌판이라고 할 수 있는 것으로 의료 수준을 저하시키지 않고 저렴한 가격으로 건설하고 유지관리할 수 있게 한 500병상의 지구병원이다.

베스트 바이 계획의 목표는 다음과 같다.

1) 인구당 병상 수를 적게 책정했다. 급성 일반병원은 인구 천명당 3병상이 필요한 것을 여기에서는 인구 천명당 2병상으로 규모를 설정하였다.
2) 병원 내의 동선은 수평동선을 위주로 계획했다. 가능한 한 수직동선을 줄이려고 했다.
3) 모든 부서를 가능하면 중앙화로 하고 병동과 수술실, 분만실과 집중치료실(ICU) 등을 같은 층에 배치시켰다.
4) 구조는 2층건물로 하고 경쾌한 프리캐스트 콘크리트 기둥과 보에 경량 콘크리트 판을 외벽과 지붕재로 사용하였다.
5) 자연 채광과 환기를 위하여 여러 곳에 중정을 설치하였다.

6) 열원을 분산하였다. 보일러 등을 분산시켜 본동 옥상에 4개소 설치하였다.

이 베스트 바이 병원 계획안은 1972년에 같은 평면으로 두 곳에 건립되었다.

그림 1-10 그리니치 지구병원[11)]

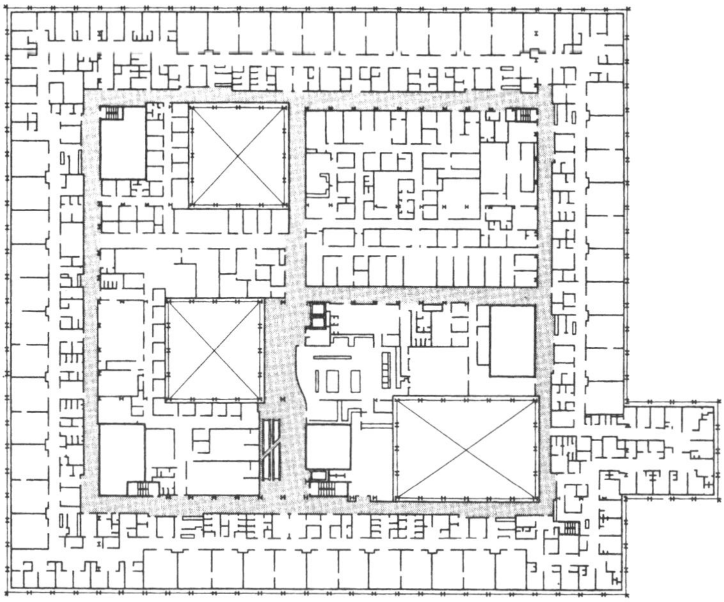

그림 1-11 그리니치 지구병원 평면도

11) 伊藤誠 : ヨーロッパ の病院建築, 丸善出版社, 일본, 1995.

병원건축은 사회와 생활의 변화와 의학과 의료기자재의 발전을 수용하기 위해서 항상 성장·변화의 요구에 대응하여야 한다. 베스트 바이 계획안 이후에 성장·변화에 대응할 수 있는 병원형에 대한 연구가 진행되었으며 그 결과 뉴클리어스(Nucleus) 병원이 개발되었다.

• 뉴클리어스 병원

베스트 바이 병원 계획은 오일쇼크 이전에 계획되었지만 에너지 절약의 개념은 도입되어 있으나, 장래의 성장에 적절하게 대처할 수 없다는 것이 최대의 문제점이었다. 뉴클리어스 병원의 특징은 다음과 같다.

첫째는 건설하려고 하는 지역의 특성에 따라 병원 내에 두지 않아도 되는 부서는 병원에서 분리시켜 일정 지역에 집중할 수 있게 한 것이다.

뉴클리어스 병원의 설계원칙[12)]

그림 1-12

1. 건설 단계의 시점에서 예상할 수 없는 성장에 대응할 수 있을 것(그림 1-12).
   - 오픈 엔드(open end)[13)]의 평면형

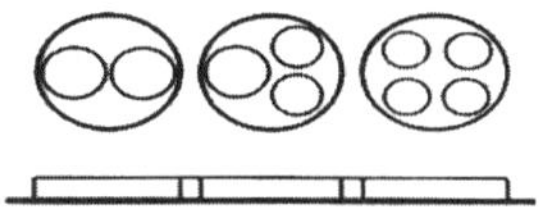

그림 1-13

2. 각 부서의 기능적인 관련을 고려할 것(그림 1-13).
   - 유사 부서의 집약
   - 수평형 건물

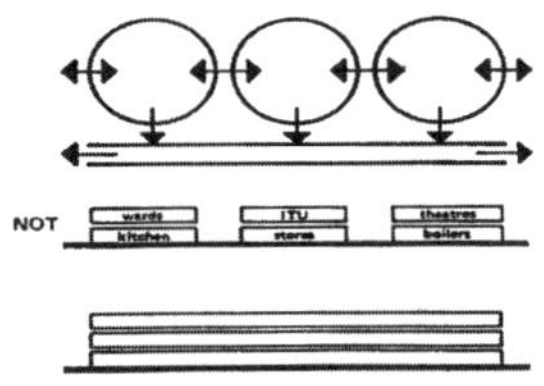

그림 1-14

3. 화재, 연기로부터의 안전성 확보할 것(그림 1-14).
   - 한 방화구역으로부터 다른 구역으로의 수평 피난
   - 주요 피난로와의 연결
   - 화재가 발생하기 쉬운 곳의 상층에는 화재시 생명의 위험이 있는 부서를 배치하지 않을 것.

그림 1-15

4. 경제성을 고려할 것(그림 1-15).
   - 3층 이하로 할 것.
   - 자연 채광과 환기를 위해 활용 건물의 깊이는 최대 15미터로 할 것.
   - 기능이 다른 건물은 분리할 것.
     1) (건설비 고가인) 진료 부문
     2) (건설비 저가의) 서비스 부문

12) 長澤泰 : イギリスの病院と省エネルギ, 病院設備 Vol. 22, No. 4, 일본, 1980. 7

13) 건물의 단부는 마감을 하지 않은 상태로 두는 것

5. 각 부서의 선택이 자유롭고 호환성이 있을 것(그림 1-16.)
   - 전체의 그리드 설정과 각 건물의 형태가 가장 경제적이고 적합성이 있을 것.
   - 수평·수직의 주동 선을 각 부서로부터 분리시킬 것.

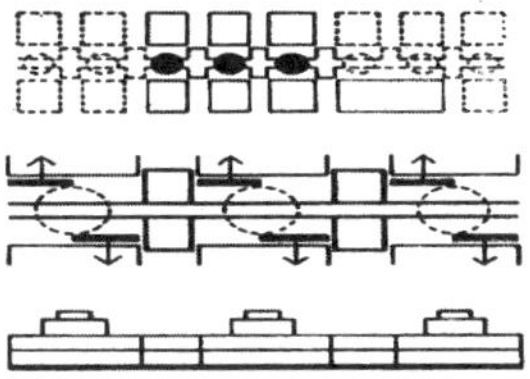

그림 1-16

6. 전체의 목표인 경제성과 융통성에 맞는 설비 계획을 할 것(그림 1-17).
   - 서비스용 배관류를 단축시킬 것.
   - 수직서비스용 배관은 주 동선에 직결시키고 각 부서에는 두지 않을 것.
   - 각 부서의 특수한 설비요구에 알맞을 것.

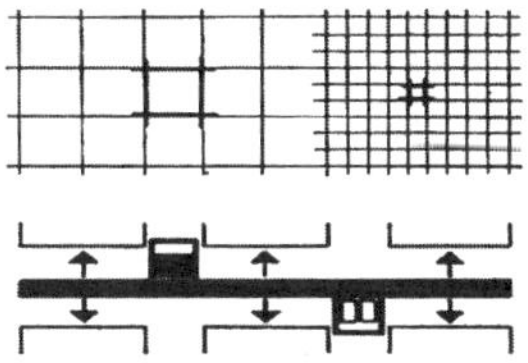

그림 1-17

7. 미적인 고려를 할 것(그림 1-18).
   - 건물은 자연환경에 순응하는 형태로 할 것이며 다양한 기능을 주거건축과 같은 형태로 표현시킬 것.

그림 1-18

지역의 특성에 따라 약품제재, 임상검사, 일반물품보관, 영선수리 등의 업무 외에도 교육, 관리, 운반 등의 업무까지도 각각의 병원에서 분리시켜 집중화시켰다.

둘째는 설계의 간소화를 위해 부서를 표준화한 것이다. 지역 요구에 따라서 표준설계도 중에서 필요 부문을 선택하여 일정한 방식으로 조합하면 병원설계가 완성된다. 이러한 방식의 병원은 당초 200병상으로 건설하여 운영하다가 필요에 따라 800병상까지 증축할 수도 있다. 영국은 뉴클리어스 방식으로 많은 병원을 전국에 건립했고, 앞으로도 건립할 예정이며 개발도상국에도 이러한 시스템을 수출하고 있다.

큰 의미로서 경제적인 병원건축이란 무엇인가? 영국에서는 건설비를 절약하는 것 외에 건립된 병원을 어떻게 효율적으로 사용하느냐가 중시되고 있다. 이것은 유지・관리의 중요성과도 결부된다. 병원의 설비는 복잡하여 설비 유지・관리 담당자는 높은 전문성을 필요로 하므로 일진월보하는 의료기술을 뒷받침하는 공학기술을 몸에 지녀야 한다. NHS의 발족 당초부터 병원 엔지니어링 센터가 설립되어, 병원에서 근무하는 공학기술자의 신인교육과 현장의 기성기술자에 대한 연수를 실시하여 각종 의료 기기 및 설비를 병원에 도입할 수 있게 하였으며, 이러한 의료기기를 최대한 활용하는 것이 중요시되고 있다.

1-3-2 미국의 의료제도와 병원

1. 미국의 의료제도

선진 각국은 모두가 의료에 관한 한 상당히 사회화가 이루어져 있는데, 미국은 아직 국민 전체를 대상으로 하는 공적인 의료보험제도가 없다. 그러나 '메디케어(Medicare)'와 '메디케이드(Medicaid)'라는 대상을 한정시킨 제도가 1966년부터 시행되고 있다. 메디케어는 연방정부의 재정으로 운영하는 건강보험으로 65세 이상의 노인과 장애자가 수혜의 대상이고, 메디케이드는 주정부의 재정으로 충당하는 의료부조(醫療扶助)로서 저소득층이 대상이므로 대부분의 국민은 '블루크로스(Blue Cross)', 또는 '블루실드(Blue Shield)'라는 비영리보험(전자는 입원비만을, 후자는 의사에 대한 진료비만을 부담한다), 또는 민간의료보험에 가입하고 있다. 민간보험은 종류가 많고 보험료에 따라 또는 계약에 따라 받는 의료 내용도 천차만별이다. 그 외에도 HMO(Health Maintenance Organization)이라고 불리는 보험기구가 있어 점차 그 수가 늘고 있다. HMO는 일정한 금액을 지불하면 가입된 회원에게 질병의 예방이나 건강상담을 포함한 포괄적인 의료서비스를 제공하며, 진료는 소속 의사와 계약 병원에서 행한다.

2. 미국의 의사와 병원

미국 병원은 우리나라와는 달리 일부의 공립병원을 제외하고 외래부를 갖지 않았으나, 최근에는 외래부를 설치하는 병원이 증가하고 있다. 또한 당일 수술을 마치고 귀가시키는 방식의 병원 운영이 의료비 절감에 도움이 되므로, 주민들에게 환영을 받고 있어 외래부가 필요하게 되어 병원마다 외래부를 증설하고 있다. 또 병원에는 상근하는 의사가 없는 것이 일반적이다. 의사들은 각기 자기의 진료소(doctors office)를 갖고 있으면서 병원과 계약을 맺고 있다. 진료소에 찾아온 환자에 대한 검사나 X-선 촬영이 필요할 때는 환자를 자기가 계약한 병원에 소개하여 검사를 받게 하며, 의사는 그 검사 결과를 보고 진단을 내린다. 그 환자가 입원이 필요하면 계약된 병원에 입원시키고 수술이 필요하면 외과의사인 경우 병원에 수술실을 빌려 수술을 한다. 환자가 입원하고 있는 동안 주치의로서 책임을 맡게 되나, 주치의가 부재중인 경우는 주치의의 지시를 받은 레지던트(수련의)가 진료를 맡게 된다. 이것을 병원이 의사에게 개방되어 있다는 뜻으로 오픈시스템병원이라 한다.

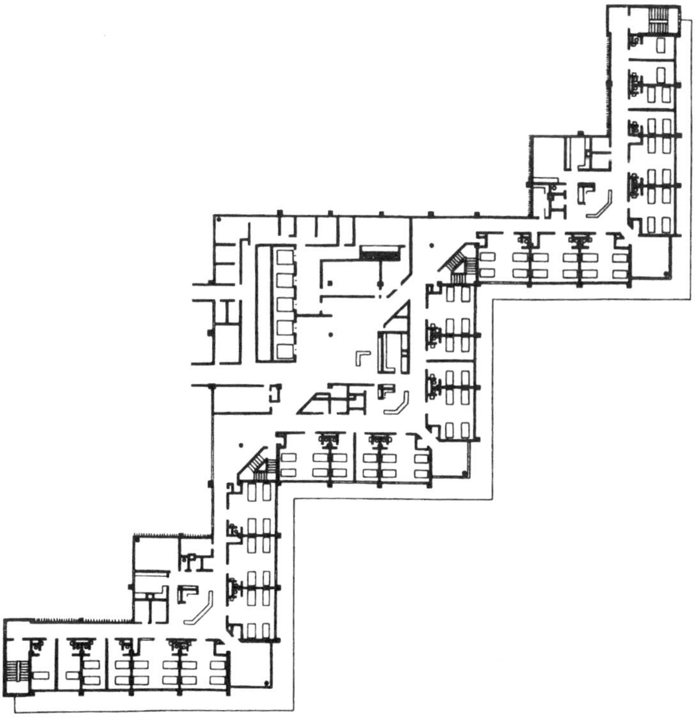

그림 1-19 아칸소 대학의료센터 병원기준층(미국)

3. 미국의 의료공급제도와 병원건축

영국 병원과 미국 병원의 차이는 전자는 모든 병원이 나라에서 계획하고 지방자치단체에서 건설·운영하고 있으나, 후자는 주로 사적인 경영에 의한 경쟁의 원리를 기반으로 발전하고 있다는 점이다.

미국에서는 개개의 건축가가 개개의 병원 당사자와 협력하여 병원을 설계한다. 미국 병원건축에 영향을 주는 요인은 의료원가를 낮게 하는 것과 단시일에 치료하고 퇴원시키려는 것이 병원건축에 크게 작용한다. 환자들의 입원기간이 단축되면 병원은 중증환자 중심으로 된다. 우리나라 병원에서의 중환자 병상 수는 전체 병상 수의 5~7% 정도로 운영하는 곳이 보통이나, 미국 병원의 중환자 수는 엄청나게 많다. 한 예로 미네소타 주에 있는 세인트메리 병원의 경우 총 1,180병상 중 일반·뇌외과·순환기·소아과 등 8단위의 중환자 병상을 합하면 200병상으로 전체의 20%를 차지한다. 이러한 경향은 최근에 특히 가속화되고 있다. 병원에서 거동이 가능한 환자를 퇴원시키면 자연히 외래 의료의 중요성이 재인식된다. 최근에는 입원은 가능한 한 짧게, 외래는 가능한 한 충분히 한다는 식으로 인식이 바뀌어져 가고 있다.

메디케어와 메디케이드가 도입된 후 의사의 전문분화가 진척되어 의료의 대중화가 시도되면서 주치의가 없는 환자를 병원이 직접 받아드리게 된다. 그 결과 다음과 같은 새로운 의료공급시스템이 개발되었다.

1) 병원 이외의 의료공급시스템의 발생

너싱홈, 홈 헬스 케어 에이전시(재택의료서비스회사), 통원수술센터, 구급의료센터 등

2) 단체 의료보장 계약시스템

HMO, PPO(Prefered Provider Organization)라 불리우는 회원제 조직

3) 병원 경영 주식회사

멀티 호스피탈 시스템으로 많은 병원을 체인으로 경영을 한다.

4) 병원업무대행시스템

병원의 간접부문을 수주하여 효율적인 시스템을 제공하는 독립회사. 예로 독립검사센터, 급식회사, 정보 처리 센터 등

미국병원은 표 1-8과 같이 분류된다.

표 1-8 미국 병원 분류※

구 분	시설수	병상수	평균재원일수
병원합계	6,965	1,365,016	10
연방립 비연방립	359 6,606	117,328 1,247,188	16.8 9.6
장기입원병원 단기입원병원	702 5,904	255,168 992.020	122 7.6
연구소부설	74	3,633	
독지	3,322	692,459	7.7
주립 · 지방정부립	1,778	208,895	7.3
영리 · 투자가 소유	730	87,033	6.5

※출처 : Hospital Fact Book, 1981.

4. 미국 병원의 분류

1) 자선병원

자신병원이라 부른다. 미국 전 병상의 절반을 차지한다. 역사적으로 오래된 것으로 민간의 독지가 또는 교회관계의 기금으로 설립된 것으로, 자선사업적 시설이다. 최근에 가장 쇠퇴가 눈에 띄는 것이 이 병원이다.

2) 주립 · 지방정부립 병원

전 병상 수의 1/4을 차지한다. 지방정부가 경영하는 공적 병원으로, 경영이 어렵다.

3) 그 외의 병원

특수한 질병을 전문으로 치료하는 연방정부 경영의 장기입원병원, 퇴역군인 또는 공무원 등 특수 계층에 대한 서비스와 공립병원, 대학 등 의학교육을 목적으로 하는 병원이다. 병상 수는 약 16%를 차지한다. 그 외의 체인 호스피탈 또는 멀티 호스피탈 시스템이라 불리는 투자가 소유, 주식회사 형태의 영리병원이 있다.

의료장비가 고가로 되어가므로 고가의 장비를 아침 7시부터 밤 11시까지 2교대로 직원을 배치하여 사용하며, 차츰 24시간 쉬지 않고 가동하는 방식으로 운영하고 있으며 의료재료의 공동구매, 공동이용 방식의 채택과 필요 이상의 재고를 없애기 위해서 물품관리도 철저하게 하고 있다.

또 다른 미국 병원의 특색은 병실이 거의 1인실 또는 2인실로 구성되어 있다는 것이다.

1-3-3 독일의 의료제도와 병원

독일은 사회보험제도가 잘 정비되어 있는 나라이다. 독일의 병원 역사는 19세기 말까지 거슬러 올라간다. 당시 이미 질병에 대한 보험체제가 갖추어지고 있었다고 한다.

1. 높은 수준의 의료보험

일반보험 : 생산노동자, 학생, 연금수령자, 실업자를 대상으로 한 의무적인 보험이다. 공무원, 공공기관의 직원은 임의로 가입할 수 있게 되어 있고, 수입이 많은 사무직 종업원도 가입할 수가 있다.

농민을 위한 보험 : 자영농민을 대상으로 1972년에 창설되었다.

1985년 현재 전국민의 92%가 위의 두 보험 중 하나에 가입되어 있고, 그 외 8%(고소득자)는 민간 의료보험에 가입되고 있다.

2. 의료제도

병원과 개업의가 경영하는 진료소가 있다. 병원에서는 우리나라와 같은 외래 진료 행위는 없고, 퇴원 후 환자에 대한 계속 진료와 노인 또는 장애자를 위한 진료를 행한다. 환자는 질병에 걸리면 우선 진료소를 찾아간다. 진료소를 찾고 의사를 선택하는 것은 환자의 자유이나 한번 정한 주치의사는 3개월간은 바꿀 수 없다. 병원에 입원이 필요할 때는 주치의의 소개가 필요하다.

병원과 진료소의 기능이 뚜렷하게 분화되어 있다. 개업의의 90%는 보건의로 등록되어 있고, 병원근무 의사는 모두 전속의사이다.

3. 의료시설

공립병원, 공익법인병원, 사립병원이 있다. 공립병원이란 연방·주립·시립 등의 경영으로 주립의 대학병원도 여기에 포함된다. 공익법인병원은 종교단체 또는 각종 재단이 운영한다. 공립인 경우 종합 병원이 많고, 사립인 경우 단과전문 병원이 많다.

표 1-9 서독의 병원수와 병상수*

	병원 수	병상 수
공립병원	1,162(36.4%)	59,482(51.7%)
공익병원	1,091(34.2%)	247,563(35.6%)
사립병원	936(29.4%)	88,558(12.7%)
합 계	3,189(100%)	695,603(100%)

※자료 : 의료보장－해외 의료보장 제도와 의료－서독편(일본).

4. 독일 병원의 새로운 동향

1960년 이래 독일에서는 병원건축의 연구가 활발하여 병원 기능·비용 등 과학적이고 합리적인 방향으로 거대한 대학병원을 추구하는 붐으로 이어져 갔다. 과학의 발달과 기술의 축척으로 1970년대에 들어 거대한 병원이 생겨나고 형태도 기계주의를 표방한 것이 주류를 이룬다. 그 후 거대하고 합리적인 병원건물 속에서 인간이 심리적으로 감당할 수 있는 작은 매스로 나누려는 시도, 즉 파빌리온 시스템으로 하여 호스피탈리즘을 해결하려는 형태 개념이 탄생된다. 이와 같은 인간화 개념에 따라 가장 많이 변화된 곳이 병동부이다. 병동부는 4층 이하의 수평형의 건물들이 제안되어지고 있다. 중앙진료부와 공급부와는 수평으로 연결시키는 방식이 인간적인 스케일이라고 생각하고 과거의 동선이 짧고 고층으로 쌓아올린 병원이 더 이상 선호되지 않고 있다.

대표적인 예로서 1994년에 완공된 뉘른베르그 병원을 보면 그 계획의 기본이념은 다음과 같다. 대지는 주위에 수목이 많은 곳이기 때문에 건물의 높이를 주위의 수목보다 높지 않게 하고 있다. 총 병상 1,000개가 넘는 것을 병동은 내과동과 외과동으로 크게 분리시키고 병동과 병동 사이에 진단과 치료를 위한 동을 배치시켜 저층화를 시도한다.

그림 1-20 아헨 대학병원

종전의 획일적인 병동평면을 주변환경과 융화시키려는 시도를 그림 1-21에서 알 수 있다. 독일의 의료보험제도에서는 병동의 개실률은 전 병상의 10%를 초과할 수 없다. 현실적인 요구와 앞으로의 운영을 고려하여 현재는 2인실로 사용하다가 2인실을 2실로 분할하여 1인실로 사용하는 디자인으로 하고 있다.

병상 수 : 1,500(모든 병실은 1인실과 2인실로 됨)
바닥면적 합계 : 140,300m^2 1984년 준공됨
1일 외래환자 수 : 1,400명

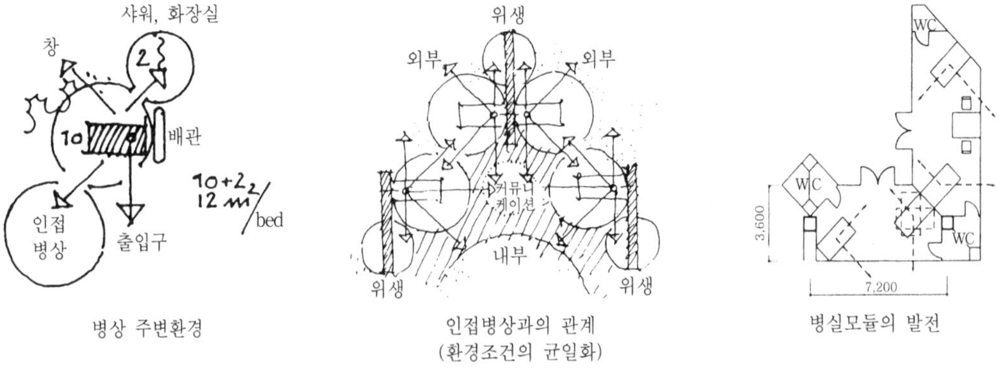

그림 1-21 뉘른베르그 병원 개념도14)

14) Journal of JIHA : 日本, 1998. 4.

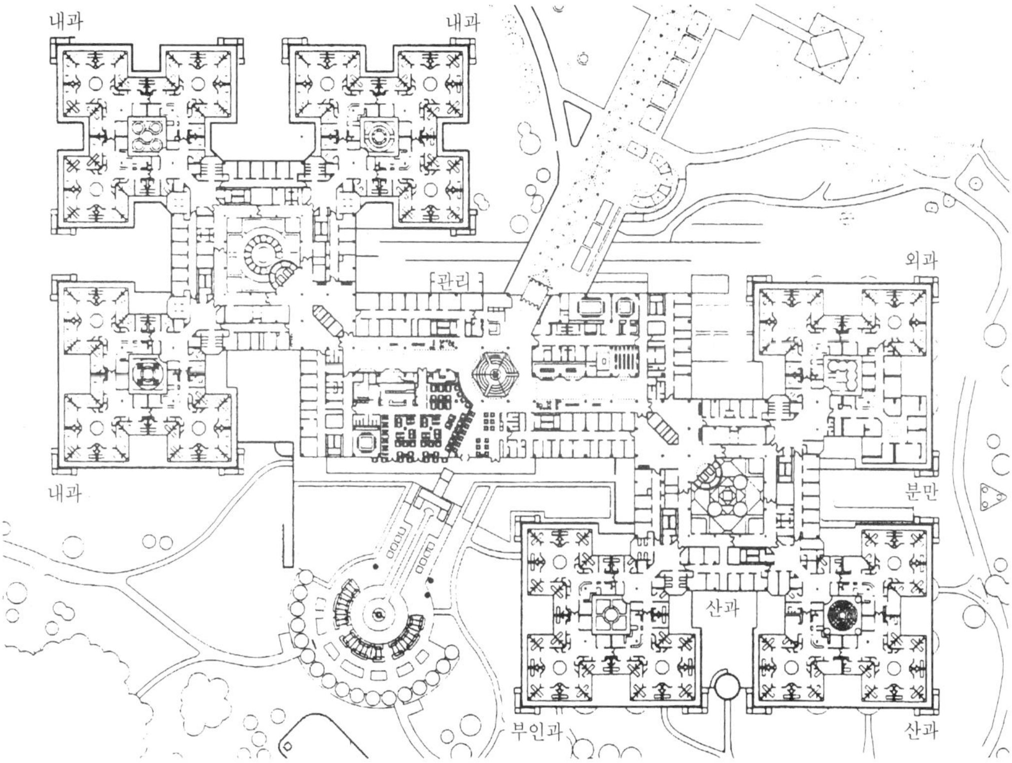

그림 1-22 뉘른베르그 병원 평면도(독일)[15]

1-3-4 프랑스의 의료제도와 병원

1. 보험의 종류

1978년 국민개(皆)보험이 시작되었다. 단, 보험의 종류는 상당히 많고 복잡하다.

주된 제도는 다음과 같다.

1) 일반보험 : 상공업의 고용인을 대상으로 하는 것으로 전체 보험의 80%를 차지한다.
2) 농민 보험 : 농민을 대상으로 한 것
3) 자영업자 보험 : 자영업자를 대상으로 한 것
4) 특별보험 : 일반보험에 포함되지 않은 공영기업의 종업원과 광산노무자 · 선원 등을 대상으로 하는 10종류의 보험

15) Journal of JIHA : op.cit.

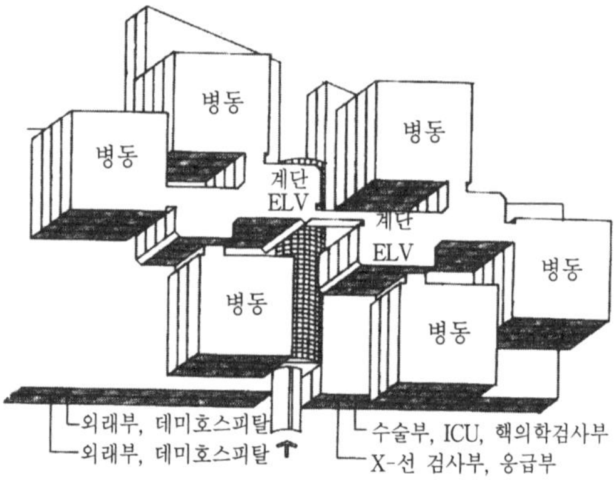

그림 1-23 산 루이 병원 배치도(프랑스)[16]

2. 개업의와 병원근무의

병원과 개업의가 경영하는 진료소가 있다. 병원은 공립과 사립(비영리 병원, 영리를 위한 병원)이 있다. 환자는 외래 · 입원 어느 시설을 이용하든 자유이다.

표 1-10 프랑스의 병원 및 병상 수(1981)*

구 분		일반병원	결핵병원	정신병원	합 계
공립병원	병원 수	824	28	223	1,075
	병상 수	298,279	4,000	118,003	420,282
사립병원	병원 수	2,007	120	293	2,420
	병상 수	155,608	7,031	18,130	180,769
합 계	병원 수	2,831	148	156	3,495
	병상 수	453,887	11,031	136,133	601,051

※자료 : 의료보장－ 해외의 의료보장제도와 의료－프랑스편(일본).

개업의는 일반 가정의 73,000명, 치과 32,000명이고, 병원의 수는 표 1-10과 같다. 병원의 수는 사립이 공립의 배 이상 많으나 병상

16) 伊藤誠 : ヨーロツパ の病院建築, 丸善出版社, 일본, 1995.

수는 공립이 사립의 배 이상 많다.

750병상 규모의 공립병원 병동은 1인실과 2인실의 조합으로 1간호단위 30~35 병상이고 1일 외래환자 수 1,000명 이상이다.

1-3-5 스웨덴의 의료제도와 병원

1. 의료제도

스웨덴의 의료는 중앙정부의 감독하에 각 주정부가 책임을 갖는다(23개 주와 3개의 특별구가 있다).

의료비 지불은 원칙적으로 본인이 지불하지 않고 보험사에서 지불된다. 병원의 외래부라든가 각지에 있는 진료센터에서의 통원진료비는 일부 자기 부담으로 된다.

2. 의료체계와 시설

스웨덴의 병원은 거의 공립으로 인구 대 병상 수는 세계 최고이다. 의사의 95%는 국가 또는 주정부의 공무원으로 민간개업의는 5% 정도이다. 이 개업의도 대부분은 보험의이고 보험진료를 행하고 있다.

의료시설은 다음과 같은 피라미드형의 조직체계를 갖고 있다.

1) 지역중앙병원

전국은 7개의 지역으로 나뉘어 각 지역에서 중앙병원을 설치한다. 이 중앙병원은 의과대학과 관련된 교육병원인 경우가 많다. 이 병원에는 의료기기도 최고 수준의 것을 구비하고 있어 고도의 의료를 할 수 있다. 한 지역의 인구는 평균 100만명으로, 병원의 운영은 그 지역의 주정부가 보조한다. 모든 병원은 외래부를 갖고 있다.

2) 주립중앙병원

각 주정부는 각각 중앙병원을 갖고 있다. 대상 인구는 20~30만명 정도이다.

3) 지역병원

인구 6~9만명마다 설립되는 커뮤니티・호스피탈이다.

4) 진료센터

인구 5천명마다 1차 의료를 위한 시설로서 이곳에는 일반의와 전문의가 근무한다. 외래진찰, 왕진, 건강상담, 질병에 대한 예방활동 등을 한다. 일반주민들의 시설이용 현황을 보면 병원외래부가 53%, 진료센터 30%, 민간개업의 17%로 병원 외래를 더 선호하는 것을 알 수 있다.

5) 보건사

인구 2천명당 한 사람의 보건사를 배치시켜 재택 노인의 방문간호를 담당하게 하고 있다.

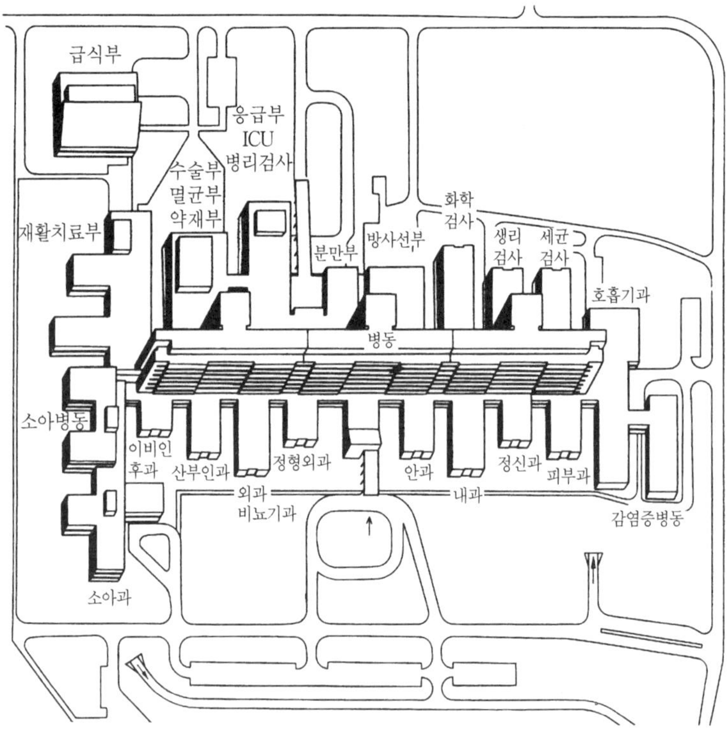

- 철저한 다익형으로 각 과별로 날개가 있고 진료부문도 기능에 따라 날개를 가지고 있다. 인구 27만명에 대응한 주립병원. 지상 8층에 1,084병상. 저층 기단부에 진료와 공급부문이 있다. 설계와 시공에 20년이 소요되었다.

그림 1-24 선즈발(Sundsvall) 병원(스웨덴, 1974년 준공)

6) 전문병원

노인병원, 회복기병원, 정신병원 등 각종 전문병원이 있다.

7) 치과진료

치과의의 반은 공무원이다.

최근에 스웨덴에서는 주민들의 병원 선호에 대하여 지역사회에 밀착한 1차 의료체제를 이용할 수 있는 방안을 연구하고 있으나 실행이 잘 되지 않는다고 한다.

1-3-6 일본의 의료제도와 병원

1. 의료보험

일본에는 모든 국민에 대하여 의료와 연금을 보장하는 제도가 확립되어 있으나, 각자의 직업에 따라 보험의 종류가 다양하다.

1) 건강보험

일반근로자를 대상으로 하는 보험이다. 보험료는 사용자와 피보험자가 반씩 부담하고 일부 국고보조도 있다.

2) 공제조합

국가공무원, 지방공무원, 사립학교 교직원을 대상으로 의료와 연금을 취급한다.

3) 국민건강보험

농민, 자영업자를 포함한 일반주민을 위한 보험이다. 국민건강보험이 실시되는 1961년을 기해 일본에는 국민 개(皆)보험이 달성되었다.

4) 노인보건제도

1983년부터 노인보건법이 시행되어 70세 이상의 고령자와 65세 이상의 와상(臥床) 노인에 대하여는 시·군, 면, 읍에서 보건서비스(예방치료, 재활까지)가 제공된다. 고령자는 의료보험이 적용되지 않고 노인보건제도라는 다른 체계로 흡수되어 의료를 제공하도록 되어 있다.

이상 각 의료보험마다 의료비 지급방식, 본인부담 등에 있어 큰 차가 있다.

2. 의료시설

일본의 병원은 일반병원의 70%가 사립(의료법인·개인)병원이다. 이들 사립병원의 69%는 100병상 미만의 소규모 병원으로 병상수 비율이 45% 정도이다. 300병상 이상의 병원은 반수가 넘는 64%가 공립 또는 공적 의료기관이 차지하고 있으며 사립병원은 겨우 18%이다.

1) 정신병원 : 정신병원이란 정신과 전용병상만을 갖는 병원이다. 일본의 정신병원은 사립이 많아 병원 수로는 87%, 병상 수로는 82%가 사립이다. 전체 정신병상의 1/4은 일반병원의 정신과 병동이 차지하고 있다.

2) 진료의원 : 진료소 수는 약 12만개소이다. 그 중 일반진료소와 치과진료소의 비율은 64 : 35이다. 인구 수와 대비에서 보면 일반진료소가 인구 1,500명당 1개소가 되고, 치과진료소는 2,700명당 1개소가 된다. 일반진료소에는 병상을 갖고 있는 곳이 95%나 된다. 병상을 갖고 있지 않는 곳의 80%가 개인개업의이다. 개인 이외가 개설하는 진료소는 의료과 소재 지역의 면 소재지에서 개설하는 곳이 있다.

   치과의의 97%는 개인이 개설하고 있다.

3) 입원기간 : 일본 병원을 논할 때, 입원기간에 대하여 반드시 언급되어야 한다.

일본의 입원기간은 다른 나라에 비하여 상당히 길다. 전체 평균으로 볼 때 54.6일이다. 병상 종류별로 보면 일반이 39.4일, 정신병원이 538.9일, 결핵병상 215.2일이다.

입원기간이 가장 짧은 미국은 최근 의료비의 감소 정책에 따라 더 한층 입원기간 단축을 시도하고 있다.

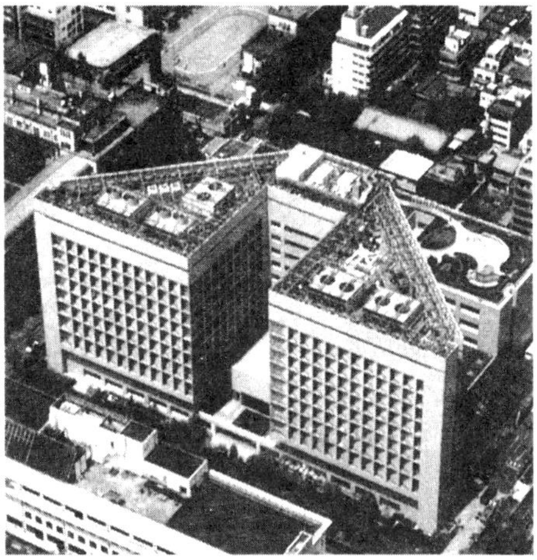

전경(항공사진)

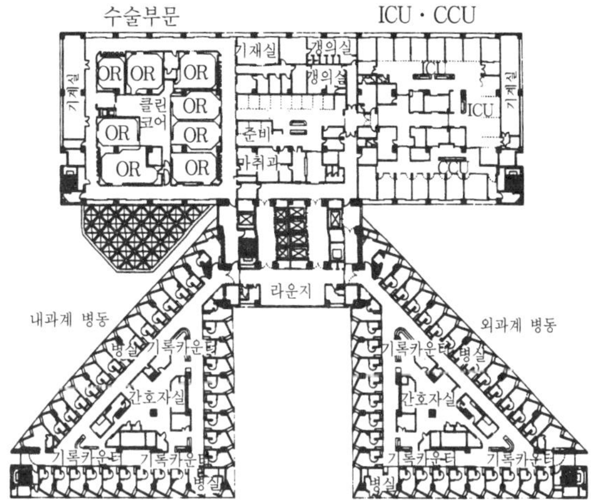

4층 평면도

그림 1-25 성누가 병원 병동 평면과 전경(일본)[17]

1-4 의료시설의 앞으로의 전망

의료시설은 다음과 같은 방향으로 발전될 것이 예상된다.

표 1-11 각국의 입원기간의 예*

	일 반 병 상	조 사 일
미 국	7.9	1979
프 랑 스	13.6	1979
독 일(서)	15.8	1980
스 위 스	14.3	1980
스 웨 덴	12.5	1984
일 본	39.4(일반병상)	1983
한 국	11.5(일반병상)	1993

*자료 : World, Health, Statistics, Annual, 1980, 1993.

1. 의원과 병원의 관계

안과, 이비인후과, 피부과, 치과 등 특정의 진료과를 제외한 내과를 중심으로 하는 일반진료소인 경우도 종전보다 더 병원과 밀착된 관계로 될 것이다. 의원과 병원이 서로 경쟁적인 입장이 아닌 협조적인 체재로의 운영이 예상된다. 환자는 집에서 가까운 주치의 의원에 가서 1차 진료를 받고 그곳의 소개를 받아 병원으로 가는 체제로

37) 현대건축작품시리즈, 복지 · 병원건축, p. 65, 건축도서출판사, 1995.

될 것이다. 한편 병원에서는 의원에서 할 수 없는 보다 더 전문적인 의료행위만을 하게 될 것이다. 주치의 제도가 확립되면 상호간의 관계는 보다 협조적인 관계가 될 것이 예상된다.

2. 계속적인 의료

병원이나 의원에서는 급성기 환자만을 대상으로 진료를 하고, 만성환자 또는 노인들을 위한 각종 전문의료시설이 더많아 질 것이다.

1) 노인을 위한 시설

고령자를 위한 시설로서 노인전문병원, 경증노인을 수용 간호하는 시설, 유료 노인 홈이 더 증가할 것이고 재택 노인을 간호하기 위한 기지도 탄생될 것이다.

2) 재활시설

급성기로부터 시작되는 재활요법을 더 계속하여 입원, 통원 양쪽을 받아들이는 재활센터가 더욱 많아질 것이다. 정신질환 또는 암환자를 위한 재활의 요구도 증가될 것이다.

3) 건강관리센터

질병을 예방하고 건강관리를 적극적으로 하기 위한 시설이 많아질 것이다. 최근에는 소위 말하는 헬스클럽 등과 같은 시설이 병원과 병설 또는 인접지에 건립하여 개인의 체력에 적합한 운동을 지도하게 될 것이다.

3. 병원의 전문화

병원의 전문화가 진행될 것이다(예 : 소아병원 · 모자병원 · 암전문병원 · 심장센터 등).

4. 운영시스템의 변화

병원 건축은 운영시스템의 변화에 따라 달라질 것이다.

5. 기술의 진보

과학의 발달과 기술의 진보에 따라

1) 의료기기의 계속적인 발전으로 병원건축은 영향을 받는다.
2) 설비의 고도화와 더불어 설계의 자유도 확대될 것이다.

6. 외래부의 변화

3차 의료기관의 병원에서는 외래부는 단계적으로 현재와는 다른 형태로 바뀌어질 것이다.

7. 다인실의 변화

병동에서는 6인실보다는 4인실 또는 2인실, 1인실의 요구가 늘어날 것이다.

8. 간호단위의 변화

병동에서는 환자 가족들이 간호사의 업무를 덜어주고 있어 간호단위가 현재는 40~50병상으로도 운영이 가능하나 앞으로 완전간호의 방향으로 갈 것이 예상되고, 그에 따라 간호단위도 현재보다는 적은 병상 수로 되어질 것이다.

참 고 문 헌

1. 보건사회통계 연보, 1993~1998.
2. 吉武泰水 : 建築學便覽 10編 18 병원, 日本建築學會編, 일본, 1981.
3. 吉武, 渡辺, 伊藤(譯編) : 綜合病院の設計と構造, 일본, 1981.
4. 病院の地域化, 鹿島出版社, 일본, 1967.
5. 岡田, 栢原, 他 : 現代建築學, 建築計劃 2, 鹿島出版社, 일본, 1991.
6. U.S. Public Health Service : Design and Construction of General Hospitals, 미국, 1978.
7. 西ヨーロッパ諸國の病院體制 病院管理, 일본, 1967.
8. 長澤泰 : イギリスの病院と省エネルギー, 病院設備, Vol. 22, No. 4, 일본, 1980.
9. 한국의학 100년사(上), 의학출판사, 1984.
10. 의학신보
11. ヨーロッパ の病院建築, 丸善出版社, 일본, 1995.
12. 新建築學大系 31, 病院の設計, 彰國社, 일본, 1987.
13. 現代建築작품시리즈, 복지・병원건축, 건축도시출판사, 한국, 1995.

제2장 병원건축의 개념과 특성

여러 가지 건축 중에서도 병원건축은 특별한 건축으로 취급되어져 왔다. 그 원인을 살펴보면 시설을 이용하는 계층이 남녀노소, 병약자 등 많은 부류의 사람들이고, 건물을 사용하는 시간도 24시간 동안 끊임없이 사용된다. 뿐만 아니라 병원에는 각종 의료장비가 많고 고도의 설비를 요하는 등 다른 건축물에서 흔히 볼 수 없는 특색이 많다. 이와 같은 복잡한 기능을 갖는 병원을 계획하기 전에 그 특색을 개괄적으로 알아본다.

2-1 병원의 정의

병원이란 한 마디로 말해서 호텔 서비스(hospitality)와 진료를 합한 것이라 할 수 있다. 의료법에 의하면, 의료인이 공중 또는 특정 다수인을 위하여 의료·조산업을 행하는 곳을 의료기관이라 하며, 의료기관을 종합병원, 병원, 치과병원, 한방병원, 의원, 치과의원, 한의원, 조산소로 구분하고 있다.

여기서 말하는 병원은 의사가 의료를 행하는 곳으로 입원환자 20인 이상을 수용할 수 있는 시설을 갖춘 의료기관을 말하며, 종합병원은 입원환자 100인 이상을 수용할 수 있는 시설을 갖추고 진료과목이 적어도 내과, 일반외과, 소아과, 산부인과, 방사선과, 마취과, 병리과 및 치과가 설치되어 있고, 각 과마다 필요한 전문의를 갖춘 의료기관을 말한다. 이상은 법적인 정의이다.

세계보건기구(World Health Organization)에서는 병원이란 사회 및 의료조직의 불가결한 역할을 수행하는 기관으로서, 그 기능은 지역사회 주민들에게 치료와 예방을 통합하는 포괄적인 의료를 서비스하고, 외래진료 활동에 있어서는 가족의 건강 증진은 물론, 가정환경 개선의 노력까지 포함하여야 하며 또한 병원은 의료종사자들의 훈련과 생물학 및 사회학적 연구의 중심기관이라고 정의한다.

이상과 같은 병원은 종전과는 달리 병원에 찾아오는 환자만을 치료하는 것이 아니라, 지역사회 주민을 대상으로 진료, 예방보건 활동과 건강 증진을 위한 연구와 훈련까지를 행하는 기관으로 변천되어 가고 있다.

2-2 병원의 기능

병원의 기원은 가난한 환자를 수용하던 시설이었다. 점차 현대적 병원으로 발전됨에 따라 모든 의료의 중심으로 되었다.

표 2-1 포괄의료시설의 종류

<table>
<tr><th colspan="2">의료수준</th><th>시설명</th><th>기능과 성격</th></tr>
<tr><td colspan="2" rowspan="2">보 건</td><td>보건소</td><td>질병의 예방, 건강 증진, 환경위생 등에 관한 공중위생 활동의 거점. 도시형, 농어촌형 등 지역 인구에 응한 기준이 있다.</td></tr>
<tr><td>모자보건센터</td><td>모성 또는 유아의 보건지도 또는 조산을 행하는 곳</td></tr>
<tr><td rowspan="6">의료</td><td rowspan="2">의료법에 의한 분류</td><td>의원</td><td>병상 수가 19개 이하의 유상의원과 병상 수가 없는 의원이 있다.</td></tr>
<tr><td>병원</td><td>병상 수가 20개 이상인 의료시설</td></tr>
<tr><td rowspan="4">대상질병에 의한 병원의 분류</td><td>종합병원</td><td>결핵, 정신병, 전염병 등의 전문질환을 제외한 환자를 대상으로 한 100병상 이상의 병상을 갖는 병원</td></tr>
<tr><td>결핵병원</td><td>결핵환자를 수용하는 시설</td></tr>
<tr><td>정신병원</td><td>정신질환을 갖는 환자를 수용하는 시설</td></tr>
<tr><td>전염병원</td><td>법적 전염병 환자를 격리수용하는 시설</td></tr>
<tr><td colspan="2">재활</td><td>재활병원</td><td>재활전문병원. 우리나라에는 아직 없다.</td></tr>
</table>

병원의 기능은 첫째가 환자들에 대한 진료이다. 진료, 즉 진단과 치료는 병원 고유의 기능으로, 외래환자, 응급환자 및 입원환자를 진료한다. 외국의 경우, 개인 의원이나 소규모의 병원에서 진단 치료할 수 없는 각종 질환의 환자를 의뢰받아 진단하여 이를 다시 의뢰한 병원·의원에 회송하여 주는 역할이 포함된다.

때로는 치료센터로서의 역할도 한다. 암센터, 심장센터가 그것이다.

이러한 의료서비스는 환자가 상대적으로 많지 않으나 의료시설을 필요로 하는 경우에 환자를 한곳에 모아 이를 진료하고 예방, 재활까지 포함하여 진료에 임한다. 그 외의 기능으로는 의학 교육, 훈련을 들 수 있다. 의학의 교육 및 훈련은 실제로 환자를 대하면서 교육·훈련을 해야 하기 때문이다.

원래 의과대학 부속병원은 의과대 학생 및 관련 의료분야 종사자들에 대한 교육훈련을 위한 실습장소로서, 학생과 인턴·레지던트, 그리고 각종 의료인력의 교육을 담당하며, 또 연구와 진료센터로서의 역할을 한다.

또, 근년에는 병원의 기능이 세분되어 이전에 없었던 새로운 단일기능을 갖는 병원이 탄생 운영되고 있다. 소아병원, 모자병원, 노인병원, 주간병원(day hospital), 야간병원(night hospital), 통원수술(day surgery), 소 요양소 등 전통적인 진료기능에서 벗어난 프로그램이나 제도 등이다.

2-3 병원계획에서의 건축가의 역할

병원은 각종 건축의 설계 중에서 가장 어렵다고는 흔히 말하고 있다. 전문적인 진료상의 요구라든가 복잡한 원내의 업무를 이해하고 급속히 발전하고 있는 의학, 공학 기술에 대응할 수 있는 건축, 설비를 구체적인 형태로 제안하여야 하기 때문이지만, 그보다 더 어려운 점은 또 다른 곳에 있는 것 같다.

건축가는 건물을 이용하는 이용자의 입장에서 생각을 하여야 하고, 그들의 활동에 적합한 장을 설정하여야 한다. 그러나 병원의 이용자는 매우 다양하기 때문에 부문에 따라 그 이용자의 주체가 다르게 된다. 병동에 한정시켜 볼 때 그 존재 목적으로 보아 이용자의 주체가 환자임이 분명하지만, 실제의 설계과정에서 나오는 의견은 의사라든가 또는 병원의 직원들의 의견에 그치는 수가 많다. 물론 이들의 요구를 무시할 수 없다. 역으로 진료기능이나 노무관리를 도외시하고는 좋은 병원이 될 수는 없는 일이지만, 진료를 받는 약한 입장에서나 가정이나 사회 생활로부터 원내에서 생활하여야 하는 환자들의 의견을 건축가가 대변하여야 한다.

환자가 입원하여 생활하는 동안 일어나는 여러 가지 요구사항은 진료, 간호 또는 관리상의 요구와 대립되는 점이 많기 때문에, 병원계획에서 어려운 점은 이와 같이 합리성·효율성을 중시하는 면과 거주성·정서성을 중시하는 면을 잘 조화시켜야 하는 점이라고 생각된다.

우리나라의 병원은 병원장 개인의 힘으로 크게 성장된 곳이 많다. 종전의 병원설계에서 보면 병원설계의 발주자는 병원장이 대부분이다. 그러나 병원의 성격은 점차 공적인 것으로 되어가고 있어 원장 개인의 취향에 따르는 발언권이 점차 줄어들 것이 예상된다. 병원의 합리적·능률적인 관리 운영의 지식이나 사고방식이 원장의 개인적인 기호에 앞서가고, 병원관리의 사고방식이 병원계획의 기초로 될 움직임을 보이고 있다.

병원관리는 병원건축계획과 내용적으로 잘 대응되어 있어 관리방식이 병원건설에 개입하므로 병원건축계획은 앞으로 더 많은 발전을 가져올 것이 예상된다. 그러나 병원관리학은 어디까지나 병원운영의 합리화·능률화를 목표로 하는 것이지 환자·간호사·의사들, 즉 병원을 이용하는 사람들의 편리함을 위함은 아니다. 어느 면으로 볼 때 건축설계자의 입장과 모순되는 경우도 있다.

이와 같은 어려움 속에서 건축가는 병원건축의 전문적인 지식의 축적은 물론이고, 환자·간호자·의사 등 병원을 직접 이용하는 사람들의 편리함, 쾌적함에 대한 주의 깊은 관찰로 문제를 풀어 나가야 할 것이다.

간호사의 노동력 부담을 덜어주는 것도 중요하다. 앞으로 점차 완전간호체제로 병원이 변화됨으로써 환자의 간호는 전적으로 간호사에 의존해야 한다. 이때 간호사의 작업동선을 단축시키는 일이라든가, 작업을 능률적으로 처리할 수 있는 계획을 통해 간접적으로 환자에게 더 좋은 간호를 할 수 있게 된다.

2-4 병원건축의 특성

병원건축은 기능적으로 복잡하고 계획시에 병원 관리 및 운영에 대한 지식을 갖추어야 하는 등 건축 이외의 전문적인 지식을 갖추어야 한다. 뿐만 아니라 이들을 슬기롭게 종합시키는 건축가적 능력이 요구된다. 병원설비계획과의 조정에도 건축가의 탁월한 능력이 필요하다. 병원만큼 많은 종류의 이용자들이 있는 건물도 드물다. 남녀노소의 이용자와 많은 수의 의사, 간호사, 각종 의료 전문직 고용자들이 원내에서 각종의 일을 담당하고 있다.

병원 내에서 근무하는 사람들의 직종과 인원은 다음과 같다.

표 2-2 병원 내에서 근무하는 각종 전문직종

의 료	의사, 치과의사
간 호	간호사, 조산원, 간호 조무사
진료보조	약제사, 임상검사기사, 방사선기사, 물리치료사(PT), 작업요법사(OT), 치과기능사, 치과위생사, 간병인
사 무	사무직원
서 비 스	영양사, 조리사, 열관리기사, 전기기사, 운전기사, 의공학기사

우리나라의 병원의 경우 일반적으로 100병상당 직원 수는 의료 15명 전후, 간호사 50~60명, 진료보조 15~20명, 사무 10~15명, 서비스 20으로, 합계 110~130명 정도이다. 일본의 예는 우리나라보다 적은 수로, 100병상당 90명 전후이다. 그러나 구미의 경우 100병상당 약 200~300명 정도가 일반적이다.

이와 같은 병원의 특징과 계획시에 유의하여야 할 사항을 정리하여 보면 다음과 같다.

1) 다른 건물에 비하여 용도가 다른 작은 실들이 많다 : 이 실은 특히 프라이버시를 요구한다. 각 실의 칸막이 방식에도 임시칸막이(외래진찰실)로부터 방사선실 및 아이소토프 치료실의 두꺼운 벽 등 여러 가지이다.
2) 이 실들은 개별적이 아니라, 부문별로 몇 개의 존으로 나누어 계획되어야 한다.
3) 각 실에는 물, 전기, 가스, 고압증기 등의 여러 설비가 필요하다. 다른 건축에 비하여 부대설비가 많아 건축공사비도 많아진다. 이 설비계획은 건축계획과 동시에 진행되어야 하며, 설비배관은 쉽게 수선할 수 있는 방식이어야 한다.
4) 병원에는 많은 종류의 이용자(입원, 외래환자, 각종 병원직원) 외에 여러 종류의 물품(음식, 세탁물, 시체)이 원내를 이동한다. 이 이동을 분류하고 출입구를 설정하려면, 명쾌한 동선계

획이 필요하다.

5) 원내에서 환자와 물품의 이동은 바퀴차(각종 운반차, 환자 수송차, 배선차, 이동식 의료기기 등)로 행하여진다. 그러므로 통로의 폭, 출입문의 폭은 여유가 있어야 하고, 출입구의 단차를 없애야 하며, 부득이한 경우 램프를 설치한다. 바닥 마감은 바퀴차의 이동을 고려해야 하며, 벽체가 바퀴차에 손상을 입지 않게 하기 위한 보호책이 필요하다.
6) 원내에는 소음이 많이 발생한다. 발자국 소리, 문 닫는 소리, 물 사용에 따른 소리 등 환자의 안정을 저해하는 소음이 많다.
7) 건축디테일은 위생적인 마감으로 해야 하며, 청소하기 쉬운 마감으로 설계되어야 한다. 예를 들면, 먼지가 고이지 않게 하는 방안, 청소하기 쉬운 방안을 염두에 둔 마감으로 하여야 한다.
8) 건강한 사람이 이용하는 건물이 아니므로 화재 및 재난이 발생했을 경우에 대한 특별한 대비를 고려하여야 한다.
9) 병원은 항상 증축의 가능성이 있는 건축물로 계획하여야 한다.

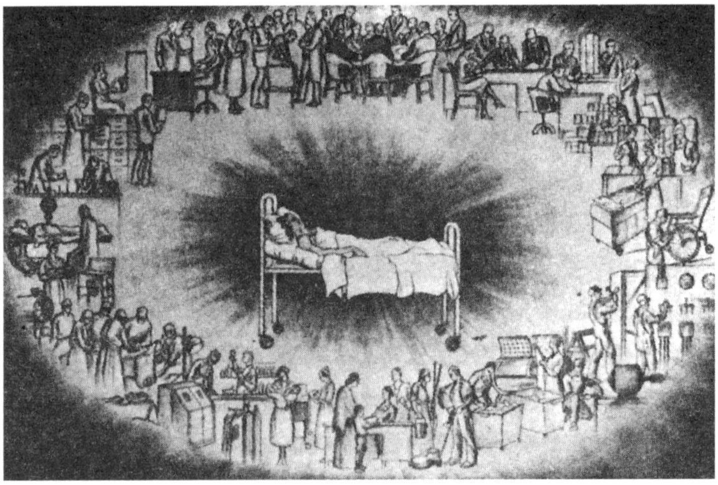

그림 2-1 병원에서 행하여지는 일의 범위[1)]

M.T. MacEachern 저서 Hospital Organisation and Management에 수록된 사진으로 환자를 중심으로 많은 병원관계자들이 힘을 합쳐 일을 하고 있는 모습이다. 주위의 사람들로는 병원운영위원회와 의료사회 사업가들이 있다. 좌측에는 진료관계인들 우측에는 관리・서비스 관계인들이 그려져 있다. 서로가 하고 있는 일은 각각 뜻이 있다. 미국의 병원 활동을 잘 나타내는 것으로 흥미롭다.

1) 吉武泰水 外 : 建築學大系 34, 病院, 彰國社, 新訂 第1版, 東京, p. 24, 1969에서 재인용.

10) 층고가 어느 정도 이상 필요한 부분과 그렇지 않은 부분이 있어 증축에 어려움이 따른다. 장래의 증축의 가능성을 미리 염두에 둔 층고를 결정하여야 한다.

2-5 병원의 관리 · 운영과 건축계획

병원의 건축계획은 기능적인 면을 풀어가는 것과 같은 비중으로 관리 · 운영방식을 사전에 검토, 결정하여야 한다. 병원이 개원된 후 설계의도와 병원에서의 실세 운영방식의 차이로 인하여 문제점이 발생되는 경우가 많다.

건축은 완성 후에 사용방식을 바꾸면 사용에 불편할 뿐 아니라 어려움이 따르게 된다. 치밀한 계획과 아이디어로 설계된 병원에서 전혀 사용되지 않는 실들을 볼 수 있는데, 그 원인은 건축가가 관리 · 운영에 대한 목표 수립이 미흡했기 때문이다.

영국에서는 병원설계에 착수하기 전에 병원의 운영정책의 검토를 중요시한다. 새로이 건설될 병원의 사용방법을 생각하는 것으로, 병상 수, 진료기능이라는 기본적인 사항에서부터 린넨교환 빈도와 방식이라는 구체적인 운영사항까지를 포함한다. 이 운영방식을 검토하는 작업은 여러 병원관계자들의 요구를 취합하는 것이다. 그러나 그 정책을 설정했다 해서 반드시 실제조건에 합당한 병원이 되는 것은 아니다. "효율성이 좋은 병원"이라는 운영방식이 결정되어도 이것이 직접적으로 병원의 형태로 변화되는 것이 아니다. 병원의 이용방법을 결정한 후 병원형태를 결정하는 디자인정책으로 운영정책을 전환시켜야 한다. 이 작업이 설계자의 가장 중요한 능력이 된다.

이 운영방식과 디자인방식의 설정이 완료된 후에 구체적인 설계가 진행되어야 한다. 그러나 우리나라의 예를 볼 때, 운영 및 디자인방식을 수립하기도 전에 설계가 진행되는 것을 흔히 볼 수 있다.

실제의 설계가 이루어지는 단계에서도 대지조건, 예산의 제한, 기술상의 문제 등으로부터 처음에 설정한 디자인방식을 재검토한다든가, 또는 처음에 설정한 방식이 보다 현실적인 방향으로 수정돼야 할 경우도 생긴다. 수정된 사용방식이라든가 기본방침은 또 다시 설계에 피드백되어 최종적인 설계안이 현실적인 사용방식과 일치될때까지 몇 번이고 되풀이된다. 주어진 설계조건이 고정적인 것이 아니고 필요에 따라 설계자측에서 새로운 방식을 제안할 수도 있다.

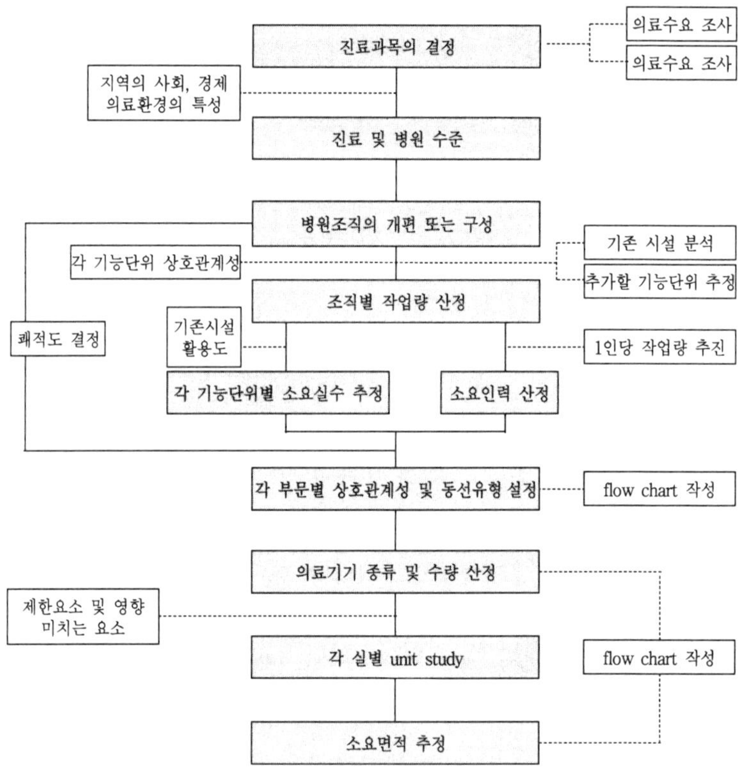

그림 2-2 병원기능계획의 진행과정

병원에서 여러 사람들의 서로 다른 요구를 파악한다는 것은 어려운 일이기 때문에 영국에서는 설계팀에 건축가 외에도 의료기획전문가, 간호기획자, 관리자를 포함시킨 전문기획팀을 구성하여 서로 대화를 나눈다. 관리운영의 방침이 바뀌면 건축계획의 수법도 달라진다. 이를테면 외래환자 진료가 예약제로 운영되면 접수창구, 약제부, 외래진찰실의 대기 공간은 줄어든다. 좀더 구체적으로 운영관리 방침이 건축계획에 미치는 영향을 열거하여 보면 다음과 같다.

1. 간호도별 간호단위 구성

환자의 병상을 필요한 간호도에 따라 단계적인 간호단위 구성을 하는 방식을 간호도별 간호(PPC : Progressive Patient Care)라 한다. 이것은 ① 중증환자를 한곳에 모아 중점적으로 치료간호를 행하는 집중치료병동(ICU : Intensive Care Unit) ② 환자가 자신의 신변을 처리할 수 있는 경증환자를 위한 경증병동(self care unit) ③ 양자의 중간층 에 해당하는 환자를 위한 중등증 병동으로 나누고 있다. 이와 같은 간호도별 간호단위 방식을 PPC라고 한다.

PPC가 우리나라에 소개된 것은 오래 전이다. 이 사고방식을 전면적으로 도입하고 있는 병원은 그리 많지 않지만 ICU(중환자실)는 모든 병원이 설치하고 있다. 이때의 ICU를 신경외과적인 ICU와 순환기외과적인 ICU는 원래 이질적이라고 보고 분리할 것인가, 아니면 합쳐 운영할 것인가가 문제시된다.

PPC의 전면적인 도입이 되면 간호단위의 구성, 규모 또는 병동구성에 크게 영향을 준다.

2. 중앙화와 분산화

병원 전체 속에서 서비스 부문을 중앙화할 것인가, 분산화할 것인가의 문제가 있다. 또 부문 안에서도 각종 시설설비의 중앙화와 분산화가 있다. 이들의 결정은 관리운영상 중요할 뿐 아니라, 건축계획에도 많은 영향을 미친다.

1) 멸균소독작업

근대 병원의 조건 중에 하나가, 필요한 설비와 인원을 중앙화시켜 작업의 정밀도를 높이는 것이었다. 그러나 최근에 이르러 고도의 청결조건하에서 관절치환수술이나 심장수술을 하는 등 수술의 내용도 변화되어 가고 있어, 수술실은 더한층 엄밀한 청결관리가 큰 관심사로 등장하게 되었다. 그 해결 방안으로 수술부와 수술부 이외의 멸균소독이 내용적으로도 다소 차이가 있어 수술부에는 전용의 소독멸균설비를 분리 독립으로 설치하려는 움직임이 있다. 즉, 중앙화된 소독멸균부를 둘로 나누자는 것이다. 이것 역시 관리운영적인 측면이다. 또 병력기록을 중앙에서 보관하느냐, 각 과에서 보관하는가도 결정되어야 한다.

2) 부문 내 설비의 중앙화와 분산화

병동 내 환자용 화장실의 예 : 선진국의 병동에서는 화장실은 분산형이 일반적이다. 최근 우리나라에서도 생활 수준의 향상으로 화장실을 병실에 두는 이른바 분산화 화장실을 설치하는 곳도 볼 수 있다. 이 현상은 단순히 생활 수준의 고급화에만 기인한다는 것 외의 또 다른 문제도 있다. 수술 후 환자가 조기에 병상을 벗어나도록 하기 위하여 병실에 화장실을 두는 것이 좋다고 한다. 병실 내에 있을 경우 가능하면 자신의 힘으로 화장실에 가려고 노력한다. 이것은 간호사와 환자측 양쪽에 눈에 보이지 않는 치유 효과와 비용적 절감까지를 포함한 장점이 있다고 한다.

3. 인력 의존은 어디까지 하여야 하는가?

병원 안에서는 사람・물품의 움직임이 높은 빈도로 발생한다. 이 움직임의 많은 부분이 계획화되면, 이동 기기의 개발이 용이해진다. 그러나 병원에서의 움직임은 단순한 계획성에 입각한 것은 그리 많지 않다.

계획적이 아닌 것을 기계 도입으로 사람 손을 대신하는 것은 쉬운 일이 아니다. 약품공급도 정규공급보다 임시공급이 많다. 무게와 부피도 천차만별이다.

병원에서 의료 및 간호 서비스는 사람이 행하는 것이다. 단독으로, 또는 여러 명의 팀의료, 팀간호가 있다. 직접 환자와 접촉을 갖는 사람과 그것을 지원하는 팀작업은 사람과 사람의 마음의 교류로 이루어진다. 사람이 쓰는 물품은 사람 손으로 사람에게 전달되는 것이 좋다고 생각된다. 병원은 물품을 생산하는 단순한 공장은 아니다. 반송설비가 거의 없는 병원을 기획하는 곳도 있다. 사람은 더 이상 늘리지 않고 고가의 반송설비에는 얼마든지 투자하려는 병원이 많다. 반송설비가 없는 곳은 근대 병원이 아닌 것으로의 인식은 반성하여야 할 것이다.

4. 외주를 어디까지로 할 것인가?

종전에는 모든 부서가 병원에 갖추어져야 병원이 기능하였으나, 점차로 병원의 여러 부서가 외주에 의존하는 양상을 볼 수 있다. 외주를 가장 많이 실시하고 있는 부서는 세탁부이다. 소규모 병원인 경우 검사 부문도 외주에 의존하는 곳이 많아지고 있다. 앞으로는병원의 급식부도 일반식인 경우 비행식과 같이 외주에 의존하게 될가능성도 많다. 약국의 조제도 외주에 의존할 가능성이 많은 부서이다.

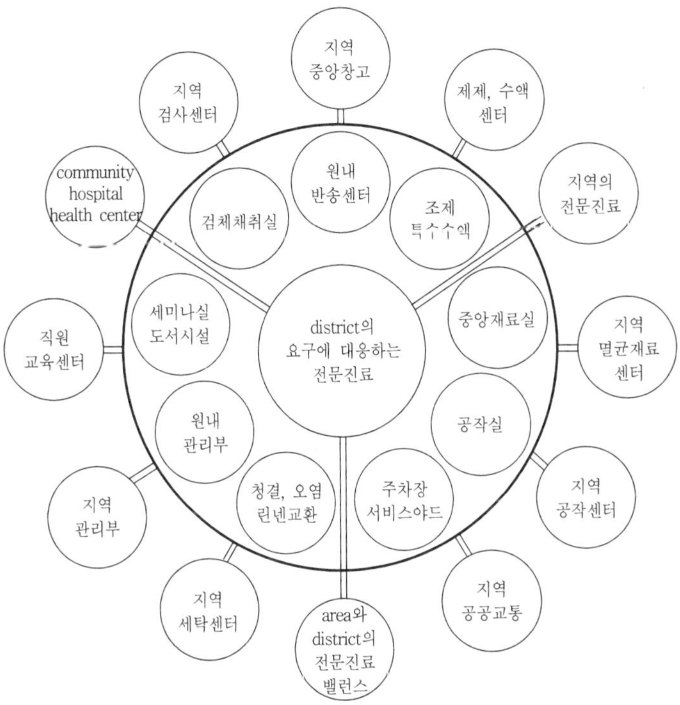

그림 2-3 뉴클리어스 병원의 지역과의 관련

그림은 영국 뉴클리어스 병원계획에서 병원 내에 반드시 필요한 부서와 병원 밖에 있어도 되는 부서를 제안하고 있다.

병원은 어디까지나 질병에서 벗어나려는 환자들에게 치료를 위한 장소인 동시에 그들을 간호하는 곳이라고 볼 때 관리 · 운영의 원칙도 이 정신에서 이탈해서는 안된다. 서로의 체온을 느끼면서 서로가 서로를 신뢰하는 가운데 생과 죽음을 향하여 같이 걸어가는 관계가 병원 관리 · 운영의 원점이라는 인식하에 병원건축을 생각하여야 할 것이다.

2-6 병원건축의 실내환경

병원에는 실내 요구조건이 다른 많은 종류의 실로 구성되어 있다. 이 실들은 작은 실로 된 것이 많아 실내환경에 대한 충분한 사전검토가 이루어져야 한다.

병원의 실내환경을 생각할 때 크게 병실, 치료관계실, 그리고 수술실로 나누어 각 실에 대한 물리적인 조건(감각온도, 공기의 청정화, 그리고 실내의 통풍환기)과 심리적인 조건을 같이 고려하여야 한다.

병실은 환자가 24시간 체재하는 곳이고 특히, 환자라는 특성을 고려하여 그들이 편안하게 느낄 수 있는 심리적인 측면을 주의깊게 살펴 계획되어야 한다.

최근에 건립되는 많은 병원은 환자들에게 즐거움을 주기 위하여 대형 아트리움, 높은 천장을 통한 개방감, 또는 사인보드의 형태, 색상을 디자인하여 새로운 느낌을 즐기게 하기 위한 노력이 엿보인다.

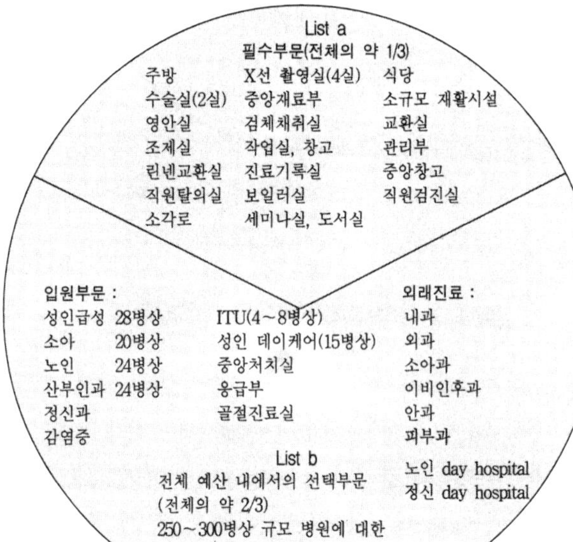

그림 2-4 뉴클리어스의 필수부문과 선택부문

환자들이 즐기는 색채계획은 매우 중요하다. 색채계획에서는 보통 생각하는 장식성과 예술성에 더하여 물리적, 심리적, 생리적 작용을 객관적으로 고려하여 환자들에게 치료상 효과도 고려하여야 한다. 그러기 위하여는 ① 밝고 기분 좋게 느낄 수 있는 것 ② 눈에 피로감을 덜 줄 것 ③ 능률 향상을 도울 것 ④ 사고재해를 적게 할 것 ⑤ 정리정돈된 느낌을 줄 것 ⑥ 유지관리가 쉬울 것 등이 요구된다.

실내환경을 좌우하는 것 중에 하나가 실내 마감재료의 선택이다. 병원 실내의 마감재에 대하여 요구되는 두 가지 경향은 ① 위생적이어야 할 것 ② 거주성이 좋아야 할 것 등이다. 그러나 ①, ②는 서로 상반된 요구를 한다. 위생적인 것은 딱딱하고 차다. 위생적인 재료는 소리도 흡음하지 않아 거주적인 요구에는 거리가 멀다. 그러나 위생적, 거주성이라는 것은 실의 용도에 따라 무게를 다르게 생각해야 할 것이다. 수술실, 치료실, 주방의 조리실, 화장실 등은 위생적이어야 하지만 거주성은 다소 약해도 된다. 거주성에 대하여도 장기만성 병동과 중환자실을 생각하면 어느 쪽이 더 거주성을 중요시해야 하는지를 판단할 수 있다. 거주성을 고려하여 병동 복도에 카펫을 깔고 있는 미국의 병원과 우리나라의 인조석 물갈기와 비교해 볼 때 인조석 바닥은 거주성이 완전히 무시되고 유지관리에만 신경을 쓰고 있다고 볼 수 있다.

최근에 이르러 미국 등지에서 많이 사용되는 의료용 카펫의 효용성은 다음과 같다.

① 소음방지효과 ② 안전성(보행하는 환자에게 안전하다) ③ 부드러운 실내효과 ④ 쾌적한 거주성 ⑤ 환경위생상의 효과(부유분진 감소, 낙하세균의 감소) ⑥ 청소원의 노동력 감소 ⑦ 종업원들의 피로 감소 ⑧ 기물 낙하시 파손율 감소 등 많은 장점이 있다. 그러나 아직 매우 고가이어서 우나라에서 보편적으로 사용하기에는 시간이 걸릴 것으로 생각된다.

2-7 의료기기와 환경

병원에서의 진단, 치료 기기의 진보는 눈부실 정도로 빠르다. 새로이 탄생되는 기기는 매우 고가일 뿐 아니라, 설비도 뒤따라야 한다. 새로운 의료기기를 건축적으로 받아들일 수 있는 공간적 여유도 있어야 한다. 사용 부서별로 중요한 의료기기를 살펴보면 다음과 같다.

1. 중앙검사실

1) 검체 검사

자동 화학분석장치, 자동 혈구분류장치, 자동 혈구계산장치, 자동

염색장치, 초원심기, 전자현미경, 초음파 세정장치, 혈액가스 분석장치 등 의료 분야에서 가장 기계화・자동화가 많이 되어 있는 부문이다.

생화학・혈액 검사는 자동 분석장치라든가, 혈구계산장치 등 자동검사기기가 도입된 곳이 많고, 최근에는 컴퓨터가 내장된 장치가 많아지고 있다. 이들 기기의 증가는 기계가 방출하는 열량이 많아 겨울철에도 냉방을 해야 하는 경우도 생긴다.

2) 생리기능 검사

심전계, 뇌전계, 뇌파계, 폐기능검사기, 초음파 진단장치, 혈압측정장치

2. 중앙방사선실

1) X-선 검사실

단순 X-선 장치, X-선 TV 장치, 단층 X-선 장치, 혈관조영촬영장치, CT 장치, MRI 장치 등 병원에서 가장 고가의 장비가 X-선부에 속하고 있고, 사용 전원도 여러 가지이다. 혈관조영촬영장치 등은 혈관을 노출시키기 때문에 수술실에 준한 청결구역으로 해야 한다. CT장치에는 공기조화설비가 필수적이다.

2) 핵의학 검사실

신치카메라, 신치레이션 카운터, 신치스케너, 핵의학 자료처리 시스템 등으로 구성된다.

3) 방사선 치료실

코발트, 리니악, RI치료, 감마나이프가 사용된다.

핵의학 부분에서는 주로 방사선 동위원소가 사용되는데 인체에 주입할 경우 환자를 격리시키는 시설이 필요하며 전문특수병실이 요구된다.

측정기도 고성능이다. 이를테면 신치레이션 카메라의 검출기는 수정결정체를 사용하기 때문에 시간적 온도차는 금물이다. 사용하는 기종과 양에 따라 폐기물, 환기설비가 법적으로 규제되기 때문에 기종의 변경이나 신설・증설시에는 충분한 배려가 필요하다.

3. 중앙재료소독부

고압멸균장치, 가스멸균장치, 초음파 세정장치, 멸균 재료의 증가와 대형화에 대처해야 하고 가스멸균장치의 도입은 특히 배기에 주의해야 한다. 또 반송기의 자동화는 중앙재료부의 반입·반출구의 배치에 특별한 배려가 필요하다.

4. 중앙수술실

바이오크린 시스템, 무영등, 냉동수술장치, 인공심폐장치, 전신마취장치, 다용도 감시장치, 뇌외과, 심장외과, 또는 장기이식 수술을 하게 되면 기본적으로 바이오크린 시스템의 도입이 필요하게 되고, 설비적으로도 넓은 공간을 필요로 한다. 수술을 할 때에는 많은 수술용 장비가 필요하게 되어 한 수술실의 크기가 $100m^2$ 정도의 넓이를 필요로 하는 경우도 생기게 된다. 의사 또는 간호사를 위하여, 새어 나온 마취가스의 배기장치도 필요하다.

5. 병동(ICU, CCU) 환자감시장치

ICU, CCU의 병실에서는 환자에 대한 감시가 24시간 충분히 이루어질 수 있게 기능화, 기계화가 되어야 된다. 앞으로의 병원은 종전보다 더 많은 새로운 의료기기가 개발도입될 것을 예상한 유연성을 갖는 평면과 설비면에서의 대응이 필요하다.

2-8 병원건축의 설비와 정보 시스템

1. 설비의 기본

병원에서 고도의 진료 및 간호 활동을 유지하려면 각종의 상응한 설비를 필요로 한다. 그 결과 여러 진료실에서는 여러 종의 설비가 상호간에 그리고 건축과 복잡하게 얽혀 있다. 설비공사는 서로 다른 직종이 하게 되므로 설계와 공사에서 건축과 설비는 긴밀하게 연계되어야 한다. 따라서 상세도 또는 각 실의 전개도에 여러 설비와 각종 선반, 카운터 등의 위치와 형상을 표시해야 하며, 가구화, 유닛화, 요소화시키는 방법 등이 나오고 있다.

설비는 '물체, 에너지'의 흐름을 계통적으로 파악하여야 한다. 그러므로 설비계획은 설비에 의존할 것인가, 하지 않을 것인가에서부터 시작하여, 의존할 경우 어떠한 방식으로 하는지를 목적・기능의 다양한 방식 중에서 선택하는 순서로 행하여야 한다. 이에 따르는 '설비계통분류'가 만들어져야 한다. 예를 들면

1) 생활・환경 계통 : 공기조화, 급・배수, 에너지
2) 의료・작업 계통 : 진료, 멸균, 급식, 세탁 등
3) 반송・통신 계통 : 사람, 물체, 정보
4) 제어 계통

병원의 설비는 점차로 고도・고급화되어 건축비에 대한 설비비의 비율이 높아져 가고 있다. 특히 설비와 그 설비와 관계되는 비용을 설비비로 한 전체의 공사비 비율은 60~70%에 도달하고 있다. 그 요인으로는 ① 새로운 의료기기의 도입 ② 방재 ③ 자동제어화 등이다.

그러므로 현 단계뿐 아니라 장래에 설비를 고급화할 수 있는 건축적 대응책도 필요하다.

건축계획과 설비계획은 설계시전제 조건을 파악하는 방법에 차이가 있다. 설비계획에서는 그것이 출발점이 될 수도 있으나, 건축계획에서는 전제조건이 변화 발전할 수도 있어 전제조건 이전부터 출발해야 한다.

설비는 점차 고급화하게 되어 설비가 설비에 의존하게 된다. 특히 제어 계통 설비의 발달은 설비 의존을 증폭시키고 있다.

건축적 환경조성은 ① 건축 자체(방위, 차양, 인동간격)에 의한 자연적 조정과 ② 설비에 의존하는 인공적 조정으로 나누어 생각할 수 있다.

병원에서 환자에 대한 간호는 고도의 진료와 간호를 주로 하는 중환자적인 것과, 노인이나 만성병 환자 등을 위한 토탈케어적인 것이 있다. 후자의 환경은 가능한 한 자연적 조건인 것이 바람직하다.

2. 정보시스템

병원 내에서 정보의 발생과 처리는 다음과 같다.

① 병원에서 발생하는 정보는 각양각색이다.
② 자료가 발생하는 시점과 장소도 다양하다.

③ 전문 분화에 따라 각 진료과라든가 각 부문의 독자성이 강하다.

④ 진료 자료는 정량화하기가 어렵고, 예외적 처리가 많다.

⑤ 환자의 프라이버시에 관한 사항이 많다. 사무소의 사무처리와 같은 단순한 시스템으로는 될 수 없다.

병원의 정보에는 크게 나누어 관리정보와 의료정보로 나눌 수 있고, 양쪽에 관계되는 기본적 정보로는 병력 기록이 있다.

1) 관리정보 처리시스템에는 다음과 같은 것이 포함된다.

환자등록, 진료예약, 창구회계, 진료비 청구, 병상관리, 급식관리, 약제관리, 물품관리, 급여회계.

이상의 정보로 환자 수, 병상이용 현황 등의 정보를 얻어 병원 경영의 자료를 만들고 있다.

2) 의료정보

의료정보시스템은 병원 본래의 것으로 의료 수준의 향상과 의학 연구의 진보에 필요한 것이다. 이용되고 있는 예는 다음과 같다.

(1) 자동화 건강진단

하루에 수십명의 건강인을 대상으로 각종의 검사를 하여 성인병 등을 조기발견하기 위한 것.

(2) 건축설계상의 고려사항은 시스템보다는 수신자가 단시간에 각종 검사를 받을 수 있게 하는 동선처리 방안이 연구되어야 한다.

(3) 검사정보

혈액자동분석기는 검사부에서는 흔히 볼 수 있을 만큼 많이 보급되어 있다. 심전도도 소정의 판독에는 컴퓨터가 설치된다.

(4) 방사선 진단

방사선 진단설비에 CT(컴퓨터 단층 촬영장치)가 있다. 컴퓨터를 이용한 의료기술 혁신의 전형적인 예이다. CT실에는 전용의 컴퓨터실이 부설되어야 한다. 방사선 치료에도 방사선원의 종류라든가 조사방법을 입력하여 환자에게 적절한 선량 분포를 시뮬레이션하는 방사선 선량계산에 컴퓨터가 이용된다.

(5) 환자 감시

ICU, CCU에서는 환자의 생체정보(심전도, 심박수, 호흡수, 체온 등)을 연속적으로 감시하여 의료진들의 의료행위의 의사결정을 위한 자료로 쓰인다. 환자의 생사에 직접 관련되는 의료정보처리의 예이다.

(6) 연구교육

대학병원이나 큰 규모의 병원에서는 의료기술의 개발이나 의학교육을 위하여 의료현장에서 얻은 여러 종의 정보나 병력 기록의 검색 또는 문헌의 검색에 컴퓨터가 사용된다.

(7) 병력관리

병력은 환자 개인에 대한 진료기록이 상세하게 기록된 귀중한 정보로서 병원 정보의 대부분이 이곳에 집약되어 있다. 그러므로 병원의 재산으로 취급되고 병원 중앙에 관리되고 있다.

의료정보로서 사용되는 퇴원한 환자의 병원기록이다. 퇴원 환자의 기록은 요약해서 컴퓨터에 입력시켜 필요에 따라 출력시킨다. 최근의 구미의 병원에서는 병력을 컴퓨터에 입력시키고 병력의 형식을 취하지 않은 곳도 있다고 한다. 심전·뇌파 등의 검사자료라든가 X-선 필름까지를 중앙관리하는 병원도 있다. 과거에는 병력보관실이 창고로 취급되었으나, 최근에는 점차 원내 의료정보센터로 되어가고 있다.

(8) 화상정보시스템

최근 많은 병원이 PACS(화면정보 기록, 전송, 검색, 지원 시스템)의 정비계획에 몰두하고 있다. 우리나라 병원에서도 실시되고 있다. 정밀도가 높은 X-선 화면 등을 대형 컴퓨터에 기록하고 요구에 따라 광통신회선을 통하여 병원 내 필요 부서에 전송하고 있고, 장래에는 인공지능에 의한 진단도 목표로 하고 있다. 또 이 시스템에 의해 진단은 정밀도가 높아지고 환자의 대기시간을 단축시키고 있다.

3. 정보시스템과 건축계획

이상과 같은 정보처리시스템이 병원건축에 어떤 영향을 주는가를 알아보면 다음과 같다.

컴퓨터가 병원에 근본적인 변화를 주기보다는 부분적인 변화를 준다는 것은 부정할 수 없는 사실이다. 그것을 좀더 구체적으로 보면

1) 외래 접수창구에 단말기를 설치하는 공간이 필요하다. 외래창구의 길이에 대하여 검토가 필요하다.
2) 외래 회계창구에서의 대기시간이 다소 많아진다.
3) CT와 같은 컴퓨터가 부착된 의료설비기기가 출현될 것에 대비하여 컴퓨터 설치 공간과 공기조화설비가 원내 각 부서에 필요하게 될 것이다.
4) 많은 병원 내의 정보가 서류의 형식으로 원내를 이동하고 있으나, 서류는 점차 적어지고 반송설비도 그 필요성이 저하될 것이 예상된다. 그 대신 원내 여러 곳에 단말기가 설치될 것이고, 그 배선이 필요하게 될 것이다.
5) 원내 중앙컴퓨터실은 시스템의 확장에 대응할 수 있는 여유공간과 전기 용량, 배관 스페이스, 공조 용량에 증설이 가능한 것으로 계획되어야 할 것이다.
6) 정보화 기반시설의 필요공간은 전산실이 병원 연면적의 0.13%, 통신실 0.1%, 그 외에 중장비실이 필요하다.

제3장 병원의 전체계획

본 장에서는 병원계획의 첫 단계인 의료수요 예측방법에 대한 서술을 한다. 어느 특정지역에 의료시설을 계획할 때 고려하여야 할 의료시설 설치망에 대하여 살펴보고, 병원시설의 이용현황과 병원의 부문별 면적비율에 대한 우리나라의 현황을 알아본다. 그리고 병원의 배치계획, 형태계획, 동선계획, 그리고 성장과 변화에 대한 계획에 대하여 서술하고자 한다.

3-1 병원의 전체계획

3-1-1 진료권과 의료수요 예측

병원은 지역사회의 성격과 분리하여 계획할 수는 없다. 병원과 지역사회의 관계에 대하여 예측하는 것이 지역의료 계획이다. 지역의료 계획을 위해서는 객관적인 자료에 의한 의료수요 예측이 필요하다. 일반적으로 진료라고 하는 것은 진찰과 치료를 의미한다. '진료권'이라고 하는 것은 생활권에 의료 인력과 시설이 위치하여 진료를 제공함으로써 형성된다. 진료권(catchment area)을 분석하는 것은 병원을 지역시설로 파악하는 생각에서 비롯된 것이다.

사회가 급속하게 변화함에 따라 지역의 의료요구에도 변화가 온다. 이러한 변화에 대응하여 지역시설로의 병원이 필요로 하는 장래의 요구를 예측하는 자료를 작성할 때의 유의사항에 대하여 알아본다.

1. 입지조건과 진료권

병원의 진료권은 무엇에 영향을 받는가?

1) 특정 질환만을 취급하는 전문병원이나 특수한 치료만을 행하

는 병원은 일반병원에 비하면 진료권이 광범위하게 넓어진다. 그러므로 진료권을 결정짓는 요인으로서 진료 내용이나 진료 수준을 들 수 있다.

2) 최대의 요인이라고 말할 수 있는 것이 입지조건, 특히 교통조건이다. 같은 목적으로 설립된 같은 규모의 병원도 그 입지조건에 따라 진료권은 달라진다. 중요한 교통이 집중하는 지역에 가까운 조건일 때 일반적으로 진료권은 넓어진다. 입지조건에는 교통조건 외에도 타 병원이나 의원의 분포 상황에도 진료권은 영향을 받는다. 산이나 강 등의 자연조건도 있으나 이것은 교통조건의 범주에 속한다.

3) 관청이나 대기업의 직장 전문병원과 같이 특정의 세대만을 대상으로 할 때 진료권은 넓어진다.

4) 병원 규모가 커지면 일반적으로 진료권은 넓어진다. 그러나 반드시 정비례의 관계만은 아니다.

5) 의료시설을 조직화시켜 어떤 병원이 특정한 의원으로부터의 소개 환자만을 받는 제도, 즉 영국의 가정의를 통한 병원이용과 같은 제도가 확립되었다고 가정하면, 환자의 자유선택을 전제로 하는 오늘날 같은 경우와는 진료권도 달라질 것이다.

2. 진료권의 분석방법

병원의 지역적 성격은 도시구조의 변화에 따라 달라진다. 그러므로 진료권의 분석도 도시가 변화되는 원칙에서 찾아야 할 것이다. 진료권의 분석은 병원을 설립하려는 해당 지역에 있는 여러 개의 병원을 종합적으로 조사하거나 한 병원을 지속적으로 조사하는 것도 효과적이다. 조사를 위해서는 통일된 분석의 지표가 필요하다. 다음은 조사를 위한 지표로서 4가지를 열거한다. 이 지표의 결과들을 조합함으로써 변화의 요인 분석을 할 수 있다.

1) 환자의 지역분포의 범위와 방향성

2) 병원 주변의 환자의 흡인율

단위지역 거주자가 전(全) 의료 수요를 배분율(%)로 환산하여 어느 정도를 그 병원이 차지할 것인가 하는 것. 직접 이러한 방식의 산출이 어려운 경우에는 야간인구 1,000명에 대한 하루 환자 수를 산출한다.
3) 환자의 내원 교통수단
4) 환자의 연령, 성별과 진료과별 구성

3. 환자의 지역적 분포와 흡인율

병원을 중심으로 하는 환자의 지역적인 분포와 흡인율은 병원으로부터 거리가 멀어질수록 적어진다. 그러나 그것은 연속적으로 적어지는 것이 아니라 약 1km를 반경으로 하는 도보권에서 많아지고, 도보권 밖에서는 교통기관의 노선에 따라 달라진다. 이와 같은 흡인 양상은 외래진료의 경우에 현저하게 나타나고 입원진료일 경우에는 외래진료의 현상이 보다 더 넓게 분포한다. 그러나 병원 주변지역의 입원환자의 분포 밀도 또는 흡인율은 외래환자의 경우보다는 적다. 병원의 지역적 성격은 '지역분포의 범위'와 '주변의 흡수율의 대소'의 2가지 지표의 조합으로 정해진다.

3-1-2 지역 의료시설 계획

1. 의료시설망의 계획

어느 지역을 대상으로 볼 때, 여러 종류의 의료시설이 복잡하게 공존하고 있다. 의료 자원에는 한계가 있어 자원을 최대한 효과적으로 활용하고 수요에 적절하게 대응시키기 위하여 의료 체계화를 하여야 한다. 지금까지 지역의료시설 설치안을 여러 차례 제안한 바 있다.

그림 3-1은 미국공중위생국(USPHS)이 힐・버튼법의 보조금으로 지방 의료시설을 정비하기 위하여 만든 계획안이다. 개업의사가 경영하는 진료소에서부터 중앙병원에 이르는 4단계의 시설이 있다. 말단에 위치한 진료소에서는 필요에 따라 진료소가 등록한 병원에 환자를 이송하는 체계로 되어 있어 개업의사와 병원간의 관계가 원활하게 되어 있다.

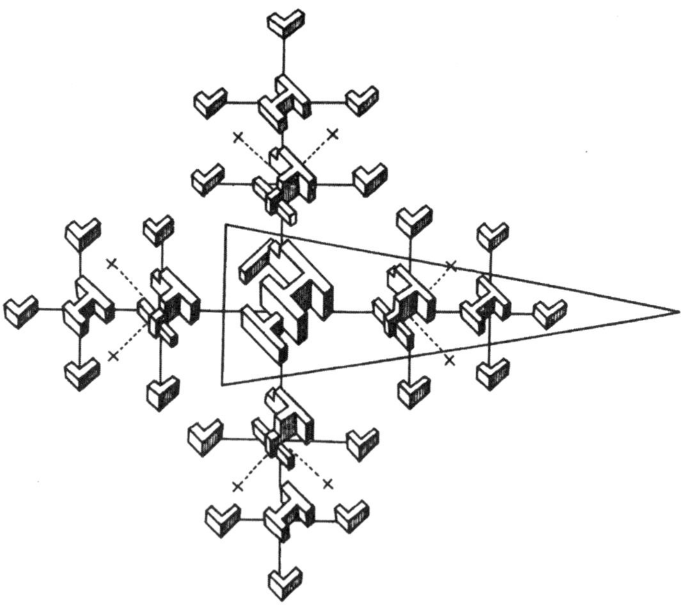

그림 3-1 미국공중위생국에 의한 의료시설 체계도

그림에서 각 시설은 예방·진단·치료의 세 가지 업무를 추진하고 서로간의 정보, 교육, 강습, 의료기술과 직원들의 교류도 이루어지고 있다. 때에 따라서는 환자를 상위의 시설로 후송한다. 이 체제의 핵은 교육병원을 겸한 대규모 중앙병원이다. 그 다음은 지역병원인 종합병원이고, 그 밑으로 의료서비스가 성립되는 최소 규모의 지구병원, 지방 촌락에는 산과 또는 응급용 병상을 갖는 의원이 배치된다. X표는 장기간의 질병을 위한 시설이다[1].

브리지맨(R. F. Bridgman)은 지역의료시설을 고려함에 있어

1) 의료의 전문화가 계속되고 특수한 전문진료과는 대도시의 중심적 병원에만 설치할 수 있다.
2) 교통수단의 발달로 행동반경이 연장되어 대도시의 서비스권이 넓어져 환자의 수송시간이 단축되었다.
3) 종전에는 기부금으로 운영된 병원에 대신하여 모든 계층에 개방된 공적 병원이 발달되고, 개발도상국에서도 사회보장은 멀지 않은 장래에 실현될 것이다. 개발도상국의 병원에서도 병원 운영이 합리화될 것이다. 브리지먼은 근대적 의료시설망으로서 그림 3-3을 제안하고 있다. 이것은 그림 3-2와 같은 초보적 시설망이 갖는 결점, 즉

(1) 중앙병원의 활동이 특수한 전문진료에 한정되어 버리는 것
(2) 중앙병원의 이용은 반드시 전 단계의 시설을 경유하여 이용되

1) U.S. Public Health Service : Design and Construction of General Hospitals.

어져야 한다는 것

의 극복을 제시하며 중앙병원은

① 인구 150~200만명에 대응시킬 것과 암, 신경외과, 기타 특수외과 수술, 가까운 곳에 정신, 결핵, 소아 병원과 연결되는 전문적 내과진료 또는 교육연구기능

② 인구 30~50만명에 대한 지역적 서비스로서 소아과, 산부인과, 피부과, 비뇨기과, 안과, 이비인후과 등의 진료

③ 적어도 인구 6만명 이상의 주변 지역에 대한 일반내과, 외과, 산과, 전염병 등의 진료서비스

의 3단계 의 기능을 겸한 약 600병상의 대병원이어야 한다고 한다.

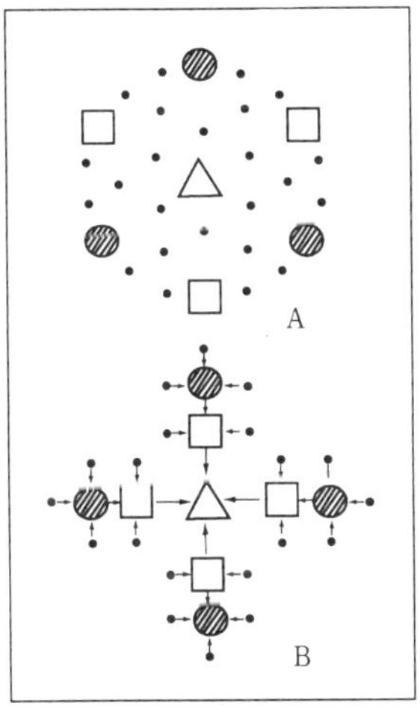

A : 종전의 지역조직 B : 표준 적지역조직

그림 3-2 지역조직

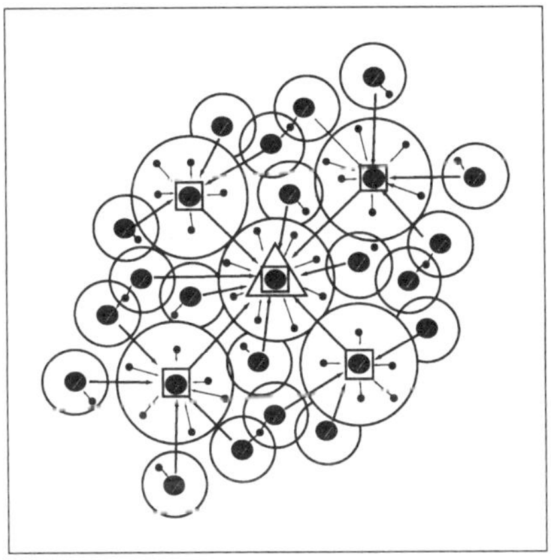

△ 중앙병원 ⊘ 지구병원
□ 지역(중심)병원 • 촌락병원

그림 3-3 새로운 지역조직[2)]

2. 대규모 주택단지에서의 의료보건 시설계획

최근 대규모 주택단지가 건설되고 있다. 이들 지역의 의료시설망은 종래의 방식과는 다른 새로운 구상으로 계획하는 것이 바람직하다. 같은 시설 또는 유사한 의료시설들의 연계라든가 구성방식 등 도시지역뿐 아니라 농촌의 마을정비에 따른 건설에도 적용할 수 있다. 이들 새로운 주택지 계획에서는 의료시설이 들어설 위치와 크기는 물론, 주택군과 그 외의 공공시설과의 균형과 조합을 충분히 검토하여 이상에 가까운 의료시설망이 제안되어야 하나, 현실적으로

2) R. F. Bridgman : The Rural Hospital, WHO, 프랑스, 1955.

는 그렇지 않고 자연발생적으로 시설이 설립되고 있다.

다음에 소개하는 것은 도시 주택단지의 의료시설 설치계획에 관한 연구와 그에 따른 제안이다.

1) 뉴타운 중심부 계획에서의 의료보건시설 설치방침(동경대 요시다케 연구실안)

(1) 가벼운 진료는 가까운 의원에서 받는 것이 서비스도 좋고, 야간진찰을 받을 수도 있고 정적인 분위기를 얻을 수 있다.
(2) 고도의 진단, 치료, 검사, 입원을 해야 할 경우 환자는 병원으로 이송되어야 한다. 이때 의원에서 병원으로 원활하게 이송될 수 있는 방안에 대한 연구가 필요하다. 입원할 경우에는 시설 이용권은 커진다.
(3) 시설 내에서의 분만이 많기 때문에 단지 내에서 이에 대비한 시설을 염두에 두어야 한다.
(4) 보건위생 활동은 보건소에서 하고 있으나 보건소 이용이나 활동은 활발하지 않다. 주택단지 내에서는 될 수 있는 한 공중의 접촉이 많은 곳에 보건지소를 설치하여 지역의 보건지도, 특히 모자 위생지도를 충실하게 하고, 정신위생 상담도 할 수 있는 보건소를 두면 좋다. 보건소와 의료시설과의 관계를 원활하게 하기 위하여 지구병원 또는 종합진료소와 병설시키는 방안도 연구되어야 한다.
(5) 노인병 시설, 정신박약아 · 지체부자유 아동 등의 시설도 동시에 계획하여야 한다. 경증의 노인병이나 초기의 정신병에 대하여 낮에만 입원시키는 주간병원을 의료시설에 병설할 수도 있다.

위와 같은 방침에 따른 시설체계를 다음과 같이 제안하고 있다.

2) 주택단지 내 의료시설 설치계획의 모형

(1) 단지 내에 개업의에 의한 의원이 자연발생적으로 생겼을 경우 : 종전과 같이 의원과 병원의 관계는 원활하지 못하다.
(2) 단지 내에 공적인 종합병원의 출장의원을 설치할 경우 : 병원에 환자를 소개하는 과정이 원활하게 이루어진다. 이때 출장의원과 개업의 사이의 마찰이 염려된다.

(3) 가까이에 있는 종합병원을 단지 안에 있는 개업의에게 개방(오픈시스템으로)할 경우 : 의원과 병원 사이가 가까워지고 환자는 병원에 후송된다. 미국의 의료제도와 가까운 방식이다.

(4) 집단(group practice)진료체제를 단지 내의 개업의들의 일부 의사들이 운영하고 종합병원은 일반인에게 개방할 경우 : 운영을 잘만 하면 이상적이다.

위의 여러 제안 중에서 (2), (3), (4)안은 병원에서는 입원과 중환자 진료만을 행하고 외래진료는 병원에서 하지 않는 방안에 가깝다. 단, 집단진료체제는 보건 출장소, 출산을 위한 입원시설과 지구의 의료보건 활동의 중심적인 역할을 하게 한다.

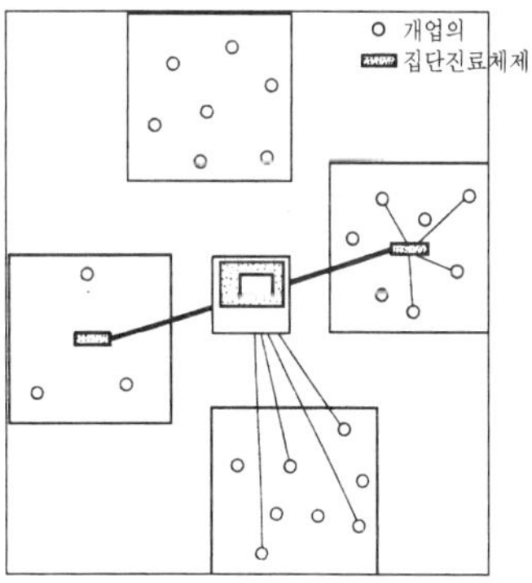

그림 3-4 주택단지 내의 의료 시설 설치모형

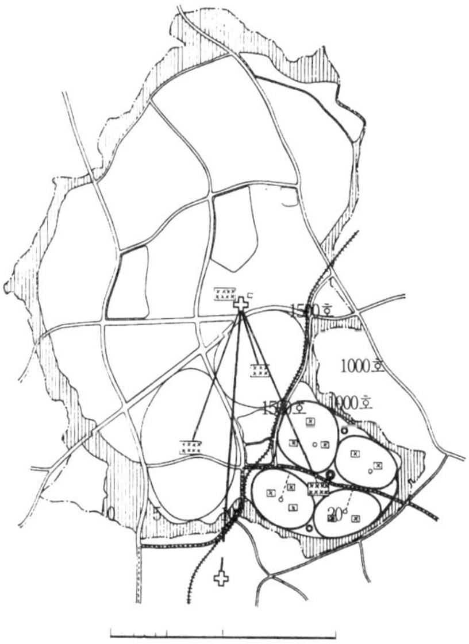

그림 3-5 센리 지구 의료시설 계획

병원에는 외래부를 두지 않는다. 진료소의 전문의들이 병원을 이용한다. 전문의 그룹인 집단진료체제시설 하나를 병원 가까이에 설치한다(500병상)[3].

위의 센리 지구는 일본 오오사카 시 북쪽 10~15km에 위치한 약 1,200ha의 구릉지이다. 인구 10만명의 대주택단지(벳트 타운)로, 3,000~5,000호의 여러 지구로 나누어져 건설되었다.

3) 일본건축학대계 35, 병원, 1970.

3-1-3 규모계획

1. 병원의 규모

병원의 규모를 나타내는 지표로는 흔히 병상 수를 사용한다. 어느 지역에 필요한 병상 수를 구하는 식을 요시다께(吉武)씨는 다음과 같이 제안하고 있다[4].

$$B = \frac{AL}{u}$$

B=필요한 병상 수
A=1일 평균 신입원환자 수
L=평균 입원일수
u=평균 병상이용률

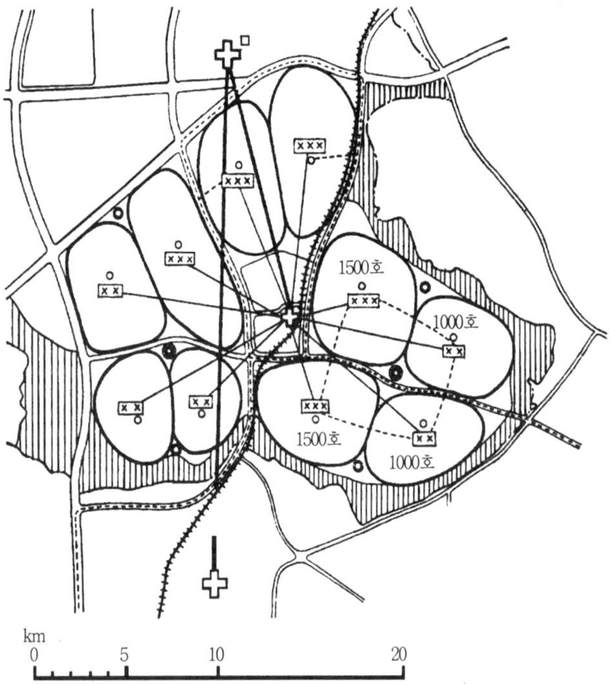

기호	구분	비고
□	보 건 소	
◎	중 학 교	
○	초 등 학 교 고 학 년	3학년~6학년
∘	초 등 학 교 저 학 년	유아원 병설
┼┼┼┼	전 차 계 획 선 로	
----------	버 스 선 로	

그림 3-6 센리 지구 의료시설 계획(남지구)

4) 吉武泰水 : 新訂建築學大系 35, 病院, 彰國社, 東京, 1969.

표 3-1 센리 신도시계획에 대한 시안[5)]

1) 안			2) 안		
✚	중 앙 병 원	· 병원에는 외래부를 두지 않음 · 의원전문의에게 오픈 · 전문의 진료소 하나를 병원 가까이에 설치 · 병원 병상 수 500병상	✚	중 앙 병 원	· 외래부를 두지 않음 · 진료시설을 개방 · 병원 병상 수 : 400~500(의사 30명)
××××	집 단 진 료 체 제	· 보건소 지소를 병설 · 유아보육원 병설 · 산괴 10병상을 갖는다. · X-선 검사시설을 보건소가 관리하고 전문의와 개업의도 이용할 수 있다.	✚	지 구 병 원	· 보건소 지소를 병설 · 유아보육원을 병설 · 외래부를 설치한다. · 병상 수 : 200개 병동(산과 병상이 많다)
×	일 반 개업의	· 가정의로서 야간진료, 왕진도 한다. 검사, 수술, 입원은 중앙병원 또는 전문의 의원의 시설을 이용.	××××	개업의 의 원 (x는 의사 1인)	· 시설은 개업의에게 오픈 · group practice(시설 공용, 야간진찰 교대로 한다)

병원을 건립할 지역의 1일 예상 입원 환자 수와 계획하는 병원의 유치율을 파악하면 병원의 규모를 산출할 수 있다. 우리나라 병원에서의 평균 입원일수는 12~13일 정도이다. 병상 이용률은 종합병원인 경우 85~90% 정도의 높은 이용률을 나타내고 있다. 어느 지역에서의 1일 평균 이용률은 표 3-3과 같다. 병상 수가 결정되면 그 병원은 어느 정도의 면적이 필요한가, 또 그 면적을 각 부문별로 어느 정도의 비율로 배분하여야 하는가를 결정하여 한다. 이 비율에 대하여 보편적인 기준을 설정하기란 쉬운 일이 아니다. 그러나 설계에 앞서 어떤 자료를 찾아야 한다. 각 부문별의 면적 배분에 관한 여러 연구 결과는 표 3-2(A), (B), (C)와 같다.

표 3-2(A) 우리나라 병원의 부문별 면적비율(%)의 예*

병 원 명	병상수	병동	외래	중앙진료	관리	공급	준공년도
국립K대	(450)	29.0	11.3	24.0	7.7	28.0	96. 12.
공립산재	(270)	34.8	14.2	15.6	9.8	25.6	85. 04.
민간J병원	(299)	53.1	11.8	12.0	5.1	18.0	83. 11.
민간S병원	(265)	34.8	14.2	15.6	9.8	25.6	89. 04.

5) 일본건축학회 논문 : 吉武泰水, 센리 주택지의 의료보건시설계획론, 1961.

※자료 : 1993. 12. 김광문 연구실 작성.

표 3-2(B) 우리나라 병원의 부문별 병상당 면적(m^2/bed)*

	병동 순면적	중앙 진료 순면적	외래 순면적	공급 순면적	관리 순면적	병원전체 순면적	총면적
AMC	21.1	15.2	5.8	12.2	4.6	58.9	89.4
SMC	32.3	14.5	10.5	14.9	4.6	76.8	114.5
평 균	**26.7**	**14.9**	**8.2**	**13.6**	**4.6**	**67.9**	**102.0**
종합병원A	8.9	3.6	2.5	6.2	1.8	23.1	27.7
B	9.2	4.3	2.8	6.3	2.5	25.3	29.8
C	8.0	3.0	3.0	4.7	1.7	20.5	22.8
D	7.5	2.8	1.8	3.4	1.2	17.0	20.4
E	10.4	4.5	3.2	8.8	5.7	32.9	38.5
F	9.2	3.3	3.1	4.7	1.6	22.0	26.8
평 균	**8.9**	**3.6**	**2.7**	**5.7**	**2.4**	**23.5**	**27.7**
대학병원G	14.4	4.8	3.7	7.6	3.6	34.3	39.1
H	14.1	8.3	8.2	15.4	3.2	47.5	60.3
I	14.1	5.9	5.6	7.6	3.2	36.6	44.3
J	13.0	6.8	5.8	10.1	4.8	40.6	45.9
K	15.0	7.3	4.3	9.0	2.6	38.3	44.1
L	10.1	4.0	3.5	7.6	3.2	28.5	32.2
M	14.4	5.7	3.2	6.2	2.9	32.6	39.1
N	11.2	7.1	2.9	3.3	1.5	26.5	31.3
평 균	**13.3**	**6.2**	**4.4**	**8.4**	**3.1**	**36.6**	**42.1**

※자료 : 1993. 12. 김광문 연구실 작성.

표 3-2(C) 일본 병원의 부문별 면적비율(%)의 예

병 원 명	병상수	병동	외래	중앙진료	관리	공급
공립C병원	(209)	34.9	13.9	16.6	12.8	22.1
공립P병원	(416)	33.6	13.0	22.0	16.3	15.1
시립Z병원	(914)	10.0	37.0	21.6	12.2	18.6

1) 병동부문

병동부의 순면적은 일반 종합병원인 경우 병상당 평균 8.9m^2, 대학병원은 평균 13.3m^2에 달한다. 대기업병원인 경우에는 21.2~32.3m^2로 큰 차이를 보이고 있다.

2) 중앙진료부문

기업병원인 경우 병상당 15m^2로, 일반 종합병원 평균치인 3.6m^2와 대학병원 평균치인 6.2m^2의 2.5~4배의 수준에 달한다.

3) 외래 및 응급부문

외래진료부 및 응급부의 순면적도 일반 종합병원 및 대학병원의 평균이 병상당 각각 $2.7m^2$, $4.4m^2$로 되어 있다.

4) 순면적과 총면적비

순면적과 총면적의 비를 보면 기업병원은 1.5배이고, 기타 병원은 1.3배로 되어 있다. 기업병원인 경우 넓은 공용면적 및 쾌적한 환경 개선에 따른 면적 확보 때문이다.

표 3-3(A) 인구 1만명당 지역별 의료기관 이용자 수(1990. 8. 29. 1일 조사)*

서 울	부 산	대 구	인 천	대 전	충 북	전 남	평 균
264	258	290	256	257	212	208	247

※자료 : 보사부 통계연보, 1993.

표 3-3(B) 의료기관 이용선(전국평균)

종합병원	병 원	치과 병원 · 의원	한방 병원 · 의원	특수병원	의 원
10.4%	4.3%	11.2%	3.5%	0.1%	64.0%

※자료 : 보사부 통계연보, 1993.

2. 병원의 부문 구성

병원은 복잡한 구성으로 된 유기체이기 때문에 전체를 한 덩어리로 이해하기보다는 여러 개의 군으로 나누어 생각하면 편리하다. 편의상 병동부문, 외래진료부문, 중앙진료부문, 공급부문, 관리부문의 5군으로 나누어 본다.

1) 병동부문

환자를 입원시켜 진료와 간호를 행하는 곳이다. 병원 본래의 사명으로 보아 병원의 가장 중요한 부문이다. 또 연중 24시간 쉴새없이 활동하고 있는 곳이다. 이곳은 환자가 생활을 하는 곳이다. 여러 가지 복잡한 문제를 갖는 부분이다.

2) 외래진료부문

환자가 일정 기간 동안 통원하면서 진찰을 받는 부문이다. 기능면이나 시설면에서도 병원의 외래진료부문이 중요한 위치를 차지한다.

미국에서의 새로운 경향으로 병원에 입원시켜 치료하기보다는 환자들에게 경제적 부담을 덜어주기 위하여 외래진료부와 주간병동을 적극 활용하는 것을 볼 수 있다. 정상적인 외래진찰시간 이후의 환자를 보기 위한 시간외 진찰 또는 응급의료도 이 부문에 속한다.

3) 중앙진료부문

의사가 행하는 진단·치료 행위에 대하여 그 일부를 대행하고 또 그를 위한 장소와 의료장비를 제공하는 부문이다. 구체적으로는 검사부, 방사선부, 수술부, 분만부, 재활부 등이다. 방사선부 또는 검사부는 옛날의 병원에서는 각 과마다 시설과 인원을 가지고 있었다. 그러나 병원관리학의 발달로 위의 각 부는 중앙화되었다. 그러나 중앙화는 환자의 동선을 길게 한다.

4) 공급부문

위의 각 부문의 활동에 대하여 여러 가지 물품을 공급하여야 한다. 즉, 약품, 멸균재료, 수혈용 혈액, 식사, 린넨류, 기타 여러 물품 등이다. 이것들을 보급하는 부문을 공급부문이라고 부른다. 전기실· 기계실은 에너지 공급원으로서, 또 폐기물의 처리는 마이너스의 공급이라는 뜻에서 이 부문에서 취급한다.

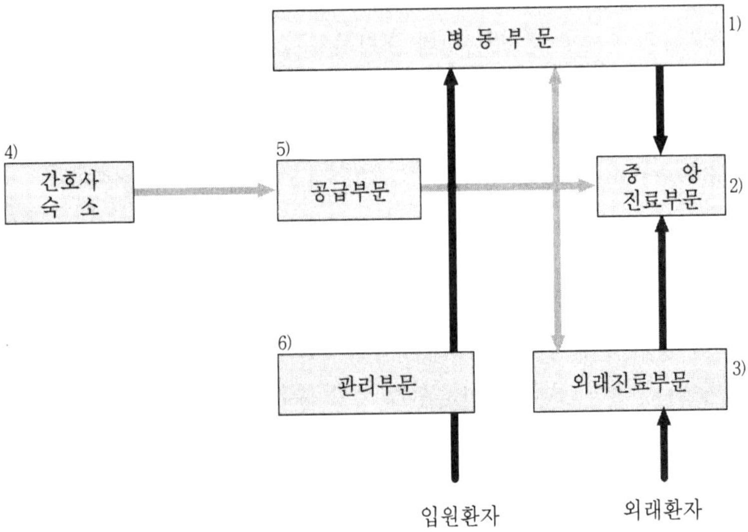

그림 3-7 병원의 부문별 상관도

5) 관리부문

병원장을 중심으로 하는 병원 전체의 관리·운영·유지를 담당하는 부문이다. 매점, 다방, 직원·방문객을 위한 후생관리 제실도 여기에 포함된다.

표 3-4 병원의 부문 구성과 기능

부 문	구 성	내 용	계획상의 요점
병 동 부 문	병실 간호관계실 통로	① 환자가 입원생활을 하면서 진료, 간호를 받는다. ② 환자가 주야로 생활하는 곳이기 때문에 병원 기능상 가장 중요한 곳이다.	① 병원 전체의 40% 전후의 면적을 차지함. 배치계획의 중심이 된다. ② 환자들의 생활터전이므로 풍요로운 환경이 될 수 있도록 내·외 공간과 일조, 외부소음, 전망 등을 고려하여 계획한다. ③ 간호단위는 독립된 것으로 계획하고 필요없는 동선이 교차되지 않도록 한다. ④ 병상의 규모는 병원 전체의 규모가 된다. 진료, 간호생활면에서 적절한 치수를 확보한다. ⑤ 장래의 병상 수 증가에 대한 대응을 고려한다.
외래진료 부 문	① 외래진료부 응급부 ② 최근에는 건강진단부문도 증가하고 있다.	① 환자가 통원하면서 진찰, 치료받는 곳이다. 병원 이용의 일차적 창구이다.	① 환자들이 알기 쉽고 접근하기 쉬운 곳에 배치한다. ② 대기실은 동반자들을 고려하여 넓이를 고려한다. ③ 진료실은 외부로부터의 시선과 소음에 주의한다. ④ 응급실은 일반외래와는 별도의 출입구를 설치한다. ⑤ 약국, 사무실, 방사선과 검사부, 재활의학부, 혈액투석실 등과 관계가 싶으므로 접근하기 쉽도록 계획한다.
중 앙 진료부문	검사부 : 검체검사, 생리검사, 방사선부 : X-선 진단, 치료, 핵의학 수술부, 분만부, 재활의학부, 특수진료	특수한 의료기기를 갖춘 전문적, 공통적인 진료활동이나 자재, 약품의 준비를 하여 병동과 외래진료부의 진료활동을 돕는다.	① 대부분의 경우 환자를 해당 부에 운반하여야 하기 때문에 동선의 단축을 고려하고 물품의 이동(검사부, 약국, 중앙공급실)은 반송방법을 신중히 검토한다. ② 성장, 변화가 많은 부문이다. 부분마다의 확장이나 모양의 변경이 쉬운 형태, 구조, 설비로 한다.
공급부문	약제부, 중앙공급실, 혈액은행, 급식부, 세탁부, 중앙창고, 기기실	물품·에너지의 공급과 처리 및 직원에 대한 생활서비스로 병원 전체의 활동을 간접적으로 지원한다.	① 식품, 연료, 약품, 기타 물품의 반입, 폐기물 등의 동선 처리를 고려한다. ② 대형 기계의 신설, 반입 경로를 고려한다. ③ 보일러의 소음과 열, 급식부의 냄새가 병원에 퍼지는 것을 고려한다. ④ 병동으로의 급식 경로를 고려한다.
관리부문	운영관계 후생관계	① 진료적인 면과 사무적인 면의 활동을 뒷바라지한다. ② 정보를 관리한다. ③ 대외관계를 처리한다.	① 진료·사무관계의 일부(외래접수, 회계)는 외래부에 둔다. ② 일반사무실은 원내 전체에 관계하지만 공급부와의 관계가 특히 많다.

3. 병원의 연면적

병상 수와 연면적의 관계를 보면 1960년대에는 병상당 10평(33m^2)에서 1980년대 후반에 들어서면서 점차 병상당 면적이 증가하고 있음을 알 수 있다. 1980년대에 들어와 보건복지부에서는 병상당 15평을 기준으로 하라는 권장도 있어 15평이 기준으로 생각되어 왔다. 그러나 1990년 초반부터 민간기업체가 건립하는 병원에서는 병상당 25~30평의 병원 건립이 이어지고 있다. 그러나 중소 민간병원인 경우 병상당 10평을 밑도는 병원도 상당수이다. 대형 병원의 경향이 전국적인 병원면적 증가로는 되지 않을 것이다.

표 3-5 우리나라 병원의 병상당 면적

병 원 명	병상 수	연면적	병상당 면적	건설 년도
국립K대학	450	9,593평	21.3평	1986
산재G병원	270	5,171평	15.5평	1985
민간J병원	299	2,354평	7.9평	1983
민간S병원	265	2,745평	10.3평	1989
국립 경찰	503	8,439평	16.7평	1990
민간K병원	607	10,680평	15.9평	1993
구미 중앙	280	4,562평	16.3평	1994
이대 목동	500	10,519평	18.9평	1993
삼성의료원	1,100	46,198평	41.9평	1994

3-2 배치와 형태

앞에서 언급한 병원의 5개 부문의 구성 방안은 다음과 같다.

1) 병동부문 : 한 팀의 간호사들이 능률적으로 완전간호할 수 있는 병상 수 35~50 병상을 한 간호단위로 하고 설계할 때에 이 간호단위를 유지하면서 건축적으로 명확한 형태를 유지시킨다. 간호작업실(NS)은 간호작업에 가장 편리한 위치에 설치한다.

2) 간호의 효율화를 위하여 간호단위를 중층으로 쌓아올리고 상하 교통 루트를 연결시킨다. 간호단위는 그곳에 관계가 없는 사람들의 출입을 통제하고 복도는 다른 과의 통과교통이 되지 않도록 계획한다.

3) 환자의 종류에 따른 간호단위 구분은 다음과 같은 순서가 바람직하다.

정신병, 전염병, 결핵, 산과, 소아과, 외과계, 내과계이다. 이상과 같이 세분화가 어려울 때에는 하위 계열부터 혼합단위로 구성시킨다. 또 고급병동, 진단병동, 중증병동, 장기병동 등의 구분도 할 수 있다. 남녀 구분은 병실단위로 행하면 된다.

4) 외래진료부문은 병원 주 입구에 가까운 곳에 설치한다.

5) 외래진료부문은 진찰실, 처치실, 소검사실을 위주로 하여 되도록 같은 종류의 되풀이가 되도록 설계하고, 특수한 진료시설은 별도로 중앙화시킨다.

6) 중앙진료부문은 외래와 병동에서 접근이 잘 될 수 있는 곳에 설치한다.

7) 중앙진료부문의 각 부서는 비록 적은 부서일지라도 독립된 형식으로 하고, 통과교통이 부서 내에 지나지 않게 하여야 한다.

8) 식사는 원내 운반물 중 가장 중요한 것이다. 급식시설의 위치, 급식방식, 급식 루트와 운반방식을 염두에 두고 계획이 이루어져야 한다.

3-2-1 배치계획

1. 진입로

출입구는 앞면과 뒷면에 두 개소는 필요하다. 전면 출입구는 일반용, 후면은 서비스용이다. 부지의 형태상 이러한 배치가 불가능한 경우에도 이 두 가지의 진입이 가능하도록 대지 내에서 도로 체계를 만들어야 한다. 병원 내에서의 보도·차도 분리는 당연하며 충분한 노폭을 확보하는 것이 좋다. 그러나 너무 넓게 하여 길가에 주차를 유발하지 않도록 해야 한다.

2. 병원 출입구

출입구는 출입하는 사람과 물품의 종류에 따라 몇 가지로 나누게 된다.

1) 외래환자와 입원환자

외래와 입·퇴원 출입구는 가능한 분리하는 것이 바람직하다. 혼잡한 분위기의 외래 출입구를 거쳐 입·퇴원하는 것은 바람직하지 않으며, 외래와 입·퇴원과의 시간적인 차 때문이기도 하다. 외래 진료부는 주간에 한정되는데 입원은 출산 등 야간의 출입도 있다. 따라서 외래 업무가 종료되는 시간에는 문이나 셔터 등으로 외래를 차단할 수 있도록 설계하면 편리하다. 또한 내원하는 사람들이 원활히 출입할 수 있도록 출입구 주위의 설계와 유도표식을 고려해야 한다.

2) 응급환자

응급부는 독립된 하나의 부문으로 24시간 환자를 진료해야 하므로 설계도 그만큼 어렵다. 진료중인 외래부와 혼잡을 피하도록 계획해야 하며, 교통사고 환자 등의 응급환자가 외래부를 거치도록 설계된 유형은 피하는 것이 좋다. 따라서 응급 출입구는 일반환자의 출입구와 별도로 하는 것이 좋으며, 또한 주 출입구와 완전히 반대측에 설치하는 것도 피해야 한다. 택시나 자가용으로 오는 환자들이 잘 식별할 수 있는 곳에 위치해야 하기 때문이다.

3) 문병객

문병객을 위한 출입구는 입·퇴원 출입구와 같이 하면 좋다. 사용시간적인 면에서도 외래 출입구와 별도로 계획해야 한다. 또한 문병객을 어떻게 유도할 것인가를 설계시 명확히 해야 한다. 낯선 사람이 행선지를 찾지 못하거나 반대로 익숙한 사람이 통제없이 출입하는 것도 곤란하다.

4) 내방자

문병객 이외의 내방자는 그 내용이 잡다하기 때문에 출입에도 외래 또는 입·퇴원 현관, 경우에 따라 직원용 출입구 등이 사용된다. 안내가 필요한 경우가 많다.

5) 직원

직원은 출퇴근 체크가 필요하므로 출근부 등 설치장소와의 관계를 고려해야 한다. 특히 간호사는 수도 많고 야간근무도 있어 갱의실, 가면실과 연결, 기숙사의 위치와 그 통로(특히 야간의 안전) 등에 배려가 필요하다.

6) 서비스관계의 반입·반출

식품, 약품, 각종 의료재료, 기타 물품, 연료 등의 반출은 병원의 뒷면으로 행해진다. 여기는 연료와 액체산소 보급을 위한 대형차도 출입한다. 또 쓰레기차(잔반 포함)와 폐기물의 처리와 반출도 사전에 충분한 검토가 필요하며 입구 주변을 견고하게 설계해야 한다. 보통 서비스부문은 지하층에 배치하므로 지하층 레벨에 하역시설을 갖추고 차량이 직접 진입할 수 있도록 계획한다.

7) 사체

병동 또는 영안실로부터 나오는 사체는 다른 동선과 겹치지 않도록 해야 하며 입원, 외래 등의 환자 눈에도 띄지 않도록 한다.

3. 주차장

주차장은 가능한 넓은 것이 요구된다. 그러나 넓으면 그만큼 이용자가 증가하여 결국은 부족하게 되는 현상이 나타나므로 적정 규모를 제시하기는 어렵다.

주차장법 시행령에서는 종합병원인 경우 3병상당 1대로서 산정된 대수와 연면적 120m^{2}당 1대로 산정된 대수 중 많은 대수로 하여 설치하는 것을 의무로 하고 있는데, 우선 병원차량, 구급차량, 그리고 각종 물품의 반입·반출용 차량 등에 필요한 최소한의 공간을 확보하고, 입지 여건과 대지의 크기 등을 고려해 주차 대수를 결정하는 것이 좋다. 또한 오토바이나 자전거의 주차도 고려해야 한다.

주 출입구 앞에 차가 주차되어 있는 것은 혼잡하고 미관상으로도 좋지 않다. 주차장 설계는 병원 전체의 분위기를 훼손하지 않도록 그 위치를 정면에서 피하도록 하거나, 주차장 전체를 지반면보다 낮게 하고 수목과 같은 것으로 에워싸는 등의 고려도 필요하다.

3-2-2 건축형태

병원의 형태는 시대의 흐름에 따라 변화하는 사회적, 문화적인 조건들로부터 생겨난 기능상의 문제가 외부적으로 표출되어 발전되어 왔으며, 최근의 병원은 실제적인 요인으로서 대지조건, 방위 및 도로관계, 용적률의 제약, 설비 및 구조방식 등과 같은 요인에 큰 영향을 받는다. 여기서는 병원의 기능과 관련시켜 병원의 형태에 대해 살펴본다.

1. 파빌리온형

병원에서 발생한 감염문제에 대응하여 18세기 후반 출현한 병원건축의 기본형이다. 즉, 환자를 병종에 따라 분산시켜 수용함으로써 질병의 전염을 일정 한도에서 억제하자는 개념이다. 이 유형은 1층 또는 2층의 건물을 적절한 인동간격으로 평행하게 배치함으로써 채광, 통풍이 좋은 양질의 공간을 만들 수 있다.

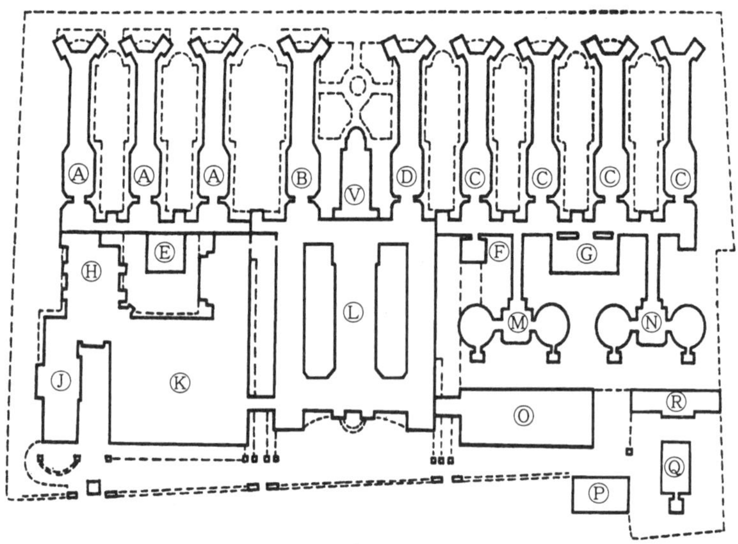

Ⓐ 내과병동　Ⓑ 내과병동　Ⓒ 외과병동
Ⓓ 외과병동　Ⓔ 임상강당　Ⓕ 부인과수술실 강당
Ⓖ 수술실 강당　Ⓗ 욕치료부　Ⓙ 구급부
Ⓚ 외래부　Ⓛ 관리부　Ⓜ, Ⓝ 특수병동
Ⓞ 의학부, 병리부　Ⓟ 시체실　Ⓠ 예배당

그림 3-8 뉴킹스 대학병원 블록플랜(1913년 건설, 런던)

처음에는 각 동에 의국, 병실, 부속실, 진료실 등 모든 진료 및 보조 기능을 하나의 세트로 하여 독립적으로 운영, 관리하였으며, 이후 각 동이 연결복도로 이어지고 중앙에 관리동이 덧붙여졌다. 그 후 병원관리의 합리화로 각 동마다 분산되어 있던 의국, X-선, 수술실, 검사를 위한 시설 등이 중앙화되고, 각 동에서는 이 중앙화된 시설을 공동으로 이용하는 방식으로 발전되었다. 이러한 파빌리온 형식의 병원은 요즈음에도 유럽 각지에서 볼 수 있다.

2. 집약고층형

20세기에 들어와 인구밀집현상이 시작됨으로써 도시지역에서 충분히 넓은 대지를 확보하기 어려워졌으며 철근콘크리트 및 철골구조, 엘리베이터 등 건축기술이 발전됨으로써 수직형 병원인 집약고층형 병원이 나오게 되었다.

1) 단일고층형

저층부에는 외래부 · 검사부 · 관리부를 두고 고층부에 병동과 수술부를 설치하는 경우가 많다. 병동의 평면형이 저층부의 평면에 제약을 준다. 공간집약도가 높다. 이 유형은 대부분 소규모 병원에 한정된다.

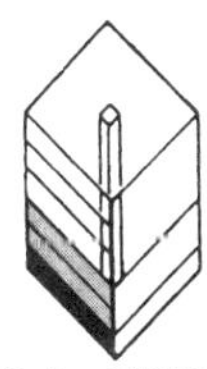

그림 3-9 단일고층형

2) 기단형

평면적으로 넓은 저층동 상부에 고층동의 건물이 얹혀진 형식이다. 물론 고층동은 병동부가 위치한다. 기단부인 저층동은 고층동과는 달리 상대적으로 넓고 융통성이 있으며 기둥간격도 제약이 없다. 형태에 대한 제약도 적다. 또한 고층 건축계획의 측면에서 자유도가 더욱 높아진다.

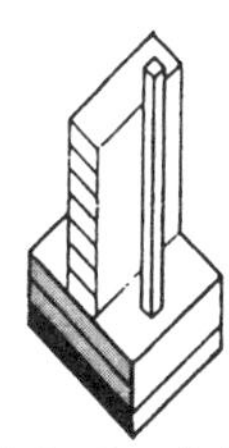

그림 3-10 기단형

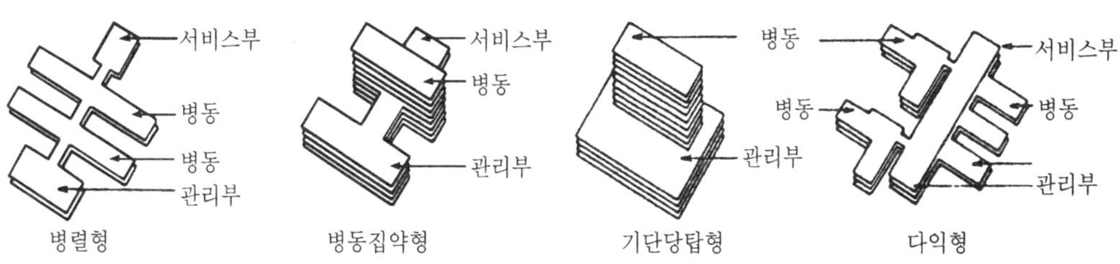

그림 3-11 블록플랜의 기본형

3) 다익형

기단형이 갖는 각 부문간의 긴밀한 연계성을 유시하면시도 좀더 자유로운 설계를 할 수 있도록 기단형은 다익형 병원으로 발전되었다. 즉, 병동은 고층으로 하더라도 타 부문은 가능한 한 각각의 날개를 두어 본체의 건물에서 필요에 따라 뻗어 나오게 한 것이다. 따라서 각 날개는 동의 폭이나 기둥간격을 독자적으로 결정할 수 있으므로 기단형의 단점을 대폭 감소시킬 수 있다. 파빌리온형과 기단형을 절충시킨 형태라고 말할 수 있다.

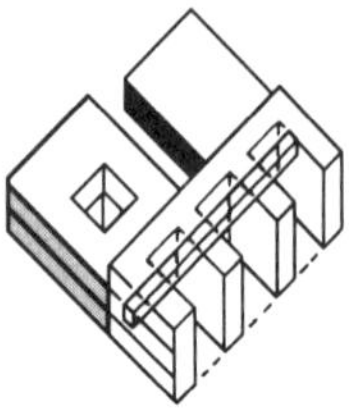

그림 3-12 다익형

4) 병동분리형

병동부를 다른 부서와 분리시켜 지하층이나 반지하층에 있는 서비스부로 각 부문을 연결시킨 형이다.

병동의 기둥간격, 층고, 엘리베이터, 계단 등의 위치에 제약없이 계획이 가능하다.

오늘날의 병원은 여러 가지 기능을 갖는 많은 부문의 집합체이며, 운영상에서도 이들 부문간의 긴밀한 관계를 절대조건으로 한다. 또한 병원의 주 기능인 병동은 간호단위의 집합체로서 비슷한 평면이 반복되기 때문에, 오늘날 보편화되고 있는 수직형 병원은 병원의 내부기능에서 생겨나게 된 것이라 보여진다.

그러나 일부 국가에서는 파빌리온형과 같은 수평화병원으로서의 강한 지향성도 갖고 있다. 예를 들면, 영국의 뉴클리어스 시스템은 파빌리온형의 한 가지 변형이라고 해석할 수 있다.

그러나 이 경우는 영국의 국토가 전반적으로 평탄하고 가용면적이 많기 때문에 가능한 것이다. 우리나라는 대지 확보와 높은 지가 등의 문제를 고려할 때 특별한 경우를 제외하곤 저층형 병원의 건립은 점점 더 어려워질 것이다.

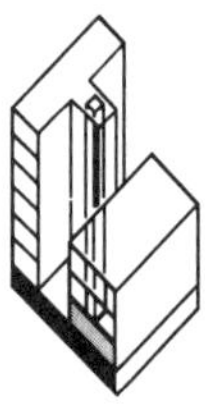

그림 3-13 병동분리형

3-2-3 고층화

병원에서 고층화가 요구되는 것은 어떠한 경우이며, 병원의 고층화에는 어느 정도의 필연성이 있는 것인가?

1905년 미국 시카고의 외과의사인 옥스너(Albert Ochsener)는 도시에서 충분한 크기의 대지를 확보하는 어려움을 해소하는 방안으로서 고층건물을 제안하였다. 1910년에는 골드워터(Goldwater)가 도시에서 급등하는 지가 때문에 더 이상 파빌리온 형태가 타당하지 않다는 사실을 지적하면서 고층화된 병원의 상세한 계획안을 제시하였다.

1. 고층화

오늘날 필요한 만큼의 넓은 가용지를 구하기는 매우 어렵다. 따라서 특히 도시에 소재한 병원은 정도의 차이는 있지만 고층화시키지 않으면 안될 상황이다. 비록 대지면적이 충분히 확보되었다 하더라도 가능한 한 고층집약적 계획으로 건폐율을 적극적으로 낮추는 방법이 요망된다. 왜냐하면 끊임없이 성장하는 병원의 증·개축에 대응하기 위해 증축의 여지를 확보해 두어야 하기 때문이다. 가용대지를 최대한으로 사용해 버리는 것은 수년 되지 않아 더 이상 증·개축을 할 수 없는 상태에까지 이르게 된다.

또한 병동을 고층화한다고 해도 1개 층당 90병상을 수용하면, 10층에 900병상이 된다. 900병상의 대규모 병원은 오늘날에도 그렇게 많지 않으므로 병원의 경우 이른바 초고층이 건립될 가능성은 금후에도 그렇게 많지 않을 것이다.

2. 고층화병원의 계획상의 문제점

고층화하면 다음과 같은 이점이 있다.

1) 대지를 유용하게 사용할 수 있다.
2) 개방된 조망을 확보할 수 있다.
3) 서로 다른 부분을 다른 층에 둠으로써 적절히 분리시킬 수 있고, 필요시에는 엘리베이터로 임의의 층끼리 밀접히 연결시킬 수 있다.
4) 물품 반송의 기계화라는 점에서 수평보다 수직방향의 방법이 용이하다.

이 외에 유의해야 할 사항을 살펴보면 다음과 같다.

(1) 건설비

고층화는 건설비가 높아지므로 저층병원과 같은 건설예산으로는 실현이 곤란하다.

(2) 주변으로의 영향

건물의 그림자, 바람, 전파장애 등 주변으로의 영향은 고층건물의 공통적인 문제이다. 특히 병원의 경우는 사무소나 호텔 등과는 달리 주거지역에 건설되는 경우가 많으므로, 사전에 주변에 대한 충분한 배려가 없으면 계획이 중도에서 난관에 처할 가능성이 있다. 근본적으로 지역 전체에 연관된 도시계획적인 배려가 있은 후, 고층화가 제기되어야 한다.

(3) 불안감과 위험방지

집합주택 및 호텔의 고층화는 이미 상식화되어 있지만, 병원의 환자는 매우 다양한 계층으로 구성되므로 사정이 다르다. 요양을 필요로 하는 환경, 만성질환, 노인·소아·정신·신경계 질환 등 정서적으로 특별한 배려가 필요한 환자가 많기 때문이다. 또한 거동이 불편한 환자가 있다는 점에서 화재와 같은 재해시에 피난 및 구조상에 제약이 있게 된다. 병원 전체의 관리체제와 관련해 사전에 검토를 요하는 문제 중의 하나이다.

(4) 평면계획상의 제약

고층화는 평면계획상 많은 문제점을 안고 있다. 중앙진료부문의 공간 요구에 의한 기둥간격은 병동과는 다르기 때문에 고층부에 위치된 병동부에 의해 저층부인 중앙진료부문의 설계가 제약을 받는다. 따라서 병동 아랫부분에 놓이게 되는 중앙진료부문의 일부는 평면이 부자연스럽게 될 수도 있다. 또한 고층화된 병동은 형태가 한번 결정되고 나면 앞으로 변화가 어렵게 된다.

3-3 동선계획

병원의 동선계획은 여러 부문의 유기적인 연결과 각 부문간의 유형·무형의 동선을 어떻게 처리하는가 하는 점이 특히 중요한 문제이다. 동선의 종류는 사람과 물품, 그리고 정보와 에너지 공급으로 나눠진다.

3-3-1 동선의 단축

업무의 효율성과 운영면의 경제성, 그리고 병원에서 빈번히 발생하는 긴급성 때문에 동선 단축은 설계의 절대조건 중의 하나이다. 그러나 병원의 규모가 커지면 커질수록 동선은 길고 복잡해진다. 따라서 모든 동선을 단축시킨다는 것은 불가능하기 때문에 각 동선의 질과 양을 비교함으로써 그 문제를 결정해야 한다. 일반적으로 각 부서간에 발생되는 이동의 빈도가 많은 부서들간의 물리적인 인접도를 최소로 하는 방법이 사용되고 있다.

3-3-2 동선의 분리

동선에는 그 성질이 서로 다른 것이 있어 상호간에 교차되지 않도록 해야 할 필요가 있다. 예를 들면 수술 직후의 환자와 방문자, 배선차와 쓰레기운반차 등이다. 사체와 방사선 물질의 동선 등은 특히 다른 동선과 중첩되거나 교차되는 것을 피해야 한다. 다수의 동선을 적절히 통합하고 분리하여 병원 전체의 동선을 가능한 한 원활히 해야 한다.

1. 환자와 차의 이동

보행이 불편한 환자와 여러 종의 운반차 동선이 병원의 주된 동선이다. 그러므로 원내의 모든 부문에서 바닥 단차를 없애고, 복도는 핸드레일과 카트받이가 필요하다.

예를 들면, 병동에서 각 간호단위에 스트레처, 휠체어, 포대교환차, 회전차, 청소차, 세발차 등이 있고, 모든 병상은 바퀴가 달려 있다. 또 타 부문으로부터 병동으로 들어오는 차로는 배선차, 린넨운반차, 쓰레기수거차 등이 있고, 진료 면으로도 이동 X-선장치, 심전계, 산소탱크 등 이동형 기기가 매우 많다.

차의 이동은 사람의 동선을 방해할 수 있기 때문에 설계상에도 충분한 배려를 필요로 한다. 또 각 차의 소독과 정리, 그리고 각 부서는 그 바퀴차를 두는 곳을 준비해야 한다.

2. 물품의 이동

물품의 반송을 위한 노동절감과 기계화가 거론된 지 이미 오래 되었다. 최근에 건립되는 최신식 병원에는 반송설비를 여러 곳에 배치하려는 움직임이 있으며, 물론 공급방식 면에서도 체계적인 관리를 하려는 움직임이 보인다.

반송시스템은 병원 물품의 이동동선을 정리하고, 물품관리의 입장에서 배려하여 반송문제를 체계화해야 할 필요가 있다. 그 중심에 위치하는 새로운 공급부문의 설치가 병원운영에 미치는 영향은

① 사람 수가 절감되며
② 각 부문이 요구하는 물품을 적시에 공급할 수 있고
③ 물품의 동선을 명쾌히 통합하고 분리하며
④ 물품의 손실을 적게 한다는 기대 이상의 효과를 얻을 수 있다.

3-3-3 동선의 명확화

규모가 큰 병원이나 여러 번 증·개축을 거친 병원을 방문해 보면, 미로와 같은 복도에 획일적인 디자인으로 자신의 현재 위치뿐만 아니라 행선지에 대한 방향감을 상실하는 경우를 많이 경험하다. 이러한 대부분의 복잡한 배치는 진료상의 효율이나 병원측의 편리성만을 고려하여 계획되었기 때문이다. 또 환자가 원내를 방황하는 주된 원인은 홀이나 복도 등 이동공간에 있을 때이다. 적절한 사인계획이나 인지도를 높일 수 있는 공간처리 등도 중요하지만, 근본적으로 명확한 동선체계와 아울러 이동에 따르는 심리적인 효과와 이동절차의 단순성 등을 고려해야 한다. 이에 대한 계획 방법으로는 각 부문의 배치에 있어 병원의 주동선 축을 설정하고, 이 동선 축으로부터 각 부서로 이르는 부동선 축을 체계적으로 분기하여 계획할 필요가 있으며, 장래의 증축도 이러한 동선체계의 연장선상으로 이루어질 수 있도록 대지와의 관계를 고려한 건물의 배치가 이루어져야 한다.

3-4 방재계획

병원건축에서 발생하는 재해는 일상재해와 화재, 그리고 수해 등

과 같은 천재지변이 있다. 여기서는 일상재해와 화재에 중점을 두어 살펴본다.

3-4-1 방재상 병원건축의 특성

병원건축은 다음과 같은 여러 가지 조건 때문에 특히 방재에 대한 고려가 필요하다.

1) 주야에 걸쳐 사용되는 건물이다.
2) 신체적으로 거동이 자유롭지 못한 사람들이 많다.
3) 병원에는 작게 구획된 많은 실들로 구성되어 있고, 각 실에는 각종 화재 위험성이 높은 가스나 약품을 사용하고 있다.
4) 원내에는 방화구획을 하기 어렵게 하는 각종 배관이 복잡하게 얽혀 있다.
5) 항상 증·개축을 하기 때문에 최초에 고려된 방재 개념이 달라지게 된다.
6) 방화를 일으킬 위험성을 갖고 있는 정신병환자가 많다는 점 등으로 볼 때, 타 건물과는 다른 취급이 요망된다.

3-4-2 일상재해

환자가 건물을 이용하는 도중에 발생하는 사고를 말한다. 환자들은 신체적으로 장애가 있기 때문에 일반인과는 다른 건축적 배려가 있어야 한다. 발코니에서의 추락, 계단에서의 전도 등 건강한 사람으로서는 생각할 수 없는 사고 위험을 갖고 있다. 이러한 일상적인 재해의 발생 원인은 건물의 구조 또는 시공상의 결함도 있지만, 그보다 건물관리상의 부주의도 있다. 특히 병원은 이용자인 환자의 입장에서 방재 관리의 계획과 실행이 필요한 건물이라 말할 수 있다.

3-4-3 화재

최근에 병원은 점차 고층화되고 있어 화재가 발생하면 많은 인명피해를 초래할 위험성이 높다. 병원에서의 발화 원인으로는 대부분 사람들의 과실로 인한 것이기는 하지만 화재가 크게 확대되는 원인으로 볼 때 방화설비가 갖추어져 있지 않다거나, 설비되어 있어도 관리상의 문제로 그 기능을 충분히 발휘하지 못했기 때문으로 분석된다.

화재 발생시에도 초기에 진화함으로써 재해를 최소한으로 막아야 한다. 특수한 화재가 아닌 한 초기에 발견하면 진화가 가능하다. 최근의 병원에는 소화를 위한 설비를 소방법상에 의무적으로 설치하도록 명시하고 있으므로, 관리를 철저히 하여 이 설비가 100% 그 기능을 다할 수 있도록 해야 한다. 또한 계획적으로도 막다른 통로가 생기지 않도록 계단을 적절히 배치해야 하는 등의 배려가 필요하다.

1. 화재 실태

우리나라의 경우 병원의 화재 건수도 적고, 화재 건수에 대한 인명 피해율도 여관, 호텔보다는 낮다. 그러나 일본의 경우를 살펴보면 병원의 사망률이 가장 높고 여관, 호텔은 그 절반 수준으로 나타나고 있는데, 화재 원인이 주로 정신병자에 의한 방화가 주류를 이루고 있다. 화재의 발화장소로서는 병실을 필두로 하여 진찰실, 처치실 등 골고루 분포되어 있으나, 역시 환자가 24시간 거주하는 병실에서

의 화재가 가장 많다. 통계적으로 화재는 연중 비교적 기온이 낮은 11월~2월에 많이 발생하고 있다.

2. 화재에 대한 대응책

건축 기준법에는 병원을 재해위험성이 높은 건축물로 취급하고 있다. 이 규제의 전제는 일반건축물과 같이 지상으로 통하는 직통 피난계단만 설치하면 되도록 하고 있다. 몸을 움직일 수 없는 환자를 피난계단을 통해 이동시키는 데 시간이 너무 많이 소요되어 비현실적이다. 따라서 지상으로 환자를 안전하게 피난시키는 것을 고집하지 말고 좀더 실행 가능한 계획을 세워야 한다.

한 가지 방법으로는 수평피난을 주체로 하는 계획이다. 즉, 동일층에 1차 피난을 위한 안전구획을 확보하고, 일단 모든 환자를 이곳으로 수평 이송시킨 후 화재의 상태를 보고 2차적으로 지상으로 유도하는 것이다. 이때 거동할 수 없는 환자도 많고 안전구획도 어느 정도 넓어야 하기 때문에 1개 층을 2~3개로 구획하고 한 구역에 위

험이 발생했을 때 다른 구획으로 피난시키게 한다. 이러한 사고방식을 더욱 철저히 하려면 각 층에 걸쳐 위에서 밑까지 획일적인 방화구획을 하는 것이 좋다.

3. 정보설비

수평피난이 가능한 경우에도 화재의 상황과 그 후의 행동에 관한 정보, 지시를 각 방화구획대에 전달하는 것이 문제이다. 구획 속에 피난해 있는 사람들의 불안감을 해소하는 것은 극히 어렵다. 정확한 정보가 시시각각 전달되어 각각의 구획대에 고립감을 해소시킬 필요가 있다.

3-5 성장과 변화

국내외의 많은 병원건축 전문가들은 병원이 매우 빠르게 성장하고 변화되어 간다는 것을 지적해 왔으며, 국내의 경우만 보아도 병원건축의 발전은 바로 이 성장과 변화의 연속이었음을 볼 수 있다.

그 요인은 경제의 급속한 발전, 의학의 진보, 의료제도의 정비와 개혁, 의료에 대한 내중의 요구 변화 등 여러 가지를 나열할 수 있는데, 특히 우리나라는 높은 경제 성장과 더불어 사회문화적・환경적 변화 속에서 나오는 수많은 요인과, 의료보험의 실시에 따른 의료수요의 증가 요인에 가장 큰 영향을 받았으며, 이 변화는 각 병원이 능동적으로 수용하기에는 너무나 크고 빠른 속도로 진행되어 왔다.

각각의 병원은 나름대로 이 변화에 대처하려고 하였으나 건축적인 대응면에서는 충분하지 못하였다. 이에 대비를 못한 병원뿐만 아니라 대처한 병원까지도 그 한계를 초월하는 커다란 변화 속에서 병원은 여건에 따라 그때그때 부분적인 증축과 개축을 되풀이함으로써 무질서하고 혼란한 병원으로 전락한 예가 많았으며, 개원 후 얼마 되지 않아 전면적인 개축을 한 병원도 적지 않다.

3-5-1 성장과 변화에 대한 대응방식

앞서 언급한, 병원에 작용하는 성장과 변화의 요인들은 예측이 어렵기 때문에 이에 대응해야 하는 병원건축계획에서 발생하는 문제도 명확한 예상이 불가능하다. 항상 변화하는 요구조건과 물리적인 구조시스템 간의 종합적인 해결안을 만드는 것이 어려움을 뜻하며, 그 원인은 직면된 미래의 발전에서 온다.

휠러(E. Todd Wheeler)는 다음과 같이 말하고 있다. "증·개축이란 시작도 명확하지 않고 그 과정과 끝 역시 명확하지 않다. 단지 다양한 접근방식이 있을 뿐이다."

따라서 기존의 성장과 변화에 대한 대응방법도 근본적으로 무한정 건축이론에 그 바탕을 두고, 언제 발생될지 모르는 변화에 대비하여 내부적으로는 변화적응성을 부여하고, 외부적으로는 조직적인 성장패턴을 갖는 건물배열 방식에 대부분 그 기초를 두고 있다.

1. 내부적 대응방식

1) 공간 유닛 이론(Unit Theory)

그림 3-15의 그림은 캐나다 맥마스터 병원의 예이다.

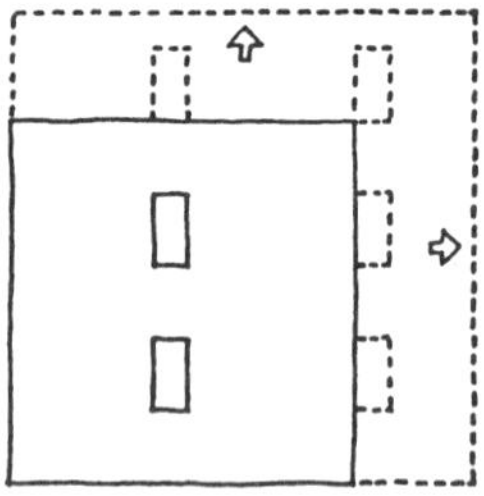

그림 3-14
무한정공간(평면)

그림 3-15 맥마스터 병원의 모습(높이 솟아오른 유리타워가 기둥형 타워)[5]

5) 세계건축사진시리즈 12, 의료시설, 집문사, 한국, 1984

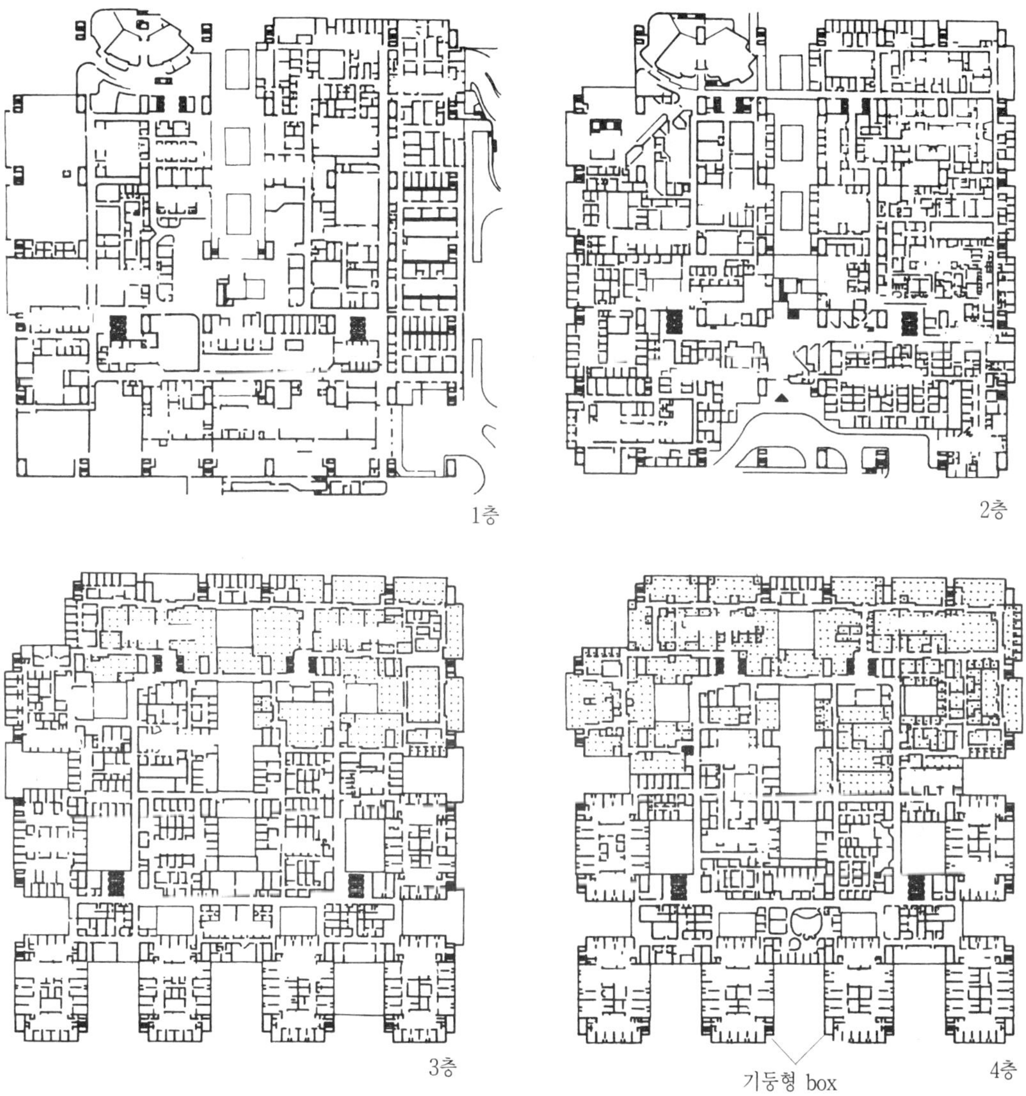

그림 3-16 맥마스터 병원의 평면도

이 병원은 바닥면적 18만6천m^2의 건물을 4층으로 하여 전체를 완전한 그리드 플랜으로 하고 있다.

철골조인 건물의 보는 트러스로 스팬 25m×28m로 되어 있다. 기둥은 3m×6m의 넓이로 된 유리상자 모양으로 네 귀퉁이에는 철골로 된 이 기둥을 가로 8열 세로 7열 전부 56개를 그리드상에 배열시키고 있다.

기본적으로는 대형 스팬으로 오픈된 공간이다. 3m×6m의 기둥형 속에는 배관과 비상계단이 들어 있다. 천장, 바닥 어디서든지 배관과 연결될 수 있다. 이와 같은 구조체 속에 인테리어를 따로 디자인하여 장래에는 자유롭게 변경이 가능하다. 장래의 증축은 대지의 여유가 있는 한 같은 그리드를 어느 방향이든 반복하여 증식시킬 수 있다.

2) 다목적 기능교환성

기존의 공간요소를 변화시키지 않은 상태에서도 기능이나 용도 등의 변화를 잘 수용할 수 있게 하는 것으로, 대부분의 경우 모듈러한 계획이 많이 사용된다. 그림 3-18은 존윅스(John Weeks)가 설계한 요크(York) 종합병원의 병동부 평면이다. PPC방식을 도입하는 병동에서 남자 혹은 여자가 같이 사용하는 병동간의 경계되는 부분에 필요에 따라 양쪽 어느 병동에서도 사용할 수 있는 스윙베드 시스템(swing bed system)을 도입한 경우로, 병동부에서 간호단위 상호간의 필요에 따라 이용이 가능하게 되어 있다. 한 층은 4개의 간호단위(1단위는 36병상)로 구성되며 NS 후면에 있는 1인 병실이 다목적 병실로 되어 있다.

3) 선행투자형

미국의 카이저(Kaiser)재단 병원의 경우 12층까지 골조마감을 하고 첫 단계로 8층까지만 사용하고 있다. 9~12층의 4개 층은 외부만 마감되고 내부마감은 차후에 하기로 하고 일부는 임시창고 등으로 사용되고 있다. 그러나 공조를 비롯한 각종 설비의 주 턱트나 주 설비라인은 설치되어 있으며, 필요에 따라 내부를 부분적으로 마감하여 장래에는 460병상까지 확장할 수 있도록 한 계획이다. 이것은 도시중심부에 위치해 대지의 여유가 없는 병원 등에 도입되는 수법으로, 장래의 확장을 어느 정도로 확정지을 것인가를 예상하는 문제와 어디까지 공사를 해 두어야 하는지에 대한 문제, 그리고 초기투자비가 과다하게 든다는 문제점이 있다.

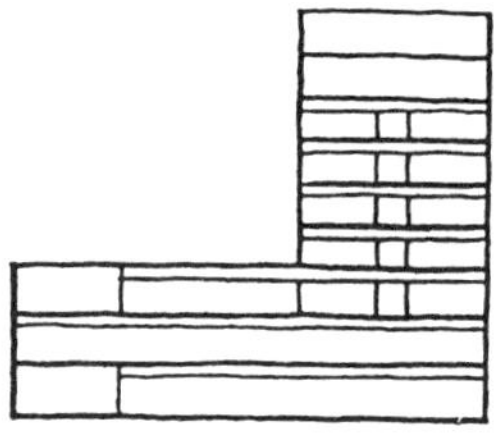

그림 3-17 선행투자형

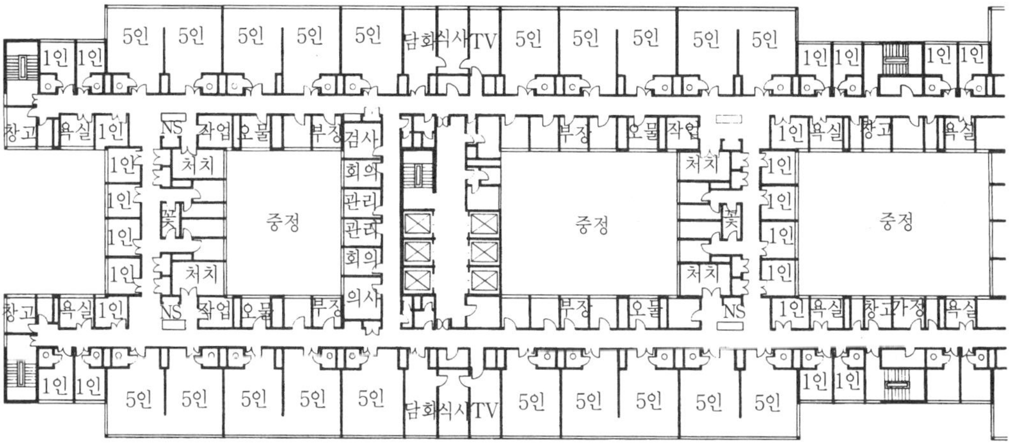

그림 3-18 요크(YORK) 병원의 평면도(영국)[6]

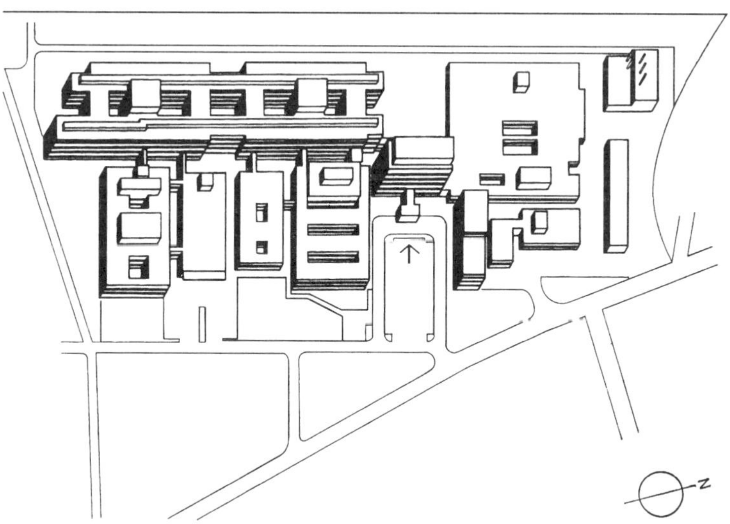

그림 3-19 요크(York) 병원의 조감도(영국)[7]

(1) 설비 층(Interstitial Space)

건물 각 층 사이에 샌드위치같이 설비 층을 설치한 것으로, 설비 기술자가 걸어다닐 수 있는 충분한 높이를 확보하고, 주요한 수직 덕트나 샤프트를 통해 기계실과 연결되므로 설비공급을 하는 공간과 공급받는 공간이 완전히 분리될 수 있다. 따라서 병원에서 요구되는 빈번한 설비의 보수 및 교체가 진료행위가 제공되는 기능공간을 방해하지 않고 이루어질 수 있다. 이러한 설비 층의 설치에 따른

6) British hospital and health care buildings : edited by Peter Stone, 영국, 1980
7) Ibid.

이점은 다음과 같다.

① 전체 조직체의 기능 수행을 저해하지 않고 개·보수 및 부분적 변경이 용이하다. 그러나 성장에 대해서는 특별한 이점을 갖지 않는다.

② 내부 평면계획시 기능배치에 많은 융통성을 줌으로써 좀더 밀집화된 형태가 가능하다.

③ 시공과 건물계획이 동시에 가능하여 병원의 계획 및 건립에 소요되는 시간이 매우 단축된다.

④ 충분한 작업공간이 제공되므로 설비관리가 용이하며, 전기 및 기계 설비작업의 생산성 향상을 도모할 수 있다.

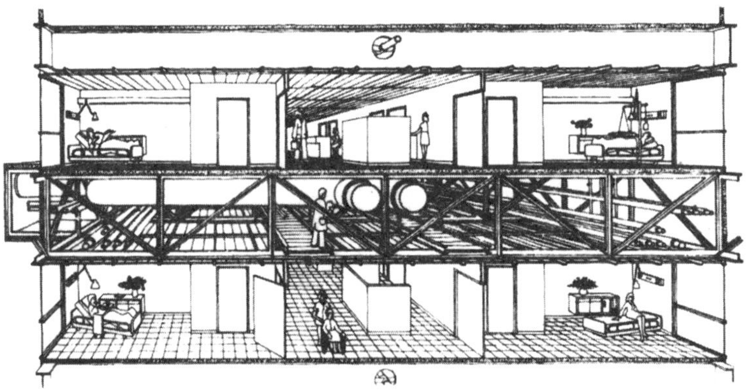

그림 3-20 설비 층의 예

이와 같이 설비 층을 채용한 방식은 병원 내부계획의 자유스러움과 내부 변화에 많은 융통성을 제공하지만 다음과 같은 단점도 있다.

① 넓은 기둥간격과 설비 층의 설치로 제공된 융통성은 실제 병원에서 요구되는 것보다 과도한 공간이 된다. 설비 층에 의한 융통성이 요구되는 곳은 중앙진료부 등과 같은 병원 내의 몇몇 지역에만 한정되기 때문이다.

② 넓은 기둥간격에 의한 장 스팬 보의 연결 및 처짐 현상과 관련된 문제점들을 들 수 있다.

③ 전적으로 기계 환기설비에 의존할 필요가 없는 지역에서 이 방식을 채택하는 것은 높은 초기 투자비 및 운영비가 소요된다.

따라서 실제적인 적용을 위해서는 설비 층을 설치함으로써 기대할 수 있는 효율성의 향상, 그리고 유지관리비 및 개·보수비용의 경제성과 초기투자비의 증대의 균형을 고려하여야 한다.

2. 외부적 대응방식

1) 무한정의 건축

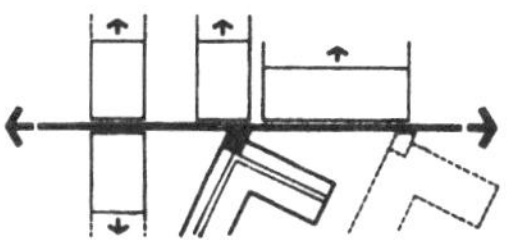

그림 3-21 선형증축

영국의 건축가 윅스는 병원을 "불확실성을 갖는 무한정의 건축(indeterminate architecture)"이라 정의하면서 이에 대응하기 위해 다음과 같은 병원의 물리적인 특성들을 제시하였다.

(1) 선형으로 증축이 가능하도록 계획된 내부복도체계를 갖춘다.

(2) 각 부문은 모직물과 같이 가로, 세로 방향으로 연장이 가능하도록 성장과 변화에 대응하기 쉬운 방식으로 계획하며, 변경이 손쉬운 내부 칸막이와 아울러 현재 수행되는 기능에 비해 여유 있는 공간을 가져야 하며, 성장을 위해 건물의 한쪽 면이 개방된 단부를 갖도록 한다.

(3) 어떠한 기능이 배치되더라도 이에 적합한 설비를 제공할 수 있는 설비체계와 아울러 성장이 가능한 구조체계를 갖는다.

이러한 그의 생각이 구체적으로 실현된 예가 영국 런던에 위치한 노스윅 파크(Northwick Park) 병원이다(그림 3-22). 이 병원은 한쪽 방향으로 성장할 수 있는 서로 다른 높이를 갖는 여러 개의 건물이 느슨하게 서로 결합되어 있으며, 하나의 기능 또는 서로 관련있는 몇 개의 부서들로 구성된 각 분동은 가장 많은 동선을 유발시키는 기능들간의 최단 이동거리가 될 수 있도록 배치되어 있다. 또한 각 분동은 병원 전체에 걸쳐 표준화되어진 설비 및 구조 체계를 이용하여 여러 가지 형태의 평면이 설치될 수 있도록 되어 있다. 각종 설비가 집중적으로 사용되는 곳에서는 설비 층 대신에 수직 형태의 설비덕트가 일정한 간격으로 설치됨으로써 각 실은 다양한 방법으로 설비의 제공이 가능하도록 되어 있으며, 내부기능 역시 병원 내의 다른 부분에 영향을 미치지 않고 변경될 수 있도록 되어 있다. 또한 양쪽 끝부분에서 성장이 가능한 선형복도를 따라 새로운 건물들이 첨가될 수 있으며, 기존 건물들도 주 동선체계를 방해하지 않고 병원의 내구연한 동안 쉽게 증·개축될 수 있다.

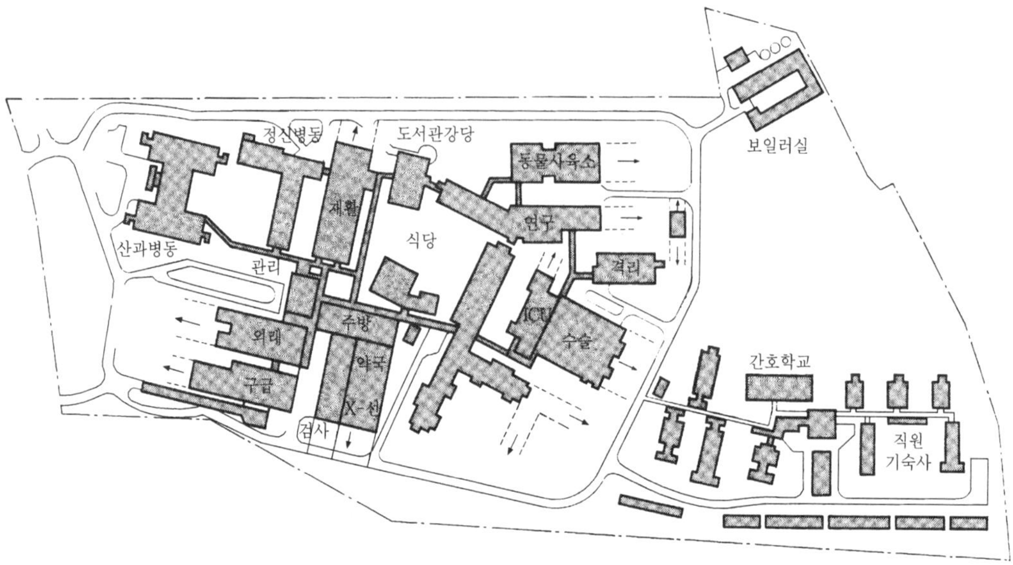

그림 3-22 영국 노스윅 파크 병원 배치도[8]

그림 3-23 영국 노스윅 파크 병원 외부

2) 뉴클리어스(Nucleus) 시스템

영국에서 개발된 시스템으로, 십자형의 형태를 하나의 핵으로 하여 계속적으로 증식할 수 있도록 설계한 방식이다. 건물 높이는 3층으로 한정되어져 있으나, 대부분의 사례들은 2층으로 지어졌으며,

8) ヨーロツパ の病院建築, 丸善出版社, 동경, 1998.

저층과 중정을 이용한 자연 채광 및 환기, 경제적인 공간의 활용 등의 법칙이 사용되어졌다. 600병상에서 900병상까지의 성장은 병원의 주 복도를 따라서 십자형 형태를 덧붙이거나 또는 기존 형태 내의 기능을 변화시킴으로써 가능하다. 후자의 경우는 최초의 계획단계에서 변화를 손쉽게 할 수 있는 부문을 성장 가능성이 있는 부문 옆에 배치시킨다. 예를 들면 방사선부 옆에 관리부문을 배치시킴으로써 성장이 쉽게 될 수 있다. 또한 십자형 모양의 형태는 자연적으로 하나의 방화구획이 되므로, 화재시 하나의 방화구획에서부터 또 다른 방화구획으로의 수평적인 대피가 이루어질 수 있다.

이 시스템은 넓은 대지가 필요하기 때문에 도심부에서는 실현되기 어려운 계획이다.

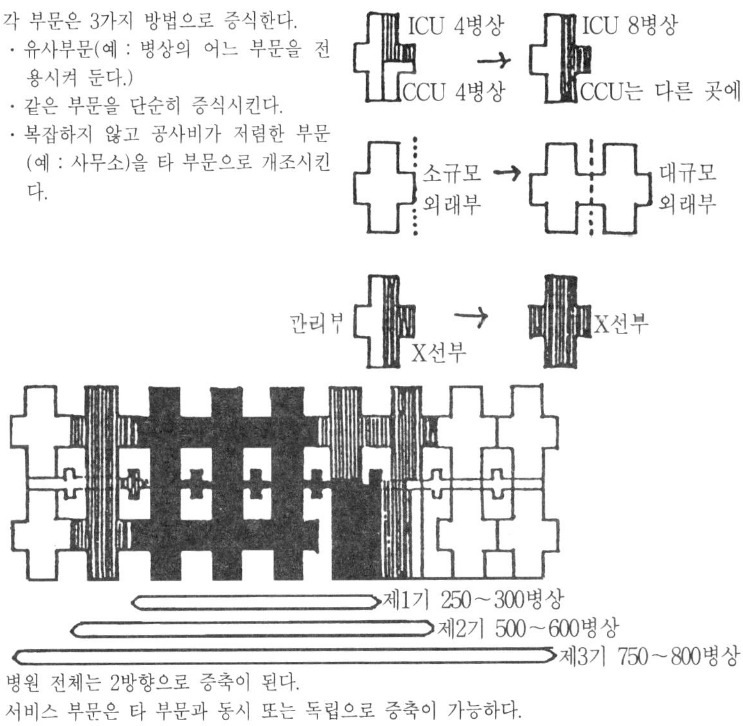

그림 3-24 뉴클리어스의 증식

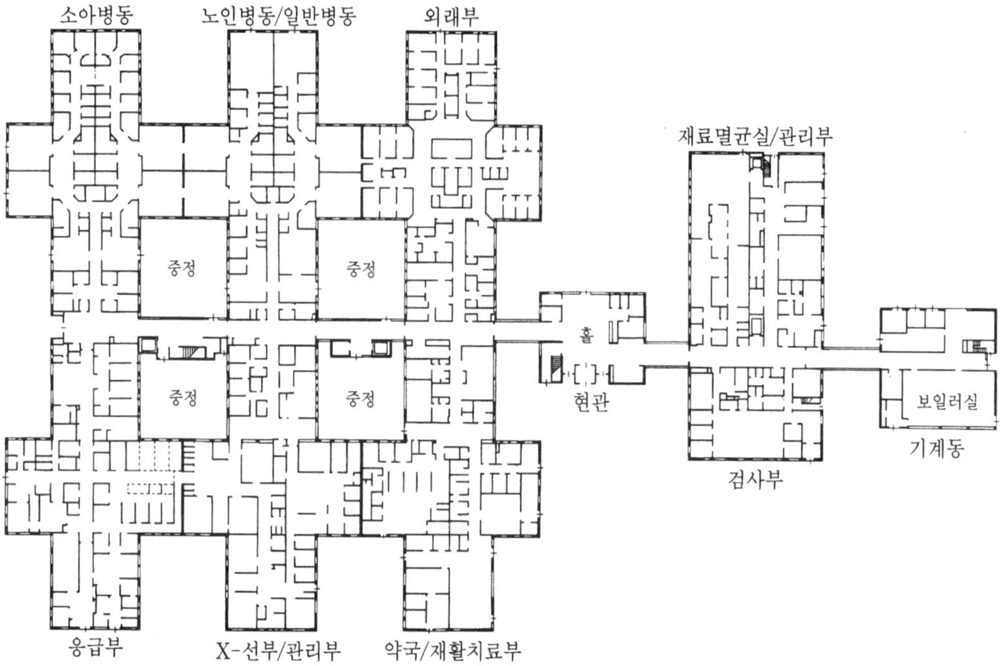

현관홀의 왼쪽 반은 호스피탈 스트리트를 축으로 하여 십자형 템프레트를 병설시킨 부분이 뉴클리어스 방식이다. 현관홀, 기계실 등은 대지의 상황에 따라 설계된다.

그림 3-25 메이드 스톤 병원 1층 평면도(영국)

3-5-2 마스터플랜

병원기능의 성장과 변화에 대응하기 위하여 마스터플랜이 필요하다. 즉, 어떠한 병원에도 장래의 .발전 방향을 제시하는 계획안이 항상 준비되어 있어야 한다. 그리고 현재의 상태는 준비된 전체상의 일부분이 구체화된 것으로 본다.

병원을 신축하는 것보다 기존의 병원을 증·개축하는 것이 훨씬 어려운 일이기 때문에, 그 체계적인 프로세스로서의 증·개축 프로그램과 기존 시설의 평가, 그리고 계획과정상의 중요성을 깨달아야 한다.

그러나 최초의 마스터플랜대로 계획이 진행된다고는 예측할 수 없으며, 상황이 당초 예상한 것과 달라지게 되면 그에 상응하여 계획 그 자체도 변화되어야 한다. 따라서 마스터플랜은 항상 조정을 거쳐 수정되어야 한다. 최초의 장기계획과 함께 크고 작은 당면계획으로 구성되어야 하며, 장기계획은 그 자체가 불확실성을 전제로 하고 있기 때문에 향후 현상들이 반드시 계획대로 이루어진다고 볼 수 없으므로, 끊임없는 여러 단계의 당면과제에서 기존 시설 평가를 통해 수정을 거듭해야 마스터플랜의 오차를 최소화할 수 있다.

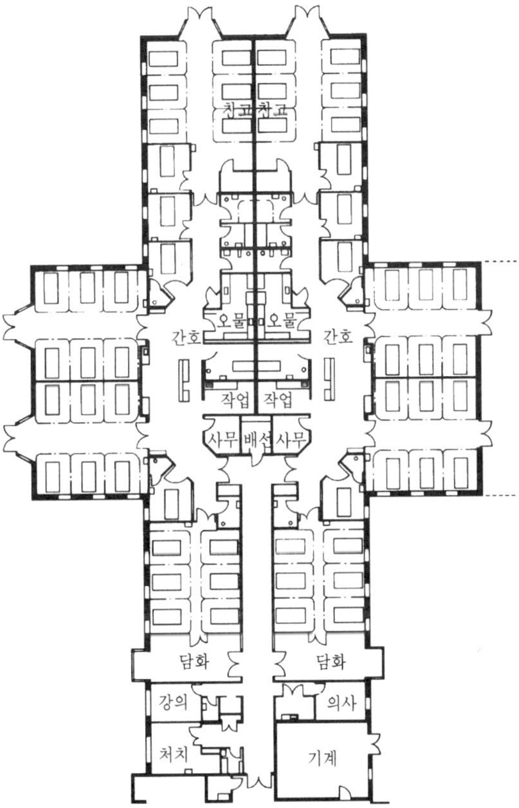

그림 3-26 뉴클리어스 방식의 템프레트(병동의 경우)

참 고 문 헌

1. 日本病院設備協會 編 : 日本病院建築圖集, 日本病院建築協會, 1985.
2. 建築計劃の硏究, 鹿島出版社, 동경, 1989.
3. PPC計劃 : 病院, 동경, 1965.
4. USPHS : Elements of Progressive Patients Care, 미국, 1982.
5. 住宅団地內の醫療施設計劃に関する硏究, 日本建築學會論文, 1967.
6. 西ヨーロツパ緖國の病院體制, 病院管理, 동경, 1967.
7. 長澤泰 : イギリスの病院と省エネルギー, 病院設備, Vo. 22, No. 4, 동경, 1980.
8. 의학신보 : 한국의학 100년사(上), 의학출판사, 서울, 1984.
9. 의학신보, 서울.
10. ヨーロツパの病院建築, 丸善出版社, 동경, 1995.
11. 新建築學大系 31, 病院の設計, 彰國社, 동경, 1987.
12. 現代建築작품시리즈, 복지·병원건축, 건축도시출판사, 서울, 1995.

제4장 병동부문

병원에서 가장 대표적인 부문은 병동부문이다. 병동은 환자가 하루 24시간 생활하는 곳이며, 의사와 간호사에게는 치료와 간호를 수행하는 근무의 장이다. 보통 이 병동에 의해 전체 병원계획이 영향을 받기 때문에 설계에 앞서 병동 운영방식에 대한 다각적인 검토가 선행되어야 한다.

4-1 병동의 운영방식

4-1-1 간호체제

간호체제는 간호대상과 간호방식, 그리고 간호업무의 3가지 요소로 구성된다. 이 요소들은 시대 및 사회·문화적 그리고 환경적인 상황에 따라 다양한 방식으로 변화되며, 그 사회가 요구하는 간호도에 따라 적절한 형식을 채택하게 된다.

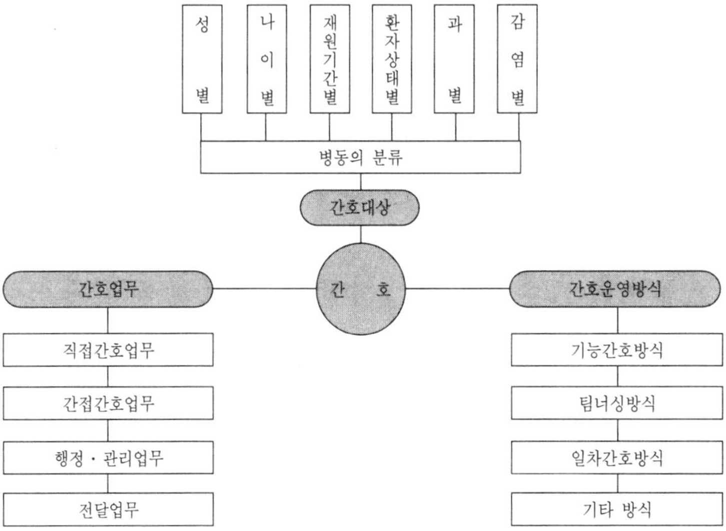

그림 4-1 병동의 구성[1)]

1) 김창민 : 간호운영방식에 대응하는 병동부의 건축계획적 연구, p.4

1. 간호대상

간호대상인 환자는 여러 가지 상태에 따라 분류할 수 있으며, 구체적으로 살펴보면 표 4-1과 같다. 환자를 성별, 나이별, 재원기간별, 환자의 상태별, 과별, 감염별로 구분하여 병동을 구성할 수 있으나 보통 과별로 구분하여 운영하는 경우가 많다.

표 4-1 간호대상의 분류

분 류	실 례	내 용
성 별	남자환자 여자환자	환자의 성별에 따른 분류
나이별	신생아 소아환자 성인환자 노인환자	환자의 연령층에 따라 비슷한 연령끼리 구분
재원기간별	일반환자 만성환자	재원기간의 정도에 따라 일반환자와 장기간의 입원을 요하는 만성환자 등으로 구분
환자의 상태별	집중치료환자 중증환자 경증환자	PPC 개념으로 환자의 상태에 따른 구분
과 별	외과환자 내과환자 소아과 환자 안과환자	의학의 분류에 따른 구분
감염별	전염성 환자 방사선치료환자	질병의 감염성에 따른 구분

2. 간호업무

간호업무는 환자 주변에서 이루어지는 직접간호와 환자와 접촉없이 이루어지는 간접간호, 부수되는 사무행위 및 물품관리를 하는 행정·관리업무, 그리고 운반, 이동, 송·수신 등을 담당하는 전달업무 등으로 이루어진다(표 4-2).

병원의 기본적인 목표인 환자의 치료와 효율적인 인력관리라는 면에서 간호사가 직접 간호업무에 전념할 수 있도록 하는 것이 바람직하며, 이에 대한 조직 및 계획상의 배려가 필요하다.

표 4-2 간호업무별 행위

분 류	내 용
직접간호	환자의 혈압, 체온, 호흡, 맥박 등 측정 병실을 순회하며 환자상태 관찰 환자에게 투약, 주사, 검사, 치료 등 의료행위 수행 특수약제의 사용을 위한 검사·간호 행위 관장 및 인공배뇨 시행
간접간호	의사의 처방과 각종 전표 대조 확인 환자에게 관련된 모든 의료행위의 수행내용을 기록, 정리 의사의 진료 및 치료 보조 필요한 물품의 준비 환자 및 보호자에게 계획된 교육 실시
행정관리	병동에서 사용되는 물품, 장비, 기구 등의 수량과 기능 확인 환자와 관계된 장부 및 현황판 정리·정돈 및 기재 신입, 간호학생, 잡무직에게 필요사항 교육 교육, 회의 등 참석
전 달	환자의 식사에 대한 전반사항 급식부에 통보 각종 서류 및 필름 등 해당부서로 전송 환자를 각 부서 및 병실로 이송

3. 간호방식

간호사가 환자에게 간호를 제공하는 책임과 권한을 분담하는 조직구조와 운영방식에 의하여 분류해 보면 기능간호방식, 팀간호방식, 전담간호방식 등으로 분류할 수 있다.

1) 기능간호방식

간호사가 간호단위 내의 전체 환자를 대상으로 자신에게 할당된 업무를 수행하는 방식으로, 수간호사가 간호사별 업무 할당을 결정하고 병동을 관리한다. 따라서 각 간호사들은 자신에게 할당된 몇 가지의 업무를 손쉽게 수행해 낼 수 있고, 숙련이 빠르며, 업무수행도 빨라지는 장점이 있다. 그러나 자신에게 할당된 업무 이외의 다른 업무를 조정할 수 없으며, 환자 간호에 대한 책임소재가 분산되어 간호책임도가 떨어진다. 보통 많은 환자에 적은 간호인력으로 간호서비스를 제공할 수 있다.

2) 팀간호방식

간호사가 소그룹의 환자를 대상으로 환자의 모든 간호를 책임진다. 따라서 많은 환자를 대상으로 하는 기능별 간호방식에 비해 환자에 대한 친밀도와 책임성을 증진시킬 수 있다. 그러나 인력구성과 병동의 체계가 효율적으로 이루어지지 않으면 소그룹의 간호그룹을 운영하기 힘들어진다. 또한 간호사들은 단순한 업무의 반복이 아니라 환자와 관련된 전반 간호업무를 수행해야 하기 때문에 간호에 대한 전반적인 지식과 경험이 필요하며, 간호업무 이외의 행정 및 관리 업무의 축소, 그리고 동선단축을 위한 시설적 대응이 수반되어야 한다.

3) 전담간호방식

간호사의 업무분담 면에서 가장 최상의 방법으로서, 각 간호사는 자신의 전담환자를 대상으로 그 환자의 모든 요구를 책임진다. 간호사당 환자 수는 환자의 질병 정도에 따라 다르다.

팀간호방식의 경우에는 팀회의를 통해 간호계획을 수립하지만, 전담간호방식의 간호사는 독자적으로 환자의 건강상태, 생활실태, 간호요구 등에 대한 간호계획을 수립하고 실행하며, 환자의 반응을 평가하여 수정해 나가야 한다. 또한 퇴원 후와 재입원의 경우까지도 담당환자를 간호할 책임을 갖는다. 이 방식의 문제점은 모든 업무를 스스로 처리해 나갈 수 있는 숙련된 간호사를 충분히 확보해야 한다는 점이다.

이상과 같은 각 간호방식에 따라 이에 대응하는 간호대상의 분류와 간호업무의 구분이 달라지며, 병동의 계획 역시 달라지게 된다. 이 외에도 몇 가지 방식이 있는데, 업무의 수행 면에서 볼 때 기능간호방식이 간호사의 기능 습득이나 환자 수 증가에 대응이 빠르고 기능의 효율성이라는 면에서 유리하다. 그러나 환자의 전체적인 요구에 부응하거나 환자에 대한 책임성, 다시 말하면 환자 중심의 간호라는 면에서 볼 때, 팀간호방식이나 전담간호방식이 보다 적합하다고 할 수 있다.

4-1-2 간호단위

병원에 입원하고 있는 환자들은 앞서 간호대상에서 언급한 여러 개의 그룹으로 나뉘어져 각 그룹별로 간호팀에 의하여 간호된다. 이 때의 일정한 범위 내의 환자그룹을 간호단위(nursing unit)라고 말한다.

1. 간호단위의 종류

병동의 간호단위 구성은 병원의 규모와 성격에 따라 달라진다. 다음은 몇 가지의 분류에 따른 간호단위의 예이다.

1) 일반병동

(1) 내과계, 외과계 간호단위

일반적인 질병의 치료수단, 즉 수술을 하느냐, 하지 않느냐에 따라 크게 외과계와 내과계로 나누어진다. 소규모 병원에서는 내과계, 외과계의 2단위로 나누는 정도이지만, 대규모 병원이 되면 내과계는 순환기, 소화기, 호흡기, 신진대사, 심장, 전염, 내분비, 종양내과 등으로, 외과계는 일반, 흉부, 신경, 정형, 성형외과 등으로 더욱 세분화된다.

(2) 장기별 간호단위

내과계, 외과계 또는 단순한 치료수단에 따른 구분이 아니라 장기별로 간호단위를 구성하는 방식이다. 예를 들면 순환기내과와 순환기외과를 결합하여 순환기과의 간호단위를 구성한다.

(3) 간호도별 간호방식(progressive patient care)

환자의 증상과 소요 간호량에 따라 단계적인 간호구성 방식으로, ① 중증환자를 모아 집중적으로 치료간호를 행하는 집중치료병동(intensive care unit), ② 비교적 활동이 가능한 경증병동(self care unit), ③ 양자의 중간 정도인 중등증병동(intermediate care unit), ④ 재원기간이 긴 환자를 모은 장기입원병동(long term care unit) 등이 있다. 통상 PPC방식으로 불려진다.

2) 산과, 소아과, 노인과 병동

산과는 별도의 간호단위로 하는 것이 좋으며, 또한 간호 및 보육상 성인과는 다른 조건을 갖는 소아도 소아과 간호단위를 구성하는 것이 좋다. 인구의 고령화에 따라 노인에 대해서도 같은 형식의 배려가 요구되고 있다.

(1) 산과병동

산모와 신생아는 여러 가지 면에서 병자와는 크게 다르다. 따라서 산모는 병자를 대상으로 하는 다른 병동과는 가능한 분리하는 것이 좋으며, 입원중의 일과도 요양 위주의 타 병동과는 달리 육아지도 등의 비중이 크다.

(2) 소아병동

소아는 상태가 수시로 급변하고 감염을 일으키기 쉽다. 또한 신생아, 영아, 유아, 어린이에 걸쳐 각기 다른 정도의 간호를 필요로 하며, 그 폭이 매우 넓다. 이 외의 문제로는 보육과 교육의 문제로, 성인과는 다른 특별한 배려가 필요하다.

(3) 노인병동

최근 병원에서 노인환자의 비율이 현저히 증가하고 있으며, 노인전문 병원도 등장하고 있다. 노인성 질환은 그 상태에 큰 변화가 없으며, 단순한 간호와 의사의 회진만을 요구한다. 따라서 노인환자를 기존의 급성병원 내에서 모두 수용하려고 하면, 고도의 복잡한 현대식 장비와 기술을 필요로 하는 치료보다는 일상적인 관리만을 제공하므로 인력과 재정, 그리고 장기간의 입원으로 시설이용률을 저하시키는 결과를 가져오게 되므로, 효율적인 자원의 이용을 위해서는 노인에게 적절한 치료가 가능한 장기입원 시설이나 노인전문 병원 또는 일반병원에서는 노인병동을 분리하여 설치할 필요가 있다.

3) 정신·결핵·감염 병동

정신병 및 결핵, 감염성을 갖는 환자는 성질상 다른 환자와 격리된 간호단위를 구성해야 한다.

(1) 정신병동

정신과 전문병원에 비해 일반병원의 정신과는 비교적 환자가 접근하기에 자연스럽다. 또한 종합병원의 각 과는 진료를 진행하는 과정에서 정신과의 협조가 필요한 경우가 많다. 따라서 일반병원에서도 정신과의 역할이 중요한 면도 있다. 정신과병동은 독자적인 간호단위로 구성되어야 한다.

(2) 결핵병동

최근 결핵환자가 급격히 감소되어 대부분의 병원에서 결핵과가 폐지되었으며, 일부 병원에 남아 있다. 따라서 결핵환자만으로 간호단위를 구성하기 어려운 경우가 생기는데, 혼합간호단위로 구성할 때, 격리구역을 명확히 하여 다른 병상과 구분한다.

(3) 전염병동

과거에 비해 전염병의 발병률이 크게 줄어들었다. 따라서 전염병동의 설치도 검토를 요구하는 시기가 되었다. 그 중에는 일반병동 격리병실에서 처리할 수 있는 감염증도 있는데, 법정 전염병의 경우는 독립된 간호단위를 만들어야 한다.

2. 간호단위와 관리단위

간호단위 내의 간호사들은 간호근무실(Nurse Station : 이하 NS라 약칭함)을 중심으로 업무를 수행하는데, 그 업무는 크게 NS 부근에서 이루어지는 사무적인 일과 환자의 병상 부근에서 환자에게 직접 간호하는 일로 구분할 수 있다. 환자를 간호하는 일이 아닌 사무적인 일에 열중하다 보면 본래의 업무인 환자간호에 소홀해지게 된다. 이 때문에 우리 나라에서는 보호자가 간호사의 일을 대신하여 거드는 것을 흔히 볼 수 있다.

외국의 경우에는 간호사들이 사무적인 일에서 해방되어 환자간호에 전념할 수 있도록 간호단위를 몇 개씩 묶어 관리단위를 설치, 운영하고 있는 예가 많다. 관리단위에는 간호책임자 밑에 수명의 사무원을 배치시켜 병동 운영에 관계되는 사무적인 업무와, 병동 이외의 부분과의 연락과 간호에 필요한 물품의 인수·인계, 그리고 병동에 출입하는 사람들을 통제하는 업무를 담당하게 한다. 이렇게 되면 간호사를 중심으로 하는 간호단위에서는 순수하게 환자를 간호하는 업무에만 전념할 수 있게 된다. 간호사가 아닌 사람들이 할 수 있는 잡무는 사무직에 맡기자는 합리적인 사고방식이라 할 수 있다.

3. 간호단위의 크기

병원설계에서 간호단위를 몇 병상으로 하는가는 중요한 문제이다. 간호단위의 크기는 병원경영뿐만 아니라 환자와 간호하는 측에도 큰 영향을 준다. 그러므로 간호단위의 병상 수는 나라에 따라 다르고, 같은 나라에서도 병원마다 다르다. 또한 과 마다 병상 수는 다를 수 있다.

간호단위의 병상 수가 많고 적음이 어떠한 영향을 주는가를 살펴보면 다음과 같이 요약할 수 있다.

1) 간호하는 측면

간호단위당 병상 수가 많으면 단위의 책임자가 환자 전체의 상태를 파악하기 어렵다. 그러나 환자 수가 너무 적으면 할당되는 간호사 수가 적어져 하루 3교대의 근무스케줄을 짤 수 없다.

2) 병동 구성의 측면

한 단위의 병상 수를 적게 하면 전체 간호단위 수는 증가한다. 단위 수가 많아지면 환자의 구분을 전문화시킬 수 있어 바람직하다. 예를 들면 200병상인 병원에서 3단위로 구분하면 각 단위에 속하는 환자는 여러 과의 환자가 섞인 혼합단위로 될 수밖에 없다. 그러나 6개의 전문화된 단위로 구분하면, 보다 충실히 환자의 요구에 대응할 수 있다. 건축적인 입장에서 볼 때는 한 단위의 병상 수가 적어서 단위 수가 증가할 때, 그만큼 설계도 어렵게 된다.

3) 시설·설비적인 측면

한 간호단위의 병상 수가 많으면 간호사들이 이동하는 거리(이하 동선이라 한다)가 길어진다. 동선의 단축은 병동설계에 중요한 과제이다. 동선 단축을 위하여는 간호단위당 환자 수가 적어야 한다. 이 경우 간호단위 수가 많아지고 따라서 간호사 근무실 설비가 늘어나 병원 전체의 면적이 증가하고 공사비도 많아진다.

4. 간호단위당 병상 수

국내의 기존 병원에서 간호단위당 병상 수는 병원에 따라서 36~90병상 정도로 다양한데, 대체적으로 종합병원에서는 50~60병상, 대학병원에서는 35~45병상이다(표 4-3). 이와 같은 간호단위당 병상 수는 병실 구성에 큰 영향을 받고 있는데, 국내의 경우는 비교적 다인실의 비율이 높기 때문에 단위당 병상 수도 높게 나타나고 있다. 외국의 경우에는 영국이 30~33병상, 미국 30병상 정도이며, 일본의 경우 55~60여 병상으로 운영하는 병원이 전국 병원의 절반 이상이나, 점차 환자 수를 줄여가려고 하고 있다. 우리 나라에서도 팀 간호 방식이 급속히 확산되는 등, 점차 환자 중심적인 치료에 중점을 두려고 하는 경향이 뚜렷해지고 있으며, 이에 따라 간호단위당 병상 수도 점차 적어질 것으로 예상된다.

5. 간호단위의 구성

일반적인 기능간호방식에서의 병동 층은 간호근무실을 중심으로 간호단위가 분화된다. 보통 1개 층의 병동은 1~4개의 간호단위로 구성된다.

팀 간호 방식의 병동은 20병상 내외의 규모를 한 팀이 담당하여 4~6개 팀이 한 층을 구성하게 된다. 수치상으로는 팀 간호 방식이 단순히 기능간호방식에서의 간호단위를 2개 내지 3개로 나눈 것처럼 보이나, 간호그룹의 조직이나 운영 및 공간의 구성에서는 큰 차이가 있다.

1) 간호그룹의 구성

기능간호방식에서의 각 간호단위는 수간호사의 책임하에 간호사와 보조인력들로 구성된다. 업무가 많지 않은 밤근무 때는 두 개의 단위를 합쳐 운영하여 인력의 낭비를 줄일 수 있다.

팀간호방식에서는 병동의 관리단위에 병동관리 책임자와 보조인력을 두고 각 팀에는 팀 간호사와 간호조무사가 담당환자에 대한 간호업무를 수행하게 된다. 팀간호방식에서도 업무가 많지 않은 시간대에는 인력의 낭비를 막기 위해 팀을 합쳐서 운영한다(그림 4-2).

표 4-3 간호단위당 병상 수2)

병원/병상	설립형태	병실의 구성(병상 수 비율)				간호단위당 병 상 수 (병상)
		1인실	2인실	3~5인실	6인실이상	
BR 200	복지재단	11(5.0)	1(1 .8)	147(66.2)	60(27.0)	37~45
JY 200	복지재단	6(3.4)	2(1.1)	100(56.8)	68(38.7)	56~76
SSI 230	의료법인	14(5.6)	12(4.8)	30(12.0)	194(77.6)	65
SCI 270	복지공단	6(2.2)	10(3.8)	30(11.3)	220(82.7)	72~90
SC 288	종교재단	9(3.7)	28(11.7)	39(16.3)	164(68.3)	50
JNI 299	의료법인	36(12.0)	36(12.0)	227(76.0)	0(0.0)	60~82
SJ 300	의료법인	6(1.8)	24(7.3)	42(12.7)	258(78.2)	82~64
DS 304	의료법인	16(6.5)	72(29.4)	73(29.8)	84(34.3)	58~62
WS 400	종교재단	15(4.2)	40(11.2)	205(57.6)	96(27.0)	37~48
HI 410	회사법인	22(5.3)	98(23.9)	120(29.3)	170(41.5)	60
KS 419	대 학	27(7.3)	36(9.8)	0(0.0)	306(82.9)	43
DG 420	의료법인	44(11.0)	86(21.5)	48(12.0)	222(55.5)	63
SV 443	대 학	45(11.1)	92(22.6)	78(19.1)	192(47.2)	36~43
CN 460	대 학	36(8.1)	160(36.2)	0(0.0)	246(55.7)	42~46
KR 519	대 학	24(4.9)	112(22.9)	12(2.5)	340(69.7)	36~42
SM 525	종교법인	33(7.1)	54(11.6)	9(2.0)	368(79.3)	55~73
JJ 529	종교법인	35(7.4)	56(30.9)	43(9.1)	338(71.6)	31~46
YN 605	대 학	46(8.2)	174(30.9)	8(1.4)	335(59.5)	45~47
CS 601	대 학	36(6.3)	270(47.3)	96(16.8)	169(29.6)	50~70
JB 670	대 학	25(4.0)	146(23.6)	12(2.0)	435(70.4)	48
SS 743	의료재단	41(6.2)	6(0.9)	74(11.1)	544(81.8)	73~80
KK 747	대 학	99(14.8)	56(8.3)	63(9.4)	453(67.5)	34~48
KM 756	대 학	36(5.4)	66(9.9)	253(38.0)	311(46.7)	60~70
JN 756	대 학	68(13.9)	76(15.6)	153(27.6)	210(42.9)	39
AJ 980	복지재단	127(14.4)	302(34.2)	10(1.1)	444(50.3)	57
YS 1205	대 학	117(11.3)	296(28.6)	292(28.2)	330(31.9)	36~43
평 균		(7.4)	(17.0)	(21.1)	(54.5)	54

2) 간호사의 업무구성

기능간호방식에서는 간호단위 전체의 환자를 대상으로 각 간호사별로 활력증상, 투약, 처치 등의 기능을 분배하여 1~2가지의 전문기능만을 수행한다.

팀 간호 방식에서 한 팀은 1~3명의 정규간호사와 1~2명의 비정규간호사, 그리고 1~2명의 보조원으로 구성되며, 일정 그룹의 환자

2) 서울대 무애건축연구실 : 병원건축조사보고서, 1986, 1987, 1988, 1989, 1990, 1991.

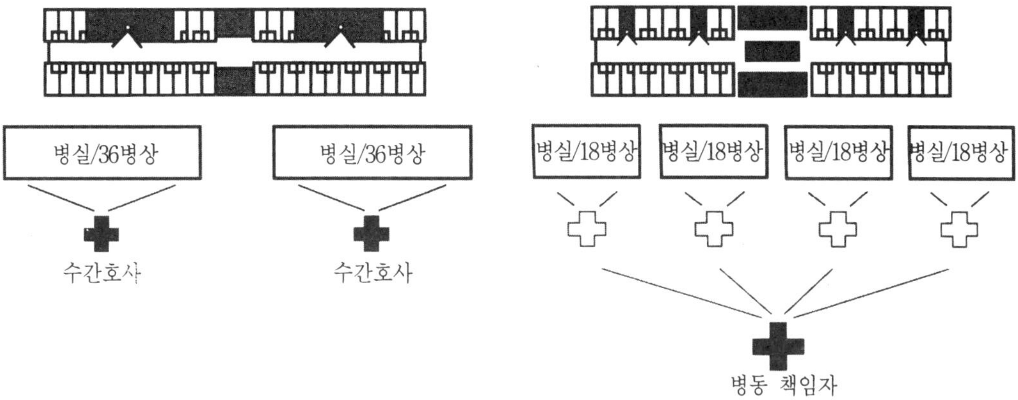

그림 4-2 운영방식에 따른 간호단위의 구성[3)]

를 담당하게 된다. 정규간호사 중에 1명은 팀 리더가 되며 각 팀의 구성원에게 업무를 할당하는 책임을 갖는다. 팀 리더의 간호업무는 투약, 수액요법시의 관찰, 의사의 지시 전달, 그리고 필요시에 팀의 구성원을 도와주는 역할을 한다. 다른 정규간호사나 경험이 풍부한 비정규간호사는 증상이 심한 환자를 간호하게 되며, 일반적인 비정규간호사는 증상이 심하지 않은 환자의 목욕, 환의, 음식을 먹여 주는 업무 등을 한다. 보조원은 침상정리, 보행시의 보조, 소변검사 및 기타 간단한 업무를 수행한다. 업무할당은 간호단위 책임자에 의하여 임명된다. 각 팀의 리더는 팀의 업무할당을 간호단위 책임자와 상의하여 하루 전에 준비한다.

3) 공간구성

병동 층의 공간구성을 보면, 기능간호방식은 1개 층을 구성하는 2개의 간호단위에 각각 간호 근무실을 두고 이곳에서 모든 업무를 주관하므로 소요공간도 각 간호단위별로 별도로 둔다. 물론 2개의 간호단위가 공동으로 사용하는 공간도 있으나 그다지 큰 비중을 차지하지는 않는다.

팀 간호 방식에서는 중앙의 행정관리센터가 주관이 되어 그 층의 제반 행정업무를 전담하며, 각 팀에는 팀 회의 센터를 두고 행정관리센터의 통제를 받는다. 행정관리센터는 그 층의 사람 및 물품의 흐름을 통제하며 타부문과의 통신센터로서의 역할을 한다. 팀 회의 센터는 각 팀 담당병실의 중심위치에 있게 되며, 팀 회의와 변경사

3) 김창민 : 간호운영방식에 대응한 병동부의 건축계획적 연구, p.17

항 등이 보고된다.

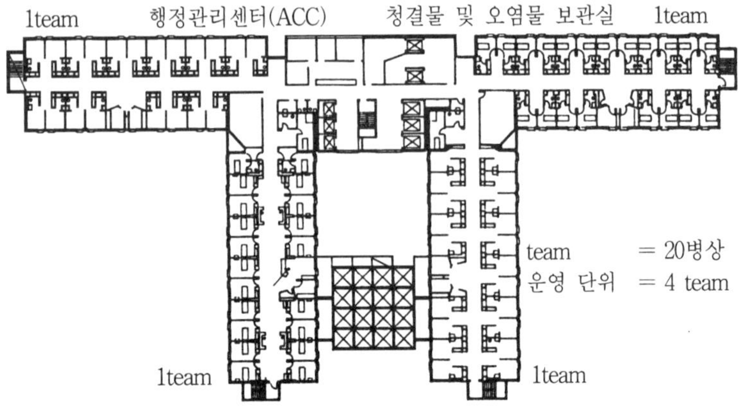

그림 4-3 팀 간호 방식의 병동 구성[4)]
[볼티모어(Baltimore) 종합병원 병동부 평면]

4-2 병동의 계획

4-2-1 고층과 저층

병동의 건축형태 계획에는 저층화와 고층화의 문제가 있다. 국내에서는 고층으로 하는 것이 일반적인데, 유럽의 경우 저층으로의 지향성이 강하다.

이 양자간을 비교하면 다음과 같다.

1) 병동은 간호단위의 복합체이다. 각 간호단위는 약간의 차이는 있으나 크게 보면 서로 공통되는 점이 많으므로 수직으로 쌓아 올리는 데 매우 용이하다. 고층화됨에 따라 층을 달리함으로써 단위간의 어느 정도 분리도 되고, 병동에 추구되는 요양환경의 확보라는 점에서도 그 나름대로의 이점이 있다. 또한 엘리베이터를 위시해 각종 반송설비를 도입함으로써 각 부문과의 연계도 밀접히 할 수 있다.
2) 병원은 각 부문이 유기적으로 연결되어야 그 기능을 발휘할 수 있다. 그러므로 병원 전체가 가능한 한 집약화되는 것이 요망된다. 그런 의미에서 병원의 고층화는 고도의 진료기능을 갖추는 병원의 필수조건으로도 생각된다.

4) ロバルト・ウィッシャ-, ヒレラウ, 病院建築の 新たな挑戰, 集文社, p. 46, 1990.

3) 고층화에는 대지면적에 대한 배려가 있다. 우리 나라의 현황으로는 대부분 기능상의 문제는 별개로 부지관계나 건폐율의 축소가 전제조건이 된다.
4) 저층에는 특히 병동의 경우 주거환경의 면에서 이점이 크다. 특히 정원과 연결되면 병실의 조건으로서는 최상이다.
5) 화재의 경우를 고려하면 저층이 유리하다. 고층에서도 여러 가지 대책이 있겠지만, 건설 · 유지비 등 그 비용 부담도 적어진다.
6) 고층의 선택에는 환경의 배려도 중요하다.

4-2-2 간호단위의 확립과 통과교통의 배제

병동은 입원환자에 대한 간호의 장이다. 따라서 각 간호단위에 관계없는 동선이 통과되지 않도록 해야 한다. 각 층에 1~2단위의 간호단위를 설치하는 경우는 문제가 없지만, 단위 수가 증가되는 경우에는 세심한 배려가 필요하다.

각 층에 3~4단위의 간호단위를 설치하는 경우에는 'T'형이나 'H'형과 같이 단부를 증가시켜 하나의 단부를 하나의 단위가 점유하도록 하면 되지만, 방위상 일조문제 등의 주거성이 떨어지게 된다는 점을 유의해야 한다.

4-2-3 구성요소와 면적배분

1. 병동의 구성요소

병동을 구성하는 요소로서는 환자의 생활시설과 간호작업공간, 관리공간, 그리고 공용공간으로 분류되며, 그 중요도에 따라 주 행위공간, 보조공간, 관리공간과 교통공간으로 구분된다.

환자의 주 행위공간은 병실과 처치실 등 환자의 간호에 직접적으로 사용하는 공간을 말하며, 보조공간은 주 행위공간의 작업을 보조하는 데 필요한 공간으로서 작업의 내용, 작업량, 작업의 범위 등에 따라서 실의 크기나 실 수가 영향을 받는다. 관리공간은 부서 내에서 근무하는 직원들의 휴식이나 사무업무 등을 위한 공간으로서 일반적으로 그 부서에 근무하고 있는 인원 수나 종류에 따라서 결정된다. 관리공간으로서는 주로 간호사실, 의사 당직실, 회의실, 직원휴게실, 직원갱의실 및 화장실 등을 들 수 있다.

2. 면적배분

표 4-4 병동의 면적배분 [m^2, ( )는 순면적에 대한 비율] 5)

병원\병상	설립종류	단위당 병상수	주 행위공간	보조공간	관리공간	순면적	병상당 순면적	총 면적	G/N비	평면유형
BR 200	복지재단	37~45	1,379(79.5)	348(20.1)	7(0.4)	1,734	8.7	2,305	1.33	중복도형
JY 200	복지재단	56~76	1,342(76.0)	365(20.7)	58(3.3)	1,756	8.8	2,327	1.32	중복도형
SS 1230	의료법인	65	1,229(66.6)	451(24.5)	164(8.9)	1,844	8.0	2,249	1.22	중복도형
SC 1270	복지공사	72~90	1,441(67.4)	529(25.3)	153(7.3)	2,093	7.8	2,854	1.36	이중복도형
SC 288	종교재단	50	1,182(70.3)	466(27.7)	34(2.0)	1,682	5.8	2,029	1.21	중복도형
JN 1299	의료법인	60~82	2,364(81.1)	240(8.2)	412(10.7)	2,916	9.8	3,672	1.26	중복도형
SJ 300	의료법인	52~64	1,673(77.3)	307(14.2)	184(8.5)	2,164	7.2	3,198	1.48	이중복도형
DS 304	의료법인	58~62	1,932(90.1)	207(9.7)	5(0.2)	2,144	7.1	3,179	1.48	중복도형
WS 400	종교재단	37~48	3,365(85.0)	516(13.0)	79(2.0)	3,960	9.9	5,929	1.50	홀+중복도형
HI 410	회사법인	60	2,981(69.7)	809(18.9)	488(11.4)	4,278	10.4	7,481	1.75	중+중복도형
KS 419	대 학	43	3,020(54.7)	1,963(35.5)	540(9.8)	5,523	13.2	7,023	1.27	중복도형
DG 420	의료법인	63	2,980(81.7)	611(16.7)	58(1.6)	3,649	8.7	5,636	1.54	이중복도형
SV 443	대 학	36~43	4,582(73.0)	1,390(22.2)	303(4.8)	6,275	14.2	8,231	1.31	중복도형
CN 460	대 학	42~46	3,939(64.1)	1,487(24.2)	719(11.7)	6,145	13.4	8,736	1.42	이중복도형
KR 519	대 학	36~42	4,713(68.0)	1,538(22.2)	676(9.8)	6,927	13.3	8,708	1.26	중복도형
SM 525	종교법인	55~73	3,926(61.2)	1,364(21.3)	1,122(17.5)	6,412	12.2	8,669	1.35	이중복도형
JJ 529	종교법인	31~46	3,033(77.4)	636(16.2)	249(6.4)	3,918	7.4	5,354	1.37	중복도형
YN 605	대 학	45~47	6,158(71.2)	1,672(19.3)	817(9.4)	8,647	14.3	12,624	1.46	이중복도형
CS 601	〃	50~70	4,865(60.0)	1,004(12.4)	2,242(27.6)	8,111	13.3	10,425	1.29	중복도형
JB 670	〃	48	3,706(45.1)	2,460(29.9)	2,052(25.0)	8,218	12.3	12,494	1.52	이중복도형
SS 743	의료재단	73~80	5,435(77.3)	1,160(16.5)	436(6.2)	7,031	9.5	10,220	1.45	이중복도형
KK 747	대 학	34~48	5,978(65.5)	2,759(30.2)	388(4.3)	9,125	12.2	12,634	1.38	이중복도형
KM 756	〃	60~70	4,643(73.8)	1,151(18.3)	501(8.0)	6,295	8.3	8,774	1.39	중복도형
JN 756	〃	39	7,774(73.0)	2,468(23.2)	413(3.9)	10,655	14.1	15,059	1.41	이중복도형
AJ 980	복지재단	57	8,587(53.3)	3,277(20.3)	4,247(26.4)	16,111	16.4	28,273	1.75	이중복도형
YS 1205	대 학	36~43	7,896(61.5)	3,010(23.4)	1,934(15.1)	12,840	10.7	15,015	1.17	중복도형

병동의 구성요소를 주 행위공간과 보조공간, 그리고 관리공간으로 분류하여 기존 병원의 면적배분을 살펴보면 표 4-4와 같다. 병상당 순면적은 평균 10.6m^2이며, 주 행위공간은 순면적의 약 70%, 보조공간은 20%, 관리공간은 10%의 수준이다. G/N비는 평균유형에 따라 달라지며, 평균적으로 1.4 정도이다.

5) 서울대 무애건축연구실 : 병원건축조사보고서, 1986, 1987, 1988, 1989, 1990, 1991.

4-2-4 동선계획

1. 간호사의 동선

병동계획의 주 관심사는 간호사의 이동을 감소시켜 환자와 간호사 간의 접촉을 증대하는 데 있다. 병동의 효율성에 대한 연구는 간호사의 이동거리, 시간 및 인건비 등을 조사함으로써 이루어지는데, 보통 간호사의 이동거리에 대한 연구가 건축적인 해결을 이끌어 낼 수 있는 방법으로 보편성을 갖는다.

2. 동선연구 사례

많은 건축물에서 동선의 단축이 지적되고 있는데, 병동에서도 간호사의 동선을 중심으로 한 병동평면에 대한 연구가 매우 많다. 그 중 대표적인 2가지 연구 사례를 소개한다.

1) 예일 트래픽 동선조사(Yale traffic index)

간호단위의 기능적 효율성을 결정하는 방법으로 간호사의 공간이동을 표시하여 전체적 기능, 각 부분들간의 상관도를 파악하려고 한 것이다. 효율성을 측정하기 위해 출발지로부터 목적지까지의 이동을 측정단위로 하여, 이 자료로부터 어떤 공간들이 서로 기능적인 접근이 용이하게 위치해야 하는가를 도출해 냈다.

연구진은 1958년 10월부터 6개월간 내과 2개, 외과 2개 병동에서 동선 유형조사를 실시하였다. 조사는 정규간호사, 보조간호사, 의사, 배선원 및 관리인의 이동을 모두 측정했는데, 그 중 간호인력의 이동이 70.3%를 차지한다는 사실을 알았다.

이 조사에서는 효율성의 측면에서 간호단위 비교의 초점이 복도형태의 순환방식이었다. 목적지까지의 경로가 한 가지 방법밖에 없는 단순한 방식보다는 한 가지 이상의 경로를 갖는 복잡한 방식이 더 효율적이고, 병동의 효율성은 간호단위의 크기나 프라이버시와는 직접적인 연관성이 없는 것으로 나타났다. 결국 이러한 다양성은 디자인의 차이에서 연유한 것으로, 효율성을 결정하는 것이 디자인이라고 밝히고 있다.

2) 스탠리 리퍼(Stanley Lipper)의 동선분석

상호간의 이동빈도(link data)를 모델로 전환하여 간호사의 이동을 정의하였다. 간호사의 ⅓ 이상은 환자-환자, NS-환자이고, 작업실에 들르는 것도 포함시키면 이동의 56%가 이에 속한다.

이 연구에서는 한 가지 평면형태가 다른 것에 완전히 우월하지 않는다고 밝히고 있다. 평면형태와 간호사가 이동하는 방식 간에는 상호작용이 있고, 순회당 환자 수, 정기순회나 임시이동 빈도, 그리고 작업실을 거치는 빈도 등은 간호사의 이동에 영향을 줄 수 있다고 밝히고 있어, 간호사의 이동패턴에 대한 병동계획의 효과를 강조하였다.

이와 같이 간호활동의 측면에서 이동거리를 측정하는 연구로부터 간호관계 제실과 환자, 환자와 환자 간의 거리, 그리고 병원의 운영방침에 의한 이동특성도 고려하게 되었다. 그 결과 간호활동의 중심으로서의 간호근무실은 환자에게 더욱 가깝게 위치될 때 효율적이며, 이는 간호단위 내의 환자 수가 변수로 작용하게 됨을 뜻하게 되었다.

3. 병동의 평면유형

병동평면의 변천과정을 살펴보면, 의학적 요구와 사회적 상황의 변화를 수용하기 위하여 그 발전이 이루어지고, 이것은 동선과 관련된 기능적인 효율성을 개선함으로써 나타났다. 효율적인 병동의 설계목표 중의 하나는 NS, 작업 및 공급 공간, 그리고 병실간의 거리를 최소화하는 데 있다. 병동의 평면형태는 동선에 의해 분리되는 것이 보편적인 방법인데, 한 지점에서 목적지점까지 도달하는 경로를 한 가지밖에 선택할 수 없는 경우를 단순형으로, 목적지까지 도달하는 데 경로를 선택적으로 택할 수 있는 복합형으로 분류할 수 있으며 단순형에는 가장 기본적 형태로서 편복도형과 중(中)복도형이 있고, 복합형에는 이중복도형과 원형, 밀집이중복도형, 삼각형 병동 등의 순환형이 있다.

1) 편복도형

병실과 간호부속 제실을 복도의 한쪽 면에 배열한다. 따라서 모든 공간에 자연 채광과 통풍이 가능하지만, NS에서 가장 먼 병실까지의 거리가 길어져 보행에 많은 시간이 소요되고, 간호효율성이 저하된다.

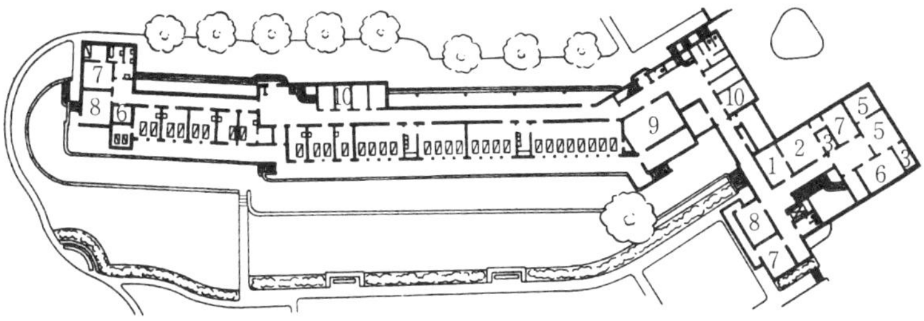

그림 4-4 편복도형 병동평면[6]
(바이브리겐 종합병원 외과병동, 독일)

2) 중복도형

편복도형의 긴 동선을 단축하기 위해 중복도형의 평면이 제안되었는데, 먼저 하나의 복도를 중심으로 EV와 NS 등 온·습도 조건이 다른 간호 제 실을 복도의 반대 면으로 이동시킨 편배치형이 출현하였고, 다음으로 간호 제 실을 병동 중앙의 복도 양측에 배치하고 그것을 중심으로 병실도 복도 양쪽에 배치되는 양면배치형으로 발전되었다.

(1) 편배치형

편배치방식은 EV와 NS가 근접하고 하나의 NS에서 모든 병실을 담당하는 것이 기본형이다. 규모가 커지게 되면, EV를 중심으로 2개의 분리된 NS가 담당 간호단위를 효율적으로 활용할 수 있도록 병실 중앙에 배치하는 형식으로 발전된다. 이 관계를 유지하면서 타 유형에 비해 긴 동선을 단축하기 위해 여러 형태의 편배치 방식의 병동이 분화된다. 이 형은 모든 병실을 한쪽 면에 배치시킴으로써 좋은 향과 기후조건을 가질 수 있으므로 과거에 선호되었다.

(2) 양면배치형

양면배치형의 기본형은 중앙부에 서로 마주하여 EV와 NS를 두고 그 주위에 병실군을 배치시킨 것이다. 점차 규모가 커지면 NS와 관계 제 실이 양분되어 각 간호단위의 중앙에 위치하게 되고 EV와 배전실 등 층 전체를 서비스하기 위한 실들이 중앙에 위치되는 형식으로 발전된다.

6) ロバルト・ウィッシャ-, ヒレラウ, 病院建築の 新たな挑戦, 集文社, p. 46, 1990.

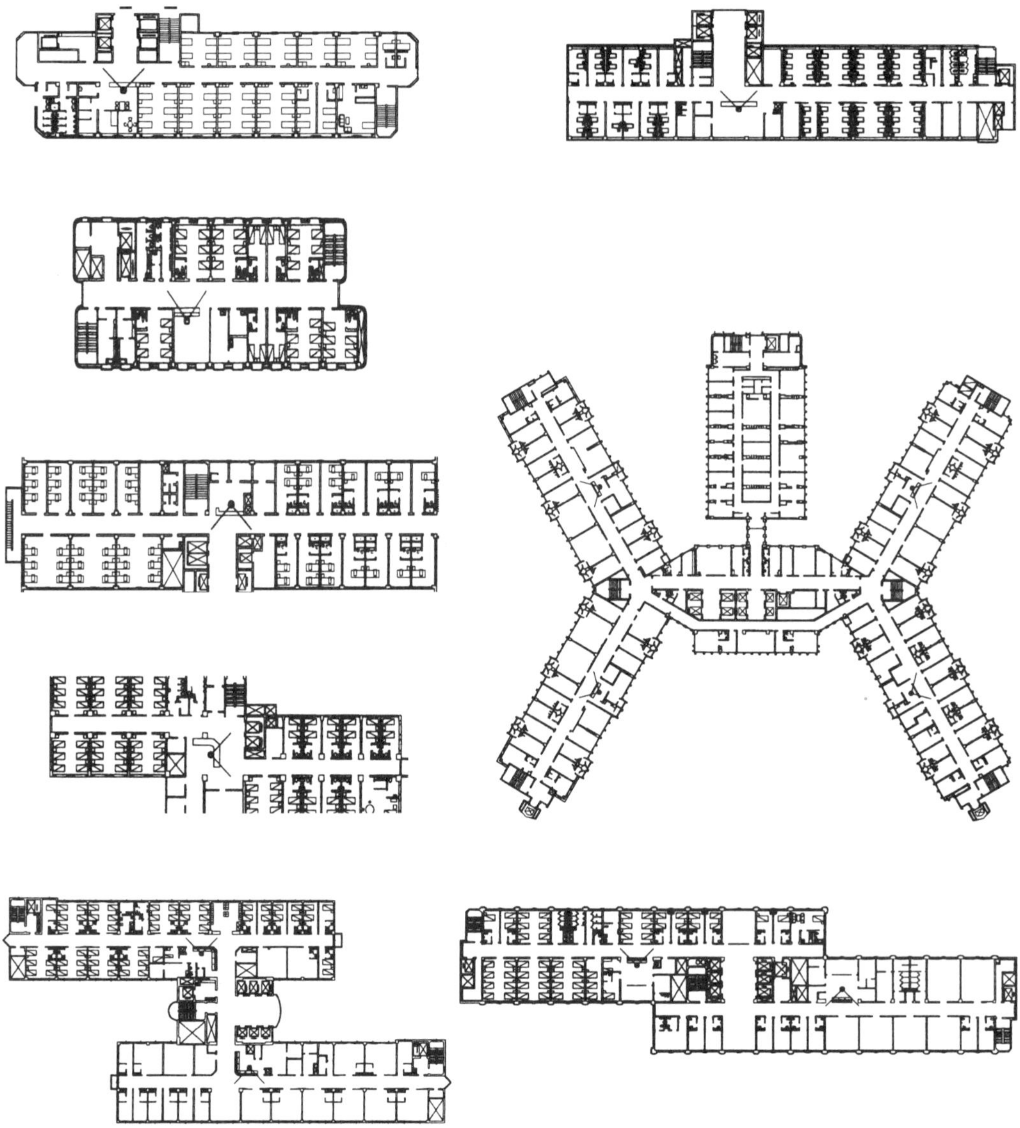

그림 4-5 중복도형 병동평면

이와 같은 중복도형은 가장 보편적인 병동평면으로 동선이 단순하고 복도에서 관찰이 용이하며, 이상적인 간호관리의 패턴을 적용하기 용이하다. 또한 건물형이 단순하여 건설이 용이하고, 병상당 면적이 상대적으로 작아진다. 또한 T형, H형 등으로 단부를 증가시키므로서 층 당 간호단위의 수를 증가시킬 수 있다.

그러나 병동부의 규모가 커지면, 복도가 길어져 사람과 물품의 동선이 복잡해지고 교차감염의 우려도 있으며, 신속성도 둔화되어 간호기능의 저하도 예상된다. 이상과 같은 이유로 이중복도형의 병동이 제안되었다.

3) 이중복도형

공기조화시설이 발전됨에 따라 현재 일반적으로 사용되고 있는 병동평면으로 건물의 양측 창을 따라 병실을 배열하고 2개의 복도 사이에 서비스코어를 둔다. 이 코어에는 NS와 간호 제 실을 배치하며, 복도 중간에 적절한 연결통로를 둔다. 복도 양단이 연결된 경우, 이를 경주장형(race-track plan)이라고 부른다. 이 형은 병실의 배치

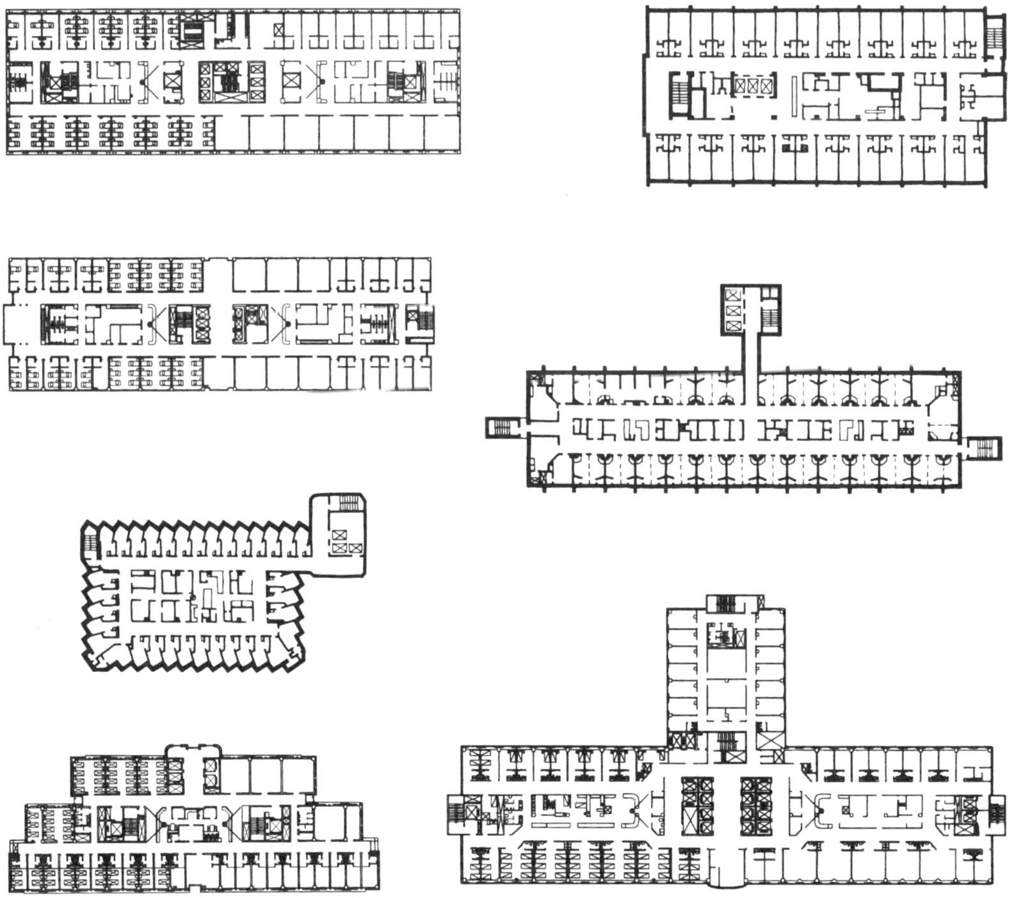

그림 4-6 이중복도형 병동평면

가 용이하고 간호사실의 동선도 단축되며, 설비와 서비스를 집중시킬 수 있으므로 간호능력의 효과도 기대할 수 있다. 또한 건물의 길이가 짧은 컴팩트형이므로 도시지역의 협소한 대지조건에 유리하다. 그러나 중복도형에 비해 병동 면적이 증가하고 공사비도 많이 소요된다. 또한 코어부분에 인공조명과 기계환기가 필요해져 그만큼 운영비가 증가한다. 이 유형은 2차 대전 중 1941년 미국의 니어가드(Charles F. Neergard)가 이중 파빌리온 병동(Double Pavilion Plan)으로 제안하였으나 이후 이중복도형으로 정립되었다.

4) 원형

이 유형은 과거 외국에서 많이 건설되었는데, 간호 제 실을 중심으로 병실을 원형으로 에워쌈으로써 동선의 단축을 이룰 수 있다. 이러한 원형형태는 단위 내의 순환복도와 건물의 둘레길이가 디자인의 주요 제한사항이 되는데, 효율성을 갖도록 하려면 40병상 정도의 제한된 병실공간을 갖게 된다. 그리고 사각형의 다른 병동형태보다 공사비가 많이 소요되고 융통성이 떨어지며, 방향감이 명확하지 않고 간호근무실에서의 통제가 어렵다. 또한 병실의 형이 부정형이므로 유효면적도 줄어든다.

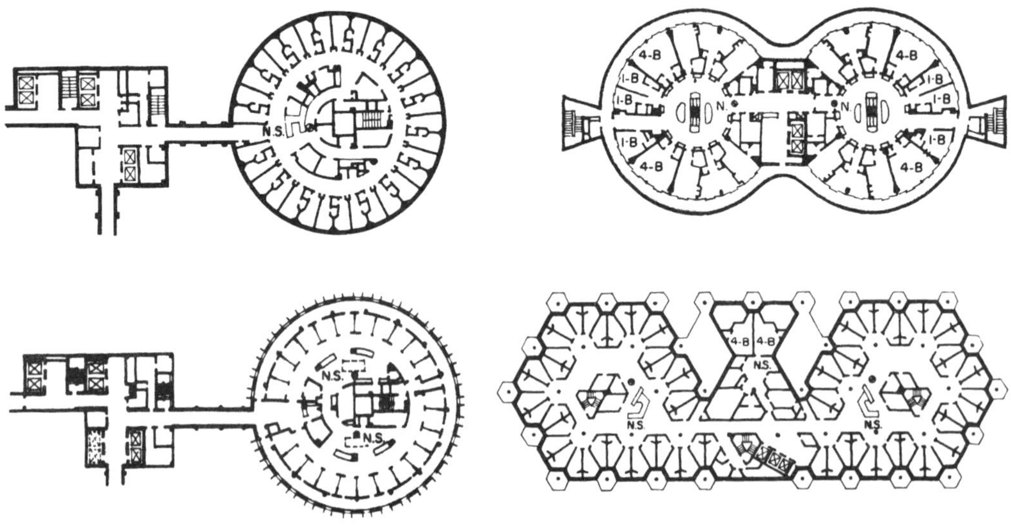

그림 4-7 원형 병원평면

5) 삼각형 병동

코어형 평면의 새로운 형으로 미국의 카플란이 제창한 삼각형 병동이 있다. 본질적으로 원형 병동과 유사한데, 성 마크 병원(유타주 소울트레이크)의 경우는 1단위당 20병상 정도로 병상 수가 적다. 최근 일본에서도 이러한 병동형태가 많이 나오고 있는데, 우리 나라 같은 한 병동 50~60병상의 규모로는 개실을 위주로 한 삼각형병동을 구성시키는 것이 어렵다.

병동의 형태가 삼각형이므로 병실에 하루에 한 번씩 햇빛이 들어오고, 평면 중앙에 병실로 둘러싸여진 간호관계 제 실을 둠으로써 동선이 단축되며, 각 코너를 분산된 간호유닛으로 활용할 수 있다. 또한 하나의 수직교통루트에 의해 4동(8개 간호단위)까지 연결이 가능하며 동 수를 증가해도 각 병실의 거주조건은 저하되지 않는다.

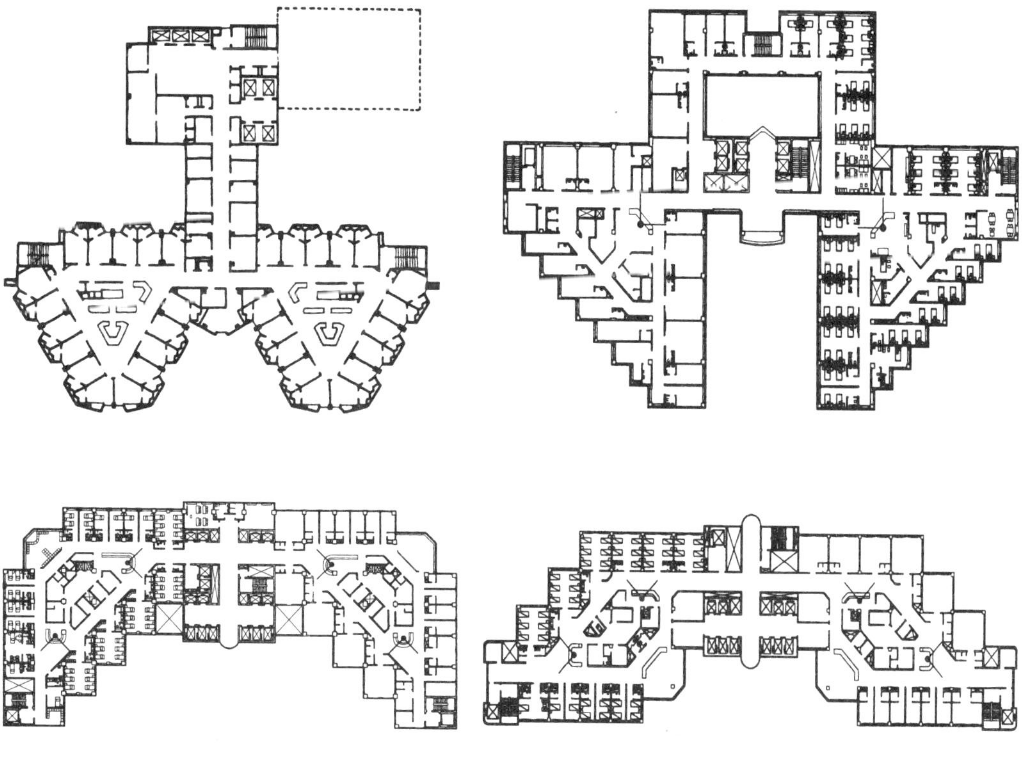

그림 4-8 삼각형 병동평면

6) 뉴클리어스와 클러스터형

간호근무실 주변에 가능한 많은 환자를 모으기 위한 평면형태이다.

4-2-5 타 부문과의 관계

간호단위는 수간호사를 중심으로 독자적인 운영을 하며, 의사를 비롯해 각종 직원이 출입하고, 보호자와 방문객의 내원이 있다. 사람의 출입은 가능한 억제되어야 하지만, 병동의 운영이 원내 각 부문의 지원하에서 이루어지므로 이에 관련된 사람과 물품의 출입이 빈번하다. 이것은 전체 병원에서 병동의 건축적 위치선정에도 관계된다.

1. 사람의 출입

1) 출입빈도

병동부에서 타 부문으로의 이동빈도는 국내의 경우, 방문객이 가장 많고, 의사, 간호사, 직원, 그리고 환자의 순으로 발생한다고 한다. 이들의 이동목적은 진단, 치료 등의 진료관계의 목적이 24%, 물품 및 정보 전달이 27.8%, 환자방문이 21.9%를 차지하고 있다. 보호자가 간호사의 일손을 돕는 우리 나라의 실정상 방문객의 이동빈도가 높게 나타나고 있으나, 앞으로 점차 완전간호방식으로 나아가게 되면 대폭 축소될 것으로 전망된다. 물품 및 정보 전달을 위한 이동의 비율 또한 높게 나타나고 있는데 정보교환, 물품 반송의 방식이 합리화되면 감소될 성질의 것이다.

2) 출입의 시각변동

병동의 출입을 시간별로 보면, 간호사를 비롯해 병원직원의 이동에는 오전 중과 정오 직후, 그리고 저녁의 3회로 완만한 산 형태가 형성되는데, 전체적으로 1일 중 거의 평균적인 분포를 이룬다. 방문객의 면회시간을 엄격히 제한하게 되면 방문시간시의 집중을 무시할 수 없게 된다. 예를 들면 엘리베이터 계획에서 이 집중이 소요대수의 결정조건으로 되는 것이 보통이다.

2. 물품의 출입

병동의 운영상 정기적으로 물품공급 이외에도 여러 가지의 응급상황에 대처하여 수시로 물품이 공급되며 또 쓰레기 검체 등 병동에서 수거되는 양도 매우 많다.

1) 식사

입원환자의 식사는 각자의 병상까지 하나하나 배식을 행해야 한다. 따뜻한 요리를 따뜻하게, 차가운 것은 차갑게 배식해야 하는 문제가 있다. 오늘날 일반화되어 있는 서비스 방식은 중앙배선방식이다. 즉, 모든 환자의 배식을 급식부 직원이 배선차로 운반하는데, 급식부의 여건에 따라 병동까지 운반하고 거기서 간호사의 손으로 전달되기도 한다.

2) 약품

약에서 환자 개개인에 처방된 약제 외에 주사와 혈액 등이 있다. 특히, 혈액용의 약제는 부피와 중량도 크기 때문에 그 운반이 문제된다.

3) 의료기기

의료기재와 주사기 등의 일회용품은 멸균재료실에서 공급된다. 병실에서 매일 사용하는 양은 거의 일정하기 때문에 정시에 정량의 재료를 반입하고, 또한 정해진 시간에 사용된 기자재를 수거하여 처리하도록 한다.

4) 린넨

병동에서 사용된 린넨류는 종류가 다양하고 그 양도 많다. 단, 시트교환의 빈도에 따라 소요린넨량은 크게 변한다. 신생아, 유아와 노인 중의 일부는 기저귀를 필요로 하기 때문에 그 양 또한 매우 많다.

5) 소모품, 잡품

내용은 극히 잡다하지만 공급은 정기적으로 주 1회 정도로 이루어진다. 앞으로 공급부를 통한 일원관리가 추진될 것이다.

6) 검체

병동에서 나오는 것으로는 검사부의 검체가 있다. 그 시간은 검체채취와 검사의 경우로 아침(하루 시작 시)에 가장 많다. 다음은 점심 전·후가 일반적이며, 소량이 나오고, 그 외의 시간에 운반되어야 하는 검체도 수시로 발생한다.

7) 폐기물

하루에 배출되는 쓰레기의 양은 매우 많다. 회수도 1일 1회 혹은 수회에 걸쳐 용원에 의해 행해지고 쓰레기 적치장과 소각로로 운반된다.

4-3 각 실의 설계

4-3-1 병실의 종류와 크기

병실은 수용되는 환자의 상태, 그리고 진료 및 간호상의 필요성에 의해 나누어질 수 있고, 그 크기 등에 의해 분류될 수 있다. 병실의 크기를 결정하는 공통인자는 병상크기, 병상간격, 병상과 외벽 간의 거리, 병상과 복도측 내벽까지의 거리, 화장실의 크기 등이 있다.

1. 병실의 종류

병실에는 개실과 다인실이 있다. 일반적으로 환자는 대인관계가 번잡하지 않은 개실을 선호한다. 그러나 간호의 측면에서는 하나의 공간에 되도록 많은 환자를 모아 두어야만 눈에 잘 띄고 간호하기에도 쉬우므로 되도록 다인실을 이용하기를 바란다. 이같은 서로 모순되는 요구 사이에 조화점을 발견하고, 개실과 다인실을 알맞게 맞추어 하나의 간호단위를 형성한다. 특히 중증이거나 위독한 환자나 격리를 필요로 하는 환자들만은 개실에 입원시켜야 한다.

1) 병실의 종류

⑴ 1인실

개실은 원래 다른 환자와 같은 병실을 사용하기에 부적절한 환자를 수용하기 위한 것이다. 구체적으로 중증 또한 위급한 환자, 전염성 환자, 불쾌감을 주는 환자 등 특별한 주의를 필요로 하는 환자가 대상이 된다. 그러나 최근에는 프라이버시의 확보 등의 주거면에서 1인실을 선호하는 경향이다. 그러나 1인실에서 오히려 불안해하는 환자도 적지는 않다. 전체 병실을 개실화하고 있는 미국의 경우에서도 평상시에는 병실문을 열어 두는 경우가 많다. 이렇게 해 두면 환자가 병실 앞을 오가는 간호사를 볼 수 있어 안정되며, 간호사도 병실 출입시간이 절약된다. 의료상, 간호상 필요로 하는 개실의 수는 거기의 미치는 질병의 종류와 병세의 정도에 따라 결정되지만, 일본의 경우 보통의 급성질환을 대상으로 하는 병동에서는 병상 수의 1할 정도로 하고 있다. 그러나 최근에는 개실을 좀더 많이 설치하려는 움직임을 볼 수 있다.

(2) 2인실

2인실은 개실이 갖는 특성이 없다. 또한 다인실의 좋은 점도 찾기 힘들다. 중간 성격을 가진 병실이나 존재 의의는 희박하다. 그러나 현실적인 면에서 그 역할이 두드러지는 형태의 병실이다. 병원측에서는 2인실로 쓰다가 필요에 따라 개실로 쓸 수 있는 융통성을 얻을 수 있고, 또 환자측에서도 개실보다는 경제적인 부담을 적게 할 수 있다.

(3) 다인실

많은 병상을 수용한 큰 병실을 다인실이라 하는데, 다른 사람들에게서 주고받는 영향도 서로 상쇄되어 2인실보다 오히려 줄어든다. 또 필요에 따라 커튼이나 이동칸막이를 적절하게 배치할 수 있는 장점도 있다. 우리 나라에서는 이 다인실이 전체 병상 수의 매우 높은 비율을 점유하고 있다. 그러나 많은 사람이 같은 실에 입원했을 때 생기는 문제점도 많나. 관찰, 간호가 중요한 중환자실에 적절한 형이다.

(4) 4~6인실

병상을 배열하는 방법은 역사적으로 볼 때, 전통적인 나이팅게일 병동은 베개를 창쪽으로 하고 각 병상을 벽에 수직으로 배열하는 것이 일반적이었다. 이와 다른 배열이 처음으로 나타나는 것은 금세기 초에 건설되어 복구된 코펜하겐 국립병원으로, 병상을 벽에 평행하게 배열했다. 이 병렬식의 배열은 병상에서 창의 외부를 볼 수 있고, 눈부시면 반대쪽을 보면서 피할 수 있다는 장점이 있다. 이러한 배치가 가능한 4인실의 또 다른 이점은 각 환자가 자기의 코너를 가질 수 있다는 점이다. 각 실의 공용공간도 있지만, 각자의 고유영역을 확보할 수 있다는 것은 매우 중요하다. 6인실의 경우 창측과 복도측 사이의 중간지역에 배치된 병상이 좋지 못하고 사실상 환자들도 싫

어한다. 이것은 3인실도 마찬가지이다. 그러나 국내의 경우는 급증하는 의료수요에 대한 제한된 시설로서 환자를 최대한 수용하기 위해 6인실을 주체로 하고 있으나, 금후 점차 해소되어 나갈 것이다.

2) 개실과 다인실에 대한 상반된 견해

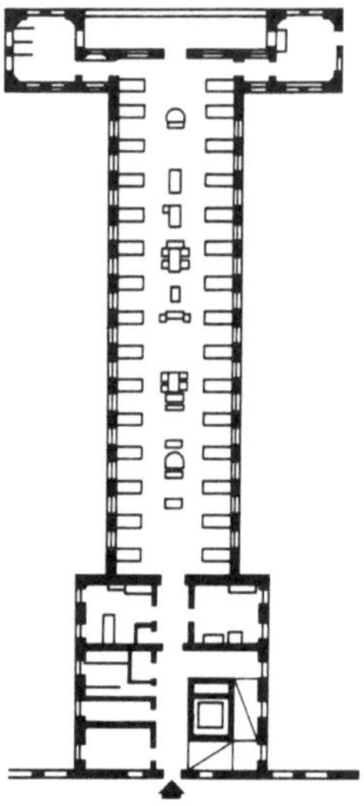

그림 4-9
나이팅게일 병동

우리 나라 환자는 1인실을 선호하는 경향이 많다. 그러나 영국은 다인실을 선호한다. 1인실이 거의 없는 병원도 있다. 영국의 환자들은 병실과 복도 사이에 문을 설치하지 않는다. 간호사들이 복도를 왕래하면서 자기들을 관찰해 주기를 바라기 때문에 부득이한 사정으로 1인실에 격리수용되면 마치 독방에 수감된 느낌을 갖는 것 같다.

영국 '나이팅게일'에 의하여 설계된 병동이 100년 이상 사용되어 왔으며, 근래에 건립되는 병원도 그 사상을 살리고 있다. 나이팅게일 병동이란 큰 방 중앙에 간호사 근무장소가 있고, 그 주위 창가에 병상에 배열되어 있는 개방된 다인실 병동이다. 환자들은 프라이버시가 필요할 때, 병상 주위에 있는 커튼을 사용한다. 이러한 개방병동은 간호사의 동선이 단축되고, 환자와 간호사들 사이에는 항상 밀접한 관계를 유지되므로 서로가 안심할 수 있다.

개방병동은 병문 안 오는 사람이 많고 간호사의 일손이 모자라 보호자가 일을 대신하는 현재의 국내 실정에서는 생각할 수 없는 방식이다. 그러나 병원 운용이 선진화되려면, 개방병동의 장점을 살린 병동도 시도해 볼 만하다. 1인 병실에서 외로이 있기보다는 환자 상호간에 대화와 서로 정신적인 도움을 주어 외로움을 덜 수 있다면 병의 치료도 더욱 빨라질 수 있다고 생각된다. 그러나 다인실도 너무 많은 인원을 수용하면 위생상이나 환경에 불편한 점이 생기므로 6인실을 넘지 않는 것이 좋다.

3) 병실의 개실화 경향

최근에 선진 제 외국의 병원에서는 병실의 개실화 경향을 보이고 있다.

미국의 경우 병실이 모두 개실로 된 예가 흔하다. 상류층에 한정된 병원만이 아니라 극히 일반적인 병원에서도 마찬가지이다. 이와 같이 개실을 선호하는 이유는 다음과 같이 정리할 수 있다.

(1) 환자 개개인의 프라이버시가 확보된다.

(2) 재원하고 있는 환자의 병종이나 성별에 관계없이 다음 환자의 입원을 결정할 수 있기 때문에 병원이용률이 높아진다.

(3) 전염성 질환의 환자를 처리하기 용이하다.

(4) 의사와 간호사의 진료상, 간호상 좋다. 단, 다인실과 같이 다른 환자에 대한 의식적인 부담이 없으므로 의사나 간호사와의 대화 중 자신의 증세에 대한 표현이 자유로워지며, 치료, 간호 등을 위해 탈의와 같은 행위도 신속히 이루어진다.

이상은 환자의 쾌적성과 병원 운영상의 관점에서 본 것이지만, 간호 측면에서는 병실의 수가 많아지는 만큼 일손이 더 많이 들어가는 단점이 있다. 이에 대한 대응책으로 미국에서는 손이 많이 가는 환자를 중환자실에 입원시키도록 하고 있다. 이 중환자실의 병상 수가 전체 병상 수의 1할을 초과하는 병원도 적지 않다.

2. 병실의 크기

1) 각국의 기준

(1) 한국

① 병실은 지하 또는 3층 이상에는 설치할 수 없으나, 건축법 시행령에서 내화구조인 경우에는 3층 이상에 설치할 수 있다.

② 환자 1인을 수용하는 병실면적은 6.3m^2 이상이어야 하고, 다인실의 경우 1.2m^2/병상 이상이어야 한다. 구미에 있어서는 일반병실은 보통 1병상당 8~10m^{2}로 되어 있다.

③ 소아만을 수용하는 병실의 면적은 보통병실의 면적의 2/3 이상으로 할 수 있다. 단, 하나의 병실의 면적은 6.3m^2 이하여서는 안 된다.

④ 병실은 그 면적의 7분의 1에 상당하는 면적을 창으로 하여 직접 외기에 면하여 개방할 수 있도록 해야 한다.

⑤ 정신병원에는 중증환자를 분리하여 보호 수용할 수 있는 시설을 갖춘 폐쇄병동을 두어야 하며, 수용인원 30인에 대하여 1실의 비율로 보호실을 설치하고 그 단위마다 1실을 증설하되, 보호실은 환자 1인 수용을 원칙으로 한다.

⑥ 정신병원에는 수용환자의 돌발적인 사고의 예방을 위한 외부와의 신속한 연락을 취할 수 있는 정보설비를 해야 한다.

⑦ 정신병원의 격리병동, 전염병실 및 결핵병실에는 의료기관의 다른 부문과 외부에 대하여, 위생방지 또는 전염예방을 위하여 차단시킬 수 있는 기타 필요한 조치를 해야 한다.

⑵ 일본

병실의 면적은 내벽에 의해 측정되는 것으로 환자 1인당 4.3m^2 이상으로 하는 것, 또 소아병실에는 2인 이상의 환자를 두는 병실의 경우 1인당 4.3m^2의 2/3 이상으로 해도 좋다. 단, 이것은 어디까지나 최저 기준이다.

⑶ 미국

미국 보건교육복지성이 정한 최저 기준에는 병실에 관한 다음의 규정이 있다.

① 1실 당의 병상 수는 4병상 이하일 것.

② 화장실 등 옷장을 제외한 병실면적을 개실에 있어서는 9.3m^2 이상, 다인실에는 1병상당 7.4m^2 이상일 것.

의료법이 규정하는 수준이 매우 낮기 때문에 실질적인 기준으로서의 의미가 약하지만, 미국의 이 최저기준은 매우 엄하다.

2) 병실크기와 스팬(span)

병실면적을 결정하는 조건은 매우 다양하다.

⑴ 병상 주위에서의 작업

병상 주위에서는 진찰, 처치, 간호 등 누워 있는 환자에 대한 여러 활동이 있다. 이러한 작업에 방해가 없도록 하는 것이 면적을 규정하는 제1조건이다. 이러한 종류의 연구로서 영국의 너필드(Nuffield) 재단의 연구가 있다. 그들은 병상 주변에서 일어나는 일반적인 작업 내용을 바탕으로 면적에 영향을 주는 7가지 주요 행위를 선택, 그 동작이 어느 정도의 면적을 요하는가를 측정했다. 이 연구에서는 병상 간격이 2.123m이면 좋다는 결론을 제시했다.

⑵ 환자의 이동

병상에 누운 환자를 방사선실, 검사실, 수술실 등으로 스트레처를 이용해 옮기기 위해서는 배치된 병상 사이에서의 행위와 이동을 가능케 하는 공간이 필요하다.

(3) 인접 병상과의 관계

다인실의 경우 인접 환자로부터 받는 영향력의 크기는 상호간의 거리와 관계가 깊다.

나이팅게일은 1병상의 면적이 평면적으로는 적어도 9m^2, 천장고 4.5m로서 부피가 약 40m^3 필요하다고 보았다. 이러한 근거는 병상의 주위에 감염의 근원이 되는 오염된 공기의 영향이 생기지 않도록 하는 데 있었다.

(4) 병실의 가구

병실면적에 있어 배치해야 할 가구의 수를 검토해야 한다. 필요한 가구의 종류는 환자의 상태에 따라 차이가 있지만, 병상 주위에서 환자의 생활 대부분이 이루어지기 때문에 이에 필요한 최소한의 가구가 필요하다. 기본적인 가구로는 상두대, 작은 의자(방문객용), 안락의자(환자용), 옷장, 세면기 등이 있다.

(5) 스팬(span)

병동의 모듈에는 5.7m, 6m, 6.6m, 7.2m 등 다양한 스팬이 쓰여지고 있는데, 우리 나라에서는 일반적으로 6m×6m, 6m×6.6m의 스팬이 가장 많이 사용되고 있다. 이와 같은 스팬은 앞서 살펴본 변수들에 의해 결정되며, 1, 2인실은 6인실을 반분하여 사용하므로 병실의 깊이는 6인실의 적정치에 따라, 그리고 병실의 폭은 병상의 배치가 문제된다.

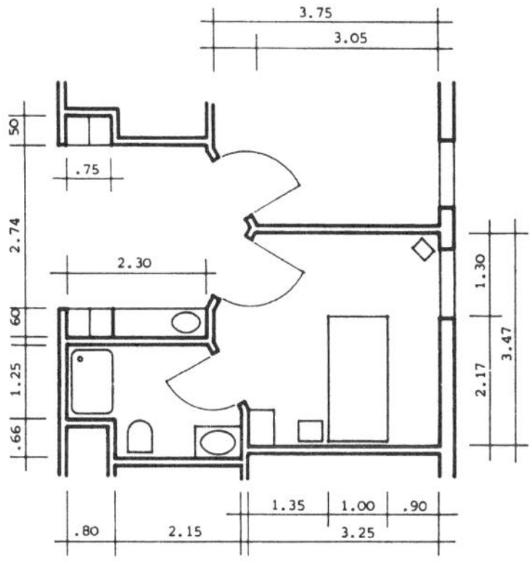

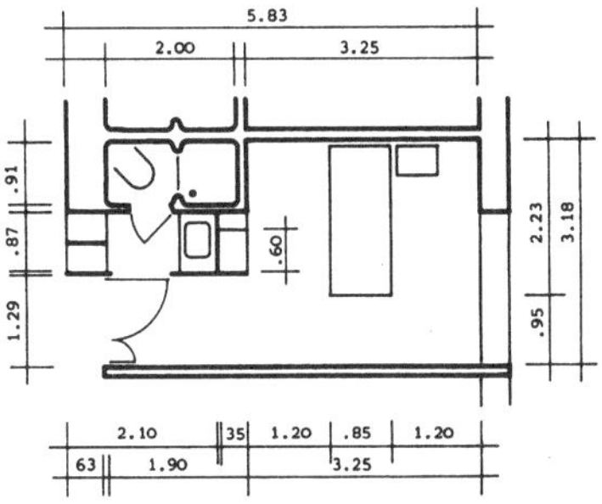

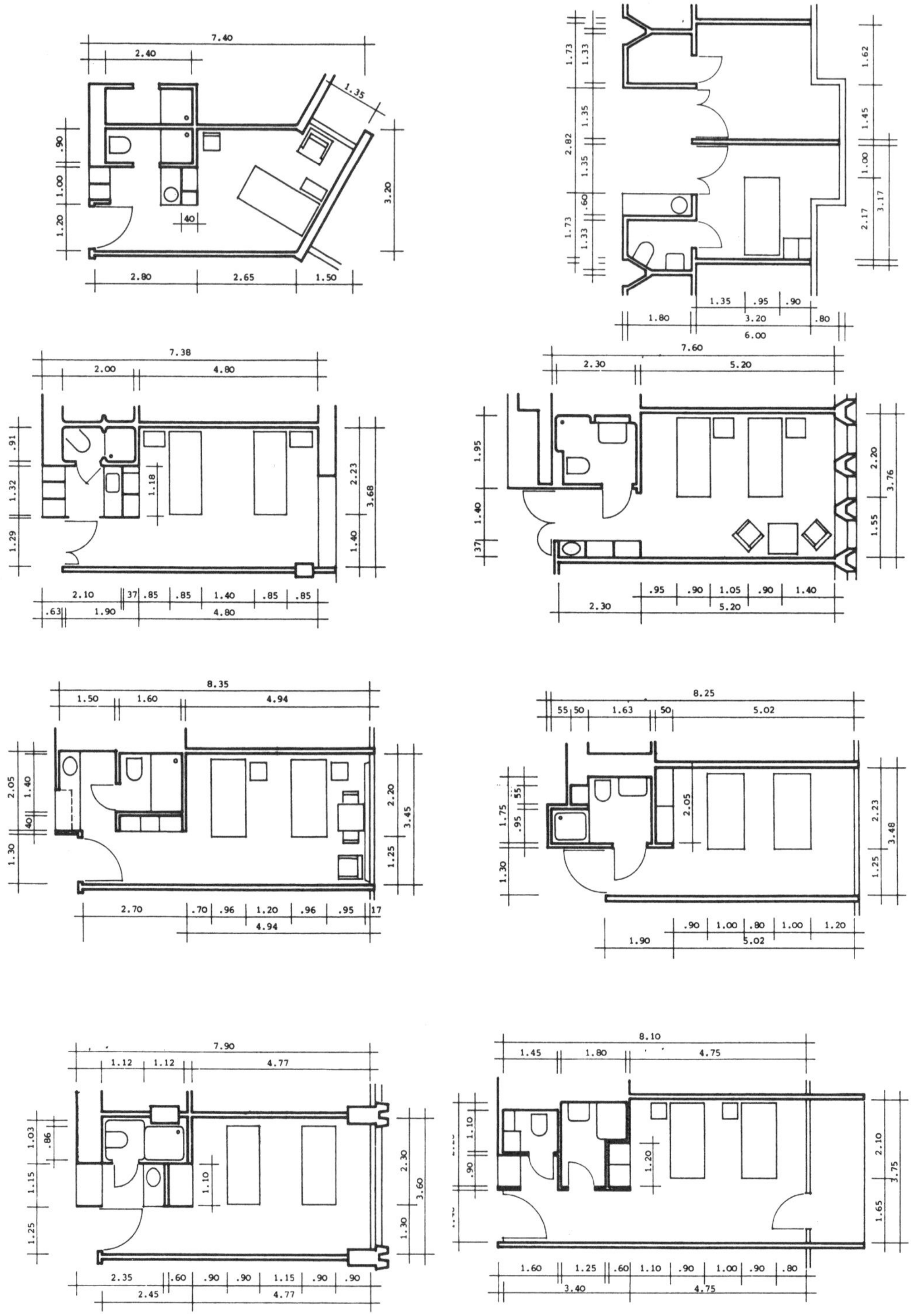

그림 4-10 독일 병원의 병실평면 치수7)

외국의 경우는 우리 나라보다 좀더 긴 스팬을 사용하고 있는데, 이것은 가구 및 신체치수, 그리고 주거성 향상을 위한 담화코너의 설치나 개성있는 병실 평면의 모색 등 공간의 계획방식에서 차이가 있기 때문이다. 향후 획일적인 평면형태를 지양하고 보다 다양한 병실형태와 스팬에 대한 연구가 이루어져야 할 것이다.

3. 설계의 요점

1) 천장

하루의 대부분을 누워 생활하는 환자에게 천장은 시각적으로 중요하다. 현대의 병원은 설비의 고도화에 수반하여 천장 면에 달려있는 단말기구의 수가 매우 많다. 조명기구 외에 송풍구, 연기감지기, 스프링클러 헤드, 원내 방송용 확성기, 링거나 커튼의 레일 등이다. 환자의 기분전환을 위한 고려가 필요하다.

2) 바닥

많이 사용되는 두께 2~3mm 정도의 플라스틱계 타일 또는 시트는 미끄럽이라는 점에서 병실 바닥재로 반드시 적당한 것이 아니다. 특히 노인과 소아 병동에서는 보다 탄력성 있는 재료가 바람직하다.

이런 점에서 병원용 카펫은 좋지만 얼룩이나 청결관리 및 원내감염 등의 문제가 남아 있다. 또 병동에서는 스트레처를 비롯한 각종 운반차의 통행이 많기 때문에 털이 긴 것을 사용하면 좋지 않다.

3) 창

병실의 창은 건축기준법 시행령에 따라 바닥면적의 1/7(큰 실에서는 1/10) 이상의 크기로 해야 한다. 그러나 환자에게는 일조를 수시로 조절할 수 있는 고려가 필요하다. 또한 병동을 고층화할 때, 위험방지에 대한 고려가 있어야 한다. 자살과 피난에 대한 고려도 필요하다.

4) 출입구

병상 또는 스트레처로 환자를 운반하는 일이 많기 때문에 출입구의 폭은 1.1m 혹은 그 이상이 바람직하다. 이 경우 실의 크기에 따라 외여닫이문, 쌍여닫이문, 혹은 미닫이문 등의 선택이 필요하다.

7) ロバルト・ウィッシャ-, ヒレラウ, 病院建築の 新たな挑戰, 集文社, p.46, 1990.

국내에서는 병실문에 환자의 이름을 붙이는 것이 일반적이다. 간호사와 방문객에게 편리함을 주지만 외국 병원에서는 거의 그 예를 볼 수 없다. 환자의 프라이버시 존중이라는 점에서 앞으로 검토할 과제이다.

5) 상두설비

누워있는 환자의 생활을 보조하기 위해 병상의 머리맡에는 상두설비가 설치되어 있다. 머리 등, 진찰·처치용의 조명, 병상 관찰용 모니터, 너스콜, 산소, 흡입 아우트렛, 라디오 및 텔레비전 공청안테나 단자, 전화용 콘센트 등이다. 그 설치에는 신중한 고려가 필요한데, 일체식 혹은 붙박이식 패널이 있다. 중환자실 등에서는 어느 정도 활용되고 있다.

4-3-2 간호근무실

1. 간호근무실의 기능

원래 간호근무실의 주된 기능은 환자를 관찰하는 일이었으며, 과거의 개방형 병동에서는 간호사가 간호근무실에 앉아 환자를 관찰할 수 있었다. 그러나 환자의 프라이버시 및 감염성 등의 이유로 병실의 작은 실로 분할되었고, 그 결과 간호근무실에서 환자를 직접 관찰하기는 어렵게 되었다. 즉, 간호근무실은 환자를 관찰하는 장소라기보다 간호업무를 주관하는 장소로서 보다 큰 의미를 갖게 되었으며, 그 기능을 간단히 정리하면 다음과 같다.

1) 동선의 기점

간호근무실은 간호활동의 기점이 된다. 의사의 지시 또는 처치장부, 작업할당표 또는 환자 호출에 따른 병실의 이동 등, 처치와 환자간호의 기점이다.

2) 기록

간호근무는 3교대이다. 따라서 교대하는 간호사 상호간의 연결과 정보교환을 위해 간호기록이 순차적으로 전달되어야 한다.

3) 근무교대의 인계

3교대 근무의 인계를 원활히 행하기 위해서는 기록 외에도 구두로 필요사항을 후임자에게 전달할 필요가 있다.

4) 타 부문과의 연결

병동에서 간호업무는 원내 각 부문의 협력으로 성립된다. 따라서 타 부문과의 각종 연락과 물품의 교환이 필요하다.

5) 출입관리

병동을 안정된 요양장소로 만들기 위해서는 불필요한 출입을 통제할 필요가 있다. 국내의 경우는 보호자가 간호사의 일손을 덜어준다는 점 때문에 통제가 약하지만, 핵가족의 가속화 등으로 앞으로 점차 보호자의 도움을 받기 어렵게 될 것으로 보인다. 따라서 출입관리의 문제는 병동계획상의 주요한 고려사항이 될 수 있다.

6) 작업준비

간호근무실은 간호활동의 기점으로서 간호를 위한 준비작업에 해당되는 업무가 이루어진다.

2. 간호대기실의 이용자와 행위

간호대기실의 주 행위자는 의료진으로서 의사와 간호사이며, 이 중 가장 많은 활동을 보이는 것은 간호사이다.

간호사는 직급별로 수간호사, 책임간호사, 일반간호사, 간호조무사 등으로 나뉘며, 이외에 용원 등이 있다. 이러한 간호사의 일상행위는 간호행위와 자신들의 생활행위로 나눌 수 있으며, 간호행위는 환자를 직접 상대로 하는 직접간호행위와 간접간호행위, 보호자와의 대화 등 의사전달행위, 환자의 병세나 처치 내용 등을 기록하는 기록행위 및 환자이송, 회진, 병동관리에 따르는 행위가 있다. 간호사의 생활적 행위로는 식사를 한다거나 휴식을 취한다거나 하는 행위가 있다.

3. 간호근무실의 위치

담당의사 및 간호사의 지시가 전달되고 간호계획이 수립되면, 각 간호업무의 결과를 기록, 정리하는 간호대기실과 이 지시를 수행하는 관련 제 실은 매우 밀접한 관계를 갖는다. 따라서 이들간의 관계를 분석하여 적절히 배치해야 할 필요가 있으며, 또한 전체 병동 내에서의 적절한 간호대기실의 위치가 고려되어야 한다.

표 4-5 평면유형별 NS의 위치와 NS-환자 간의 평균거리[8]

예	유형	형	NS와 병상까지의 평균거리 (0 5 10 15 20 25 30m)
성 토마스 영국 1870	개방형		9.3
그랜삼 영국 1982	개방형	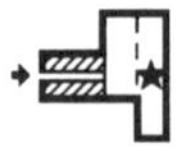	9.8
발버그 스웨덴 1978	복도형		22.4
에어데일 영국 1973	복도형		18.4
홀리 · 크로스 미국 1963	레이스트랙형		16.5
겔센키르헨 독일 1977	레이스트랙형		15.3
비오바 덴마크 1978	중정형		26.5
웨스트 · 서폴크 영국 1972	중정형	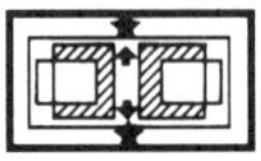	19.3
뉴햄 영국 1982	십자형	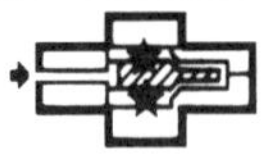	11.5
웨스턴 RHA 영국 1983	십자형		9.8
예겐스돌프 스위스 1978	방사형		10.4
노던햄 독일 1974	방사형		9.3

8) 김광문 외 5인, 병원건축, 기문당, p.96.

표 4-5는 주로 기능간호방식에서 병동형태에 따른 간호근무실 위

치를 도식화한 것으로, 다음과 같은 2가지 형식을 생각할 수 있다.

① 엘리베이터 바로 앞에 위치하여 출입인을 감시하고 야간에는 서로 업무를 도와 줄 수 있으나, 간호근무실이 병동의 한 구석에 위치하고 있어 동선이 길어지는 단점이 있다.

② 출입 감시보다는 동선 단축을 위하여 개개의 병동 중심부에 위치시킨 것이다.

이 두 가지 안에는 각각 장·단점이 있어 계획시 어떤 방식이 더 적절한가에 대한 검토가 필요하다.

한편 팀 간호 방식이 되면, 간호대기실의 개념이 근본적으로 달라지기 때문에 배치 방식에도 큰 차이가 생긴다. 팀 간호 방식에 다른 간호대기실의 유형을 살펴보면 크게 3가지로 분류할 수 있다.

1) NS형

기능간호방식에서 사용하는 NS의 개념을 팀간호방식에도 도입하는 방식으로, 각 팀별로 소규모의 코너를 별도로 두는 방식(너스코너형)과 2개의 팀이 하나의 NS를 공유하는 방식, 그리고 양자의 장점을 동시에 수용하는 혼합형이 있다.

너스코너형은 간호사와 환사 간의 동선을 난축시기는 데 그 의의가 있으며, 공유형은 현재 국내 병원에 주로 사용되고 있는 형으로 업무가 많지 않은 밤근무시 인력의 낭비를 줄이기 위해 2개의 팀을 합하여 운영할 수 있는 장점이 있다.

2) 팀회의실형

병동에 팀 회의실을 두는 방안인데 간호사가 머무는 근무장소가 아니라 간호사들의 회의장소이다. 환자를 공동으로 책임지므로 간호사들간의 의사전달이 매우 중요하다.

3) NS가 없는 형

각 병실에 간호사의 작업공간을 분산하여 배치하는 방식이다. 즉, 간호사가 머물 수 있는 NS를 별도로 주지 않고 간호사가 항상 환자 주변에 머물 수 있도록 유도하는 방식이다.

4. 간호근무실의 필요 제 실

관찰을 위주로 계획된 개방형 병동은 간호근무 제 실이 개방된 커다란 하나의 실이었다. 그러나 점차 청결작업과 오염작업을 분리해야 할 필요가 생기고, 간호업무가 타 부문과의 관련 등으로 다양해졌기 때문에 업무에 따라 각각 공간을 구분하여 쓰게 되었다.

그 결과 오늘날 병동에서 간호근무실, 작업실, 오염물처리실, 처치실, 린넨창고 등은 병동의 간호 제 실 중 가장 기본적인 것이라고 말할 수 있다.

1) 간호의 준비와 처치

(1) 작업실

작업실은 처치실 및 병원에서 사용되는 소독물 및 의료장비를 접수·보관하여 진료·처리를 준비하는 곳으로, 청결물실, 소독물실 등과 동일하게 사용된다. 투약준비, 주사준비 및 각종 처치준비 행위가 일어나므로 처치실에 인접하는 것이 필수적이고, 진료를 준비하는 간호사들의 간호대기소로부터의 이동이 빈번하므로 간호대기실과의 연결도 필요하다. 간호용구와 기재 등을 수납정리할 선반과 기구류를 펼쳐 놓고 탁자, 투약고, 포대교환차 등 처치나 간호용의 카트를 둘 장소가 필요하다.

(2) 오물처리실

오염된 린넨을 모으고, 처치에 사용된 트레이나 트롤리를 청결히 한다. 또한 수액을 처리하고 변기와 병을 보관하며, 사용된 것을 세척하기도 한다. 검사물 보관대 및 수세, 환자용 세면, 용기세척대 등이 설치되고, 더러워진 붕대, 일반쓰레기, 유리, 린넨류를 담는 주머니를 두어야 한다. 오물처리실의 위치는 처치실이나 청결물실에 인접하는 것이 좋다. 국내의 병원은 보호자의 간호역할의 비중이 커서 오염물처리실의 출입이 잦은 편이므로, 이를 고려하는 것이 좋다.

(3) 린넨실

간호단위 내에서 필요로 하는 각종 린넨을 접수·보관한다. 대부분의 병동은 운영 방침상 린넨의 수량점검이 필요하므로, 보호자의 통제가 필요하고, 이를 위해 간호대기실 주변에 위치하는 것이 바람직하다.

⑷ 처치실

처치실은 소독된 장비로 소독과정을 수행하거나 임상적으로 청결한 과정을 수행하는 곳이다. 처치실에서 발생하는 행위는 검사와 진단, 응급처치, 일상적인 처치와 드레싱 등이다. 환자가 움직일 수 있는 경우 직접 오거나 휠체어, 트롤리, 병상을 이용하여 처치실로 이동한다. 처치실의 위치는 청결물 작업실, 오물처리공간과 연결되는 것이 좋다. 이러한 직접적인 연결이 효과적인 기능에는 필수적이지 않은 반면에, 처치실은 그 이용이 편리하도록 가능한 중앙에 계획되는 것이 필수적이다.

⑸ 수간호사실

면적이 모자라는 병원에는 수간호사실 등을 두지 않는 경향이 있으나, 직장환경으로서 업무능률을 향상시키고 보다 친절하고 성실한 태도를 낳을 수 있으므로 필요한 시설이다. 특히 근무의 인수인계시 환자 등 다른 사람들이 듣지 못하도록 해야 하며 프라이버시를 유지하기 위해서는 수간호사실을 이용하는 것이 바람직하다. 이 밖에 휴게실, 간호사실 및 갱의실 등은 반드시 필요한 시설로서 적당한 규모와 실이 확보되어야 한다.

⑹ 폐기실

면회객이 가져오는 물품의 포장과 잡지 등 매일 병동에서 나오는 쓰레기의 양은 막대하다. 최근에 전용 쓰레기 적치장을 설치한 예가 증가하고 있는데 폐기실은 그것을 더욱 확대하여 사용 후의 린넨 적치장을 겸하도록 한다.

2) 신체청결, 세발실

누워만 있는 환자의 신체청결 행위가 병실의 병상 위에서도 행해지고, 뜨거운 물과 수건류 등을 쌓아 놓은 때밀이 차가 사용되는데, 가능한 전용실에서 행하는 편이 탕을 풍부하게 사용할 수 있어 좋다. 청결실의 한쪽 구석에 세발기를 설치하는 것이 좋다.

3) 물품의 수납과 보관

병동에서의 간호활동과 환자의 생활에 필요한 물품으로서의 식사, 약품, 멸균기재, 위생재료, 물품, 소모품, 린넨 등이 있다.

(1) 배선실

급식은 현재 대부분이 중앙배선방식이다. 따라서 일반 병동의 배선실은 급탕실 또는 배선차 적치장이라 생각해도 좋다. 단, 정시에 식사를 하지 못하는 환자와 하루의 식사를 여러 번으로 나누어 먹어야 하는 환자를 위한 보온·저온설비 등의 배려를 한다.

(2) 반송실

공급물품의 반송을 기계화하려는 경우 우선 발생하는 문제의 하나로서 어디까지를 기계화해야 하느냐이다. 모든 것을 기계에 의존하는 것도 무리이기 때문이다. 채택된 반송설비의 종류와 형식 그리고 수량과 반입창고의 위치에도 충분한 검토가 필요하다.

(3) 린넨고

린넨 뿐만 아니라 다른 간호재료 역시 필요한 때에 필요한 양을 적절히 공급하도록 공급조직이 체계화되어 있으면, 병동 측에서 예비 보관할 필요가 없다. 그러나 반대로 공급체계가 원활치 않으면 병동에 물품을 가능한 한 많이 비축할 필요가 있게 된다. 즉, 린넨고와 기재고의 규모는 공급체계에 의해 결정된다.

(4) 처치실

기계고에 수납되는 기기류는 기기가 정상적으로 가동되는가를 항상 점검할 필요가 있다. 보통 기계류는 병동 등 사용장소의 창고보다는 병원 전체에서 일괄적으로 관리하는 편이 좋다. 기계센터를 설치하여 기술자가 정비관리하는 방안이 좋다.

(5) 스트레처 보관장소

스트레처와 휠체어의 보관장소는 병동의 출입구 혹은 간호근무실 가까이 두어야 한다. 1단위당 대수로서는 스트레처·휠체어 각 2~3대를 갖는 것이 좋다. 물론 환자 자력으로 사용하는 휠체어도 필요하다.

(6) 사물고

환자의 사물은 가능한한 집으로 돌려보내는 것이 원칙인데, 재원 기간이 긴 환자의 경우 소지품이 증가하는 경향이 있다. 병상 주변의 수납에는 한계가 있으므로 장기 병동에서는 사물창고가 필요하다.

4) 기타

(1) 진찰실

일반적으로 반드시 진찰실을 필요로 하지 않는다. 단, 산부인과에서는 내진대를, 이비인후과에서는 좌립식 진찰대를 필요로 하고, 정신과에서는 의사와 환자가 1대 1로 조용히 대화할 수 있는 실이 필요하다.

(2) 토의실

각 간호단위마다 설치하지 않아도 무방하지만, 간호사의 회의가 자주 행하여지므로 각 층에 토의실을 설치하는 것이 바람직하다. 교육 병원에서는 전문의와 간호학생의 교육을 위해 병실 가까운 위치에 설치하는 것이 좋다.

(3) 간호사 휴게실

각 간호단위 혹은 병동 각 층에 간호사 휴게실을 둔다. 편안한 자세로 쉴 수 있는 안락의자와 탕비코너를 구비하고 탁자가 있으면 좋다.

(4) 직원 화장실

간호사용 화장실을 각 간호단위에 설치한다. 가능한한 환자의 눈에 띄지 않는 장소를 선택한다.

(5) 가면실

병동 혹은 병동 가까운 곳에 가면실이 있는 경우가 있는데 그것은 중증환자의 가족용이다. 그러나 직접 진료간호에 관계하는 직원용으로, 그리고 야근 전후의 간호사를 위한 가면실을 별도의 장소에 설치하면 좋다.

4-3-3 환자의 생활시설

1. 담화실

중증환자를 제외하고 보행 가능한 환자의 하루 생활이 좁은 병상 주변에 한정되는 것은 매우 궁핍하다. 때에 따라 기분전환을 할 수 있는 장소가 필요하다. 담화실은 데이룸이라고도 하는데, 담화와 면회 그리고 휴식의 장소로 이용할 수 있도록 하고 별도의 흡연공간을 설치하는 것도 좋다.

2. 식당

별도로 식당이 설치된다면 그곳으로 이동해 식사하려는 환자의 비율이 의외로 많다고 한다. 가능하면 식사 때만이라도 병상을 떨쳐 버리는 편이 기분전환에도 좋을 것이다. 식당의 설치는 간호단위별, 각 층별, 또는 병원 전체에 1개소로 모으는 형이 있다. 한곳으로 모으면 그만큼 일손이 절약되는데, 그 경우 식사시에 EV가 혼잡해지는 것을 계산해야 한다. 또한 식사를 병실까지 운반하는 노력은 줄지만, 병상까지 식사를 운반해 주어야 하는 환자와 식당으로 가는 환자 간의 구별을 매 식마다 정확하게 파악하는 업무가 늘어난다.

3. 화장실

화장실 사용은 빈도 면에서 생활행동 중 큰 비중을 점유하고 있는 행위 중의 하나이다. 따라서 화장실의 설계도 그만큼 중요하다.

1) 화장실의 배치

보행이 부자유스러운 환자는 물론 스스로 화장실에 갈 수 있는 환자도 화장실까지의 거리는 문제가 된다.

국내의 병원에서는 각 간호단위에 1개로 집중시켜 설치하고 1, 2인실에 한정하여 각 병실에 설치하는 것이 일반적이다. 그러나 오늘날 구미에서는 각 실 등에 화장실을 부설하는 형이 보편화되었다. 화장실을 분산배치한 병원에서의 조사 결과를 보면, 직원측과 환자측에서도 매우 높이 평가받고 있다고 한다.

우리 나라와 화장실 문화가 유사한 일본에서도 점차 분산형 화장실을 선호하고 있다. 그림 4-11은 최근에 일본에 건립된 3가지 병원의 예이다. 또 하나의 문제는 병실 내에서 출입하느냐 아니면 복도쪽에서 출입하느냐 하는 출입방식이다. 각각의 방식이 장단점이 있는데, 전자의 경우는 장점으로서 ① 가까워서 좋다. ② 같은 병실에 있는 다른 환자를 위해 깨끗하게 사용한다. 단점으로는 ① 같은 병실의 다른 환자가 보고 있어 신경이 쓰인다. ② 냄새, 소리, 밤에 불이 켜지는 것 등 타인에게 신경이 쓰인다와 같은 반응이 있다.

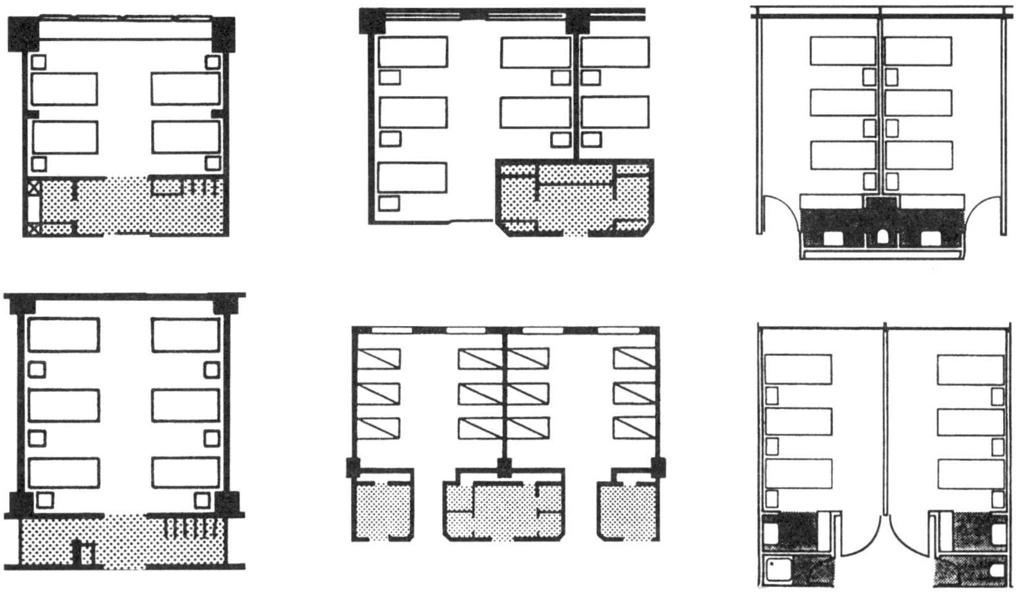

그림 4-11 화장실의 형태에 따른 병실평면

한편 복도에서 출입하는 형의 장점으로는 ① 화장실 출입시 같은 병실의 사람들에게 눈에 띄지 않으므로 좋다. ② 기다리는 시간이 적다. ③ 병상당 면적이 적다. ④ 냄새, 소리, 밝기에 별 문제가 없다. 단점으로는 ① 복도로 나가야 하는 불편이 있다. ② 복도로부터 병실의 프라이버시가 다소 약해진다. 이렇게 볼 때, 화장실의 출입문을 병실 안에 둘 것인지 밖에 둘 것인지에 대한 종합적인 평가는 어려우나, 우리 나라의 여건으로 보아 병실 밖에 설치하는 방안이 더 좋은 반응을 보일 것으로 보인다. 국내 병원으로는 영동 세브란스병원이 이 형이다.

2) 오물처리실과의 관계

화장실의 위치를 규정하는 조건에 축뇨가 있다. 축뇨는 측정 후의 처리를 생각해 오물처리실과 가까운 위치를 선정함이 좋다. 우리 나라 현상에서는 축뇨에 관한 어떤 특수한 방법을 강구하지 않는 한 화장실과 오물처리는 서로 분리시킬 수 없는 실정이다.

3) 설계의 요점

화장실 문이 바깥으로 열리도록 한다. 용변을 보는 동안 상태가 악화되거나 넘어지거나 하는 경우, 안으로 열려서는 구출이 곤란하기 때문이다. 동시에 자물쇠는 특정 조작으로 하되 외측에서도 열리는 형으로 해야 한다. 또 화장실 내에서는 각각 긴급용의 너스콜을 설치한다. 표준치수의 화장실에서는 넓이와 문 폭에서 부적합한 경우가 생기는 일이 있다. 정형외과와 산과의 경우이다. 목발과 깁스를 한 환자의 동작과 임산체형에 맞도록 화장실의 각부 치수를 약간 크게 할 필요가 있다. 또한 각 간호단위 등에 휠체어용의 화장실을 설치한다. 화장실은 모두 손잡이 봉을 붙인다.

4) 기타실

(1) 욕실

욕실에도 화장실과 같은 배려가 필요하다. 특히 욕실은 넘어지기 쉽기 때문에 이에 대한 배려가 요구된다. 또 휠체어 사용자를 위한 욕실도 준비해야 한다.

(2) 세면

병실에는 세면기가 부착되는데 그것과는 별도로 1개소 공용의 세면설비를 하는 것이 바람직하다. 일상 관습으로 세면기로서는 얼굴을 씻는 데 어렵다고 말하는 환자도 있기 때문이다.

(3) 세발

간호사의 보조 없이 스스로 세발할 수 있는 환자를 위한 설비가 필요하다. 세면기에 플렉시블 호스를 부착할 샤워 헤드가 있으면 좋다.

(4) 세탁

환자가 세탁할 수 있도록 세탁설비가 있으면 좋다. 때에 따라 세탁기를 갖추는 경우도 있다. 여기서는 건조기 또는 건조실을 부설한다.

4-3-4 복도

의료법 시행령에서는 환자가 사용하는 복도의 폭이 안쪽 길이 1.2m 이상이어야 하며, 단, 중복도의 폭은 안쪽 길이 1.6m 이상으로 해야 한다고 정하고 있다. 이것은 최소 치수이다.

복도의 벽면에는 난간을 설치한다. 정형외과와 안과의 환자, 노인환자는 특히 필요하다. 벽면에 운반차 등으로부터 보호하기 때문에 가드레일을 붙이는 것이 널리 시행되고 있다. 또 기둥과 벽의 돌출부의 보호도 잊어서는 안 된다. 통상 사용되고 있는 코너비드 정도로는 큰 도움이 안되므로 견고한 금속을 고려해야 한다.

4-4 산과병동

우리 나라의 산과병동은 대부분 분만부와 인접하거나 공유하고 있는데, 여기서는 분만시설을 제외한 산과병동에 대하여 서술한다.

4-4-1 산과의 간호

1. 산과의 특수성

임산부는 환자가 아니라는 점과 감염에 저항력이 약한 신생아가 있다는 점에서 산과병동은 타 병동과 계획상 차이가 있다. 영국에서는 일반병동과는 다른 건물로 분리시키는 예가 많지만 우리 나라에는 거의 없다. 또한 최근에는 합병증이 있는 임산부가 많고, 미숙아와 선천성 질환을 갖는 신생아의 보육 문제가 있어 타 부문과의 긴밀성도 요구된다.

출산을 위한 입원시기는 비교적 일정하지만 실제 입원 환자 수는 어느 정도 변동이 있을 수 있다. 이를 조절하는 방법으로서 진료상 가장 밀접한 부인과와 혼합단위로 구성하는 것이 일반적이다.

2. 임신과 출산

산모는 출산까지 정기적으로 통원하여 외래부에서 진찰을 받는다. 출산이 가까워지면 보통 진통이 시작되는 단계에서 병원에 입원하게 되는데, 일근시간대가 많지만 야간에 입원하는 사례도 적지 않다. 따라서 산과병동 측에서는 24시간 준비를 하고 있어야 한다. 병원에 도착하는 즉시 진찰을 받고 간단한 처치가 실시된 후 진통실로 가게 된다. 진통실에서의 체재시간은 사람마다 차이가 있는데, 분만시기가 가까워지면 분만실로 입원한다. 분만 후 출산은 회복실을 경유해 병실로 가며, 신생아는 신생아실로 보내진다. 산모는 분만 후 약 8시간이 중점 관찰 대상이 되며, 그 사이 처치를 받는다. 이상의 과정은 국내 병원의 보편적인 출산 과정인데, 외국에서는 산모가 분만실과 진통실 그리고 병실로 이동하는 불편을 없앤 LDR(Labor

Delivery Recovery)실을 설치하고 있는 예가 있다. 다목적 출산베드가 있는 미국 코튼우드 병원의 병실의 경우, 침실의 다리를 분해시키며 여러 가지 모양으로 용도를 바꾸어 사용할 수 있다. 즉, 검사, 진통, 분만, 산후의 회복에 이르기까지 모든 행위가 같은 병실의 같은 병상에서 행해진다.

출산을 위한 입원은 국내의 경우 4~5일이며, 미국의 경우는 3일, 그리고 일본의 경우는 1주간이다. 이 기간 동안 산모는 체력의 회복과 함께 신생아 보육에 대한 지도를 받는다.

3. 신생아 보육

1) 모자동실방식(rooming-in system)과 신생아실방식(nursery system)

신생아는 분만 후 신생아실로 가지만, 그 후의 보육에 있어서 모자동실방식과 신생아실방식의 2가지가 있다.

모자동실방식은 산모의 병상 옆에 신생아를 두어 퇴원시까지 산모가 보살피는 방식으로, 모자간의 자연스러운 관계가 형성되어 귀가하게 된다. 그러나 신생아의 감염에 대한 우려가 있고 산모가 충분히 요양할 수 없는 등의 단점이 있다. 따라서 산모의 요양을 고려해 야간에 한해 신생아실로 보내는 방식도 있다. 이상분만 또는 산모가 질병상태에 있을 경우 동실방식은 피해야 한다.

신생아실방식은 퇴원까지 신생아를 신생아실에서 보살피는 방식으로, 장단점은 모자동실방식의 반대이다. 이 경우 산모는 물론 가족의 면회도 유리창을 통해 행해진다. 우리 나라의 경우 신생아실방식이지만, 외국에서는 점차 모자동실방식을 채용하려는 경향이 강하다.

2) 미숙아와 환아

미숙아인 경우는 미숙아실에서, 환아인 경우는 소아병동으로 이송된다. 미숙아는 산모가 재원 중에는 산과 병동에 두고, 퇴원 후에는 소아병동으로 이송하는 것이 일반적이다.

3) 신생아

수유는 출산 후 24시간 정도 지난 후 시작하는 게 보통인데, 이때까지 우유가 제공되거나 산모가 신생아실로 와서 수유하는 경우도 있어 그에 필요한 공간을 계획하여야 한다.

4-4-2 산과병동의 설계

1. 병상수

산과병동의 계획시 우선 지역의 분만 건수 중 어느 정도까지를 그 병원이 분담할 것인가를 결정한 후, 소요 병상 수 산출식을 응용한다.

평균 재원일수를 4~5일로 보고 병상이용률을 80~85%로 볼 때, 필요 병상 수는 월간 분만 수의 1/4~1/5 정도를 보면 된다. 또한 산모는 임신기간 중 정기적인 통원진료를 받기 때문에 병원 측에서도 병상 운용을 비교적 관리하기 쉽다.

신생아 병상은 산모 병상 수를 약간 상회하는 정도로 준비한다.

2. 타 부문과의 관계

1) 분만부

산과병동과 분만부의 건축적 관계는

① 분만관계 제 실을 모은다.

② 분만부와 신생아실은 근접배치한다. 이 경우 출입동선이 겹치지 않도록 분만부에서 신생아실로의 일방통행로를 계획하면 좋다.

③ 외부에서 분만실로의 동선이 산과병동을 통하지 않도록 한다.

2) 수술부

재왕절개수술 등 수술분만의 경우는 수술부에서 이루어지는 것이 보통이다. 긴급성 수술도 있기 때문에 수술부와의 거리는 가능한 한 단축하는 것이 좋다.

3) 소아병동

산과병동에서 신생아의 건강상태는 소아과 의사가 체크하므로 산과병동과 소아병동은 가능하면 근접시키는 방안이 편리하다.

3. 각 실의 설계

1) 병실

산모가 입원하면 보통 많은 방문객이 오게 되며, 보호자가 같이 있게 되므로 특히 산모의 프라이버시의 확보가 중요하다. 따라서 개실을 사용하려는 요구가 타 병동에 비해 높지만, 간호 면에서 개실에 입원할 필요가 있는 것은 이상출산에 기인한 정신적인 안정과 감염성 질환을 갖고 있는 산모의 경우 등이다. 이 경우는 개실에 의료가스를 배관하는 등 중증환자와 같은 형태로 설계한다.

2) 신생아실

원내 감염이 발생될 소지가 있는 공조설비 등에 충분한 배려가 필요하다. 또 신생아실로의 출입은 관계 직원의 감시가 필요하며 입실 시에는 예방의를 걸치고 수세를 행하도록 한다. 가족의 면회는 유리창으로 하는 것이 보통이다.

3) 기타 제 실

신생아에 대한 영양공급은 모유를 원칙으로 하지만 분만 직후에 유출이 잘 되지 않는 산모나 희망에 따라 우유가 제공된다. 조유는 영양사의 관리하에 급식부에서 행하는 것이 보통이며, 병동에서는 냉장고에 보관하고 시간에 맞추어 신생아에게 먹인다.

신생아실방식에서는 수유를 위한 실이 필요하며, 면회객의 시선으로부터 산모의 프라이버시를 유지할 수 있도록 칸막이가 되어야 한다.

욕실에서는 목욕뿐만 아니라 신장·체중 계측과 기저귀·의류 교환 등이 행해지기 때문에 욕조 외에 체중계와 같은 장비가 필요하다.

4-5 소아병동

소아병동은 질병의 종류에 관계없이 16세까지의 어린이만으로 구성하는 병동으로, 정신적·육체적으로 발전 과정에 있는 소아에 대해 보육을 포함하여 그에 맞는 요양의 장소를 제공하는 곳이다.

소아병동에서는 각 과의 의사와 소아과와의 협력진료하에 적절한 간호가 행해지며, 필요에 따라 보모와 교원의 참가를 받아 보육과 교육이 행해진다. 또 소아는 동작치수 면에서 성인과 큰 차이가 있기 때문에 건축과 설비 면에서도 특별한 배려가 필요하다. 그러한 의미에서 소아를 각 병동에 분산하기보다는 1개소로 모으는 편이 유리하다.

4-5-1 소아병동의 특성

1. 연령에 따라 생활이 다르다

1) 영아

상태가 수시로 변하기 쉬우므로 관찰을 요한다. 모유 또는 우유, 이유식이 제공된다. 대부분 기저귀를 사용하고 태반의 시간을 병상에서 보낸다.

2) 유아(幼兒)

1세에서 5세까지를 포함하는데, 성장이 가장 활발한 시기로서 생활 면에서도 다양하다. 병상 위에서 잠만 자는 시기에서 걸어다니는 아이까지, 우유에서 보통식에 이르기까지, 식사를 스스로 할 수 없는 아이에서 할 수 있는 아이까지, 기저귀를 사용하는 아이에서 스스로 화장실에 갈 수 있는 아이까지 여러 가지이다.

3) 아동

식사, 세면, 입욕, 용변 등 생활의 대부분이 성인에 준한다. 또 교육에 대한 배려가 중요하며, 재원이 길면 학습용구 등 준비물도 많다.

4) 중학생

생활 전반에 걸쳐 성인과 거의 동등하게 취급된다. 병실의 성별 구분 등도 필요해진다.

2. 보호자와 교육

우리 나라의 경우 소아환자에게는 반드시 보호자가 동반된다. 가족의 동반을 허용하지 않는 병원일지라도 병세가 심하거나 환경 변화에 따라 정신적인 동요가 커 치료에 영향을 미칠 수 있는 어린이의 경우는, 의사의 판단에 따라 보호자의 동반을 요구하게 된다. 따라서 병원에서는 보호자의 위치와 각부 치수 등에 보호자에 대한 배려도 필요하다. 또한 학령기의 아동의 경우 진료에 차질이 없는 범위 내에서 공부를 계속할 수 있도록 병동 내에 학습을 위한 공간도 필요하다.

4-5-2 소아병동의 설계

1. 간호단위

국내의 경우 소아병동의 병상규모가 40병상 전후에 주로 분포되고 일반병동에 비해 차이가 없으나 일본의 경우 20~40병상이 많으며, 30병상 전후가 적당하다고 말해지고 있다. 이러한 소아환자만으로 독자적인 간호단위를 구성하려면, 어느 정도의 병상규모 이상이 되어야 하는데(일본의 경우 30병상 이상), 그 이하의 병원에서는 다른 간호단위의 한쪽에 부간호단위의 형식으로 구획한다.

2. 각 실의 설계

1) 기본사항

소아에 대해서는 병상의 여하를 불문하고 항상 관찰이 용이하여야 한다. 더욱이 연장아를 제외하면, 프라이버시도 문제되지 않는다. 반대로 소아 측에서는 간호사의 모습을 볼 수 있는 것에서 불안감이 해소되기 때문에, 병동 전체에 걸쳐 관찰이 용이하도록 설계한다.

원내 감염방지는 병동계획시에 특히 중요한 조건이다. 이에 대한 책임으로서는 병실을 가능한 한 소분할하여 각 실간에 병균의 교류가 생기지 않도록 공조 계통을 나누는 것이 좋다. 또 감염성 질환으로 의심되는 환아를 격리할 수 있는 관찰병실을 준비한다.

창대와 세면대의 높이, 문 폭, 핸드레일, 위생기구의 크기 등, 가구치수를 충분히 고려한다. 단, 유아에서 중학생까지 체격과 행동 능력에 큰 차이가 있기 때문에 실제치수는 단계적으로 선택할 수밖에 없다.

각부의 상세설계와 재료의 선정에도 전도, 탈락 등의 사고가 없도록 주의가 필요하다. 예를 들면 문에 손가락이 끼지 않도록 한다. 또 유아가 병동에서 혼자 돌아다니지 않도록 출입구 설계에 대한 고려가 필요하다.

2) 병실

병실은 모자동실, 관찰, 격리 등을 위한 부실을 제외하면 연령별로 구분되는 것이 일반적이다. 이 병실의 배열은 간호근무실 가까운 곳으로부터 나이 순으로 배열한다.

미숙아실에는 전실을 설치하고 출입시 예방의를 착용하고 수세하도록 하는 것이 좋나. 실내 요소요소에 수세기를 둔다. 미숙아는 보육기에서 보육된 후 병동으로 이동되는데, 각 장소에 1병상 정도의 산소, 흡인배관 외 각종 기기용의 콘센트를 설치한다. 면회는 원칙적으로 유리창으로 한다.

영아, 유아, 아동의 병실, 복도, 그리고 병실 상호간에 보일 수 있도록 칸벽을 유리로 하거나 관찰창을 설치한다. 단, 이 경우 의료가스배관과 전기배관 등의 아우트렛을 어디로 할 것인지를 고려한다.

모자동실 병실은 반드시 개실로 한정되지 않지만 보호자가 없는 어린이의 병실과는 분리한다. 보호자가 있는 병실에서는 보호자의 프라이버시를 고려하여 유리벽 또는 관찰창을 설치하지 않는다. 감염증이 있는 소아를 위해 1간호단위당 2병상 정도의 격리병실을 설치한나. 이것은 개실로 갱의, 수세를 위한 전실을 두고 전용 화장실을 설치한다.

3) 기타실

간호사가 볼 수 있는 위치에 유희실을 둔다. 놀이기구와 TV 등을 설치하고 바닥에는 카펫 등을 깐다. 이 실을 식사실과 겸용하는 것은 좋지 않다. 배선실은 온유실을 겸용한다.

처치는 주위의 다른 어린이에게 두려움을 주지 않도록 별도의 처치실을 설치하여 행하며, 간호근무실에 인접한 위치를 둔다. 유아와 연장아를 위한 목욕과 제반 설비를 설치한다.

4-6 노인병동

4-6-1 고령화 사회의 노인환자

최근 우리 나라에서도 평균수명의 연장에 따라 인구의 고령화가 급속히 진행되어 노인인구 수가 급증하고 있다. 이에 따라 노인전문 병원과 일반병원의 노인병동에 대한 관심이 높아지고 있다. 우리 나라에서는 아직 노인병원과 병동에 대한 설치가 거의 전무한 실정이나, 스웨덴에서는 노인병원, 영국에서는 노인병동이 훨씬 이전부터 사회적으로 널리 정착하였다. 노인전문 병원이나 일반병원의 노인병동을 설치하려고 하는 의미로서는 다음과 같은 사항을 들 수 있다.

1) 진료 · 간호상의 특수성을 들 수 있다. 노인은 만성질환이 많고 적극적인 치료보다는 재활요법에 중점을 두고 있다. 간호도 행동이 부자연스런 환자에 대한 식사, 용변, 목욕 등 일상생활 행위의 간호를 주로 한다. 한편 노인환자에게는 합병증이 많기 때문에 각 진료과에 따른 종합적인 진료체제가 요망된다. 이상이 일반병원 중에 있음으로써 별도의 병동을 만들어야 하는 이유의 하나이다.
2) 시설, 설비에 대한 노인의 요구를 고려해야 한다. 입원기간이 비교적 길기 때문에 손발의 이동과 시력, 청력이 쇠약하므로 그에 대한 배려가 필요하다.
3) 노인병동을 별도로 설치함으로써 일반병상의 회전율을 높일 수 있다. 급성질환 환자를 위한 병상이 만성질환 환자에게 점유되면, 본래의 기능에 지장이 생긴다.

4-6-2 노인병동의 설계

1. 계획의 요점

1) 거주성의 확보

재원기간이 길고 노인의 환경적응력 및 심리상태 그리고 노인들의 주 생활공간이 병동인 점을 고려하여 병동부 설계에서 거주성 확보를 위한 환경조성에 유의한다.

2) 방향감이 좋고 동선체계가 단순한 병동

노인들은 시력과 청력이 쇠약하고 집중력이 떨어져 상황파악 및 방향감각이 떨어진다. 따라서 쉽게 인지할 수 있도록 방향감이 분명하고 동선이 단순한 공간구성이 바람직하다. 또한 병동의 형태와 재료마감, 창 등의 색을 다른 부문과는 의도적으로 다르게 설계하는 등의 방안도 필요하다.

3) 장애자를 고려

노인환자들은 골, 관절계 및 통합조직의 질환으로 잘 걷지 못하고 침대에 누워 있거나 휠체어를 이용하는 경우가 많다. 따라서 노인병동은 장애자를 전제로 하여 설계해야 한다.

2. 노인병동의 위치

진료부문과의 연결은 재활의학부를 제외하면, 일반병동과 같은 긴밀성은 없다고 보아도 좋다. 만성병동으로서 환경조성의 관점에서 대지의 여유가 있으면, 1~2층의 별동형식이 좋다.

3. 병실

병상의 높이는 간호와 처치를 위한 일반병동과 같은 것이 좋지만, 환자에 따라서는 낮게 조정할 수 있는 것이 편리하다. 장기입원을 위한 사물이 많기 때문에 수납장을 병상 주변 한 구석에 설치한다. 사용빈도가 낮은 의류 등은 병동 내에 사물창고를 설치하여 보관토록 한다.

노인환자는 기저귀와 베드팬(bedpan)을 사용하는 환자가 많기 때문에 병실의 환기에도 충분한 배려가 필요하다.

4. 환자의 생활시설

일반병원보다 환자의 생활시설을 중시하고 싶다. 특히 데이룸과 식당을 충실히 할 필요가 있다. 병상에 누워 있지 않고 적극적으로 생활의 장으로 이동하도록 유도함으로써 재활효과도 부수적으로 기대할 수 있다.

화장실은 병실 가까이 분산배치하는 것이 좋다. 노인은 야간의 용변빈도가 많기 때문이다. 또한 일부 화장실은 휠체어, 보행기 등을 고려해 넓게 할 필요가 있다. 화장실의 문은 바깥쪽으로 개폐할 수 있도록 하여 환자가 바닥에 쓰러져도 문을 열 수 있도록 하며, 어느 곳에서나 손이 닿을 수 있는 거리에 비상호출시스템을 설치한다. 또한 마감은 날카로운 모서리나 돌출부가 없고 미끄럽지 않은 바닥재료를 쓴다.

욕실은 환자가 스스로 할 수 있는 욕조와 부축욕조가 필요하다. 부축욕실은 리프트와 장비가 갖추어져 환자 대부분이 직원의 도움을 받아 목욕한다.

오물처리실은 2~3개로 나누어 설치하는 것이 좋다. 변기의 오물처리와 기저귀 등 이용 빈도가 높기 때문이다.

4-7 정신과병동

4-7-1 정신과의 역할

정신과의 의료시설로서는 일반병원의 정신과 외에 정신병원, 정신과진료소 및 여러 형태의 사회복귀시설이 있다. 여기서는 일반병원의 정신과병동의 특징에 대해 살펴본다.

정신병원은 중증환자와 만성환자 등을 대상으로 비교적 장기에 걸쳐 치료를 하고 있는 데 비해 일반병원의 정신과의 역할은 다음과 같다.

1) 발병 초기의 환자와 단기간의 치료로 효과를 기대할 수 있는 증세의 환자를 통원 또는 입원시켜 치료한다.
2) 만성적인 환자에 대해서는 정신병원과 연계하여 통원시켜 진료를 계속한다.
3) 원내 각과의 환자의 정신적인 면에 협력진료를 행한다.
4) 신체질환을 갖고 있는 정신병환자의 진료를 할 수 있다.

일반인들은 정신병원보다는 일반병원이 심리적인 저항감이 적다. 조기에 병세를 발견하고 가능한 초기에 치료를 받는 것이 중요하기 때문에 병원은 항상 사람에게 친근하기 쉬운 형이 되어야 한다. 더욱이 다른 과와 같이 인구의 고령화 추세에 따라 정신질환과 신체적 질환을 병행한 환자가 증가하고 있다. 이들 환자에 대하여 종합적인 치료를 행하는 것이 가능하다는 점에서 일반병원 정신과의 존재 의의는 크다.

4-7-2 정신과병동의 계획

1. 병동의 위치

정신과병동의 위치는 다른 일반병동과 같은 형식의 간호단위로 하는 형과 일반병동과 분리된 별동형이 있다. 전자는 일반병동에 준하여 운영되고 있기 때문에 물품공급에서도 진료부문으로서의 왕래도 정신과를 특별취급하지 않는다. 환자도 특수한 병동에 입원하고 있다는 감이 덜하다. 불리한 점은 다른 병동과의 관계에서 정신과의 독자적인 평면을 취하기 어렵다는 점이 있으며, 병동을 중·고층에 하는 경우에는 사고방지에 각별한 배려를 필요로 하는 것 등이 있다. 별동으로 하려는 것은 일반병원과는 다른 치료환경을 조성하려고 하는 것으로 대부분 레크리에이션 요법과 산보를 위하여 직접 옥외로 나갈 수 있도록 하는 것이 바람직하다.

2. 설계의 요점

정신병원의 건축계획시 고려해야 할 일반적인 사항을 요약하면 다음과 같다.

1) 정신병동은 환자들이 일상적인 생활로 돌아갈 수 있도록 도와주는 중간적인 시설로서, 사회와 완전히 차단된 것이 아니라 각 환자들의 조건이 허락하는 한도 내에서 일상적인 사회활동을 최소한 영위할 수 있도록 해 주는 것이 중요하다.
2) 정신질환자는 육체적으로 건강하면서도 입원기간이 길고, 이에 따른 생활의 영역이 병동 내에 제한되고 있기 때문에 병실과 공동생활시설이 중요하다. 따라서 주간에는 되도록 데이룸에서 생활하고, 식사는 식당에서 하도록 한다.
3) 개인의 영역을 존중하여 때때로 사색할 수 있는 장소가 있어야 하고, 환자 상호관계의 개선을 위하여 가능한 한 공간을 소규모 단위로 구성한다.
4) 실내 외부에 자연스러운 분위기를 조성하여 안정감을 주도록 한다.
5) 재원기간 동안의 치료과정(약물요법, 작업요법, 오락요법 등)과 연계된 생활공간을 조성하기 위해 병동부 실내체육관, 집회

실, 수예공작실, 옥외운동장 등을 설치하는 것이 바람직하다.

정신과병동에서는 입구에 출입을 알리는 장치를 달아 환자의 출입을 제한하는 것이 일반적이다. 동시에 비상구에 모든 창은 쇠격자로 폐쇄하도록 한다. 또 비상문은 간호근무실에서 개폐를 원격조정할 수 있도록 한다. 쇠격자의 폐쇄감을 완화시키는 방법으로 강화유리를 사용하고 그 개구 폭을 1.2m 이하로 억제한 예도 있다.

병실은 간호근무실을 둘러싸게 하여 관찰이 용이하게 하고 남자와 여자의 2군으로 나누도록 배열하는 것이 바람직하다. 또한 남녀 각각의 욕실과 화장실을 설치하여 야간에는 상호의 통행을 차단한다.

담화실 외에 작업요법과 레크리에이션 요법을 위한 실과 식당이 필요하다. 이것은 남녀 공용으로하고 주간은 가능한 한 상호교류를 도모하도록 한다.

3. 각 실의 계획

1) 병실

환자들의 특성상 병실의 기능은 침실에 가깝다. 특실은 일반병동 기준에 준하며, 실내를 감시할 수 있도록 단순한 형태의 평면구조로 계획한다. 2인실은 회복기 환자의 치료를 위해 개방병동에 설치한다. 실을 구획하는 칸막이나 커튼은 설치하지 않는다.

4인실은 개방병동에 주로 설치하며, 폐쇄병동에는 우울성 환자를 위해서 1실 정도를 설치한다. 개방병실은 1간호단위당 30~50인 정도이며, 배치방식에는 온돌형과 개별침대식이 있다.

2) 보호실

간호근무실 근처에 배치하여, 방음과 자연채광을 위해 전실을 설치한다.

3) 데이룸과 오락실

휴식, 독서, 오락, 토론 등을 위한 공간으로, 쾌적한 환경으로 설계한다. 상호접촉이나 대화의 기회를 높이기 위하여 복수의 소규모 공간으로 계획한다.

4) 식당

사회 적응의 초보적인 단계의 행위가 일어나는 곳으로, 데이룸과 식당은 병용하기도 한다.

5) 간호근무실

병동 내 환자치료의 중심이 되는 곳으로, 병실군의 중심에 배치한다. 격리실, 화장실, 출입구 등과 인접하여 배치하며, 내부에 전용계단을 설치한다.

6) 진찰/검사실

스트레처나 진찰대, 환자용 침상의 출입이 용이하도록 계획한다.

7) 상담실

병동의 소음과 격리하고 병동의 출입구 근처나 간호근무실의 감시가 용이한 곳에 배치한다.

8) 주방

배식이나 식기세척 등의 생활치료의 행위가 일어나는 곳이다.

9) 화장실/욕실

사고발생 빈도가 가장 많은 곳으로, 간호근무실 근처에 집중 배치한다.

4-8 중환자부

중환자부(ICU : Intensive Care Unit)는 입원환자의 간호에서 환자의 상태와 이에 필요한 처치의 종류, 정도 및 특수성에 따라 분류하여 간호하는 간호도별 간호방식(PPC) 중 증세가 상당히 중한 환자의 간호 및 치료를 위해서 고도로 훈련된 간호사들의 면밀한 간호와 관찰이 요구되고, 응급시에 대처할 수 있는 고도의 시설이 필요한 간호단위를 말한다.

4-8-1 중환자실의 종류

중환자실은 다양하며, 대상으로 하는 환자의 종류에 따라 다음과 같이 나누어 생각할 수 있다.

1. 진료에 따른 분류

1) 내과계 중환자실(MICU : Medical ICU)
2) 외과계 중환자실(SICU : Surgical ICU)
3) 소아 중환자실(PICU : Pediatric ICU)
4) 신생아 중환자실(NICU : Neonatal ICU)
5) 산과 중환자실(FICU : Fetal-Maternal ICU) 등

2. 장기에 따른 분류

1) 호흡기계 중환자실(RICU : Respiratory ICU)
2) 심장계 중환자실(CCU : Cardiac Care Unit)
3) 신장계 중환자실(RICU : Renal ICU)
4) 신경계 중환자실(NICU : Neurological ICU)
5) 간장계 중환자실(HICU : Hepatic ICU) 등

3. 증상에 따른 분류

1) 외상 중환자실(Trauma ICU)
2) 화상 중환자실(Burn Unit)
3) 쇼크 중환자실(Shock Unit)

4. 진료수준에 따른 분류

1) 전담 의료진 관리방식(Advanced Intensive Medical Care)

중환자관리를 전공한 의료진 또는 중환자실만을 전담하는 의료진에 의해 24시간의 중환자관리가 이루어지는 방식.

2) 일반 의료진 관리방식(Basic Intensive Medical Care)

비록 중환자실 전담 의료진은 아니지만 필요에 따라 의료진이 항상 24시간 동안 진료를 제공할 수 있는 방식.

3) 중점간호방식(Intensive Nursing Care)

24시간 동안 전담간호사에 의해 중환자실의 관리가 이루어지며, 최소한 1명의 의사가 응급시를 대비하여 호출에 응할 수 있도록 되어 있는 방식.

우리 나라 병원의 경우 대부분 진료과에 의한 분류를 따르고 있으며, 400병상 이하의 병원에서는 통합형(GICU : General ICU)을 설치하여 운영하고 있으며, 제공되는 진료수준에 따른 유형은 중점 중환자간호 방식의 형태를 따르고 있다. 보다 병상규모가 커지면 내과계 및 외과계로 분화되며, 내과계에서는 심장계(CCU)가 별도로 구성되기도 하고, 외과계는 제공되는 진료수준에 따라 호흡기계, 신경외과계, 외과계 등으로 분화된다.

외과교육병원의 경우에는 2가지 다른 방식이 보이는데, 하나는 진료과별로 세분화되어 전문적인 치료를 제공하는 것으로 총 병상수가 1,000병상이 넘는 병원의 경우 외과계 중환자실은 심장외과, 신경외과, 흉부외과 등으로 세분하여 설치한다. 또 하나는 진료과별로 세분화됨으로써 환자 진료상 발생하는 문제를 해소하기 위하여 장기별로 중환자실을 구성하여 관련 진료과들의 팀작업을 통해서 종합적이고 체계적인 진료를 제공하는 경우이다. 예를 들면 심장외과 및 심장내과의 중환자실을 통합하여 심장계 중환자실로 운영하는 것이다.

우리 나라의 경우에는 다음과 같은 방식을 생각할 수 있다.

① 4종류의 중환자실, 즉 내과계, 심장계, 외과계, 그리고 신경외과 중환자실로 유지하되 심장계를 완전히 내과계에서 분리하여 독립시키고, 내·외과계 중환자실의 진료기능을 강화하여 독립된 중환자실로 기능하게 하는 방안

② 내과계, 심장계, 신경외과, 흉부외과, 기타 외과계 등으로 중환자실을 진료과목별로 세분화하여 설치하되 필요시 각 진료별로 중환자실 내에 장기부위(organ system)에 따라 지역을 분리하여 설치하는 방안

③ 진료과를 무시하고 장기별로 중환자실을 재편성하여 관련 진료과별로 협동하여 진료를 제공하는 방식을 전제한 방안으로서, 예를 들면, 신경계 중환자실(Neurological ICU, 신경과 및 신경외과), 심장계 중환자실(Cardiac Care Unit, 심장내과 및 심장외과), 호흡기계 중환자실(Respiratory ICU), 일반중환자실(General ICU)로 분류하는 방법이다.

의료진은 대부분 진료과별로 분류하는 방식이 환자에 대한 책임소재 및 상주의사의 파견 용이성 등의 이유로 선호한다고 한

다. 그러나 병원 총 병상 수의 5%에 불과한 병상을 진료과별로 세분하여 설치하는 것은 비경제적일 뿐 아니라, 병상 및 인력의 효율적인 활용의 측면에서도 타당하지 않다.

중환자실의 구성방식은 병원규모에 따라 세분화되어야 하며, 간호단위당 적정 병상 수를 고려하여 간호단위별로 진료과를 결부시켜 구성하는 것이 바람직하다.

4-8-2 병상 수

중환자부의 소요 병상 수는 입원환자 성격과 중환자부 입실기준에 따라 크게 달라진다. 운영상 어려운 점은 우수한 요원과 고도의 설비기기를 갖추고 있기 때문에 가능한 이용률을 높여야 하는 반면, 필요에 따라 항상 환자를 받을 수 있는 여유 병상을 준비해야 하기 때문이다.

특히 우리 나라의 중환자실 환자의 재원기간을 보면 평균 5일 정도인데, 사망률이 줄어드는 반면, 재원기간이 점차 길어지고 있다.

일반병동과 중환자실의 중간 단계의 병동의 설치와 재원일수를 단축하기 위한 노력이 중환자 병상의 증설과 함께 요구된다.

외국의 중환자부 재원일수에 대한 예를 보면, 스웨덴의 경우는 3.5일, 영국은 5일(재원일수의 범위는 최소 2일, 최대 12일임), 미국은 약 4일, 그리고 호주는 내과계 3일, 외과계 6일, 신경외과는 9일이다. 또한 미국의 경우 일반적으로 중환자실 규모계획시 사용되는 평균 재원일수 기준은 4일에서 5일로 제시되고 있다.

병원 전체 병상에 대한 중환자 병상의 비율은 우리 나라의 현황으로는 1,000병상 이상인 병원에서는 2.5~3%로 적은 대신 300~500병상인 병원에서는 4~5% 정도이며 점차 병상 수의 비율이 높아지고 있다.

미국에서는 전체 병상 수의 10% 전후가 적당하다는 주장이 있으나 최근에는 15% 정도 되는 병원도 있으며, 그 증가 현상이 가속화되고 있다.

4-8-3 중환자실의 계획

1. 중환자실의 위치

중환자실은 병원 내 각과와 연관을 맺고 있으므로 병원 중심부에 위치해야 하며, 환자의 대부분이 수술부 및 응급부와 깊은 관계가 있으므로 이들과 가까운 곳에 인접해야 한다. 수술실과 인접함으로써 기계설비의 집중과 청결구역으로 통행인원을 통제할 수 있으며, 수술시 환자를 출입시키기나 심장정지시 마취과 의사의 신속한 호흡요법을 받을 수 있다.

수술실, 회복실, 마취실, 중환자실 등을 동일 층에 인접하게 배치하는 것이 바람직하다. 또한 방사선부와 검사부와도 가까이 있으면 편리하다. 각 종류별로 몇 가지를 살펴보면 내과계 중환자실은 비교적 다양한 과의 환자가 동시에 수용되어 있고 타과에 의뢰하여 치료하는 경우도 많다. 내과계 환자는 보통 병실에 있다가 악화될 경우에 중환자실에 입원하게 되는 경우가 대부분이고, 필요시 외과에 의뢰하여 수술을 받는 경우도 있다. 응급실에서 직접 입실하는 경우도 많은 부분을 차지한다. 또한 검사부, 약국, 중앙공급부 등의 지원 부분과도 정보 및 물품의 이동이 활발히 일어난다.

심장게 및 폐질환 계통 중환자실의 경우는 응급환자의 빈번한 발생에 대처하기 위해 응급실에 가까이 위치하여 배치하거나, P.P.C방식에 의한 관련 진료과와 인접하여 배치시키는 2가지 방안이 있다.

외과계 중환자실은 수술실과 깊은 연관을 가지며 외과계 병동에 환자가 수술실과 회복실을 거쳐 입실하는 경우와 응급실에서 들어오는 경우가 대부분이다.

신경외과계 중환자실은 입원환자 중의 약 30%가 중환자이기 때문에 수술 후 신경외과 중환자실을 거쳐 병실로 가는 환자가 많다. 따라서 병동과 관계가 깊고 나머지 외과계가 유사하다.

심장외과 환자와 심장내과 환자가 결합되어 운영되는 심장계 중환자실의 경우 환자의 종류별로 인접 배치되어야 할 부서가 서로 상이하다. 즉, 외과계 환자의 경우는 수술실 및 회복실, 그리고 내과계 환자의 경우는 응급실 또는 관련 병동에 인접배치할 요구조건을 갖는다. 따라서 이 경우에는 환자구성비, 활용 가능한 공간의 크기 등을 고려함과 동시에 관련부서와 밀접한 기능적 관계를 유지할 수 있는 곳에 배치시키는 방식이 필요하다.

또한 심장계에서 관상동맥질환(coronary) 환자나 심장질환(cardiac) 환자는 동일 간호그룹 안에 두더라도 서로 보이지 않도록 분리시켜 주는 것이 바람직하다. 관상동맥질환 환자는 안정을 필요로 하므로 시끄럽거나 다른 환자가 어수선하게 주변에서 돌아다니는 것을 보고는 쇼크를 받기 쉽다.

2. 중환자실의 배치방식

중환자실의 배치방식은 모든 중환자실을 한곳에 중앙화하여 배치하는 집중배치방식, 중환자실별로 필요에 따라 관련진료과나 관련부서에 인접하여 배치되는 분산배치방식, 그리고 이의 중간형태로서 원칙적으로 집중배치하되 특정 중환자실은 관련부서에 인접시켜서 배치하는 혼합배치방식 등으로 구분된다. 이러한 방식 중 어떤 것을 선택하는가의 여부는 병원 내 중환자실과 밀접한 기능적 연관관계를 갖는 기능단위의 위치 및 병원조직, 중환자실 내 수용시설의 자급자족의 정도, 그리고 병원의 운영방침 등에 따라서 달라진다.

각 방식의 장·단점을 살펴보면

1) 집중배치형의 경우

(1) 한 곳에 모여 있음으로써 중환자실의 기능적 상호보완 및 진료과별 환자 증감 등에 따른 공간활용상 융통성의 확보가 가능하다.

(2) 사용하는 의료기기의 상호 공유가 가능함으로써 기기의 활용도를 높일 수 있다.

(3) 중환자실은 한곳에 집중시킴으로써 간호인력의 효율적인 활용이 가능할 뿐 아니라, 중환자실 간호업무의 표준화 등을 통해서 환자진료의 질이 보장될 수 있다.

(4) 환자진료 면에서 진료과들간의 긴밀한 상호협조 및 자문이 가능하다.

(5) 부속실을 공유하여 병상당 면적을 절감할 수 있다.

(6) 동선상 차단이 안되어 감염관리에 어려움이 따르고 내과계는 내과병동과 떨어져 있어 불리하다.

2) 분산배치형의 경우

(1) 상층부에 위치한 중환자의 경우 특수 검사 및 촬영을 위해 저층부에 위치한 중앙진료부로의 이동시 승강기 이용이 불편하며 특히 긴 대기시간 및 이동거리에 의해 환자상태가 악화될 가능성이 높다.
(2) 내과계 중환자실은 감염의 위험이 큰 화상병동과 인접배치되어 있으므로 병원 내 상호감염의 위험이 노출된다.
(3) 외과계 중환자실 및 호흡기계 중환자실은 진료대상 환자가 동일함에도 불구하고 멀리 떨어져 있어 운영의 효율성을 기하는데 제약이 많다. 즉, 물품 및 기기의 공유 등에 어려움이 많다.
(4) 중환자실과 기능적 상관관계를 갖는 타 부문들의 위치를 고려할 때에 중환자실이 분산배치되어야 할 당위성이 결여되어 있다.
(5) 각 중환자실의 입·퇴원시 짧은 동선으로 이동간의 위험도가 적어서 보조원과의 이동이 가능하다.

이러한 면에서 볼 때 분산배치형보다는 중환자실을 한곳에 중앙화하여 집중치료센터를 설립하는 집중배치방식이 유리하다고 볼 수 있으며, 또한 의료신도 이 집중배치방식을 선호한다고 한다.

현재 국내의 병원에서는 집중배치형이 많다. 그러나 필요에 따라 일부만 분리하는 혼합배치방식도 많이 볼 수 있다. 수로 오래된 병원에서는 분산배치방식이 보이는데, 이는 중앙화를 위한 적절한 공간확보의 어려움 때문인 것으로 해석된다.

3. 평면구성 및 각 실의 계획

1) 소요면적

계획의 기본은 환자의 관찰이 용이하고 적절한 처치가 언제라도 직접 행해지도록 하는 데 있다. 따라서 일반병동보다는 특히 병상 주위에 면적적인 여유가 필요하다.

현재 우리 나라의 현황은 개방형 병실의 면적은 병상당 11~15m^2, 격리실은 15~20m^2 정도이다. 중환자실 전체의 면적은 순면적으로 1병상당 30m^2 이상이 필요하다.

2) 필요 제 실

(1) 환자실

NS에서 각 환자로의 관찰 여부가 그 동안 가장 주요한 요소로 여겨졌으나, 인력의 증가와 의료장비의 성능 향상으로 그 타당성을 점차 잃어가고 있다. 간호사에 의한 직접관찰보다는 간호대기실에서 모니터와 시각적인 관찰로 대신하고, 혈압과 심장박동 측정기 등에 환자가 정상수치의 범위를 넘어서면 알람 기능을 가지고 있어서 주의를 기울이지 않아도 된다.

그러나 환자가 몸동작으로 의사를 표시할 경우에는 직접관찰이 필요하므로, 커튼을 간호대기실과 수직방향으로 설치하여 되도록 시야를 방해하는 경우가 없어야 한다. 그리고 CCU를 제외하고는 프라이버시보다는 환자의 관찰이 중요하므로 유리칸막이 등을 설치하여 소음을 차단하고 시야를 확보해야 한다.

중환자실에는 간단히 물품을 저장하고 꺼내어 사용할 수 있는 벽수납선반시설이 필요하며, 내과 중환자실에서는 혈액투석설비가 필요하다. 중환자실은 24시간 가동이 되어야 하는데 인공신장실이 업무가 종료되므로 야간을 대비한 설비가 필요하다.

병상간 간격은 국내 병원에서 80~220cm의 다양한 치수를 보이고 있는데, 의료진이 환자에게 360° 접근이 가능하고 병상을 옮기지 않고 의료장비를 투입할 수 있으려면 적어도 200cm 이상이 확보되어야 한다. 이 경우 공간의 낭비가 심하므로 유동적으로 쓰이고 있다. 그리고 벽과 병상 간은 120cm 정도되어야 한다.

출입문은, 환자의 이송시나 수술실에서 이송되어 올 때에는 환자가 스트레처에서 각종 의료장비를 달고 이동하는 경우가 많으므로 출입문에서 환자의 침상까지는 폭 160~180cm 이상이 확보되어야 하며, 90° 회전시에는 그 이상의 넓은 폭이 요구된다.

① 다인실

여러 개의 병상이 배열되어 있으며 각 병상에는 각종 기기가 벽에 부착되어 있으므로 NS에서 관찰하기 쉽게 배치되어야 한다. 환자처치 및 치료시에는 달커튼으로 분리하여야 한다. 또 병상이 길게 배열이 되어 있으면 환자감시가 좋지 않고 멀리 있는 환자까지의 동선이 길어진다. 또한 간호사가 NS에서 먼 곳에 있을 때의 호출 등의 용도로 인터폰이 필요하다.

② 격리실

교차감염 방지와 안정을 요하는 화상환자, 신장수술환자, 협심증 환자를 위해 필요하며, 의식이 있는 환자의 격리수용에도 사용된다. 칸막이벽은 바닥에서 1.2m 높이부터 유리로 하여 NS에서 관찰하기 쉬워야 하며, 이 실에서는 긴급한 기관절개수술, 혈액순환 등을 실시한다.

격리실에서는 모든 간호가 실내에서 종료될 수 있도록 하는 것이 바람직하다. 따라서 화장실, 세면대 등 격리실 안의 모든 설비와 가능한 물품까지 모든 것이 갖추어져 있는 것이 바람직하다.

(2) 보조공간의 기능계획

① 입구

중환자실의 입구는 외부와의 차단과 출입자 통제를 목적으로 한다. 외부인과의 의사소통을 위해 인터폰을 설치하는 것이 바람직하며, 환자 명단과 성별·연령을 표시한 현황표가 붙어 있으면 좋다. 인터폰을 설치하지 않으면 보호자와 방문객이 무단으로 들어오는 경우가 발생한다. 보통 이중문을 설치해야 하며, 안쪽의 문은 손의 접촉이나 물품의 출입시 감염이 없도록 자동문을 설치해야 한다.

② 보호자 갱의실

보호자, 출입의사, 타 부서 보조원, 방문객의 출입시 덧가운, 모자, 슬리퍼를 갈아 신고 들어오는 곳으로서, 외부 먼지를 제거하기 위해 바닥 집진 매트나 약품을 설치해야 한다. 입구와 분리하여 설치함이 바람직하고 이중문인 경우 그 사이의 공간을 이용해도 된다.

③ 간호대기실

간호대기실에서는 기본적으로 환자의 관찰이 가능하여야 하고, 각종 기록이 작성되고 행정적인 사무처리도 이루어진다. 환자의 상태를 감지하기 위한 모니터가 놓여지며 이것에 의한 환자에 대한 직접 관찰이 방해받지 않아야 한다. 의사들은 주로 이곳에서 처방전과 처치지시를 만들고 간호사에게 지시한다. 그러므로 인력절감을 위해 에어슈터와 컨베이어를 설치해야 한다. 출입하는 사람 수가 많아지면, 외부와의 차단이나 감염관리에 문제가 생기기 쉽다.

위치는 간호사의 도보거리를 단축시킬 수 있는 간호단위의 중심에 두어야 한다. 한편, 환자의 차트정리, 의뢰서 및 청구서의 작성 등 서류작업의 양이 큰 비중을 차지하고 있기 때문에 넓은 테이블을 중심으로 약장, 개수대 등의 가구를 배치하여 한다.

현재 전산화된 병원이나 서류 및 물품을 자동전송하는 병원은 많지 않다. 이러한 설비는 수평, 수직적으로 각 부서와 연결되어야 하기 때문에 건설공사시에 설치되지 않으면 추가로 설치하기 곤란하다. 그리고 각종 서류와 양식을 보관하기 위한 수납공간과 환자의 X-선 필름을 보기 위한 판독상자가 환자 수에 맞추어져 설치되어야 한다.

한편, 중환자실은 보호자와 환자와의 면회가 제한되어 있으므로 보호자와의 의견교환을 위하여 인터폰을 설치해야 한다.

④ 오물처리실

각종 물품을 폐기하고 환자의 대소변을 처리하는 곳으로, 베드팬을 보관하고 베드팬 세척기와 오물처리대가 설치되어 있어야 한다.

병동과는 달리 보호자가 이용하는 경우가 없으므로 간호대기소 가까운 곳에 설치하는 것이 바람직하나, 환자 부근에 오물처리실을 두는 경우도 생각할 수 있다. 너무 후미진 곳에 배치되면 동선이 길어지므로 환자 가까이 설치하고 간호활동에 지장이 없는 낮은 칸막이나, 감염이 방지되는 커튼 등을 설치하는 것도 하나의 방안이 될 수 있다.

⑤ 소독물실

중앙공급실에서 가져온 환자처치용 거즈・약품 등을 보관하는 곳으로, 약을 제조하고 주사약을 준비하며 간호사들의 주요 작업공간으로 쓰이고 있다. 싱크시설과 냉장고 등이 설치되어야 한다.

⑥ 린넨실

린넨실은 환자용 시트, 수건, 이불보, 베갯닛, 환의, 반시트, 담요 등을 보관하고 있는 곳이다. 보통 중환자들은 반라상태로 환의를 거의 입지 않고 있다(CCU 환자 제외). 면적 절감을 위해 잘 짜여진 수납장과 공간의 수직적인 이용이 요구된다.

⑦ 기구세척실

중환자실에서 많이 쓰이는 산소호흡기 등에서 사용되는 호스나 부품을 이곳에서 세척하고, 건조하여 포장 후 소독을 위하여 중앙공급부 소독실로 보낸다. 조사 결과 세척방법이 거의 수작업에 의하여 이루어지고 건조는 자연건조를 하므로 시간의 낭비가 심하다. 자동 건조기 등이 설치되어야 한다.

⑧ 기기창고

중환자실에서 쓰이는 X-선 기기, 심전도기, 혈압측정기, 각종 환기장치 등을 보관하는 장소로, 환자의 상태에 따라 기기 사용의 상황이 많이 달라지므로 언제든지 사용할 수 있도록 기기의 유지와 보수가 잘 이루어져야 한다.

⑨ 보호자 대기실

한 환자당 2~3명의 보호자가 숙식을 하며 대기한다. 보통 보호자 대기실이 마련되어 있으며, 과별로 분리되어 있지 않고 한 곳에 있어 좁고 불편할 뿐만 아니라, 보호자의 숙식을 해결하는데도 많은 불편이 따르는 병원이 많다. 그러나 지나친 시설투자는 필요 이상의 보호자를 머물게 하므로 적당한 수준에서 계획함이 바람직하다.

보호자 면회는 1일 3회 정도로 하고 있는데, 어떤 병원에서는 중환자부 앞의 혼잡함을 줄이기 위해 층을 분리해 다른 곳에 좋은 시설을 설치하려는 경향도 있다. 그러나 우리 나라의 경우, 환자의 가족은 상태가 좋지 않거나 임종이 가까운 환자에게서 멀리 떨어진 곳에 있으려고 하지 않는다. 따라서 층을 분리해 좋은 시설의 보호자 대기실을 설치한다 하여도 문제가 해결되기 어려우며, 보호자 대기실을 없애버리면 더욱 큰 혼잡을 야기할 것이다. 또한 보호자는 간호사가 할 일을 경감시켜 오히려 간호에 도움이 된다는 점을 비추어 볼 때, 보호자 대기실을 중환자실에 인접한 곳에 배치하는 편이 더 긍정적으로 보인다.

현재로서는 특히 어린애 같은 경우 보호자가 간호사가 할 일을 경감시켜 주어 오히려 간호에 도움이 되며 심지어 경제력이 있는 환자는 전문간병인을 두어 간병을 하도록 하고 있다. 그러나 원칙적으로 보호자가 반드시 필요할 때는 서약서 작성시나 환자가 면회를 요구할 때 등이기 때문에 환자의 통제를 엄격히 규제하는 방식이 바람직하다.

⑩ 응급검사실

응급검사실은 병원 전체에서 운영하는 검사결과와는 별도로 응급시의 검사결과를 요할 때 사용하는 곳이다. 주로 동맥혈 검사를 할 수 있도록 기계를 배치하여 간호사와 의료진이 수시로 이용할 수 있어야 한다. 개심술 환자의 경우 검사가 많다. 심장계에서 보조원이 하루에 검사실에 오가는 횟수도 많다.

이 외에 약품고, 필름판독실 등이 필요하다.

(3) 관리공간의 기능계획

① 수간호사실

우리 나라 종합병원의 실정상 수간호사가 중환자실을 총괄하는 역할을 한다. 수간호사실은 수간호사의 행정적인 사무를 볼 수 있는 책상과 서류장들이 배치되어 사실상 근무 간호사들이 휴식하는 휴게실로 사용되고 있다.

간호사들의 회의나 의사와의 의견교환이 이루어지거나 보호자와의 심각한 상담도 이루어진다.

② 간호사 로커실

간호사들이 출근하여 소독가운을 갈아입고 슬리퍼를 갈아신고 들어오는 곳이므로, 로커와 환자처치시 몸에 묻은 피나 오물을 세척하기 위한 샤워실이 설치되어야 한다. 수간호사실이 작은 경우 이곳을 휴게실로 사용하는 병원도 많다.

병원조직상 간호사 로커실이 병원 전체에 한곳에 집약이 되어 있는 경우는 감염관리상 불리하다. 간호사들은 외부에서 가운을 입고 입·퇴실하므로 외부와의 격리가 곤란하고, 간호사들의 식사시에도 같은 문제가 발생한다.

③ 갱의실

환자의 감염방지를 위해서 의사 및 간호사들을 위한 갱의실과 환자, 보호자들을 위한 갱의실을 구분하여 설치하고, 면회시에는 가운, 모자, 마스크를 착용하고 신발을 갈아신어야 하므로 옷장, 신발장 등의 시설이 필요하다.

④ 의사 당직실

중환자실을 담당하는 의사들이 야간이나 주간에 있는 곳으로, 응급한 경우 간호사 호출에 응할 수 있도록 중환자실 내부나 인접한 곳에 있어야 한다. 의사들은 외과계의 마취과 의사, 내과계와 신경외과계 중환자실은 같은 과의 의사가 당직을 한다. 간이침대와 화장실, 샤워실 등이 필요하다.

⑤ 간호사용 화장실

환자의 대소변을 처리하는 오물처리실이 있는 반면 간호사 전용 화장실을 설치한 병원은 별로 없다. 이로 인하여 외부로 출입하는 경우가 많아 외부와의 격리의 의미가 없다.

⑥ 배선실

환자의 식사는 급식부에서 환자별로 구분하여 1일 3회 병실에 공급하고 있고, 병실에서는 1일 7~8회로 나누어서 환자에게 제공하고 있다.

급식부에서 공급된 식사는 배선실에서 분리 및 보관 또는 소량으로 나누어 환자에게 제공되는데, 이곳에는 냉장 및 온장 시설, 싱크, 찬장 등을 구비하여야 한다.

중환자실 환자 대부분이 무의식 상태에서 수액을 비강영양법(nasal feeding)으로 사용하고 있으며, 의식이 있는 환자 및 CCU와 신경외과계의 장기 만성환자는 보통식, 죽, 미음 등을 간호사의 보조를 받아 식사를 하고 있다.

이 외에 샤워실이나 환자 가족과의 면담실이 독립적으로 설치되어 있으면 좋다.

3) 평면구성

(1) 개실형과 개방형

중환자실의 병상배치방식은 크게 개방식 형태, 개실 형태, 절충형으로 분류될 수 있다. 지금까지 중환자실의 일반적인 배치방식은 심장계 중환자실은 개실 형태로, 그리고 일반 내·외과계 중환자실은 소수의 격리실을 제외하고는 개방식 형태로 계획한다. 그 이유는 심장계 중환자의 경우 환자의 심리적 안정이 필수적으로 요구되며, 또한 불안 및 심리적 스트레스에 의한 경증의 행위장애 증세를 겪는 경우가 많으므로 개실 형태가 필요하다는 것이다. 그러나 일반 중환자실의 경우에도 소음 및 주변의 번잡함에 따른 다양한 심리적 장애 현상 등의 문제, 상호 감염 문제, 환자 관찰의 용이성, 설치문제 등으로 인해 외국의 경우 점차 개실 형태가 선호되고 있으며, 현재 어떤 형태가 더 나은가에 대해 많은 논란이 있는 실정이다. 특히 이러한 병상배치방식은 의료진의 입장에서보다는 환자의 입장에서 더 중요한 문제로서, 최근의 의료시설의 계획이 지금까지의 제공자 관점에서 이용자의 편의성을 강조하는 추세로 전환되고 있는 시점에서 이에 대한 세심한 고려가 필요하다.

다음 표 4-6의 비교에서 개실형은 칸막이에 의해 간호사의 동선거리가 길어지며, 개방형은 그 반대로 간호사의 동선거리가 단축된다는 사항은 현재 많은 논란을 불러일으키고 있다. 즉, 개실 형태를 선호하는 주장에 따르면 최근 중환자 병상 옆에서 사용되는 각종 기기의 크기가 점점 개방형에서 커튼을 통한 직접적인 환자에의 접근이 가능하더라도, 실제로는 병상 옆에 부착된 기기에 의해서 모든 환자에의 접근 방향은 개실 형태와 동일하다는 것이다. 이러한 주장의 타당성 여부에 관계없이 중환자실의 병상 배치에서 우선적으로 고려되어야 할 사항은 환자의 편의와 쾌적함, 그리고 환자의 안전을 가장 잘 보장할 수 있는 방안이 무엇인가 하는 점이다.

중환자실에 근무하는 간호진들은 중환자들의 대부분이 의식을 유지하고 있으므로 환자가 거주하기에 용이하도록 중환자실이 계획되어야 한다는 의견을 제시하였다. 따라서 환자의 프라이버시의 보장, 소음 및 주변환경에 의한 환자의 심리적 안정의 저해, 냄새 등에 따른 불편사항, 커튼 등의 청결유지 곤란 및 상호감염 현상의 방지 곤란, 보호자들의 돌발적인 행위에 의한 주변 환자들에의 피해 방지, 남녀 분리의 어려움 등의 이유로 인해 개방형 형태보다는 개실 형태로 배치되는 것이 타당하다는 의견을 제시하였다.

표 4-6 개실 및 개방식 형태 간의 장・단점 비교

개 실 형 태	개 방 형 태
1. 소음방지 및 심리적 안정감 제공. 2. 환자의 프라이버시의 보장과 간호사의 환자관찰이 용이. 3. 상호감염의 위험성 최소화. 4. 간호사의 동선거리가 김(칸막이에 의한 방해). 5. 병상당 소요면적이 큼. 12.6～16.2㎡(3.5×4.2m) 6. 수세대 등의 적절한 배치가 용이함.	1. 격리실이 NS와 상대적으로 먼 곳에 배치됨. 2. 프라이버시 보장을 위한 커튼 설치시 간호사의 직접관찰을 방해하며 동시에 감염의 위험성이 높아짐. 3. 환자의 불안정한 심리상태 유발(옆쪽 환자의 상태 악화, 보호자 방문 및 치료시의 소음, 부착된 기기동작에 의한 소음 등). 4. 병상당 소요면적이 작음. 8.1～12m²(3.3×3.3m) 5. 환자에게 직접접근이 가능하므로 간호사의 동선거리가 짧음.

개방식 중환자실은 환자의 관찰과 치료에 방해받는 요소가 없어서 유리하고, 간호사의 인력도 절감할 수 있어서 유리하다. 따라서 프라이버시를 의식하지 못하는 흉부외과계나 호흡기 계통의 중증 중환자실에 적합하다.

(2) NS 관계 제 실의 위치에 따른 평면유형

① 일면형

이 형은 환자의 병상을 마주보고 있는 형태로서 NS를 배치하고 NS의 좌우측이나 뒤편에 부속실을 설치한다. NS에서 병상을 마주보고 있어 관찰하기 쉽고 NS 뒤쪽을 효율적으로 이용할 수 있으나 침대의 배열이 길어지게 되고, 병실 끝의 침대는 관찰하기 어려우며 침대열이 길어지는 결점이 있다. 이 결점을 개선하기 위해 침대열을 L형이나 부채꼴형으로 배치하는 형도 있다.

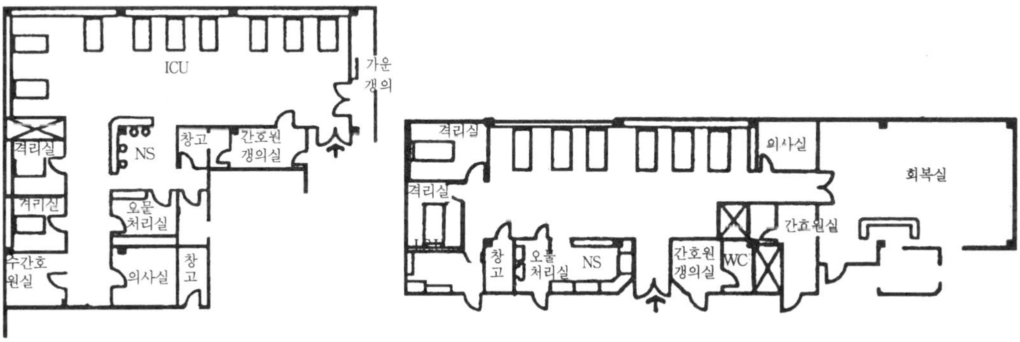

N병원(개방형), Y1병원(개방형), 한국

그림 4-12 일면형 ICU 평면 예

② 양면형

이 형은 중앙코어에 부속실을 설치하고, NS는 그 양쪽에 있으며 대부분 내과, 외과계로 구분하여 사용하고 있다.

맨 끝의 병상이 관찰하기 어렵고 동선이 길어지기 때문에 일면형처럼 L형이나 부채꼴로 병상을 배열한 예가 많은 실정이다.

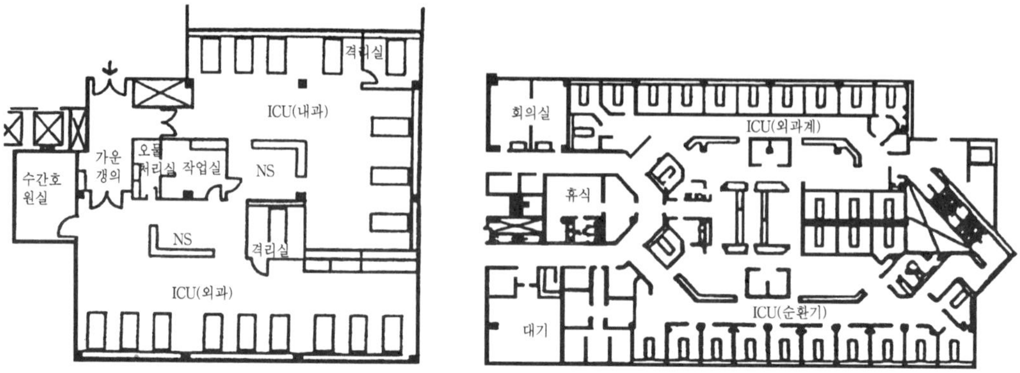

그림 4-13 양면형 ICU 평면 예

③ 중앙형

이 형은 환자의 병상 중심에 NS와 작업실 및 여러 부속실이 설치되어 있으며, 작업을 하면서 관찰을 할 수 있고, 동선이 짧기 때문에 긴급할 때의 처치가 빠른 반면, 사방에 주의를 기울여야 한다. 벽이 없으므로 선반이나 게시판 등을 설치하기가 곤란하며, NS 주위에 작업책상을 둘 경우에 소독품 및 기타 물품 등을 정리해 둘 수 없는 문제점이 있다.

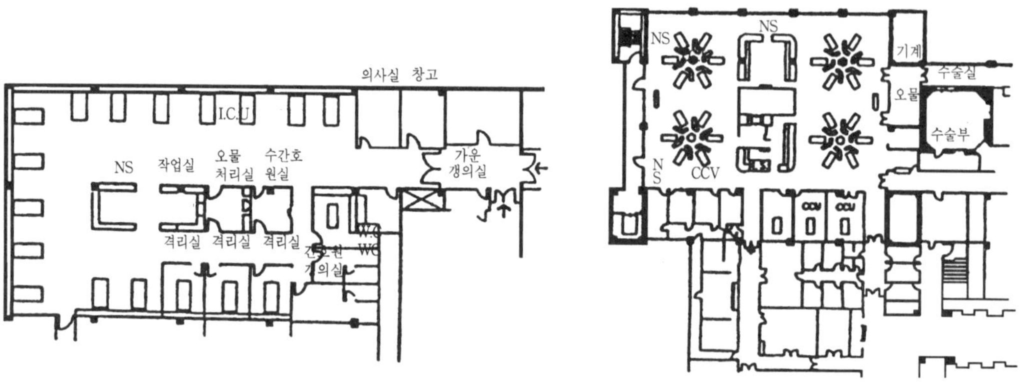

그림 4-14 중앙형 ICU 평면 예

(3) 중환자실의 설비와 환경계획

중환자실에서 의료기기는 환자 치료 면에서 그 역할의 비중이 매우 높다. 최신 기기 설비로 모든 환자의 상태를 감시하고 관찰할 수 있기 때문이다.

대부분 산소 및 흡인 장치는 중앙공급식으로 되어 있으며, 기도를 보존하기 위한 장비가 준비된다. 또 환자의 혈압, 맥박, 호흡, 체온, 심전, 뇌파에 대한 집중감시방식으로 되고, 뇌파 모니터는 환자 개인별로 설치된다. 또한 응급환자의 검사를 위해서 24시간 이용될 수 있는 검사장비가 있어야 한다.

중환자 병상의 머리맡에 각종 설비를 집중시켜 놓은 것을 월케어 시스템(wall care system)이라고 한다. 이것은 일반병실에 설치되어 있는 것보다 훨씬 복잡하고 다양한 종류의 의료기기 및 콘센트가 있다. 종류는 의료기기 제품마다 조금씩 다르고 벽고정식과 바닥배관식이 있다.

월케어시스템에서 제공되는 서비스는 각 중환자실별로 다양하다. 가장 많은 기능을 요구하는 중환자실은 호흡기계, 흉부외과계, 내과계, 외과계, CCU 순이다. 월케어시스템의 설치는 간호사의 시야를 방해하지 않는 높이에서 설치되어야 하므로, 천장에서 배관되기 보다는 벽이나 바닥에서 배관되는 것이 평면을 계획하는 데 유리하다. 월케어시스템에서 제공되는 기능들은 다음과 같다.

① 의료가스

O_2 2개소, NO_2, 흡인, 압축공기 등이 필요하고 석션을 하기 위한 기구도 부착되어야 한다.

② 조명

조명은 환자의 머리맡에 설비하고 치료등와 단순조명등이 있다. 치료등은 밝게 할 수 있어야 하고 단순조명은 야간에 환자가 취침할 수 있도록 딤머스위치를 부착하여야 한다.

③ 전기콘센트

전기콘센트의 사용은 의료장비의 사용에 있어서 필수적인 요소이므로 안전하고 감전사고의 위험이 없어야 한다. 대부분 수입품에 의존하고 있는 의료기기는 표준화되어 있지 못하여 100V/220V를 겸 해야 하고, 호흡기계의 경우는 한 환자당 16개까지 요구한다. 위치도 바닥, 벽 등 여러 곳에서 사용할 수 있도록 설치해야 한다. 이와 같은 숫자는 의료장비의 종류와 환자의 상태에 따라 크게 변화하므로 장비의 종류를 결정한 후 수량을 산출해야 한다.

④ 천장달대

월케어시스템과는 별도로 천장에 주사약을 매달 수 있게 만든 트랙이다. 한 환자당 3~4개의 주사약이 투입될 경우 달대가 모자라고 주사관이 짧아 환자까지 도달되지 못하여 서로 엉키는 현상이 생기므로, 천장달대를 설치하면 환자에 대한 처치나 치료시 편리하다.

(4) 중환자실의 환경 및 설비

① 전기

전기사고가 가끔 발생하기도 하므로 사실상 중환자실은 독립전원을 확보하여 전압이나 전류의 변화가 없어야 한다. 의료기기를 사용하고 있는 환자에게 위험을 초래할 수 있기 때문이다. 최근에는 전기식에서 안전한 유압식으로 바뀌어 가고 있는 추세이다. 간호대기소에는 컴퓨터와 모니터 등 각종 외부 및 환자와의 통신기기도 설치된다.

부속실에 설치되어 있는 냉장고, 멸균기, 건조기, 세척기 등의 위치에 따라 알맞게 계획되어야 한다.

② 공기조화

환자들은 거의 반라의 상태에서 있으므로 25℃ 이상이어야 하고 계절별로 의료진을 위해서 변화가 요구된다. 공기의 재순환은 위험하나 경제적인 면으로 살균필터를 사용하여 일정량을 재사용하여도 좋다. 공기는 자외선 살균이 필요하다.

③ 습도

습도는 비교적 높은 60~80%를 요구하고 있다. 특히 호흡기 계통의 질환을 갖고 있는 환자는 호흡 곤란을 느끼기 쉽다. 보통 개별 가습기를 이용하고 감염관리를 위해 증류수를 사용해야 한다.

④ 환기

환자의 배설물에서 나오는 냄새를 신속히 제거하기 위해서는 공기조화에 의한 환기는 부적당하고 자연환기를 필요로 한다. 그래서 필요시에는 창문을 열어 놓기도 하지만 바람직하지는 않다.

⑤ 자연채광

중환자실의 경우 외부 조망이 결여되면 환자의 심리적 불안정을 초래하며, 환자의 조속한 쾌유도 저해한다. 환자가 의식을 찾았을 경우 시간을 알 수 있도록 자연채광은 필수적이다.

(5) 감염관리

감염관리는 중환자실에 국한된 문제뿐만 아니라 병원 전체의 문제로서 취급된다. 병원조직은 병원에서 일어나는 교차감염의 문제를 관리하려고 노력하며, 특히 수술실·중환자실 등 특수 진료행위가 일어나는 부서와 각 병동 사이의 감염에 대해서도 많은 노력을 기울이고 있다. 감염관리의 문제는 건축적인 문제뿐만 아니라 설비, 의료, 교육, 정책 등의 다양한 분야에서 발생하므로 전체적인 관리가 필요하다.

중환자실 내의 교차감염의 주요 요인은 다음과 같다.

① 중증에 있는 환자의 감염에 대한 저항능력의 저하
② 격리실이 없는 개방형만의 병상 배열방식
③ 중환자실 근무원 및 보조원 위생소홀
④ 공기조화의 결함과 잘못된 위치
⑤ 이용에 불편을 주는 싱크대의 부족과 배치와 근무자의 청결 부족

이러한 점에 대한 대책이 필요하다.

참 고 문 헌

1. 김광문 : 우리 나라 병동의 간호운영방식과 평면형태, 제3회 병원건축국제심포지엄연제집, 한국병원건축연구회, 1993.
2. 김창민 : 간호운영방식에 대응한 병동부의 건축계획적 연구, 한양대학교 석사학위논문, 1993.
3. 박남규 : 환자중심적인 개념에 따른 종합병원 병동부의 건축계획에 관한 연구, 한양대학교 대학원, 1996.
4. 방효극 : 종합병원 병동부 기준층의 공간계획에 따른 모듈에 관한 연구, 서울대학교 석사학위논문, 1984.
5. 서울대 무애건축연구실 : 병원건축조사보고서, 1986, 1987, 1988, 1989, 1990, 1991.
6. 이광노 : 우리나라 종합병원의 병동계획에 관한 연구, 대한건축학회논문집, 9권, 8호, 1993.
7. 이원상 : 종합병원 입원환자의 병상주위 생활실태와 공간이용에 관한 연구, 한양대학교 석사학위논문, 1991.
8. 이정만 : 사례비교에 의한 대형민간병원의 설계경향에 관한 분석적 연구, 대한건축학회논문집, 10권, 1호, 1994.
9. 차정만 : 우리나라 종합병원 병동부 건축계획에 관한 연구, 서울대학교 석사학위논문, 1987.
10. 허은영 : 종합병원 병동부 간호사의 동선효율성에 관한 연구, 서울대학교 석사학위논문, 1992.
11. Anthony Cox & Philip Groves : Hospitals & Health-Care Facilities, Butterworth Architecture, 1990.
12. Louis G. Redstone : A System-Analysis Approach to Nursing Unit Design, Hospital and Health Facilities, Care 2nd Edition.
13. Nursing Unit Design Simposium : 'Unit 2000-Patient Beds for the Future-', Hill-Rom. 1990.
14. W. Paul James & William Tatton Brown : Hospitals, Architectural Press, 1986.

제5장 외래진료부문

외래진료부문은 병원의 주 목적인 환자진료를 담당하는 부서로서 환자와 병원이 제일 먼저 만나는 곳이다. 환자진료는 입원진료와 통원진료의 두 가지 방식이 있다. 입원진료를 위한 부서가 병동부문이고 통원진료를 위한 부서가 외래진료부문이다.

외래진료부문은 일상적인 진료계획에 의해 진료업무를 수행하는 일반외래진료부(이하 외래진료부라 칭함)와 응급을 필요로 하는 환자나 외래진료부의 진료시간 이외에 초기적인 진료를 담당하는 응급부(이하 응급부라 칭함)가 있다.

우리나라와 같은 의료제도하에서 입원치료를 받기 위해서는 외래진료나 응급진료를 거쳐야 하므로 외래진료부문은 입원진료를 위한 창구이기도 하다.

병원건축계획은 의료제도에 따라 좌우된다. 그러한 면에서는 외래진료부가 가장 민감한 부서이다. 나라마다 의료제도가 다르기 때문에 병원의 외래진료부는 다양한 차이가 있다.

우리나라의 병원에서는 외래진료를 중요시하고 있다. 서구의 병원에서는 병원이 생길 때 입원진료를 목적으로 하였기 때문에 외래진료기능이 경시되어 왔다. 그러나 최근에 이르러 외래진료부의 중요성이 인식되면서 점차 병원에서 중요한 위치를 차지하고 있는 부서로 부각되고 있다.

5-1 외래진료부문의 현황과 당면과제

5-1-1 외래진료부문의 현황

우리나라에서는 지금까지 의사가 자유롭게 개업을 할 수 있고 환자가 자유롭게 의료시설을 선택하여 진료를 받을 수 있다. 따라서 의원과 병원 간의 관계는 경쟁체제이기 때문에 의원과 병원 간의 협진체제가 구축되지 않고 있어 효율적인 환자진료와 상호발전의 기회를 잃고 있다.

상위와 하위 의료기관 사이에 상호 환자의 교류, 의료진의 협력과 시설이용 개방 등의 관계가 설정되어 있는 체제를 개방식 진료체제(open system)라 하며, 대표적인 예로 미국의 등록의제도(attending system)를 들 수 있다. 이 제도는 개업의가 병원에 등록의(attending doctor)로 등록하면 등록의와 병원 사이에 환자의 의뢰와 회송, 의료진 협력, 의료시설의 이용 등의 관계가 이루어진다. 이 제도는 환자의 진료를 효율적으로 할 수 있으며, 의료시설을 합리적으로 이용할 수 있어 중복투자를 피할 수 있고, 개업의가 고도로 발전하고 있는 의학의 흐름을 같이 할 수 있어 상호 발전의 기회를 가질 수 있는 장점이 있다. 여기에 대하여 폐쇄체제(closed system)는 개업의와 병원간에 아무런 관계 없이 독자적인 진료를 행하는 제도로서, 우리나라의 외래진료체제가 그 예이다. 개업의와 병원 간의 관계는 없으며 경쟁만이 있기 때문에 환자진료의 효율성과 의료시설간의 상호 보완이나 발전의 기회를 가지지 못하는 단점이 있다.

한편 환자는 자기 질환의 경중을 생각하지 않고 우선 고도의 진료를 선호하여 대도시의 큰 종합병원을 찾기 때문에 종합병원에 환자가 집중하는 현상이 나타나고 있다. 이러한 환자편집중현상은 각종 의료기관의 이용 면에서 불균형을 초래하고 있다. 또한 종합병원에서는 진료대기 적체현상과 진료공간 혼잡현상을 일으키고 있어 의료를 받아야 할 중증환자가 의료를 받지 못하는 경우가 발생하고 아울러 의료환경이 열악해지는 결과를 초래하게 된다. 이를 해결하기 위해 병원의 규모가 더욱 커지게 되면서 외래진료부문도 큰 규모로 발달하게 되었다. 건축규모 면에서 볼 때 우리나라의 경우 일반적으로 외래진료부의 총 면적은 병원 연면적의 약 10% 내외를 차지하고 있다. 또 병원의 정면에 외래진료부의 입구를 두는 것을 당연한 것으로 생각할 정도로 중요시되어 왔다.

그 동안 외래진료에 비중을 두지 않았던 구미 각국에서 최근 눈부신 경제 발전과 놀랄 만한 기술의 발달은 사회 전반에 큰 변화를 가져 왔으며, 의료의 개념도 크게 변화하면서 병원의 외래진료에 대한 생각도 큰 변화가 일고 있다.

대규모 종합병원들이 병동을 축소시키면서 외래기능을 강화시키고 있다. 나아가 전문화된 외래기능만을 갖는 외래진료센터(free standing ambulatory care facility)가 널리 유행하고 있다.

현재 외래진료부문에서 나타나고 있는 상황은 다음과 같다.

1. 외래진료의 중요성

근년에 이르러 구미의 여러 나라에서는 외래진료, 즉 통원치료에 관하여 새로운 움직임들이 나타나고 있다.

예를 들면 영국의 병원에서 볼 수 있는 주간(晝間)병동(day ward)이 그 예이다. 종전에는 입원을 시켜 검사나 수술을 행하였지만 최근에는 가능한 한 입원시키지 않고 외래진료부에서 당일에 시술을 끝내고 있다. 아침에 병원에 와서 검사와 수술을 받은 후, 주간병동에서 수술 후의 안정을 취하고, 경과를 관찰한 후에 상태가 좋을 경우 저녁에 귀가한다. 이와 같이 입원을 하지 않고 치료를 받을 수 있게 되면, 의료비 부담이 줄어들 것이다.

미국에서도 최근 외래진료센터(ambulatory care center)나 통원수술부(day surgery unit) 등의 부문이 등장하여 활성화되고 있다.

미국의 병원은 시설 면이나 진료내용 번에서 세계 최고의 수준에 도달해 있지만 의료비가 고가이기 때문에 입원진료보다는 의료비 부담이 훨씬 적은 통원수술부문을 도입하기 시작했다. 최근에는 어느 정도 복잡한 수술도 당일수술을 하고 있다고 한다(1980년에 당일수술이 전국에서 320만건이었던 것이 1985년에는 680만건으로 증가했다).

이러한 변화는 주로 경제적인 측면에서 본 통원치료의 발생 원인이지만 의학적인 측면에서 볼 때에도 여러 분야에서 통원치료를 권장하고 있다. 예를 들면 노인의료나 정신과 영역도 입원치료에만 의존하지 않고 가능한 한 조기에 퇴원시킨 후 주간간호(day care)라는 통원치료의 형태로 전환하여 진료하는 것이다. 즉 병실에 가두어 두기보다는 사회나 가정에 생활기반을 두면서 치료하자는 생각이다. 뇌졸중 후유증, 심장병 또는 암 수술 후의 재발 등에 대한 것도 통원치료가 바람직한 것으로 생각하고 있다.

최근 우리나라 종합병원에서도 통원수술부를 두는 병원이 늘어나고 있다.

2. 의료전달체계와 병원의 외래진료

의료보험이 전국적으로 시행되면서 의료보험환자를 상대로 의료전달체계를 실시하고 있다. 의료전달체계는 의료기관의 등급을 1, 2, 3차 기관으로 나누고 의료의 수준도 질환의 종류나 경중에 따라 1~3차 의료로 나누어 1차의료나 종합검진은 제1차 의료기관인 의원 또는 소규모 병원에, 그리고 2차의료는 평균적인 수준의 제2차 의료기관인 지역병원에, 또 3차의료는 제3차 의료기관인 고기능의 종합병원에 각각 기능을 분담시켜 의료의 수요와 공급의 균형을 유지시키려는 것이 의료전달체계의 사고방식인 것이다.

주민들이 자기 집 근처에 가정의(주치의)가 있어 수시로 부담없이 자신의 건강상담과 아울러 가족 전체의 건강관리도 함께 하며, 웬만한 질환의 치료를 받을 수 있도록 한다. 가정의가 담당할 수 없는 중증질환은 전문화된 종합병원에서 진료하도록 하며, 이때 가정의는 전문의료기관의 진료과까지를 선정하여 소개시켜 주는 체제를 만드는 것이 의료전달체제의 주요 골자이다. 가정의제도가 잘 되어 있는 나라의 예로 영국을 들 수 있다. 의료전달체계가 정착되면 가벼운 환자를 일차의료기관에 흡수시킴으로써 대병원의 외래진료부가 지나친 혼잡에서 벗어날 수 있게 하여 환자들의 대기시간을 대폭 완화할 수가 있다. 그러나 아직 우리나라에서 의료전달체계가 완전히 정착되었다고는 볼 수 없다. 가정의 또는 주치의 제도가 도입되면 자연히 의료전달체계가 정착될 것이며, 멀지 않은 장래에 병원의 외래진료부의 모습도 변화될 것이다.

3. 응급진료와 시간외 진료

대부분의 병원에서 외래진료는 주중의 경우 오전 9시부터 오후 3~4시까지만 하고 있다. 그 이후에는 의사들이 병실회진이나 검사 또는 수술 등을 하기 때문이다. 여기서 주말과 외래진료시간이 끝난 후에 발생한 환자는 어디에서 진료를 받아야 하는가가 문제가 된다. 외래진료시간 외에 병원을 찾는 경우를 살펴보면 ① 급병환자, 사고, 재해 등 응급한 사태의 환자 ② 의료인 입장에서 볼 때 꼭 응급처치를 받지 않아도 되는 환자라도 환자의 가족의 입장에서 볼 때 다음날까지 기다릴 수 없을 경우(특히 소아의 경우) ③ 환자의 생활

형편상 외래진료시간 중에는 병원에 갈 수 없는 환자들로 분류할 수 있다. 이러한 환자들을 위하여 외래진료부에 응급부와 시간외 진료부를 설치운영하고 있다.

4. 환자중심 진료

종래의 병원건축은 기능성 위주로 계획되어 왔다. 그 결과 여유있고 안락한 치료환경을 제공하지 못했다. 현대의 질병의 원인이 스트레스 등의 정신신경적인 요인이 많기 때문에 안락한 치료환경이 심리적인 면에서 환자치료에 큰 역할을 하는 것으로 받아들여 최근에는 기능적인 공간보다는 인간적인 환경을 추구하는 경향으로 점점 가고 있다. 외래진료부의 경우에 예약진료제의 도입으로 환자의 대기시간을 줄여 준다든지 호스피틀 스트리트(hospital street)와 같은 환경친화적인 개방된 공간을 두거나 길찾기(way finding)와 안내표지(sign system), 그리고 실내장식의 배려 등을 예로 들 수 있다.

5. 의료제도의 변화와 외래진료부

의료시설은 의료제도의 변화에 따라 직접적으로 영향을 받는다. 예를 들어 우리나라에서는 지금까지 의약분업이 실시되고 있지 않기 때문에 종합병원의 외래진료부설계에서 외래약국의 위치와 대기공간의 문제가 중시되어 왔다. 그러나 최근 정부방침에 의해 의약분업이 곧 실시될 예정이므로 앞으로 외래진료부의 모습이 달라질 것이다.

5-1-2 외래진료부문의 당면과제

20세기 말기에 이룩한 과학과 기술의 눈부신 발전과 경제적인 성공, 그리고 앞으로 도래할 새로운 세기의 예측할 수 없는 가능성은 사회 전반의 대변화를 가져올 것으로 예측된다. 특히 병원건축에서 큰 변화의 조짐이 보이고 있다. 외래진료부 설계에 영향을 줄 수 있는 요인으로는 의료개념의 변화, 진료의 분화와 협진, 고령화의 문제, 독립외래병원과 같은 병원의 당일진료체제강화, 사용자 중심개념의 인간환경의 적극적인 추구, 자동화, 고도의 정보화사회의 원격화상진료(원내/병원간/국제간), 재택진료 등이 있다.

1. 의료개념의 변화

의료의 개념이 과거 진단치료라는 급성치료의 개념에서 오늘날의 진단, 치료, 예방, 교육, 구급, 재활이라는 포괄의료의 개념으로 발전되었지만 앞으로는 예방의학에 기초를 둔 외래중심과 스포츠의학과 접목된 건강의학 쪽으로 이전하게 될 것이다.

21세기의 의료환경은 예방의학의 차원을 넘어서 사람을 건강하게 하는 의료환경을 만들어야 한다는 인식이 높아지고 있다. 이에 따라 의료공원(health park), 의료촌(medical village), 그리고 의료도시(medical city)와 같은 새로운 개념들이 나오고 있다.

특히 생화학, 유전공학, 새로운 수술기술, 약품의 개발은 향후의 의료개념에 큰 영향을 줄 것이다. 따라서 21세기의 의료는 한편으로 급성처치개념의 의료자원을 소모하는 많은 질병이 감소될 것이며, 다른 한편으로는 장기이식과 같이 보다 정밀한 진단처치장비와 기술을 요구하는 환자를 위한 입원환경이 요구되는 양극화 현상이 예측된다.

2. 진료의 분화와 협진

의학이 발달되면서 전문화가 심화되어 의료의 대상과 질환이 유형별로 세분화되는 경향이 강하게 나타나고 있다. 종래 유형의 전문진료과의 분류방식에 대하여 신생아에서부터 노인, 그리고 남성클리닉에서 여성클리닉, 또 예방의학, 스포츠의학에서 장기/세포이식에 이르기까지 전문화가 진행되고 있다.

질환에 따라서 여러 전문분야가 공동으로 진료에 참여해야 할 경우가 발생한다. 이러한 경우에는 관련 전문분야가 모여서 공동으로 진료하는 소위 '협진'의 형태가 된다. 우리나라 외래진료부에서 실시하고 있는 특수클리닉제도는 이 협진의 형태로 운영하는 경우가 많다.

또 최근 대도시에서 개업의들이 한 건물에 모여 의원공동체를 형성하는 경우도 발생하고 있다.

3. 고령화

의학의 발달로 인간수명이 연장되면서, 구미 선진제국은 고령화 사회로 이미 접어들어 있고 우리나라도 21세기 초가 되면 고령화 사회가 된다고 한다. 따라서 시설계획에 있어 노인들이 이용하기 편리하도록 배려를 해야 할 것이다.

4. 자동화

현재 실시되고 있는 병원자동화는 외래진료부문에 이용되고 있는 과학기술의 발달로 더욱 가속화되고 자동화될 것으로 예측된다. 외래환자의 접수, 진료 등의 대기 순번자동화는 외래환자가 외래의 각종 대기에서 불편한 몸으로 줄을 서지 않고 앉아서 순서를 기다릴 수 있도록 한다. 또 각종 예약도 전산화되어 있어 환자나 직원들이 훨씬 편리해지고 있다. 의무기록의 관리, 각종 비품과 물품수급 관리 면에서 자동화가 진행되고 있으며 이 분야는 앞으로 더욱 가속화될 것으로 예측된다.

5. 정보화와 원격화상진료

앞으로의 사회는 기술이 비약적으로 발전하여 정교한 진단장비와 정보장비가 계속 발달할 것이다. 장비의 크기는 점점 작아지면서 저가에 다기능을 갖추게 될 것이다. 고가의 장비는 네트워크의 한 부분 또는 그것이 필요한 각 시설에 중앙화되고 많은 장비들은 사용자 수준으로 보편화되어 분산될 것이며 그 영역을 넓혀 갈 것이다. 또 진보된 정보기술은 원거리시설간의 네트워크을 형성하여 의료자원의 분산을 가능하게 할 것이다. 텔레메디슨과 같은 진보된 정보관리에 의해 증상에 대한 효과적인 진단치료방식을 검증해 나갈 수 있게 되며, 의료팀에 의한 종합적인 진료와 진단 그리고 치료가 가능해질 것이다. 원격화상진료시스템이 개발되어 원내의 화상진료가 현실화되고 있으며 앞으로 재택진료가 보편화될 경우에 병원 외래진료부의 모습이 앞으로는 크게 달라질 것이다.

또한 인터넷, 텔레메디슨같이 발전된 정보통신을 바탕으로 강력한 지구촌 의료네트워크가 자리를 잡아 의료의 국제화가 이루어질 것이며, 현재의 경제전쟁과 같은 치열한 의료전쟁이 예상된다.

6. 중심 종합병원에서 지역 전문병원으로의 분산

종래의 병원이 대규모의 병상을 보유하면서 미국 텍사스 주의 메디컬 시티(Medical City)나 로체스터(Rochester)의 메이요클리닉 등은 의료도시를 형성할 정도로 집합하여 계획되었으나, 앞으로는 소규모의 전문병원이 지역에 분산 배치될 것이다. 미국에서는 현재 종합병원의 외래진료부도 독립하여 외래진료센터의 형태로 널리 유행하고 있다.

이러한 국제적인 추세로 미루어 볼 때 우리나라 종합병원의 외래진료부문도 상당한 변화를 예측할 수 있다.

5-2 외래진료부문의 구성과 환자의 흐름

5-2-1 외래진료부문의 기능과 구성

1. 외래진료부문의 기능과 역할

종합병원의 외래진료부문의 기능과 역할은 다음과 같다.

① 통원환자의 진료 및 처치
② 입원환자의 입원 전 진찰 및 검사와 입원 여부의 결정
③ 퇴원환자의 후속진료
④ 건강진단
⑤ 재활훈련
⑥ 응급진료
⑦ 수련의교육

2. 진료

1) 초진과 재진

환자가 어떤 질환의 진료를 위해 병원을 처음 이용할 경우에 초진환자 또는 신환(新患)으로 분류하고, 첫 진료를 받은 후 다시 계속 진료를 받아야 할 경우 또는 입원환자가 퇴원 후 후속진료를 받아야 할 경우에 재진환자 또는 구환(舊患)으로 분류하고 있다.

2) 당일진료와 약속진료

당일진료는 환자가 병원의 진료를 받기 위하여 진료일을 미리 지정받지 아니하고 당일 접수하여 기다린 후 진료를 받는 경우이다. 이 경우는 환자가 지정진료일까지 기다려야 하는 고통을 덜어 줄 수

있는 편리함이 있지만 환자의 폭주로 인해 장시간 대기와 아울러 대기공간의 혼잡을 일으키는 단점이 있다.

약속진료는 환자가 병원진료를 받기 위해 초진이든 재진이든 미리 진료신청을 하여 진료일시를 지정받아 진료하는 방식이다. 이 방식은 환자가 몇 시간씩 기다려야 하는 대기시간을 줄여주고 따라서 대기공간의 혼잡도 피할 수 있는 이점이 있다. 의료진에게는 진료부담을 덜어 주는 이점도 있다. 그러나 외래진료를 약속진료로만 할 경우에, 병은 기일을 정해 놓고 발병되는 것이 아니기 때문에 급히 진료를 받아야 할 경우에는 곤란한 문제가 발생한다. 이러한 경우 응급실을 이용하기도 하지만, 응급처치는 원인치료를 하는 것이 아니기 때문에 불편한 점이 많다. 따라서 우리나라의 경우에 진료과에 따라서 당일진료와 약속진료를 적절히 절충하여 시행하고 있는 병원이 많다.

3. 외래진료 절차와 동선

외래환자의 진료절차에 따라 환자의 진료동선과, 의료진의 구성과 작업동선, 그리고 물품과 정보의 흐름으로 크게 나눌 수 있다.

1) 진료절차와 환자동선

외래진료절차와 이에 따른 환자의 동선은 다음과 같다.

① 환자는 주 입구를 통해 접수 및 수납 창구에 간다. 외래환자의 내원교통수단은 대중교통수단 이용 후 도보, 택시 또는 승용차 등이 주류이다. 보호자를 동반하는 경우가 많으며, 환자1인당 평균 보호자 수는 0.6인 정도이다.
병원에 도착하면 당일 진료의 경우 초진이든 재진이든 진료신청서를 기재하여 접수창구에 접수한다. 약속진료의 경우에는 이 절차를 생략하고 곧바로 진료과로 간다.
접수환자가 많을 경우 접수창구 앞에서 대기한다. 진료신청서를 접수할 때 진료비를 수납하여야 한다.

② 진료 접수와 수납을 한 후 해당 진료과에 가서 진료접수증을 제출한 후 진료순위에 따라 대기한다.

③ 순위가 되어 간호사가 호출하면 진찰실에 들어가 의사의 진찰을 받는다. 진찰은 예비진찰에 해당하는 발병 경위나 증세를

묻는 문진이 있고 본진찰에 해당하는 청진, 시진과 촉진 등이 있다. 문진은 수련병원에서는 수련의가 담당하기도 한다.

전문의가 증세를 진찰 후 질환에 대한 병명진단에 확신이 서면 적절한 치료를 위한 처방을 환자에게 준다. 치료는 투약, 주사 등의 약물요법과 환부처치, 수술 등의 외과처치와 기능훈련 등의 재활요법 등이 있다.

질환에 대한 판단을 내리기 전에 추가적인 검사가 필요한 경우 임상검사나 방사선검사 그리고 기타 필요한 검사를 의뢰하고 재진일을 지정한다.

④ 진찰 결과 의사의 처방지시에 따르기 위해 외래수납창구에 가서 약품대, 검사료, 또는 처치료를 납부한 후 진료일을 예약한다. 입원치료가 필요한 환자에게는 입원처방을 준다.

⑤ 약은 외래약국에서 받고, 임상검사를 위한 검체 채취는 외래 채혈실에서 행하고, 생리검사는 해당 검사실에 가서 행하며, 방사선검사는 방사선부에 가서 행한다.

입원의 경우에는 입원처방서를 가지고 원무과 입퇴원창구에 가서 입원수속을 행한다.

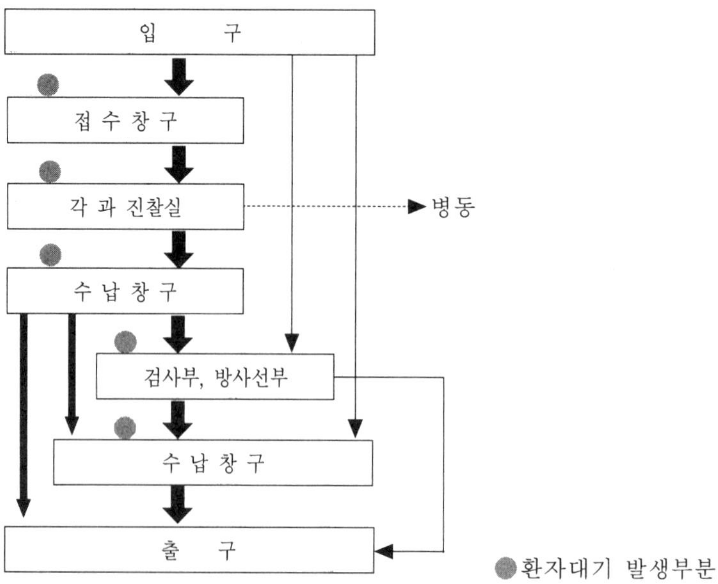

그림 5-1 외래환자의 진료절차와 동선흐름

이와 같은 행위는 곧바로 연결되어 이루어지는 것이 아니다. 따라서 부서마다 대기시간이 필요하므로 대기공간을 계획해야 한다.

⑥ 이상의 진료행위가 끝나면 출구를 통하여 귀가한다.

그림 5-1은 이상과 같은 외래환자의 진료절차와 동선흐름을 나타낸 것이다.

2) 외래진료부문의 의료진 구성과 작업동선

(1) 의료진의 구성

외래진료부의 의료진은 각 전문과별로 각기 독립적으로 진료를 행하며 진료과별로 전문의와 간호사로 구성되어 있다.

병원의 규모에 따라 전문의와 간호사의 수는 차이가 있다. 수련병원 등 규모가 큰 병원은 수련의와 간호보조를 두고 있으며 전산화된 병원에서는 전산화행정을 담당하는 행정요원을 두고 있다.

• 의사－전문의, 수련의
• 간호－간호사, 간호보조, 일반행정요원(전산기 담당)

(2) 작업동선

외래진료부에서 의사는 진료시간 중 진료실에서 진료만을 행하기 때문에 의사의 동선을 특별하게 고려할 필요는 없다. 단지 진료공간 내부에서 진료과에 따라 의사 1인이 2실 이상을 사용하여 진료할 경우 진료실 내부에서 동선이 이루어지도록 하는 것이 좋다.

간호사의 작업은 대체로 다음과 같다.

① 환자의 접수
② 진료 준비
③ 환자 안내
④ 진료 보조
⑤ 의사의 처방 전달 및 설명
⑥ 물품 관리 및 보급
⑦ 의무기록 정리

3) 물품 및 정보의 흐름

외래진료부 내에서 발생하는 많은 물품 및 정보의 흐름은 간호사 혹은 환자에 의해 대부분 이루어진다. 종합병원 외래진료부에서 발생하는 사람과 물품 및 정보의 일반적인 흐름관계를 도식화하여 나타내면 그림 5-2와 같다.

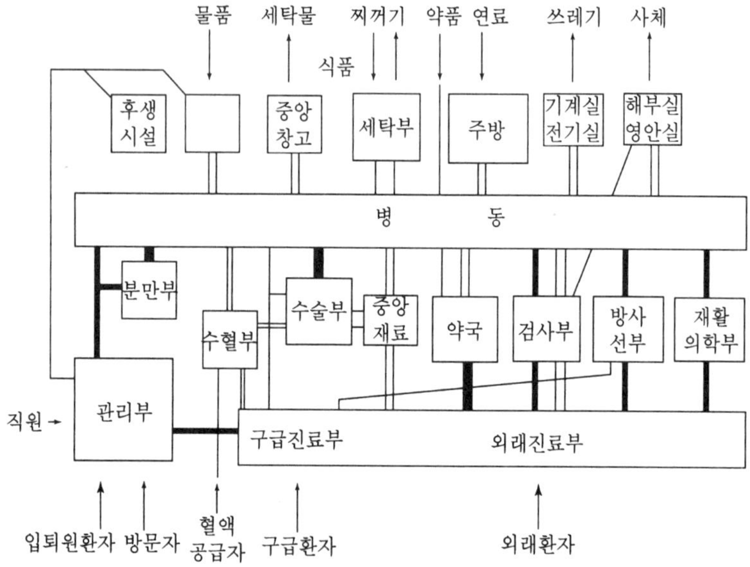

그림 5-2 외래부 물품 및 정보의 흐름

4. 외래진료부문의 구성

1) 외래진료부문의 공간구성

외래진료부의 공간구성은 다음과 같다.

① 출입구/홀

② 접수창구/회계수납창구

③ 대기홀

④ 각 과 진료실

2) 진료과의 구성

(1) 기본 전문과

종합병원으로서 갖추어야 할 기본 진료과에 대해서는 의료법 제3조(의료기관)에 명시되어 있다.

• 종합병원

의사 및 치과의사가 의료를 행하는 곳으로서, 입원환자 100인 이상을 수용할 수 있는 시설을 갖추고 진료과목이 적어도 내과, 일반외과, 소아과, 산부인과, 진단방사선과, 마취과, 임상병리과 또는 해부병리과, 정신과(대통령령이 정하는 규모 이상의 병상을 가진 경우에 한한다) 및 치과가 설치되어 있고 각 과마다 필요한 전문의를 갖춘 의료기관을 말한다.

표 5-1 진료과의 종류

내 과 계	일반내과, 호흡내과*, 순환기과*, 혈액과*, 내분비대사과*, 간장과*, 신경내과*, 류마치*, 알레르기*, 심장내과*
정 신 계	신경과, 정신과
소 아 과	소아내과*, 소아외과*
외 과	일반외과, 신경외과, 호흡기외과*, 흉부외과(심혈관외과), 소화기 내과*, 기관지식도과*, 대장항문과*
성형외과	
정형외과	
산부인과	산과부인과, 불임클리닉*, 여성클리닉*
피 부 과	
비뇨기과	남성클리닉*
이비인후과	
안 과	
마 취 과	
방사선과	진단방사선과, 치료방사선과, 재활의학과
병 리 과	해부병리과, 임상병리과
핵의학과	
결 핵 과	
가정의학과	
산업의학과	
응급의학과	
치 과	구강악면외과, 치과보철과, 치과교정과, 소아치과, 치주과, 치과보존과, 구강내과, 구강악안면방사선과, 구강병리과, 예방치과

* : '의료법시행규칙 제30조 진료과목의 표시'에 언급되지 않는 과.

(2) 전문과의 세분화 현상

과학이 발달되고 사회가 발전함에 따라 모든 분야가 전문화와 아울러 세분화 현상이 심화되고 있다. 병원 외래진료부의 각 전문과도 더욱 세분화되어가고 있다. 현재 나타나 있는 예를 들면, 앞의 표 5-1과 같다.

(3) 협 진

외래진료부의 의의는 다방면에 걸친 전문의에 의한 협력진찰이 가능한 장점에 있다. 질병이라는 것은 어느 한 전문분야에만 속하는 것만이 아니기 때문에 몇 개의 전문과가 공동으로 협의하여 진료해야 하는 경우가 있다. 이러한 경우 특수클리닉이라는 형태로 관련과의 전문의들이 모여서 협진의 형태로 진료를 시행하고 있다. 이때, 진료장소는 주 진료과에서 하는 것이 통례이다.

5-2-2 외래환자

외래진료부를 설계함에 앞서 외래환자에 대하여 다음의 각 항을 조사하여야 한다.

- 일일 평균 외래환자 수
- 외래환자의 계절별, 요일별 변동
- 진료과별 외래환자 수
- 동반보호자 수
- 외래환자의 대기시간과 시간대별 대기공간의 혼잡도
- 외래 진찰 소요시간

1. 일일 평균 외래환자 수

일일 평균 외래환자 수는 외래진료부의 규모결정의 중요한 요소이다. 우리나라 병원의 외래환자 수는 구미의 병원에 비하여 많다. 대도시의 병원에 내원하는 외래환자 수를 병상 수와의 관계에서 조사한 것을 보면, 대도시의 1일 외래환자 수는 총 병상 수의 2.5~3.0배로 되어 있다.

지리적인 조건이 좋지 않은 도시 병원에서도 병상 수보다 적은 환자를 보는 곳은 찾기 힘들 정도이다.

2. 외래환자의 계절별, 요일별 변동

1년 중에 환자 수가 가장 많은 계절은 6~9월까지이고 가장 환자 수가 적은 계절은 2~5월이다. 여름방학기간인 7~8월이 연중 가장 많고 역시 겨울방학철인 12~1월도 비교적 많다.

요일별로 환자 수의 변동을 보면 월요일이 가장 많고 점차적으로 환자 수가 줄어드는 것을 볼 수 있다.

3. 진료과별 외래환자 수

외래환자의 과별 분포는 각 과의 진찰실 수를 결정하고, 대기공간의 크기를 결정하는 데 중요한 요소가 된다. 중소병원과 대규모 종합병원, 그리고 도심지 병원과 변두리지역의 병원과 같이 병원의 규모와 지역적 조건에 따라 과별 환자분포는 다소 차이가 있다. 표 5-2 는 대도시 변두리 지역에 있는 대규모 종합병원 외래환자의 과별 분포를 조사한 것이다. 내과계, 외과계, 산부인과, 소아과 순으로 외래 환자의 비율이 높은 것으로 나타나고 있다.

표 5-2 S병원 외래환자 구성비(1995. 9.)

과 별		외래환자 비 율(%)	과 별	외래환자 비 율(%)
외과계	일 반	3.6	가정의학과	3.8
	흉 부	0.6	정 신 과	2.2
	신 경	2.3	신 경 과	4.2
	정 형	5.2	산부인과	9.6
	소 계	11.7	소 아 과	6.9
내과계	소 화 기	8.2	피 부 과	5.3
	순 환 기	4.9	비뇨기과	3.7
	호 흡 기	3.7	재활의학과	5.0
	내 분 비	5.4	안 과	5.4
	신 장	3.1	이비인후과	5.6
	혈액종양	2.4	치 과	6.7
	감 염	0.4	성형외과	1.8
	소 계	28.1	총 계	100

4. 외래환자의 동반보호자 수

환자와 같이 내원하는 보호자의 수는 병원설계에 영향을 미친다. 대체적으로 환자 한명당 한명 이상의 보호자가 동반하고 있다. 이것은 과별에 따라 차이를 보이고 있다. 이비인후과는 적고 소아과는 100% 이상 동반한다. 최근에는 고령자가 병원에 오는 비율이 높아져 보호자 수는 점차 증가하고 있다고 한다. 이들 보호자는 외래부의 혼잡을 한층 더 가중시키고 있다. 조사 결과, 평균 동반보호자 수는 환자 1인당 0.6인으로 보아도 무난하다.

5. 외래환자의 병원체재시간

1) 외래환자의 대기시간

병원에서 외래환자 대기시간은 진료 전과 진료 후로 나누어진다. 진료 전 대기는 병원에 도착한 후 진료과와 의사의 선정 등 환자의 의사결정을 하는 과정이고 그 후는 접수하고 진찰받을 때까지의 대기시간이다. 진찰 후 대기시간은 검사, X선, 약국, 주사맞기 등의 순번대기이다.

외래환자가 병원에서 체재하는 시간은 진찰받는 과에 따라 다르고 초진, 재진에 따라서도 다르다. 또 최근에 많은 병원에서 시행하고 있는 예약제도에 따라 대기시간이 단축되기도 한다.

예약을 하고 예약된 진찰만을 받고 귀가하는 재진환자의 경우 원내에서 머무는 시간은 10~20분 내외이지만 예약 없이 진찰받고 검사, 혹은 방사선 촬영을 하고 투약을 받을 경우 원내에서 2시간 이상 머물게 된다.

2) 외래환자의 진찰시간

내과·외과 환자들의 진찰시간을 조사한 결과를 보면, 내과환자의 경우 6분을 전후하고 외과환자의 경우 1인당 진찰시간은 평균 7분 정도이나 2분에서 25분까지 다양한 범위에 분포되어 있다.

3) 약국 대기시간

약국 대기시간은 처방전을 약국 창구에 제출한 후 투약받기까지의 시간을 말한다.

대부분의 피크타임인 11~12시 사이에는 대기시간이 40~50분 정도이고 그 외 시간대는 20~30분 내외의 대기시간을 보이고 있다.

6. 타 부서와의 관계

외래진료부와 타 부서와의 관계를 조사한 결과를 참고하면, 외래 진찰을 받은 환자 중 39%가 약국을 거쳐가는 것으로 나타났다.

또 진찰을 받고 검사부 또는 방사선부에 들르는 환자는 전 외래환자 중 18%의 비율로 나타나 있다.

방사선부에 들리는 과는 내과가 가장 많아서 32~45%이고, 다음은 정형외과 20~22%, 소아과 4~11%, 일반외과 3~6%의 분포를 보이고 있다.

5-3 외래부문의 설계

외래부 설계의 주안점은 내원하는 환자가 쉽게 소정의 목적지에 도달할 수 있게 유도하는 것이다.

외래부의 면적은 병원 연면적의 10% 내외로 많은 부분을 차지하고 있고 병원의 첫인상을 주는 주 현관과도 밀접한 관계가 있다.

5-3-1 출입구 부근의 설계

1. 보행자와 자동차

현관 앞에서 보행도로와 차도를 분리해야 하는 것은 당연하지만

그림 5-2 병원의 출입구

차도인 경우에도 손수운전자와 택시 또는 구내버스 운행을 할 경우의 대기장소 등의 배려를 하여야 한다. 또 환자나 방문객들이 비를 맞지 않고 차를 오르내리는 것에 대한 배려도 필요하다.

2. 외래진료부문의 출입구

외래부의 현관은 자동문이 일반화되어 있으나 동작이 불편한 환자를 생각할 때 개폐시간의 조절이 어렵다. 문의 동작을 너무 느리게 조절하면 현관을 통하여 외기의 바람이 불어 들어와 현관홀의 냉난방 조정이 어렵게 된다. 특히 현관이 북향일 때는 어떤 특별한 조치가 필요하다. 최근에는 대형 회전문(2~3인이 동시에 걸어 들어갈 수 있는)이 이용되고 있는 곳도 있다.

현관 부근에는 보행이 어려운 환자를 위한 휠체어 또는 스트레처 보관장소가 있으면 편리하다.

3. 외래·입퇴원·응급 입구의 조합 유형

1) 독립입구형

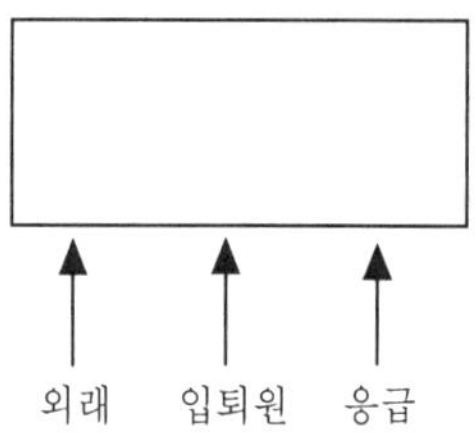

독립입구형

외래·응급·입퇴원 입구를 각각 떨어져 별도로 설치한 예.

이 형은 대규모 병원에서 볼 수 있는 것으로 각 입구의 독립성이 있고 응급차의 왕래에 대한 외래환자의 시선차단이 좋으며, 외래휴진시간에 외래부를 폐쇄할 수 있어 관리유지측면의 이점이 있는 반면, 입구관리에 인력이 많이 소요되고 응급부 내에 별도의 접수를 두어야 하는 것이 단점이다. 외래환자와 입퇴원환자, 응급환자의 동선의 혼잡을 피할 수 있다. 또 입구의 구분이 동일평면에서 이루어질 수도 있으나 지형에 따라 층을 달리하여 구분할 수도 있다.

2) 외래·입퇴원 입구 근접, 독립응급입구형

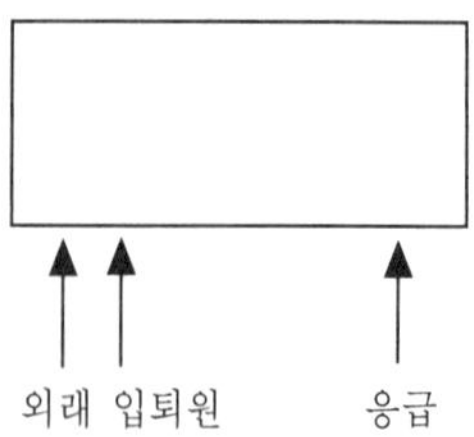

외래·입퇴원 입구
근접, 독립응급입구형

외래와 입퇴원 입구를 공동으로 하거나 근접시키고 응급입구를 별도로 설치하는 형.

이 형은 일반적으로 많이 취하고 있는 형이다. 응급차의 왕래에 대하여 외래나 입퇴원 환자의 시선을 차단할 수 있다는 점과 출입구 관리 면에서 독립형보다 유리하다. 외래환자와 입퇴원환자 사이의 동선상 혼잡이 있을 수 있고, 휴진시간대의 외래부 폐쇄가 어려운 단점이 있으며 경우에 따라서는 응급부서창구가 별도설치되어야 한다는 점이 있다.

3) 외래독립, 입퇴원 · 응급 입구 근접형

외래입구는 독립설치하고 입퇴원입구와 응급입구를 근접시키는 형.

이 형도 일반적으로 많이 취하고 있는 형이다. 외래부를 독립시킴으로써 외래환자의 시선으로부터 응급차의 왕래를 차단시킬 수 있고 외래환자와 입퇴원 수속과의 동선의 혼잡을 피하고 외래휴진시간에 외래부를 폐쇄시킬 수 있다는 장점이 있다. 그러나 입퇴원환자의 시선으로부터 응급차의 왕래를 차단시킬 수 없는 점 등은 단점이라 할 수 있으나, 응급부 내에 별도의 접수창구를 두지 않아도 되는 장점이 있다.

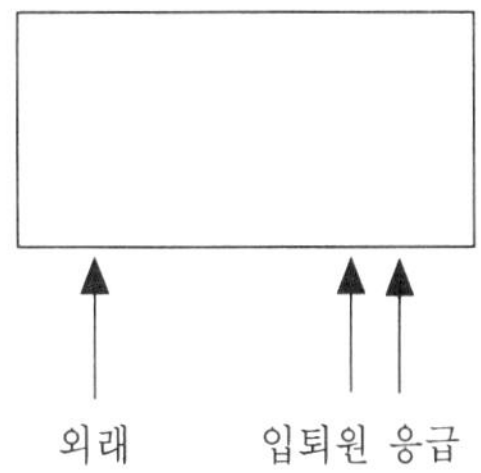

외래독립, 입퇴원 · 응급입구 근접형

4) 입퇴원독립, 외래 · 응급 입구 근접형

입퇴원입구는 독립설치하고 외래출입구와 응급입구는 근접시키는 형.

실제로 이러한 유형의 평면은 우리나라에서 찾아보기 힘들다. 소규모 병원에서 외래의 1개 과에서 응급실을 겸하고 있는 유형에서 가능할 수 있겠으나 시설 관리운영상 단점이 많은 형으로, 현실적이지 못한 유형이라 할 수 있다.

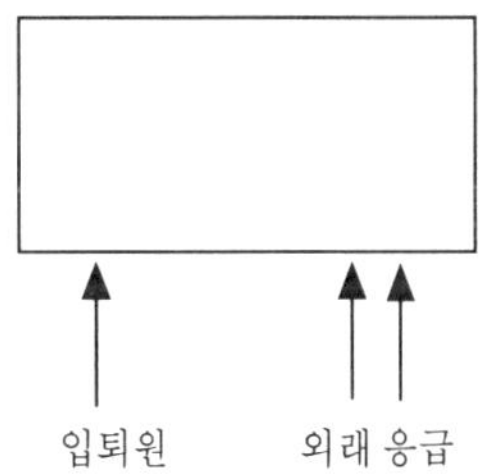

입퇴원독립, 외래 · 응급입구 근접형

5) 공동입구형

외래 · 입퇴원 · 응급 입구를 근접시키거나, 공동으로 사용하는 예.

이 형은 소규모병원에서 많이 나타나는 형이다. 입출구 관리 면에서 경제적인 면이 있으나 외래환자, 입퇴원환자, 응급환자 간 동선상 혼잡이 발생할 수 있고, 외래 · 입퇴원환자의 시선을 험한 응급환자로부터 차단시킬 수 없는 단점이 있다. 주로 야간휴일응급진료의 형태를 취하고 있는 제1차 응급의료시설에서 많이 취하는 형이다.

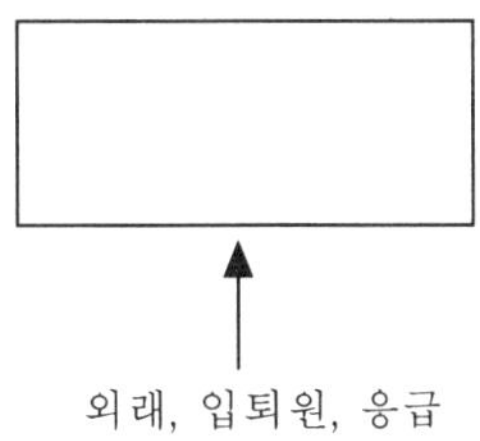

공동입구형

4. 안 내

내원자에 대하여 접수 수속에 대한 안내 또는 원내 행선지 안내 등의 안내인은 중요한 역할을 한다. 현관입구 부근에 개방된 카운터를 두어 쉽게 문의에 응할 수 있도록 한다.

불특정 다수의 사람들이 방문하는 외래부의 공간구성은 알기 쉽게 되어 있어야 하지만 외래부가 여러 층으로 또는 여러 블록으로 나누어 분산배치되어 있는 대규모 병원일 때 환자들에게는 다소의 불안이 있게 마련이다.

안내는 여러 곳에 설치할 수도 없기 때문에 안내에서 듣는 설명으로 쉽게 목적지에 찾아갈 수 있는 방안(예를 들면 안내표지, 유도색)에 대한 연구가 뒤따라야 하겠다.

또 이 안내에서는 환자들이 어느 과에 가서 진찰을 받아야 할지 모르는 이에게 적절한 지시를 할 수도 있어야 한다.

5. 접 수

외래 접수는 오픈 카운터 형식의 것이 일반적으로 많다. 카운터의 길이는 환자의 집중도에 따라 접수창구를 증감할 수 있게 다소의 여유를 갖는 설계가 바람직하다. 초진환자는 우선 진찰신청서를 기입하여야 한다. 이를 위하여 기입하는 대를 접수 부근에 설치한다.

재진환자는 병력기록이 각 과에 보관되어 있는가 또는 중앙에 일괄적으로 보관되어 있느냐에 따라 환자의 움직임이 달라진다.

각 과에 보관되어 있을 경우 환자는 각 과에 직접 가면 된다. 그러나 중앙에 보관되어 있을 경우에는 환자는 중앙접수창구에 진찰권을 제시한 다음 각자의 진료과에 가서 대기해야 한다(예약이 되어 있을 경우 직접 진료과에 가면 된다). 접수된 진찰권으로 환자의 병

그림 5-3 외래 접수(대합홀)

력기록보를 찾아서 각 과에 송부해야 하는데, 이 발송방식이 문제가 된다. 발송전문인력을 고용하면 되지만 일손 구하는 데 어려움도 있다. 최근에는 기계에 의한 발송에 의존하게 되는데, 적절한 것이 없다. 예전에는 기송관(air chute)이 사용되기도 했으나 기송관은 전표 몇 장은 가능하나 병력기록에는 부적절하다.

최근 비교적 성능이 좋다고 평가되고 있는 자주대차방식이 있다. 두꺼운 병력을 운반할 수 있어 편리하기는 하나 고가이다.

6. 회계수납창구

최종적인 지불을 하기 위하여 각 환자에 대하여 실시한 진찰・처치・검사・투약 등의 보험수가 계산을 하고 나서야 요금의 일부인 자기부담금을 지불한다.

이 계산을 하고 자기부담금 지불을 함에 있어 다소 시간이 소요되기 때문에 회계창구 앞에는 대기 줄서기를 위하여 여유있는 공간이 필요하다. 계산하는 창구와 지불창구는 인접하고 있기는 하나 별개의 창구로 하고 있다.

7. 약 국

종래의 방식에서는, 약처방전을 발부받으면 먼저 회계수납창구에서 약품대금을 지불한다. 이때 금액이 지불된 처방전은 약국으로 넘어간다. 약처방이 약국으로 전달되는 방식은 ① 환자가 약국창구로 가져가는 방식 ② 내부에서 회계수납과 약국접수가 직접 연결되어 환자는 요금 지불 후 약을 받는 창구에 가서 대기하는 방식 ③ 회계수납과 약국을 벨트 컨베이어로 연결시키는 방식 등이 있다. 규모가 작은 병원은 ②의 방식이 적절하고, 규모가 커지면 ③의 방식을 취하게 된다.

최근 전산시스템에 의한 정보화가 진행되면서 종래의 방식에서 발전하여, 진찰실에서 의사가 약처방을 환자에게 주지 않고 곧바로 회계수납창구와 약국으로 전송하여 환자는 수납창구에 가서 진료비와 약품대를 수납하고 바로 약국에 가서 약을 기다리면 되는 방식이 널리 사용되고 있다. 또 장차 의약분업이 이루어질 경우 이 부분에서 상당한 변화가 예상된다.

투약창구에서는 약품을 인도하는 외에 약복용방법에 관한 주의를 일러주기도 한다. 환자의 질문에 응답도 해야 하기 때문에 개방된 카운터 방식이 좋다.

조제 및 제제실은 청결관리 면에서 대기실과는 구획될 필요가 있다. 그러나 환자에게 격리된 느낌을 주지 않게 하기 위하여 ① 처방전 접수와 약품인도 부문만을 개방창구로 하거나, ② 제제실 자체를 유리칸막이로 하여 시각적인 개방감을 환자에게 주는 방식 중 어느 한 방식을 채택하는 것이 좋다.

그림 5-3 약국대기실

8. 외래검사실(채혈실)

외래검사실(채혈실)은 뇨, 혈액, 체액 등 외래환자의 검사물(검체)을 채취·보관하는 실로서 채취된 검체는 여기에서 임상검사부로 보내진다.

외래검사실은 검사부가 중앙화됨에 따라 외래환자의 이용이 불편할 경우 설치·운영되며, 대부분의 종합병원에서 채혈실이라는 이름으로 외래검사실을 두고 있다.

외래환자는 외래검사실을 이용할 경우 수납을 거쳐오게 되므로 수납창구와의 위치관계를 고려해야 하며, 별도로 검사물 채취장소를 두지 않을 경우 화장실과의 위치관계도 고려해야 한다.

9. 주사실

주사는 각 진료과 진찰실 혹은 처치실에서 행해지고 있으나 점차로 중앙화되어 독립주사실이 운영되어 한곳에서 실시되는 추세이다. 주사실의 중앙화는 간호사의 작업분담과 주사업무의 효율화, 진료실의 작업부담 경감, 약품과 기구의 효과적인 취급 및 관리가 가능한 장점이 있으나, 환자에게는 다소 불편하다.

주사실을 이용하기 위해서는 외래검사실과 마찬가지로 환자는 수납을 거쳐와야 하기 때문에 수납창구와의 위치관계를 고려해야 한다.

5-3-2 외래진료부문의 대기공간

외래진료부의 설계에서 어려운 부분이 대기공간이다. 대기공간이 협소하면 환자의 혼잡으로 인한 열악한 치료환경이 되고, 너무 넉넉하면 환경은 좋으나 불필요한 투자로 경제성의 문제가 발생한다.

외래진료방식을 당일진료제로 하느냐 예약진료제로 하느냐에 따라 다르며, 대기공간의 평면유형에 따라 다소 차이가 있다.

외래진료부의 대기공간은 접수·수납을 위한 중앙홀, 투약을 위한 약국대기홀, 과진료 대기공간 및 각 과 내부 대기공간으로 구분할 수 있다.

1. 중앙홀 및 접수대기홀

중앙홀은 외래환자가 초진이든 재진이든 진료를 받기 위해 접수하고 진료 후 진료비 수납이 이루어지는 곳이다. 중앙홀은 환자가 병원으로 와서 처음 접하는 장소로서, 병원의 첫인상을 결정짓는 곳이다. 따라서 그 중요성을 강조하기 위해 마치 호텔의 로비에 손색이 없을 정도의 분위기로 하는 경우가 많다.

중앙홀의 상부 층은 개방된 공간이나 천창 등으로 처리하여 중앙홀의 분위기를 따뜻하고 아늑하게 한다든가, 중정을 도입하여 밝고 쾌적한 시각환경을 꾀하는 방법도 있다. 중앙홀은 진료예약제의 도입 여부에 따라 그 혼잡의 양상이 달라진다.

그림 5-4 중앙홀의 예

2. 약국대기홀

외래환자의 동선을 중심으로 각종 동선체계를 확립하여 중앙홀의 동선이 원활하게 이루어질 수 있도록 함과 동시에 쾌적한 대기공간을 제공할 수 있도록 충분히 고려해야 한다.

약국대기홀에서는 처방전을 접수시키는 동선, 투약받는 동선, 투약을 받은 후 약국을 떠나는 동선이 가능한 한 교차됨이 없이 원활하게 이루어질 수 있도록 하며 다른 통과동선이 발생하지 않도록 하여야 한다.

3. 진료 각 과 대기공간

대부분의 진료과 대기공간은 복도와 겸용되는 복도대기형을 취하고 있으며 이 경우 환자의 대기와 통행이 서로 지장을 받지 않도록 충분한 복도폭을 확보해야 한다.

내과와 같이 환자 수가 많은 과는 비교적 환자 수가 적은 과와 대기공간을 공동으로 사용함으로써 대기공간의 융통성을 갖게 하고 대기공간의 혼잡현상을 다소 완화시킬 수 있다.

소아과 대기공간의 경우, 소음이 많이 발생하고 복도에 소아를 대기시킬 경우 복도를 뛰어다니거나 어지럽히는 경우가 빈번히 발생하므로, 대기공간을 복도와 분리시켜 소아 전용의 대기공간을 설치하여 소아의 기호에 맞는 공간을 제공하는 것이 바람직하다. 또한 진료실에서 진찰을 할 때 복도의 소음으로 인하여 진찰에 지장을 받는 경우가 있으므로 복도의 소음이 직접 진찰실에 전달되지 않도록 그 대책을 강구해야 한다.

소아과는 또한 소아의 전염에 대하여 주의를 요하므로 전염성 질환을 갖는 어린이와 건강아의 대기공간을 구분하여야 한다.

프라이버시의 확보가 요구되는 비뇨기과, 피부과, 정신과, 산부인과 등의 진료과는 주 복도와 분리시켜 알코브로 처리한 대기공간이 적절하리라 생각되며 또한 대기의 측면에서 볼 때 아늑한 느낌을 줄 수 있을 것이다.

또 각 진료과의 진찰실 앞에서 다음 순위 환자가 기다릴 수 있도록 진료실 앞에 중대합을 두는 경우도 있다.

4. 대기공간의 평면유형과 성능

1) 대기공간의 유형

외래진료부의 대기공간의 평면유형은 홀(hall)형과 손가락(finger)형 또는 베이(bay)형으로 대별할 수 있다.

- 홀형 : 각 진료과 접수방식에 대응하는 것으로, 비교적 소규모 병원에서 볼 수 있다.
- 손가락형이나 베이형 : 블록접수방식에 대응하는 것으로, 비교적 큰 병원에서 볼 수 있다.

당일진료제일 경우 1일 내원환자의 약 60%가 피크시에 집중하는 것으로 나타났다. 그러나 예약진료방식은 피크시에 당일진료시의 약 반수의 환자가 줄어든다.

2) 대기공간의 성능

(1) 익명성

프라이버시를 확보하기 위해서는 익명성이 있어야 한다. 환자가 접수 방향으로 일렬로 앉는 좌석배치도 익명적 관계를 유지하는 데 도움을 준다. 공간이 분절되어 작은 규모로 될 때 익명성이 약화된다. 또 벽면에 알코브를 만들고 가구배치로 환자들간 시선이 마주치지 안도록 하는 방법도 있다.

(2) 대기실의 필요성

대기는 아무리 예약제도를 도입한다 해도 없어질 수 없다. 진찰 순번을 알리는 표시판이나 환자호출시스템을 도입하는 등 대기실의 혼잡을 막을 수 있는 여러 가지 시도들이 이루어지고 있다. 또 환자가 대기하는 동안 VTR 등을 이용해서 환자를 교육시킬 수 있다. 예를 들어 X선 촬영을 기다리는 환자에게 앞으로 어떤 내용의 검사가 어떤 순서로 이루어지는지 교육이 가능하다는 것이다.

5-3-3 각 과 진찰실의 공간구성

외래진료부는 일반진료시설, 특수진료시설, 외래 사무 및 진료보조시설의 3가지로 구분할 수 있다.[1)]

일반진료시설은 외래진료부의 심장부라고 할 수 있으며, 내과·외과·정형외과·소아과 등의 진찰실·처치실·진료접수공간·대기공간 등으로 구성되며, 이들은 가능한 한 표준화된 그룹으로 설치하는 것이 외래진료부의 변화에 적절히 대처할 수 있고 융통성을 제공하는데 유리하다.

특수진료시설은 특수한 진료행위, 특수진료장비를 위한 시설로서, 예를 들면 산부인과의 내진실, 치과의 치료실, 안과의 암실, 이비인후과의 청력측정실 등을 말한다.

외래 사무 및 진료보조시설은 중앙접수·수납창구, 의무기록실 등의 사무시설과 외래진료를 보조하는 약국, 주사실, 외래검사실, 채혈실 및 대기공간, 화장실 등 환자편의시설로 구성된다.

1. 일반진료시설

1) 진찰실

진찰실에서는 문진, 시진, 청진, 촉진 등에 의하여 진찰이 이루어지고, 활력증후군(vital sign-혈압, 맥박, 체온, 호흡수)의 검사나 각종검사결과, 방사선 촬영결과에 의하여 진단이 내려지며, 필요에 따라 간단한 처치가 이루어지기도 한다.

1) Edward D. Mills, : Planning ; Buildings for Health, Welfare and Religion, Butterworth, pp. 1~31, 32, 1972.

(1) 표준진찰실 및 세션[2]제도

안과, 이비인후과 등 특수기기가 설치되는 일부 과를 제외하고는 표준진찰실 개념을 도입하며 진료과별 외래진료실은 환자 수에 따른 필요세션 수에 따라 운영한다. 여기서 진료세션이라 함은 의사가 환자진료를 위해 개원하는 회기를 말하는 것으로, 우리나라에서는 하루에 오전·오후로 나누어 각각 3시간에서 3시간 30분 정도의 시간으로 두 번의 세션을 갖는 것이 일반적이다.

표준진찰실의 개수를 산정하는 공식은 다음과 같다.

※ 표준진찰실의 개수 산정공식

(한국의료관리연구원, 의료보험관리공단 일산병원 설계지침서를 참고)

- 조정환자 수 : 일평균환자 수×5.5(1주)
- 시간당 적정 진료환자 수 : 보사연에서 지정한 진료 1시간당 적정외래환자 수(명)
- 주당평균진료 세션 수 $= \dfrac{\text{주당총환자 수(조정환자 수)}}{\text{의사1인당 진료 센션당환자 수}}$
- 진료과목별 의사당 표준진찰실 수 : 의사 1인에게 배정된 표준진찰실 수
- 표준진찰실수 $= \dfrac{\text{주당평균진료세션수} \times \text{진료과목별의사당표준진찰실수}}{\text{주당진료세션수(11세션)} \times 0.85\text{(여유율)}}$

(2) 진찰실 유형

진찰실 내에서 이루어지는 행위는 문진(consulting), 진단(examination), 처치(treatment)의 3가지 기능으로 구분될 수 있으며 이들 3가지 기능의 내부적 조합에 따라 진찰실 유형을 기능분리형, C/E 종합형, 혼합형으로 분류할 수 있다. 각 유형의 실 구성을 간단하게 도식적으로 나타내면 그림 5-5과 같다.

2) 세션(session) : 1일 혹은 1주일에 개설되는 진료시간대를 말함.

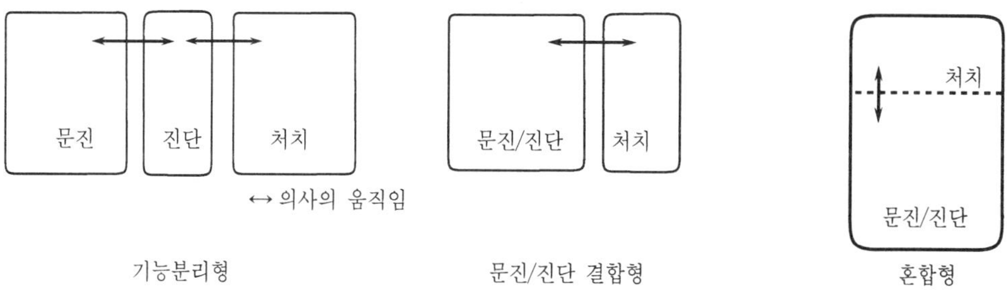

그림 5-5 진찰실의 유형

① 기능분리형

기능분리형은 문진, 진단, 처치를 따로 3개의 실로 구성하여 1명의 의사가 각 실 사이에 설치된 출입문을 통해 이동하면서 진찰을 실시하는 유형이다. 이 유형은 환자가 갱의하는 동안, 혹은 간호사가 병력기록 혹은 바이탈 사인 측정시 의사는 다른 환자를 진찰할 수 있다. 그러나 이 유형은 작업동선이 길어지고 실 이용률이 낮으며 면적이 많이 소요된다.

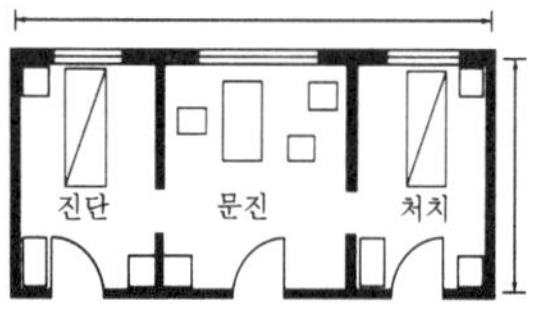

그림 5-6
기능분리형 평면 예

현재 우리나라의 종합병원에서는 거의 찾아볼 수 없는 유형이며 고전적인 서구의 외래진찰실의 형태라 할 수 있다. 이 유형에 해당되는 평면의 예는 그림 5-6과 같다.

② 문진/진단(C/E) 결합형

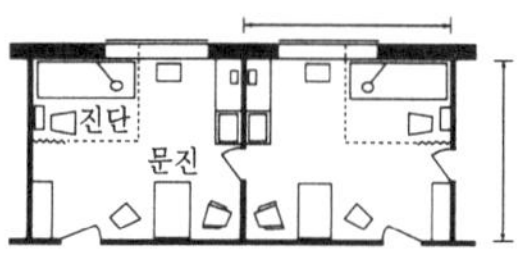

그림 5-7
C/E 결합형 평면 예

문진과 진단이 한 실에서 이루어지는 유형으로, 우리나라 종합병원의 대부분의 진찰실이 이 유형에 속한다.

이 유형은 실의 배치와 사용상 융통성이 크다. 그러나 이 유형에서는 환자의 갱의에 대한 고려가 필요하다.

③ 혼합형혼합형은 한 실에 문진·진단·처치의 3가지 기능을 혼합한 유형이다. 이 유형의 장점은 한 실 안에 많은 가구와 장비가 배치되어 공간이 절약되고 가구배치에 융통성이 있다.

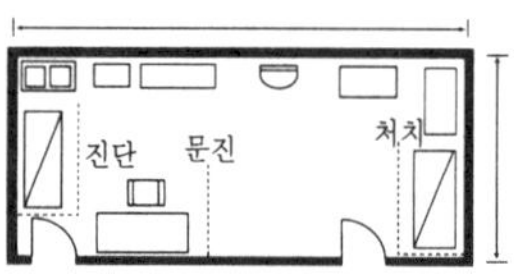

그림 5-8 혼합형 평면 예

이 유형은 우리나라 의원의 진찰실에서 찾아볼 수 있는 전형적인 형태로, 종합병원의 경우에는 외과·피부과의 진찰실에서 흔히 볼 수 있다.

(3) 진찰실의 크기

진찰실의 크기는 진찰실 내에서 이루어지는 행위와 진찰실 내의 가구 및 기구 배치에 의해 결정할 수 있다. 그러나 특수한 장비를 갖추어야 하는 진찰실(예를 들면 이비인후과, 안과, 산부인과, 치과 등의 진찰실)에서는 각 과에 필요한 의료장비의 크기와 이들의 사용방식을 파악하여야 한다.

진찰실의 대부분은 환자와 의사를 중심으로 이용되지만 때로는 보호자, 간호사가 진찰에 참석하는 경우도 있다.

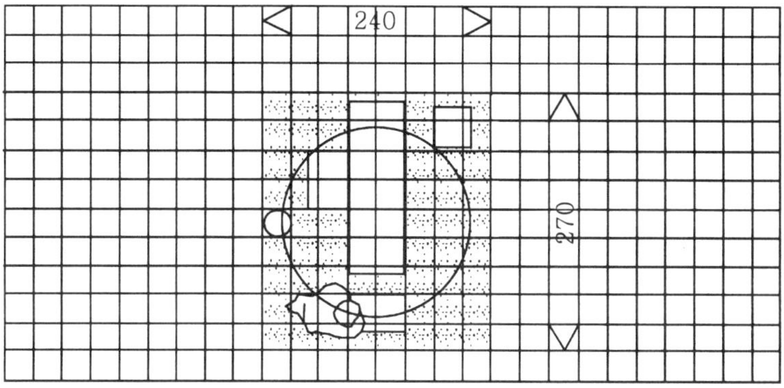

그림 5-9 진찰대를 중심으로 한 의사의 최소 행동반경

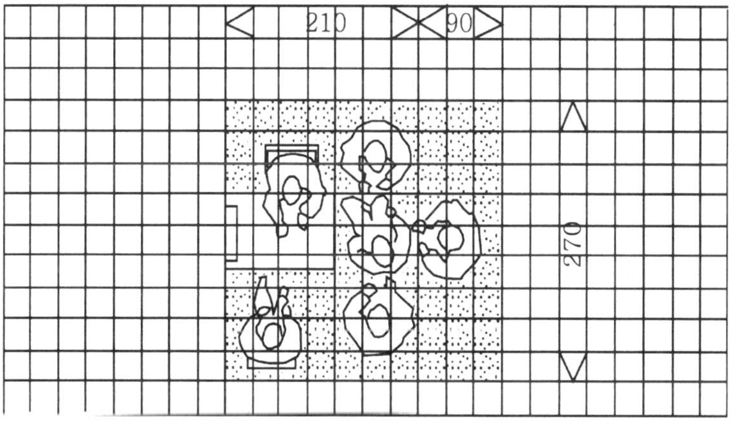

그림 5-10 문진에 필요한 최소 활동공간의 크기

2) 처치실

처치실은 의사 혹은 간호사가 간단한 처치, 주사, 붕대교환, 드레싱 작업 등을 행하는 실이다.

각 과 공용의 주사실이 운영되고, 진찰실에서 실시 가능한 간단한 처치는 진찰실에서 행해지므로, 점차 처치실의 작업량은 감소되고 있는 추세이다.

Y병원의 경우, 내과 처치실은 간호사실과 겸용되고 있어 주사, 간호사의 휴식 등이 이루어지고 있으며 간호사의 사물도 보관되고 있다. 주사작업의 빈도가 낮아 실 이용률이 비교적 적은 편이다. 외과 처치실은 수술실과 겸용되고 있으며 간단한 수술, 처치, 드레싱 작업 등이 행해지고 있다. 수술과 처치를 위한 여러 가지 기구와 물품

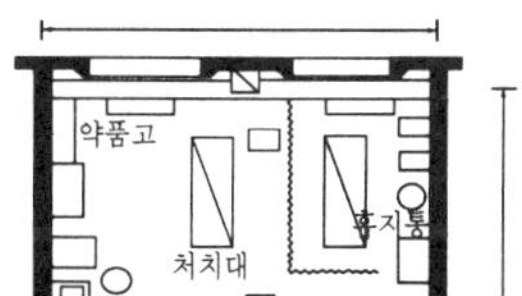

그림 5-11 처치실의 가구배치 예(Y병원)

이 보관되어야 하며, 시선 차단을 위해 모빌 커튼이 사용되고 있다. 이와 같은 처치실의 요건은 진료과에 따라 차이가 있다.

3) 간호사실

환자와의 상담, 진찰스케줄의 작성, 병력 보관, 간호사의 휴식 등을 위한 간호사실이 필요하다. 간호사실과 진료과 접수창구는 밀접한 관련이 있으므로 상호간의 연락이 용이하도록 위치관계를 고려해야 한다.

간호사실을 설치할 수 없을 경우, 접수공간 주위에 적절한 공간을 확보하면 된다. 간호사실에서 초진환자에 대하여 간단한 예진을 실시할 경우, 진찰업무의 효율적인 운영에 도움이 된다.

4) 진찰실 내부 대기공간(중대합)

진찰실 내부의 대기공간은 통상 중대합이라고 부르며, 진찰실 그룹과 진료과 대기공간을 연결해 주는 역할을 한다. 내부 대기공간을 설치하면 다음과 같은 이점이 있다.

① 진찰실의 프라이버시를 확보하는 데 도움이 된다.

② 진찰실간의 상호연락이 용이하다.

③ 진찰실로 환자를 인도하는 작업을 효율적으로 실행할 수 있다.

중대합 공간은 최소 1.8m의 정도의 복도폭이 필요하다. 그 속에 접수공간이 설치되고 접수대와 의자를 배치해도 환자와 간호사의 통행이 원활하게 이루어질 수 있는 최소한의 복도폭이 필요하다.

5) 진료과 접수창구

각 진료과 접수창구는 진료과의 특성에 따라 그 크기나 개방정도를 고려해야 할 것이다. 프라이버시의 확보를 요하는 피부과·비뇨기과·정신과 등의 접수창구는 다소 폐쇄적일 필요가 있지만 환자가 많고 진찰순서나 진료에 대한 문의가 비교적 많은 진료과의 접수창구는 다소 개방시킬 필요가 있다. 기존 병원의 대부분의 접수창구는 앉아 있는 간호사를 기준으로 설치되어 있고 크기가 너무 작아 환자가 문의하기에 상당히 불편하고 의사소통이 원활하게 이루어지고 있지 못한 실정이다. 그 결과, 접수창구를 통해 문의하지 않고 내부대기공간으로 들어와 문의하는 사례도 발생하고 있다.

즉, 진료과 접수창구의 크기와 개방정도는 일률적으로 결정하기보다는 각 진료과의 특성을 고려하여 결정해야 할 것이다.

2. 외래진료부문의 평면유형

외래진료부의 평면유형은 진찰실의 배열, 대기공간의 위치에 따라 속복도형, 편복도형, 홀형, 직교복도형, 분산 알코브형, 혼합형의 6가지 유형으로 분류할 수 있다.

각 평면유형의 개략적인 형상을 나타낸 것이 표 5-2이다.

표 5-2 평면유형의 분류

유 형	
속 복 도 형	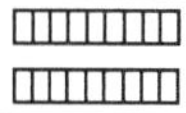
편 복 도 형	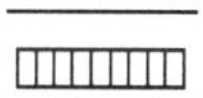
홀 형	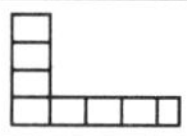
직 교 복 도 형	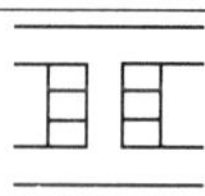
분 산 알 코 브 형	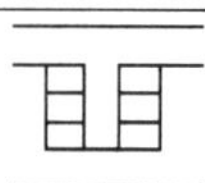
혼 합 형	

1) 속복도형

복도를 사이에 두고 양쪽에 진찰실이 일렬로 배열된 유형이다. 이 경우, 환자들은 복도에서 대기하게 되어 대기공간이 통로를 겸하게 되므로 환자가 많아지면 복도가 혼잡해져서 환자의 통과가 어려우며 대기공간에는 안정감이 결여된다. 또 대기공간이 어둡게 되어 장시간을 대기하는 환자에게 쾌적감을 주기 어렵다. 속복도형의 장점은 면적을 절약할 수 있는 점이다. 속복도형은 외래환자 수가 많지 않은 중·소 규모의 병원에 적합하며, 대규모 병원에서 이 유형을 택할 경우 복도폭을 충분히 넓게 하여 환자의 대기와 통행에 지장이 없도록 해야 한다. 또 간호사의 작업동선을 원활히 하기 위해 중대합 공간을 두는 것이 바람직하다. 대규모 병원에서 속복도형을 취하는 경우는 면적을 절약하고자 하는 의도에서 비롯된 것이다.

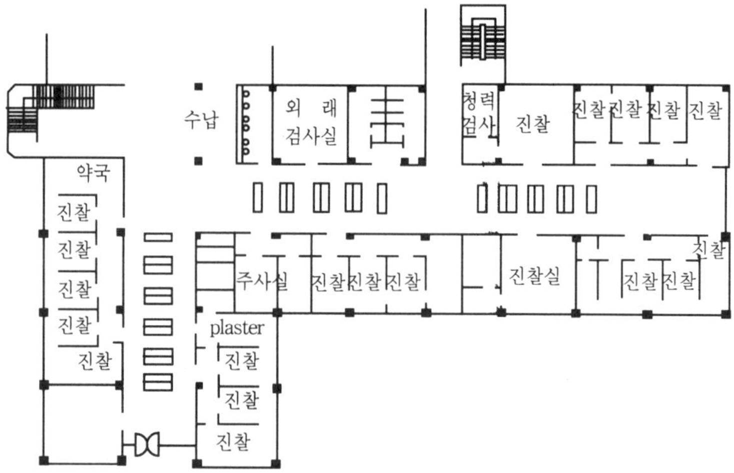

그림 5-12 속복도형 평면 예(C병원)

2) 편복도형

편복도형은 편복도를 따라 진찰실을 배열하는 방식이다. 진찰실 반대쪽은 중정을 도입하는 경우가 많다. 규모가 커지면 복도면적이 늘어나고 동선이 길어지므로 소규모 병원에 적합한 유형이라 할 수 있다. 편복도형은 ㄱ, ㄴ, ㅁ, ㅍ자형으로 꺾어지게 되는 경우도 있다.

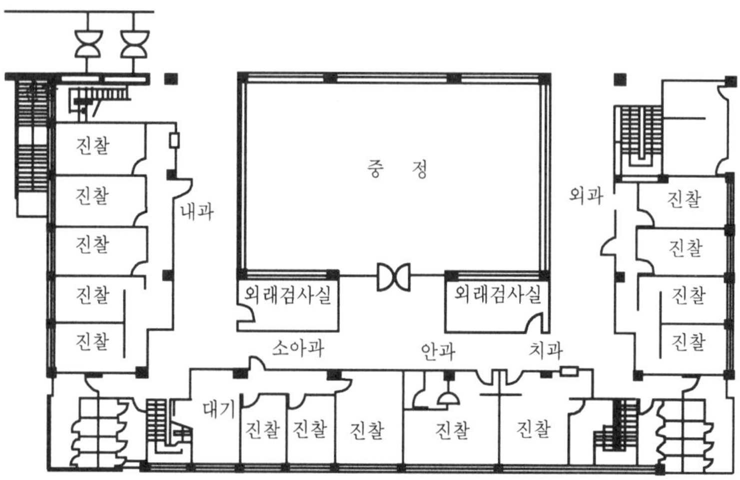

그림 5-13 편복도형 평면 예(M병원)

3) 홀 형

홀형은 접수, 수납, 약국 등의 창구 앞 대합과 진찰실 대합을 묶어 설치한 중앙홀형과 홀을 중심으로 진찰실이 배열된 진찰실홀형이 있다. 홀형은 대기공간에 융통성이 있으며 환자 동선이 단순해지고 이동거리가 단축되는 이점이 있다. 비교적 중·소 규모의 병원에서 사용되고 있다.

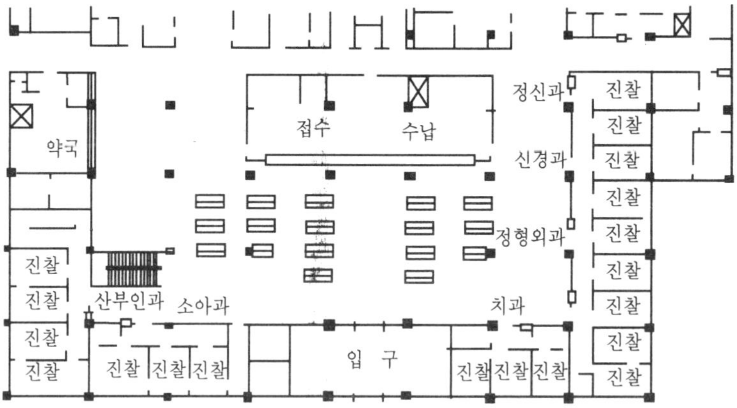

그림 5-14 홀형 평면 예(Y병원)

4) 직교복도형

주복도에 직교하는 복도 양측에 진찰실을 배열한 유형이다. 이

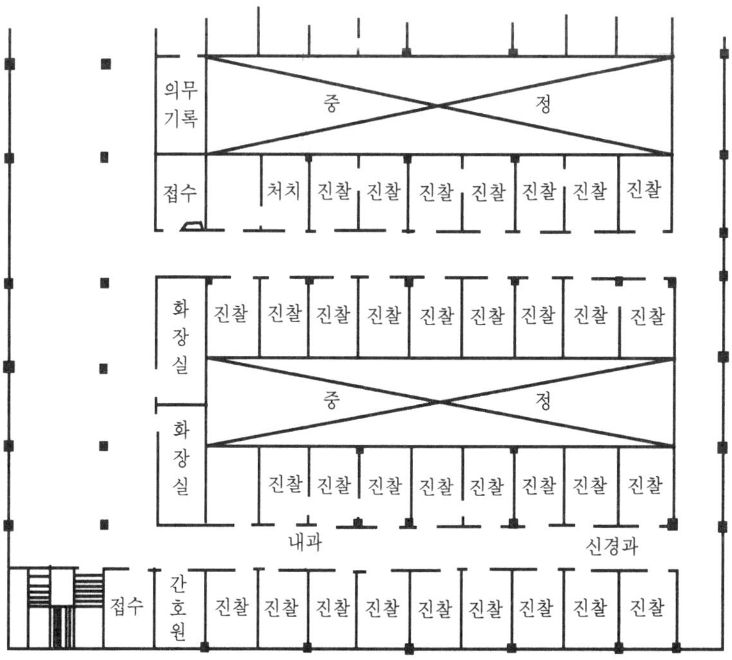

그림 5-15 직교복도형 평면 예(R병원)

유형은 진료과 대기공간의 통과동선을 적게 하기 위하여 주 복도와 진찰실 복도를 구분한 유형으로, 주 복도와 평행한 부 복도는 직원을 중심으로 사용되는 경우도 있다. 이 유형은 면적을 절약할 수 있고, 대기공간을 어느 정도 독립시킬 수 있으며, 전문과의 영역설정 등에 유리하지만, 대기공간이 어두워지는 경향이 있다.

5) 분산 알코브(alcove) 형

직교복도형과 유사한 유형으로서 다만 직교복도를 알코브로 처리한 유형이다.

분산 알코브형은 대기공간이 큰 공간이 아닌 작은 공간이므로 아늑한 느낌을 줄 수 있으며 대기공간이 외부에 접할 수 있는 이점이 있다. 또한 프라이버시 확보에 유리하여 산부인과, 비뇨기과 등의 진료과에 이러한 유형이 잘 사용되며, 진료과의 독자적인 전문영역을 설정하는 데도 유리하다. 그러나 환자가 많아졌을 때 융통성이 적은 단점이 있다.

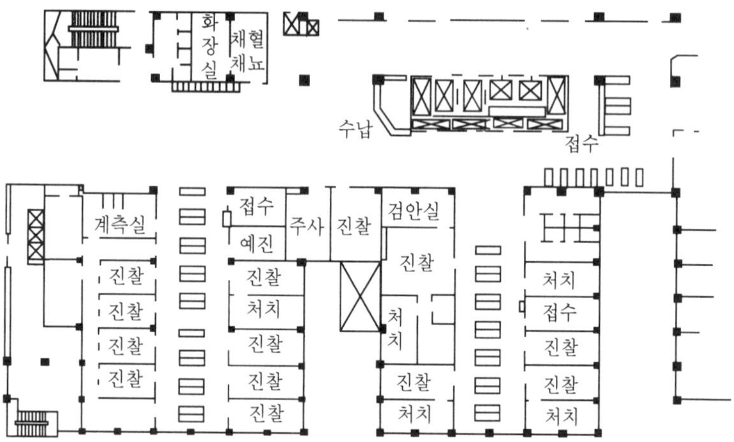

그림 5-16 분산 알코브형 평면 예(Sp병원)

6) 혼합형

혼합형은 1)~5) 유형의 각종 혼합형으로서 대규모 병원에서 많이 볼 수 있는 유형이다. 중규모 병원에서는 중복도형과 편복도형의 혼합형이 많고, 대규모 병원에서는 중복도형과 다른 유형과의 혼합을 나타내는 유형이 대부분이다. 혼합형이 사용되는 경우는 면적 요건, 진료과의 특성에 의한 것이라 여겨진다.

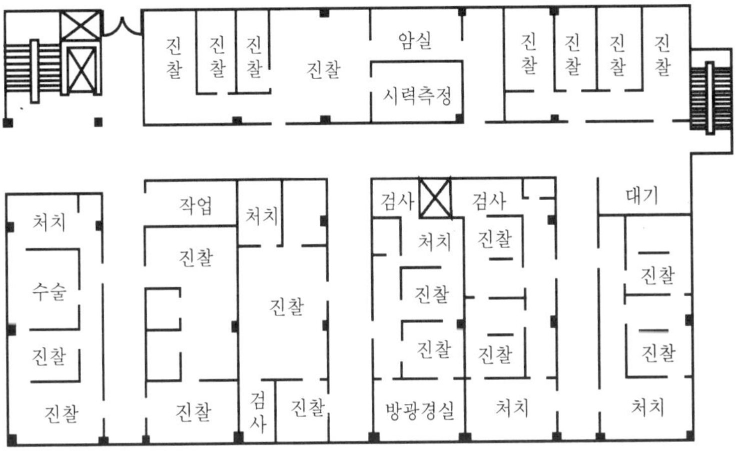

그림 5-17 혼합형 평면 예(C병원)

C병원은 홀형을 중심으로 중복도형을 혼합한 유형이며, S병원은 직교복도형과 중복도형의 혼합형이다.

이러한 평면유형의 실 예를 병상규모별로 살펴보면, 400병상 이상의 규모에서는 주로 혼합형과 속복도형의 평면유형을 취하고 있으며, 혼합형의 경우 대부분 속복도형과 분산 알코브형을 혼합한 경우이다.

300~400병상 규모의 병원에서는 대부분 속복도형의 평면유형을 나타내고 있으며, 100~300병상 규모의 병원에서는 속복도형, 편복도형, 홀형의 다양한 평면유형을 나타내고 있다. 또 100병상 미만의 병원에서는 홀형, 속복도형이 많다.

5-3-4 외래진료 각 과의 실 구성과 특수성

각 진료과는 기본적으로 진찰실을 중심으로 구성되지만 진료과의 특성에 따라 진찰실의 요건이 다소 달라지며 또한 부속시설의 내용도 다양하다.

1. 내과

• 기능

호흡기, 소화기, 순환기, 내분비 등의 진료 및 치료를 행하는 곳으로, 병원의 규모가 1,000병상 이상이 되면 과의 분화가 일어나기도 한다.

• 관련부서

임상병리부, 영상의학부, 핵의학부, 내시경실, 생리기능검사부, 신장투석실, 심전도실, 방사선부 등과 관련이 깊다.

• 부속 진찰실

처치실, 소검사실

주사실, 외래검사실이 운영될 경우, 이러한 시설을 진료과 내에 설치할 필요가 없어 진찰실로만 구성된다.

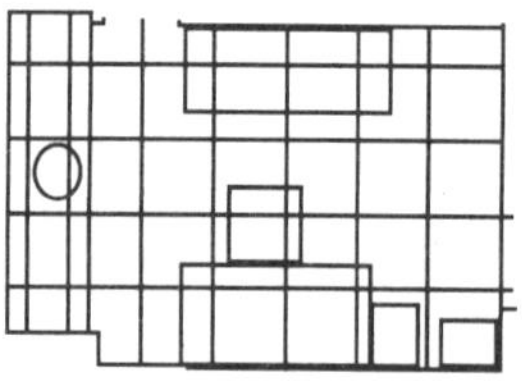

그림 5-19
내과 진찰실 단위평면

그림 5-18 내과 진찰실

2. 외과

• 기능

일반외과, 소아외과, 정형외과, 흉부외과, 신경외과, 성형외과 등으로 구분할 수 있으며, 이러한 진료과의 분화는 400병상 이상의 병원에서는 일반적이다.

• 관련부서

진단방사선부, 영상의학부, 핵의학부, 임상검사부, 재활의학부, 응급센터, 수술부 등과 관련이 깊다.

• 부속 진료시설

진찰실, 처치실, 석고실, 주사실, 외래수술실

외래수술실에서는 입원을 필요로 하지 않는 간단한 수술이 행해지는데, 실 이용률이 낮아 처치실과 겸용되는 경우도 있다.

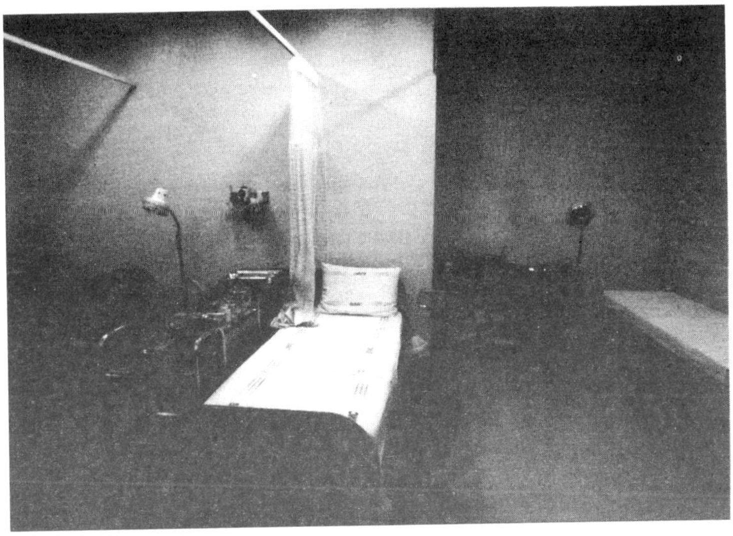

그림 5-20 외과 진찰 및 처치실

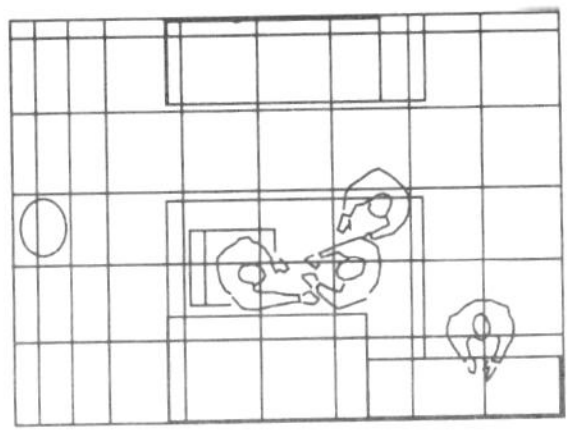

그림 5-21
외과 진찰실 단위평면

3. 산부인과

• 기능

부인과 질환과 임산모 질환에 대한 검사, 진찰, 간단한 처치, 수술, 교육, 상담 및 고난도 산과환자(불임치료환자)와 악성종양, 부인암 등에 대한 진찰, 치료가 이루어지는 외래진료업무를 수행하는 부서이다.

• 관련부서

임상검사부, 생리검사부, 진단방사선부, 영상의학부, 분만부등과 관련이 깊다.

• 평면구성

본과는 진찰실과 내진실을 중심으로 구성되며, 내진실의 크기는 내진대의 크기를 고려한 1.8m×(2.2~2.7m)가 일반적이다. 검뇨 행위가 빈번하게 발생하고 신속한 검사결과를 요하기 때문에 외래검사실이 운영되는 경우에도 산부인과 내에 검뇨를 위한 소검사실을 설치하는 경우가 많다. 처치 후 회복실을 이용하는 경우도 있다.

• 계획시 주의사항

산부인과는 특히 프라이버시의 확보가 요구되며 진찰을 받는 환자와 대기하는 환자 간에 적절한 시선차단이 요망된다.

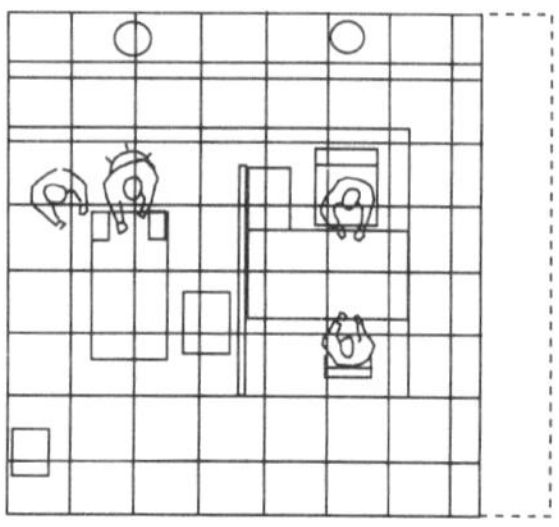

그림 5-23
산부인과 진찰실 단위평면

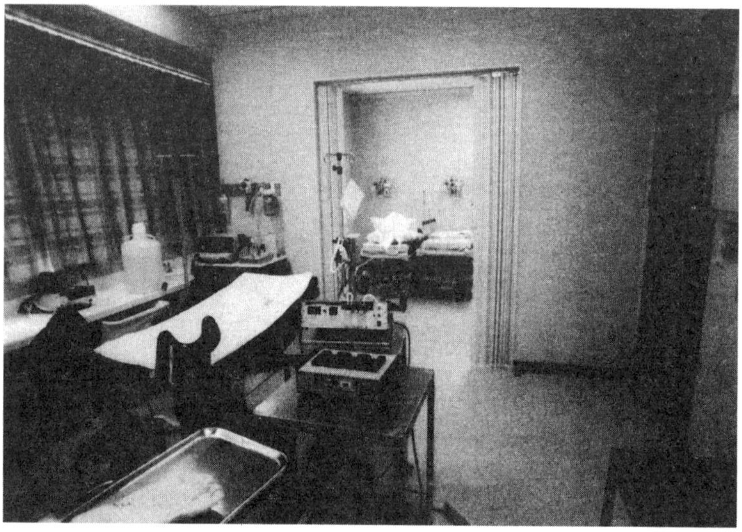

그림 5-22 산부인과 진찰실

4. 소아과

• 기능

소아환자의 진찰, 간단한 처치, 검사, 주사, 예방접종 및 교육상담이 이루어지는 외래진료업무를 수행하는 부서이다.

• 평면구성

진찰실, 처치실, 신체계측실, 육아상담실, 놀이실

• 계획시 주의사항

소아과는 특히 감염을 고려해야 하며 건강아와 전염성 환자를 별도로 분리하는 것이 바람직하다.

또한 소아과는 소음이 많이 발생하므로 별도로 대기공간을 독립시키고 소아를 위한 전용 대기공간을 설치하는 것이 바람직하다. 이때의 대기공간도 건강진단을 위한 건강아와 환자아동을 구분하여야 한다.

그림 5-24 외래 소아과 놀이방

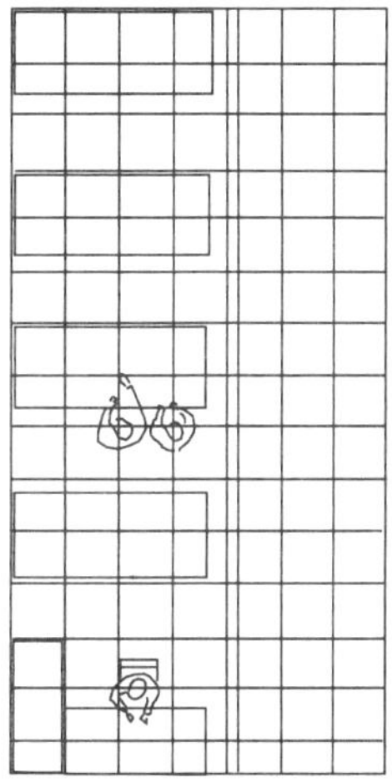

그림 5-25
소아과 진찰실 단위평면

5. 안과

• 기능

시각의 장애와 질환에 대한 검사·치료와 수술 등의 외래업무를 하는 부서이다.

• 관련부서

전기생리학검사실, 채혈실, 영상의학과, 내과와 관련이 깊다.

• 평면구성

진찰 및 치료실, 암실, 소수술실, 시력검사실 등으로 구성되며, 시력검사실은 일반적으로 6m 이상의 거리를 필요로 한다. 시력검사실은 별도로 설치되는 경우도 있으나 대부분 치료실을 크게 하여 진찰·치료, 시력검사, 수술 등을 한 실에서 행하기도 한다.

6. 이비인후과

• 기능

이비인후과 환자의 진찰과 간단한 처치, 검사가 이루어지는 외래진료업무를 수행하는 부서이다.

• 관련부서

채혈실, 심전도실과 관련이 깊다.

• 계획시 주의사항

이비인후과 진찰실은 직사광선이 차단되어야 하며 청력검사를 위해 소음이 발생하지 않는 곳에 위치하여야 한다. 진찰용 의자와 진찰기기를 합친 장치의 조합으로 된 기구를 한 단위로 한다. 진찰용 의자에서 때로는 수술까지 행한다.

• 부속 진료시설

청력검사실, 평형기능검사실

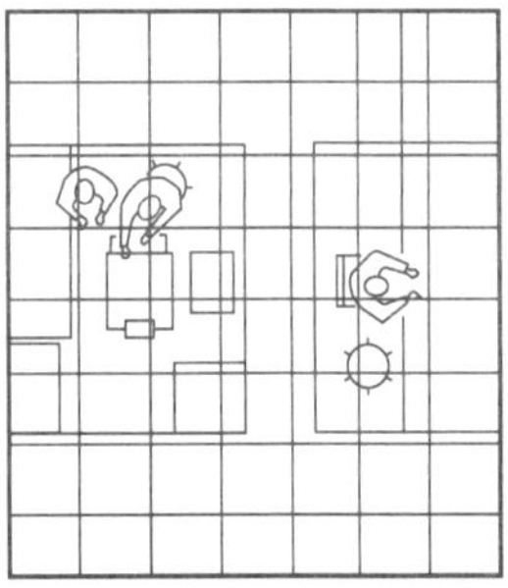

그림 5-27 이비인후과 진찰실 단위평면

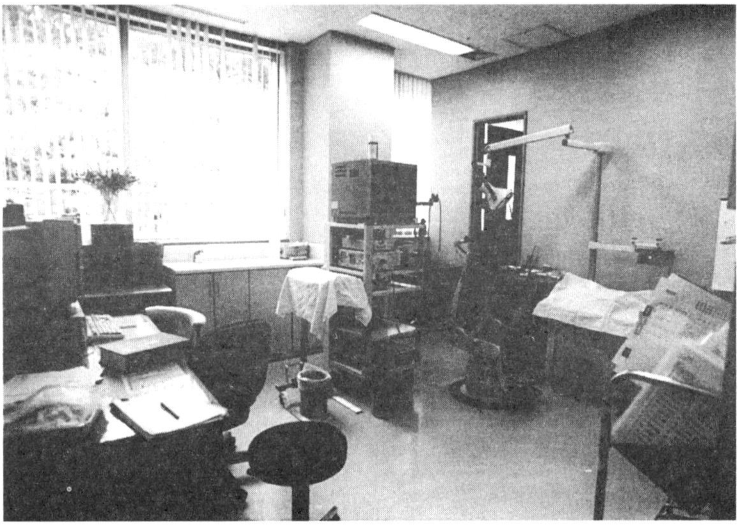

그림 5-26 이비인후과 진찰실

7. 피부과

• 기능

광선 및 레이저를 이용한 첨단장비를 통해 피부질환의 치료 및 알레르기검사 등의 외래진료업무를 수행하는 부서이다.

• 관련부서

채혈실, 약국, 영상의학부, 임상검사부, 중앙주사실과 관련이 깊다.

• 계획시 주의사항

프라이버시의 확보가 요구되는 진료과이며, 피부질환부위를 살펴보기 위해 자연채광이 바람직하다.

• 부속 진료시설

처치실, 광선치료실, 소수술실

그림 5-28 피부과 진찰실

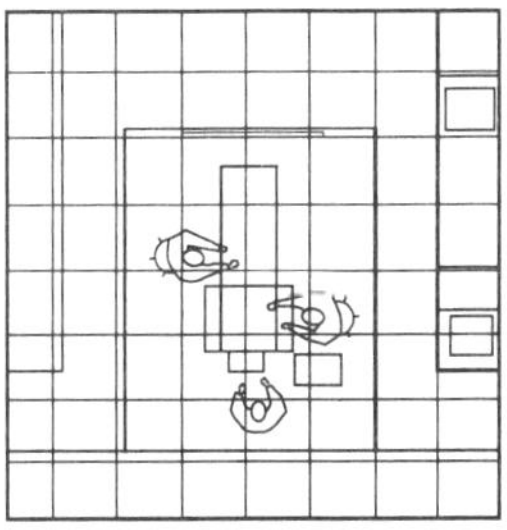

그림 5-29
피부과 진찰실 단위평면

8. 비뇨기과

• 기능

비뇨기 장애부분에 대한 검사와 처치, 치료, 간단한 수술 등이 이루어지는 외래진료업무를 수행하는 부서이다.

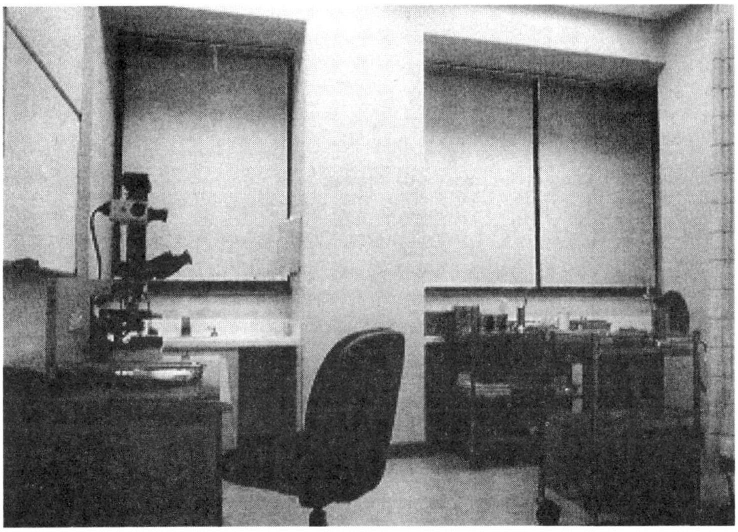

그림 5-30 비뇨기과 진찰실

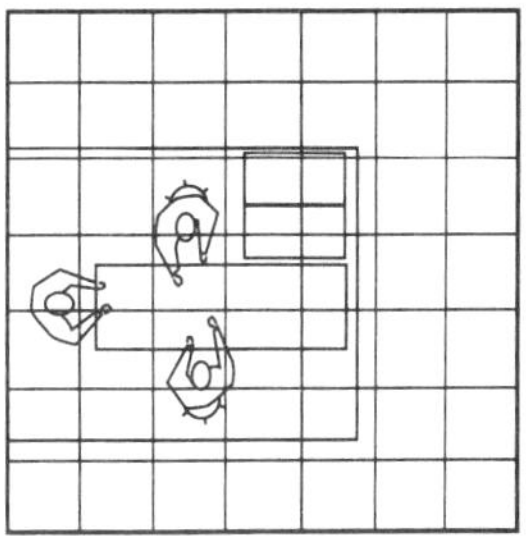

그림 5-31
비뇨기과 진찰실 단위평면

• 관련부서

관련부서로는 영상의학부, 내과, 외래주사실 등이 있다.

• 계획시 주의사항

프라이버시의 확보가 요구되며 부속 진료시설로 방광경검사실이 있으며 소수술실을 설치한 경우도 있다. X선실과의 연결이 필요할 때도 있다.

9. 정신과

• 기능

정신장애환자 및 급성정신병환자를 대상으로 진단, 간단한 처치, 상담 및 간단한 관찰업무를 수행하는 외래진료부서이다.

• 관련부서

심전도실, 뇌파검사실, 채혈실, 영상의학부와 관련이 깊다.

• 계획시 주의사항

정신과 진찰실은 환자의 불안감을 덜어 주고 프라이버시가 확보되어야 하므로 안정되고 조용한 곳에 위치시켜야 할 것이다.

정신과의 경우, 진찰실만 설치한 경우가 대부분이지만 심리검사실을 설치한 병원도 있다.

10. 치 과

• 기능

치과의 각 전공별 일반진료와 수술, 교정, 진료 후 정기적 검진 등의 외래진료업무를 담당하는 부서이다.

• 관련부서

영상의학부, 임상검사부, 응급센터

• 계획시 주의사항

진찰대에 직사광선이 내리쬐이지 않도록 해야 한다. 진찰대와 치료기기를 겸용하는 단위의 것을 칸막이로 구획하여 이용하기도 한다. 부속 진료시설로 $1m^2$ 정도의 소형 X선 기계를 설치할 수 있는 X선실(때에 따라 진단 방사선부에 설치할 수도 있다), 기공실 등이 필요하며, 환자의 회복을 위한 공간을 제공하는 것이 바람직하다.

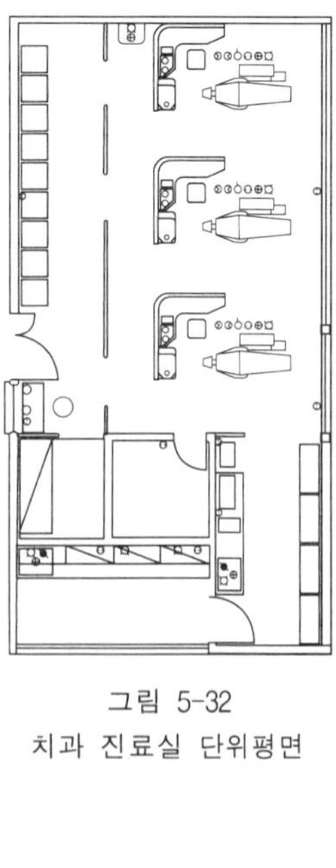

그림 5-32
치과 진료실 단위평면

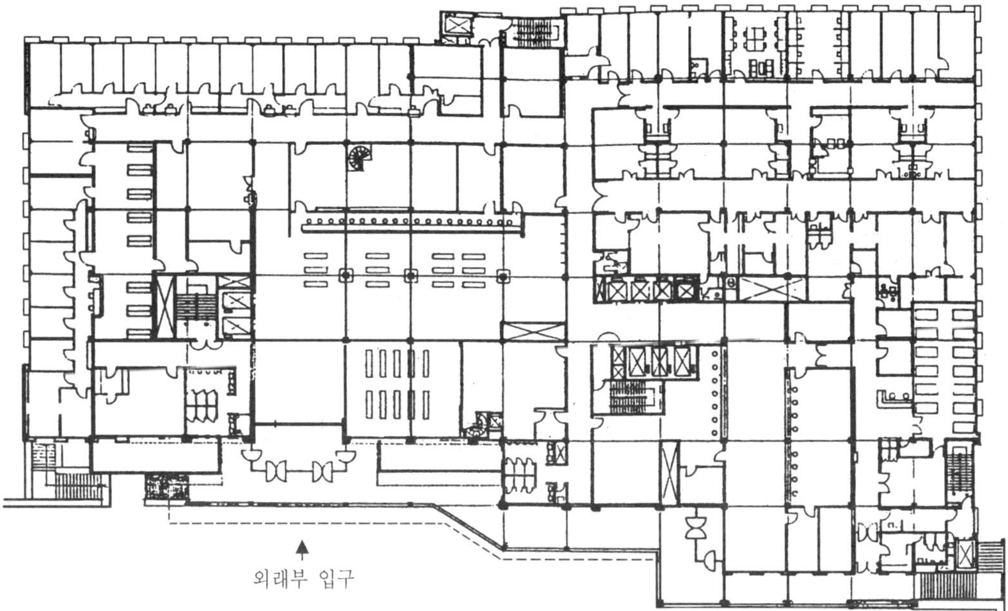

그림 5-33 K병원 외래부 평면의 예(650병상)

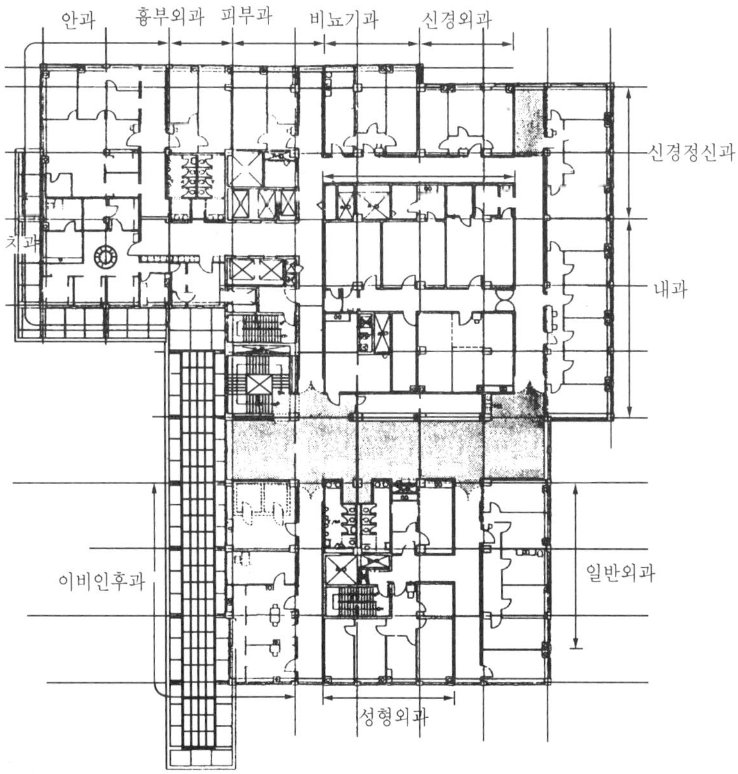

그림 5-34 B병원 외래부 평면의 예(600병상)

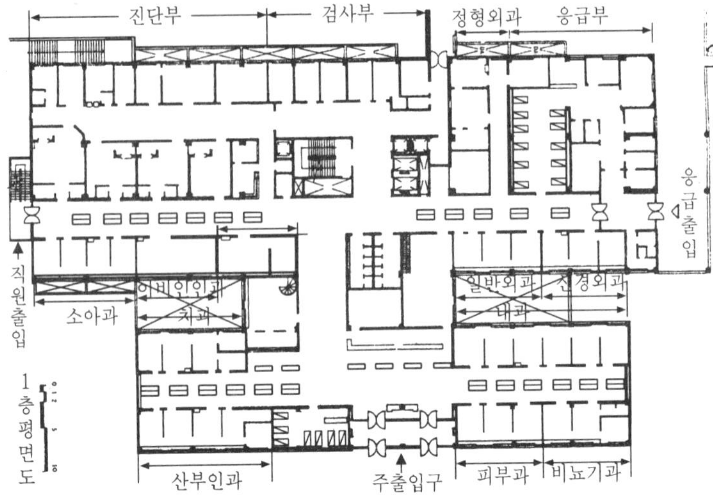

그림 5-35 S병원 외래부 평면의 예(350병상)

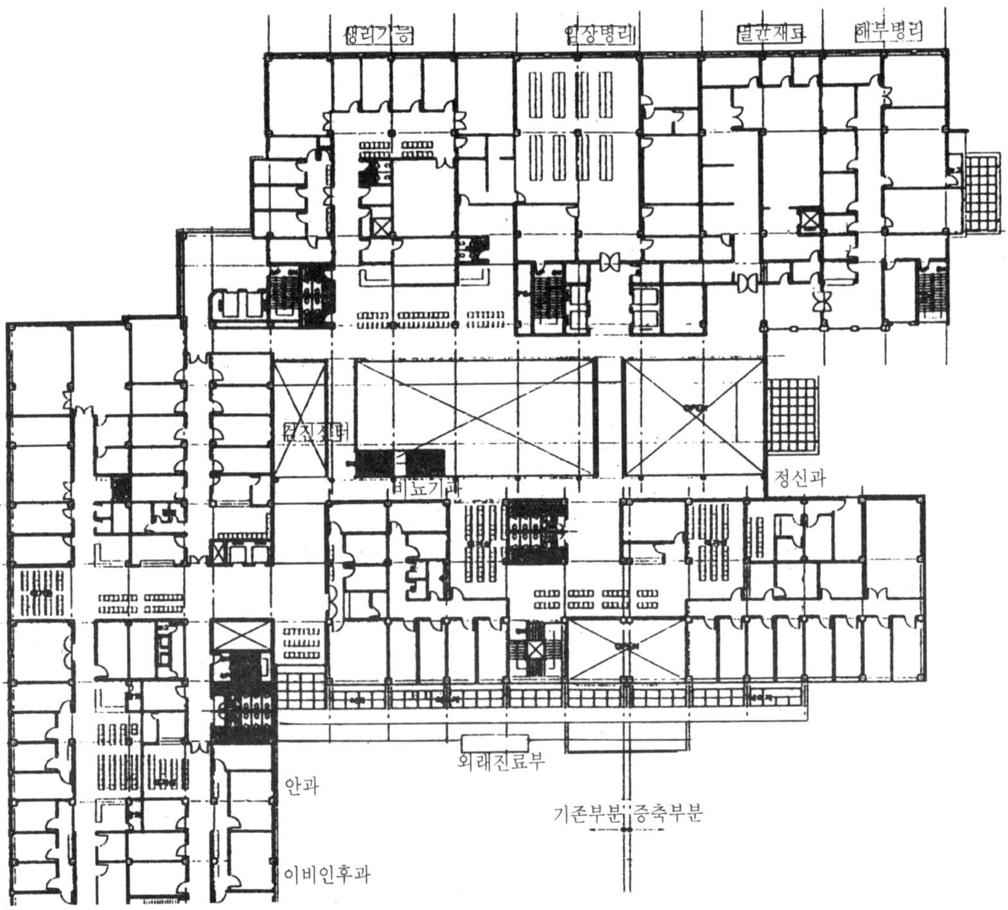

그림 5-36 GK병원 외래부 평면의 예(400병상)

5-4 응급부

5-4-1 응급부의 기능과 운영방식

1. 응급부의 기능

사고로 인한 환자와 병원치료를 필요로 하는 돌발적인 급성질환의 환자를 접수하여 환부 또는 증세가 확산되는 것을 막거나 지연시키기 위한 응급 조치 또는 치료를 하거나 입원 전의 중환자에 대한 신속하고도 적절한 회생조치를 히고 입원대기업무를 수행하는 부서이다.[3]

2. 응급부의 운영방식[4]

종합병원 내에 속해 있는 응급부의 운영방식은 공동관리형, 독립관리형, 중간형으로 그 운영방식에 차이가 있다.

• 공동관리형

응급부를 하나의 진찰부분으로 하지 않고 각 영역에서 그때그때 해당 전문의에 의해 응급진찰을 하는 형식이다.

• 독립관리형

전문의사를 확보하여 진찰과 관리를 행하는 형식이며, 미국에서 이 형식을 실시하고 있다.

• 중간형

공동관리형과 독립관리형의 중간형태로, 운영 전체는 독립형이지만 각 과에서 전문의를 응급부에 파견하여 근무하도록 하는 형식이다. 근년에 우리나라에서도 응급의학 전문의과정이 생기면서 이 형식을 도입하는 병원이 늘고 있다.

5-4-2 응급부의 규모 산정[5]

병원의 응급부를 설계할 때 어려운 점은 응급부의 규모를 어떻게 계획할 것인가 하는 문제이다. 응급환자의 성격이 스케줄에 의해 발생하는 것이 아니라 돌발적, 다발적으로 발생하기 때문에 그 규모 산정에 어려움이 있다.

응급부의 규모 산정에 관한 이특구의 연구결과를 소개하면 다음

3) 김광문 외 5인 : 건축계획론, 기문당, p. 555, 1998.
4) 이특구 : 응급의료시설에 관한 건축계획적 연구, 한양대 대학원, p. 122, 1987.
5) 한국병원건축학회지, 제1권 제1호, p. 27, 1995.

과 같다.

응급환자의 처치는 촌각을 다투어 즉각적으로 처치를 하지 않으면 안된다. 따라서 응급실의 규모는 평균체재시간대에서 최대로 환자를 수용할 수 있어야 한다. 병원의 규모와 응급부의 규모는 150병상 이상의 병원에서는 병원의 규모와 상관관계가 있음을 확인하였다. 도심지역과 외곽지역 응급부의 환자 발생 성향이 다른 현상으로 나타났다. 병원규모(병상당)별 응급처치 병상 수와 응급병동 병상 수에 관한 산정 모델은 다음과 같다.

• 응급처치 병상 수

$$C = B \cdot \alpha \cdot f_1 \cdot f_2 \cdot P$$

도심지역 – $C_1 = 0.021B$

외곽지역 – $C_2 = 0.042B$

C : 응급병동 병상 수
B : 병상 수(bed)
α : 응급외래율(%)
  $\alpha_1 = 0.05$, $\alpha_2 = 0.10$
f_1 : 계절변동계수(1.2)
f_2 : 요일변동계수(1.4)
P : 응급최대집중률(0.25)

• 응급병동 병상 수

$$W = B \cdot \alpha \cdot f_1 \cdot f_2 \cdot E_s$$

W : 응급병동 병상 수
B : 병상 수(bed)
α : 응급외래율(%)
f_1 : 계절변동계수(1.2)
f_2 : 요일변동계수(1.4)
E_s : 24시간 이상 체재율(0.06, 0.1)

5-4-3 응급부의 평면구성

1. 응급부의 평면유형 및 평면구성

1) 응급부의 평면유형

응급부의 평면구성은 크게 단일공간형, 부채꼴형(arena형), 복도형(corridor형), 코어형으로 나뉘며, 각각의 특징은 다음과 같다.[6)]

단일공간형

6) 김광문 외 5인 : op.cit., p. 556.

(1) 단일공간형

야간·휴일 응급진료 병원에서 나타나는 형으로, 응급실이 외래의 일부로서 특정 과와 인접하여 위치하고 외과처치실을 겸하는 경우가 많다.

공간을 다목적으로 이용할 수는 있으나 많은 환자를 취급하기에는 부적당하다.

⑵ 부채꼴형

부채꼴형(arena형)

간호 스테이션(station)을 중심으로 진료공간을 방사형으로 배치하는 형태로, 진료용 공간에 대한 의사·간호원의 시계가 좋고, 간호원의 동선이 짧아지는 장점이 있다. 이 형태는 중규모 이하의 병원에 적당하다.

⑶ 복도형

응급부 내에 복도를 두어 이것을 중심으로 진료용 공간을 양면에 배치한 형으로, 복도배치에 따라 여러 가지 계획이 가능하다.

대규모 병원에 적당한 형태로, 성장과 변화에 대응하기가 용이하다. 그러나 진료공간에 대한 의사·간호원의 관찰 시계(視界)가 불량하고, 환자의 감시와 관찰이 어려우며, 간호 동선이 길어지는 단점을 가지고 있다.

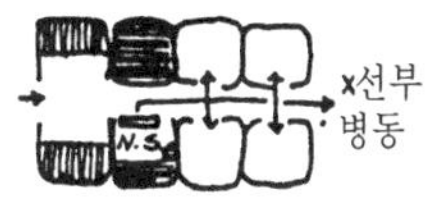

복도형(corridor형)

⑷ 코어형

진료용 공간을 중심으로 그 주위에 복도를 배치하고 코어를 형성한 형태로, 코어 내의 형태는 선형 비슷하게 간호 스테이션을 중앙에 두고 주위에 진료공간을 배치한다. 또한 지원공간 또는 관리공간은 주위 복도에 배치한다.

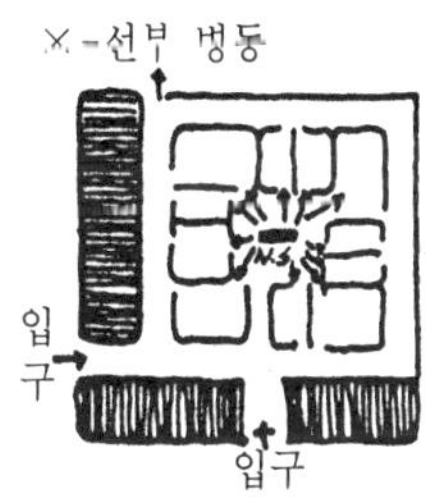

코어형(core형)

이 형태의 장점은 직접의료행위에 참가하지 않는 사람은 수변복도를 사용하도록 해서 응급부에서 일하는 사람과 동선의 충돌이 일어나지 않도록 한다는 것이다. 하지만 완결된 형태를 가지고 있어 증축에 대응하기는 어려운 단점을 가지고 있다.

2) 응급부의 구성

⑴ 공간구성

응급부의 평면구성은 진료공간, 진료지원공간, 직원공간, 대기공간으로 크게 나뉘며, 각 부분은 다음과 같은 기능들로 구성되어 있다.

① 진료공간

심폐소생실, 세정실, 중환자처치실, 응급수술실, 석고실, 화상치료실, 중앙처치실, 산부인과처치실, 격리실, 소아처리실, 가입원실

② 진료지원공간

원무과, 응급약국, X선실, 기재실, 반송실

③ 직원공간

실장실, 당직실, 간호갱의실, 교육연구실

④ 대기/통로공간

대기홀, 접수홀, 복도

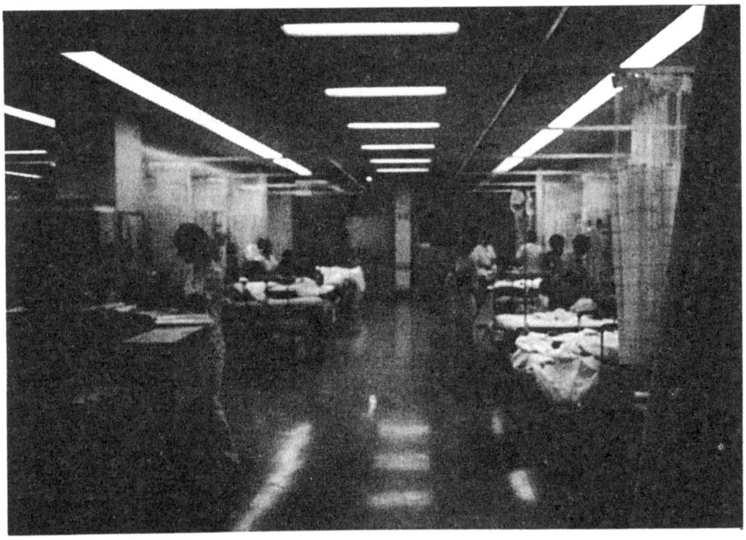

그림 5-37 응급실

(2) 환자의 중증도에 따른 구성

① 급성 중환처치구역

심폐소생실, 세정실, 중환자처치실, 응급수술실

② 응급처치구역

중앙처치실, 면담실, 산부인과처치실, 소아처치실, 격리실

③ 관찰/가입원구역

가입원실

(3) 진료기능에 따른 구성

① 개방실형(일반진료)

중앙처치실, 가입원실

② 개실형(특수진료)

세정실, 중환자처치실, 수술실, 격리실, 소아처치실, 면담실, 산부인과처치실

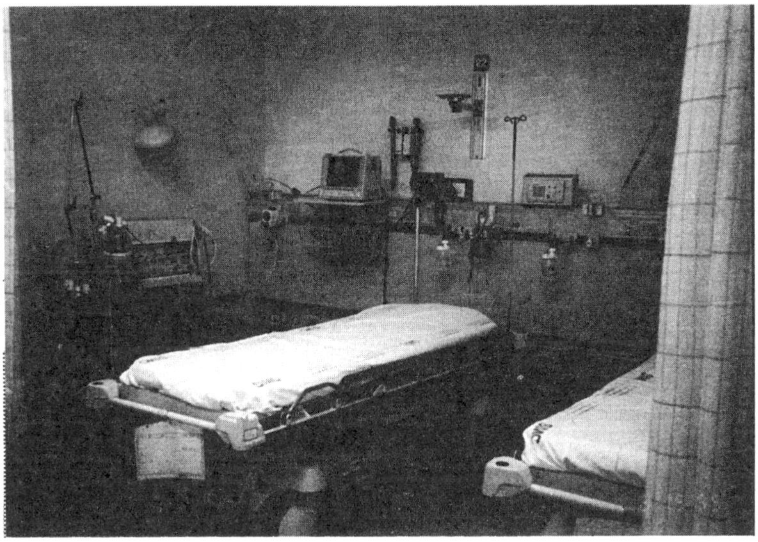

그림 5-38 응급처치실

2. 응급부 단위공간계획

1) 응급입구

응급입구의 최선의 위치에 대한 일치된 결론은 아직 없지만, 보편적으로 병원의 주 출입구와 떨어져 있는 것이 좋다. 응급차 등의 응급환자의 진입로는 일반 외래환자, 면회자, 직원 등의 통로와는 분리하여 일반도로에서 쉽고 짧게 진입할 수 있게 하는 점에 유의할 필요가 있다.[7] 응급차의 진입로는 가급적 응급차 전용 통로로 하여 자가용차, 보행환자의 통로와 구분할 필요가 있다. 응급입구의 공간을 가급적 넓게 하여 응급차의 뒷부분이 응급처치실의 입구로 향할 수 있도록 하면 환자의 진입이 유리할 것이다.

2) 접수부분

응급차 진입로, 응급환자 내원 통로 가까이에 접수, 대합실, 보조원실, 스트레처나 휠체어를 두는 곳, 환자용 화장실 등을 둔다.

① 응급환자의 접수업무장소

접수업무의 위치는 병원의 운영방식에 따라 다르다. 병원의 원무부에서 취급하는 병원, 근무시간 이외의 야간접수창구를 응급부 내에 두거나 병원 내에 두어 운영하는 병원, 응급전용 접수사무실을 응급부 내에 계획한 병원 등이 있다. 응급환자를 위해서는 응급접수

7) Wheeler, E. Todd : Hospital Design and Function, Mc Graw Hill Book Company, pp. 3~4, 1964.

공간을 응급부 내에 두는 것이 바람직하다.

② 대기실

보호자나 가족, 경찰관, 그리고 처치 후 귀가를 위해 차(응급차)를 기다리는 환자 등을 위한 장소이다.

우리나라의 응급부에서는 보호자의 문제가 해결되기 어려운 문제로 나타나고 있다. 보호자의 수나 내원 유형은 환자의 병의 종류에 따라 다르다. 일반병환일 경우 보호자는 환자와 동반하는 수에 그치지만, 사고병환인 경우 환자와 동반하는 보호자 이외에 2차로 연락을 받고 오는 가족의 수가 더 많다. 또 통상 구급진료상 1인의 가족을 응급부 내에 불러들여 보조를 할 수 있게 하고 있지만, 대부분의 보호자들은 응급처치공간 내에서 자기 가족의 진찰상황을 바라보고 있다. 이것은 환자진찰에 지장을 줄 뿐 아니라 진찰공간의 청결문제, 혼잡 등의 문제를 가져올 수 있다. 이러한 현상은 우리나라의 전통적인 가족관념에서 기인되는 것으로도 볼 수 있지만, 공간적으로 대기실을 편안하고 심리적으로 안정될 수 있는 공간으로 계획함으로써 어느 정도 해결될 수 있으리라 생각된다. 여기에 환자나 가족을 안심시킬 수 있는 상담코너를 두어 운영한다면 바람직스러운 일이라고 생각한다.

③ 환자용 화장실

대기실 한쪽에 따로 남녀별로 나누어 화장실을 두는 것이 바람직하며 남녀 각각 변기 1개씩이면 되지만 부축이 필요한 환자를 위해 충분한 넓이를 가질 필요가 있다.

④ 보조원실

응급입구 근처에 보조원실을 두는 것이 좋으며 응급차 운전사와 같이 사용하는 경우도 있다.

⑤ 스트레처, 휠체어 보관소

응급입구 근처에 스트레처나 휠체어 두는 곳을 계획하는 것이 좋다.

3) 진찰/처치실

진찰과 처치실은 용도 구분 없이 혼용되고 있다. 진찰·처치실은 중규모 다용도의 것을 복수로 설치하는 방법과 전용의 것을 종별로 설치하는 방법이 있다. 미국에서는 후자의 것이 많다.

· 내과처치실
· 외상처치실
· 소수술실
· 심병환처치실
· 산부인과처치실
· 주사실

등으로 구별되어 있다.

진찰실의 평면유형은 칸막이의 유무에 따라 개방실형, 개실형과 중간형으로 구분할 수 있다.

① 개방실형

개방실형은 진찰처치공간을 커튼으로 각 큐비클을 구분하는 형으로, 장점은 응급환자의 팀간호(team care)가 용이하고 실의 다목적 이용과 관찰이 용이한 점이고, 단점은 프라이버시의 문제가 있다. 대규모 병원들이 이 개방실형을 취하고 있다.

② 개실형

개실형은 각 큐비클을 고정칸막이로 구별한 것으로, 프라이버시의 장점은 있으나 환자가 집중적으로 밀어닥칠 때 대처하기 어렵고, 팀 간호에 어려움이 있으며, 시각차단 등으로 관찰이 용이하지 않고, 간호인력이 많이 필요하다는 점이 단점이다.

③ 중간형

중간형은 각 큐피클을 반 정도의 고정칸막이로 하고 나머지 부분은 커튼을 사용하는 형이다.

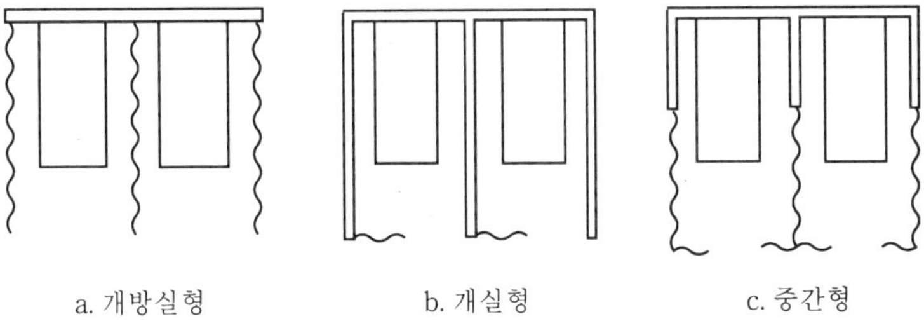

a. 개방실형　b. 개실형　c. 중간형

그림 5-39 처치실의 평면유형

4) 심폐소생실

이곳은 즉시 심폐소생이 필요한 환자에 대한 진찰과 응급처치를 행하는 곳으로, 응급처치실이라고도 한다. 구급차로 오는 환자 출입구에 가까이 위치시켜야 한다. 넓이는 적어도 4.5×5.4m 정도 필요하며 이 정도의 넓이이면 2명의 환자를 수용할 수도 있다.

5) 관찰실

이 부분은 다음과 같은 환자를 위하여 이용된다.

① 처치나 수술 전의 준비를 요하는 환자

② 응급부에서 수술받은 후 회복시간이 필요한 자

③ 입원시킬 정도는 아니나 수시간 관찰을 요하는 자

그러나 실제로 관찰실은 진찰처치실의 근처에 위치되어 있어 진찰처치와 용도 구분이 없이 혼용되고 있음이 나타나고 있다.

관찰실의 규모에 대한 영국의 예는, 일반적으로 100병상까지는 남녀 각각 2단위의 관찰실로 하여 최소 4병상을 두고 100병상을 초과할 경우 매 100병상마다 2병상씩 증가시키는 것으로 되어 있다.

6) 고압산소치료실

일산화탄소 중독이 많았던 우리나라에서 필수적으로 설치했던 부분이다. 하지만 지금은 그 필요성이 점차 줄어드는 추세이다. 따라서 다른 용도로의 전용할 필요성이 점차 증가하고 있다.

7) 응급수술실(소수술실)

응급수술의 장소는 응급부의 수술실과 중앙수술부의 수술실로 나눌 수가 있다. 모든 대수술은 중앙수술부에서 행하고 있고 국소마취 정도의 소수술만을 응급부 수술실을 이용하고 있다. 이것은 운영관리 측면의 문제에서 응급부 수술실의 유지가 사실상 불가능하기 때문인 것으로 나타났다.

따라서 응급수술실의 설계는 외과적 처치 수준의 소규모 수준 정도를 할 수 있는 크기로 계획하면 충분하고, 병원의 규모에 따라 부인과진찰실, 또는 깁스실로도 겸용할 수 있도록 다목적 공간으로 계획할 필요가 있다.

8) 깁스실

응급환자 중 비교적 많이 나타나는 것은 외상성 골절이다. 이 부분은 응급부에서 상당히 중요하다. 영국에서는 응급부 내에 필수부문으로 두고 있으나 우리나라의 응급부에 전용 깁스실을 두고 있는 곳은 적다. 대부분의 병원이 외과수술실 또는 진찰실과 겸용하고 있기 때문에 석고가루 등으로 지저분해지기 쉬운 문제점이 있다. 따라서 따로 깁스실을 설계할 필요가 있으며, 충분한 넓이와 필요한 재료를 보관할 수 있는 공간이 필요하다. 출입구는 스트레처나 이동식 X-ray의 출입이 편리하도록 충분히 넓게 하는 것이 좋다.

9) 화상치료실

화상환자는 감염에 무방비상태이며, 응급실은 각종 전염가능 환자가 많은 장소이므로 화상환자를 전문으로 치료하는 별도의 단위를 특성화시킬 필요가 있다.

10) 욕실

행려환자 등 흙투성이의 환자를 씻길 수 있는 공간이 처치실 가까이에 필요하다. 또한 이 공간은 화상환자에게도 이용될 수 있다.

11) 간호작업실

대규모의 응급부가 아닐 경우 처치실의 일부에 작업실을 설치하여 쓸 수도 있지만, 대규모 응급부에서는 간호작업실 가까이에 청결작업준비실과 비청결작업실로 구분하여 설치하는 것이 좋다.

이 공간은 처치실과 동선이 빈번한 부분이기 때문에 처치실과 작업실과의 연결이 자유롭도록 문을 두지 않는 것이 좋다.

린넨창고가 없을 경우에는 이 부분에 린넨 등을 둘 장소를 생각하는 것이 좋다. 또 간호작업실은 의사작업실이기도 하며 의무기록을 할 수 있는 시설이 필요하다.

12) 의사 당직실

응급부의 당직의사가 환자가 없을 때 쉴 수 있는 장소이며, 응급환자가 왔을 때 간호원이 쉽게 연락할 수 있는 위치에 설계하는 것이 좋으며, 샤워실이나 화장실을 부속시키는 것이 좋다.

13) 갱의실

의사와 간호사의 갱의실이며, 응급부의 규모가 작을 경우에는 두기 어렵겠지만 가급적이면 두는 것이 좋다. 샤워실이나 손을 씻을 수 있는 싱크 또는 화장실을 함께 두는 것이 바람직하며, 환자가 없을 때 잠깐 쉴 수 있는 장소가 될 수 있게 하는 것이 바람직하다.

14) 선별(triage)공간

응급부에서 취급할 환자인지, 또 이 병원에서 받을 수 있는 환자인지를 접수 전에 선별하는 부분이다. 외국의 경우 환자를 선별하는 것은 선별간호사가 맡아서 하고 있다. 이 선별부분은 접수구역에 설치한다.

15) 기자재실

응급부에 어떠한 환자가 반입될 것인가 하는 것은 반입 직전이 아니면 알 수 없는 경우가 많다. 환자의 처치와 검사를 행하기 위해서는 여러 가지 기자재를 상비하여야 한다. 이러한 기자재를 수용하고 또 이러한 기자재를 신속히 사용할 수 있는 실이 별도로 필요하다.

16) 창고

린넨류 또는 의료용품 창고가 필요하다.

3. 응급부내의 동선

응급부의 동선은 응급부의 구성 및 운영방식에 따라 다소 차이가 있을 수 있다.

응급부 내의 동선은 크게 환자 동선, 일반인(보호자) 동선, 직원 동선으로 크게 나눌 수 있으며 각각의 특징을 정확하게 파악하여 평면을 구성해야 한다.

4. 다른 부서와의 관계

병원의 각 부서는 응급부와 연관이 있으며, 모든 관련부서와 근접시키기에는 건축적 제약이 있으므로 계획상 꼭 근접해 있어야 할 부서에 관한 우선순위를 검토하여야 한다. 응급부에서의 진료수준은 의료진이 환자를 치료하는 응급의학의 질적 수준과 함께 진료의 신속성이라 할 수 있다. 응급부와 다른 부서와의 신속한 공조가 이러한 신속성을 향상시킬 수 있다.

따라서 진단방사선부, 검사부, 수술부, 중환자부 등이 응급부와 가장 근접하여야 하며, 가장 효율적인 응급부의 운영을 위해서는 필수적으로 이러한 근접성이 요구된다.[8)]

8) 임철우 · 윤종숙 : 병원+디자인, 도서출판 대학서림, p.166, 1995.

5-4-4 응급부 평면의 예

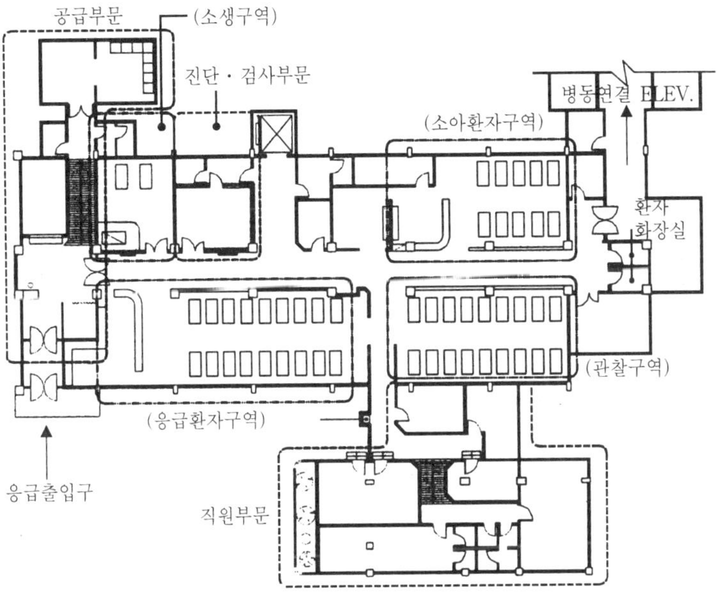

그림 5-40 A병원 응급부 평면(1,550병상)

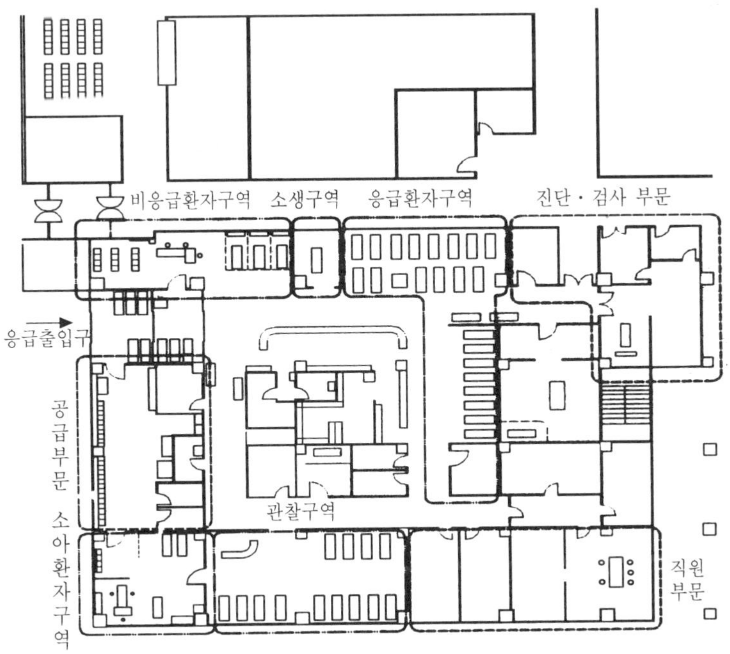

그림 5-41 B병원 응급부 평면(2,162병상)

실제로 응급부가 종합병원에 어디에 어떤 방식으로 운영되는가를 알아보기 위해 비교적 대규모 종합병원의 응급부 평면을 싣도록 한다. 그 중 E의 경우는 권역별응급센터로 독립적으로 운영되는 응급의료시설의 예이다.[9]

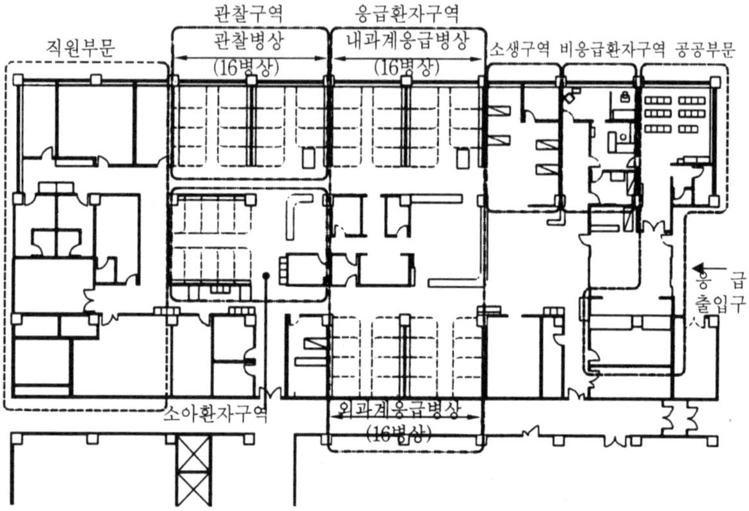

그림 5-42 C병원 응급부 평면(905병상)

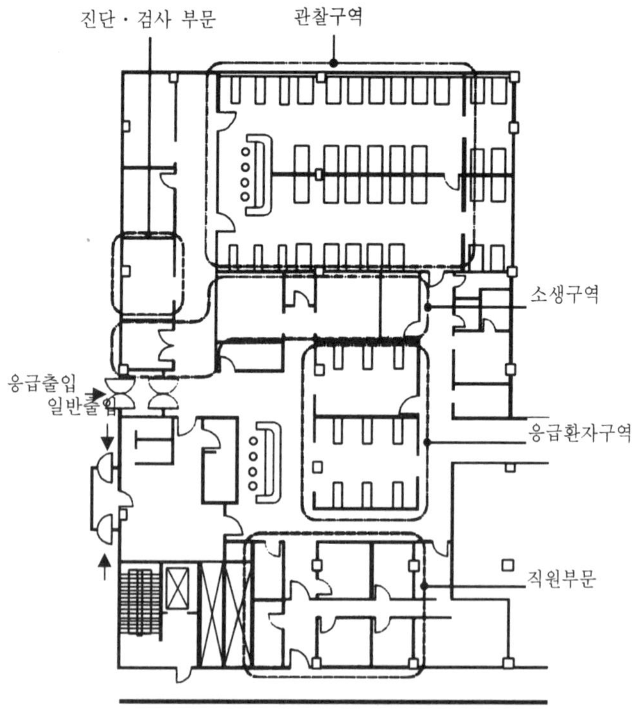

그림 5-43 D병원 응급부 평면(825병상)

9) 최성봉 : 응급의료시설의 공간 구성에 관한 건축계획적 연구, 한양대학교 대학원, 1999.

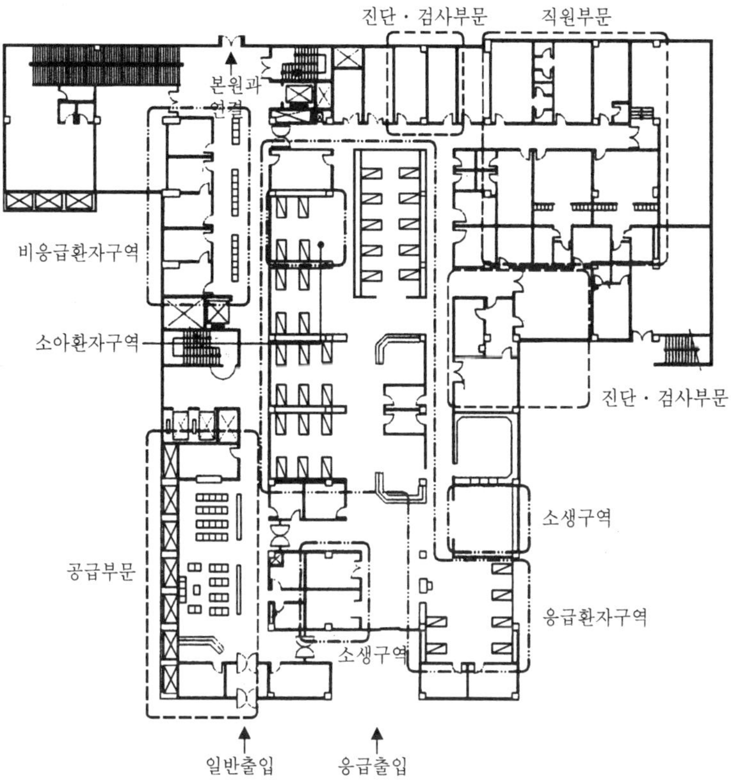

그림 5-44 E권역별 응급센터 평면(932병상)

5-5 건강의학센터

5-5-1 건강의학센터의 기능

현대의학의 개념인 포괄의료, 즉 진단, 의료, 재활, 예방의학 중에서 예방의학의 기능을 새로운 방향으로 강화시켜, 종래의 건강진단 프로그램에 대해 의학, 영양, 스포츠, 스트레스 상담 등을 총괄하는 새로운 개념의 건강진단업무를 수행하는 부서이다.

5-5-2 건강의학센터의 구성과 관련부서

1. 공간구성

1) 건강진단센터

① 방사선부

X선실, 위투시경실, 판독실, 암실

② 검사부

청력검사실, 초음파실, 심전도실, 채뇨실, 채혈실, 안압·안저실, 치과X선실, 폐기능·안과검사실, 갱의실, 상부내시경실, 회복실, 하부내시경실, 세정실

③ 상담·진찰공간

치과진찰실, 내과진찰실, 예방의학실, 산부인과 진찰실 및 대기실, 스트레스 상담실, 진찰실(판정실)

2) 스포츠센터

운동공간, 갱의실, 운동처방실

3) 진료지원공간 및 직원공간

① 진료지원공간

접수, 사무국, 사무실, 화장실, 예비실

② 직원공간

갱의실

4) 대기/통로공간

방풍실, 대기홀, 복도

2. 건강의학센터의 관련부서

영상의학부, 외래 각 과, 가정의학과

5-5-3 건강의학센터의 설계

1. 건강의학센터의 구성

① 별동형

별동의 건물로 건강의학센터를 운영하는 방법이며, 복잡한 동선을 별도로 처리할 수 있어서 혼잡성을 줄이고, 건물을 사용하지 않는 저녁시간에 건물에 대한 관리가 용이하고, 에너지를 차단함으로써 경제적인 운영을 도모할 수 있는 장점이 있다. 반면 별도의 건물을 건축하기 위한 추가대지가 필요하고, 본관과의 기능적 연계가 약해서 본관의 시설을 이용하는 경우 동선이 길어질 우려가 있다.

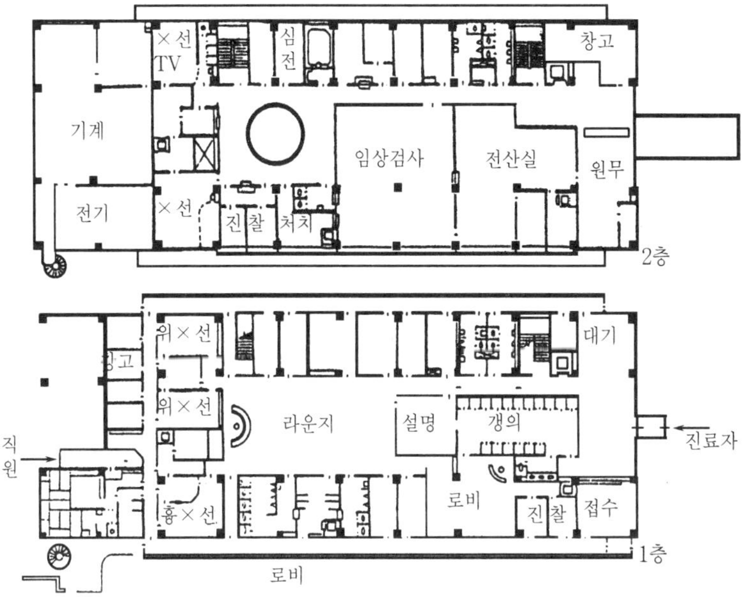

그림 5-45 별동형(일본 미도리 건강증진센터)

② 부속형

병원건물의 부속시설로서 병원건물에 붙여서 건축하는 방법이다. 별도의 추가대지가 필요치 않아서 비교적 좁은 대지에서도 설치가 가능하고, 병원건물과 원활한 연결을 도모할 수 있어 주요검사기능을 따로 두지 않고 병원의 시설을 이용할 수 있는 장점이 있다. 하지만 건물의 관리, 에너지 절약을 위한 조닝계획에 불리하다.

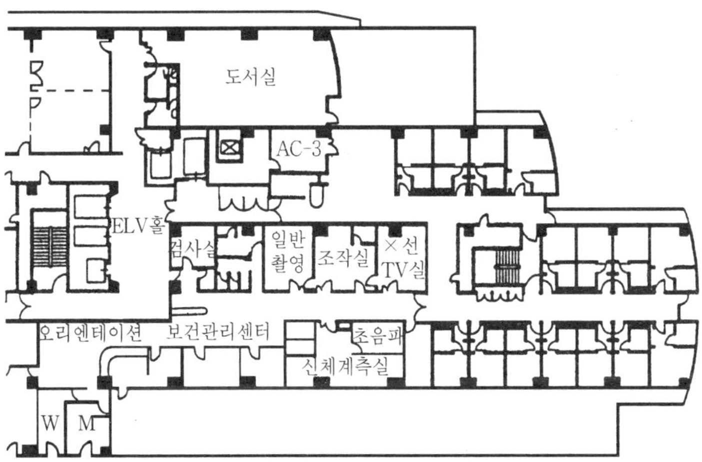

그림 5-46 부속형

2. 배치원칙

① 정해진 검진절차에 따라 동시에 많은 인원이 수검을 받아야 하므로 수검자의 흐름을 신속하게 처리할 수 있도록 계획한다.
② 건강진단 관련시설에는 수검자들의 대기공간이 충분히 확보되어야 한다. 그리고 수진 전, 수진 후의 결과설명 전까지 기다리는 시간을 고려하여 안락한 대기공간 및 시청각교육시설을 설치한다.
③ 집단검진과 정밀검진 구역을 구분하여 계획하여 서로간의 혼잡을 최대한 방지한다.
④ 탈의실은 중앙화하여 설치하는 것보다 탈의가 요구되는 실에 부속으로 분산배치하는 것이 좋다.

5-5-4 건강의학센터의 전망

병원이 질병의 진단과 치료는 물론, 건강관리유지와 건강만들기의 방향으로 가고 있는 것이 선진국의 현상이며 앞으로의 추세이다. 건강의학이 앞으로 어떻게 될 것인가는 현재로는 예측할 수 없지만, 여러 가지 사회적인 여건상 많은 수요가 있으므로 그 변화 속도도 매우 빠를 것으로 생각된다. 따라서 건강의학센터를 종합병원 안에 다른 부서들과 통합시켜 운영하기보다는 별도의 부속건물로 따로 계획하는 것이 바람직할 것이다.

5-6 통원수술센터

5-6-1 통원수술센터의 기능과 구성

1. 통원수술센터의 기능

중앙수술부와는 별도로 운영하며 외래환자를 대상으로 한다. 당일 수술, 퇴원하는 방식이며, 새로운 마취기술 및 내시경, 레이저 등 최근 의학기술의 진보에 따라 효용성이 향후 크게 증대될 수 있는 부서이다. 진료비 절감 등 경제적인 면에서 장점이 있어 병원운영자들의 관심이 늘어나고 있다.

2. 통원수술센터의 구성

통원수술센터는 크게 수술공간, 수술보조공간, 부속공간, 직원공간으로 구성되어 있다.

1) 수술공간

수술실

2) 수술보조공간

수술준비실, 회복실, 국소마취, 마취준비실 등

3) 부속공간

갱의실, 라운지, 샤워실, 오물처리, 세정/조립/포장실, 기소독 보관실 등

4) 직원공간

간호상담실, 회의실, 의사실

5-6-2 통원수술센터 이용경로와 위치

1. 이용경로

통원수술센터는 중앙수술부와는 완전히 독립된 형태를 갖는다. 이용절차는 다음과 같다.

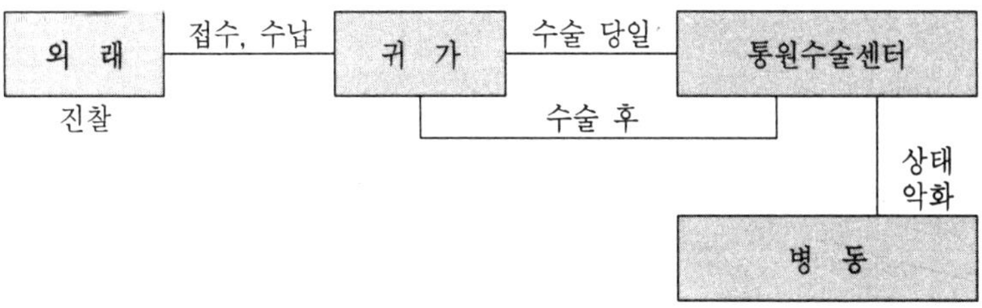

2. 통원수술센터의 위치

통원수술센터는 외부에서의 진입이 편리하며 일반외래환자와는 분리된 출입동선을 갖고 출입구 근처에 전용주차장을 설치하는 등의 방법을 통해 완전하게 원기를 회복하지 못한 환자의 이동이 용이하도록 그 위치를 선정해야 한다.

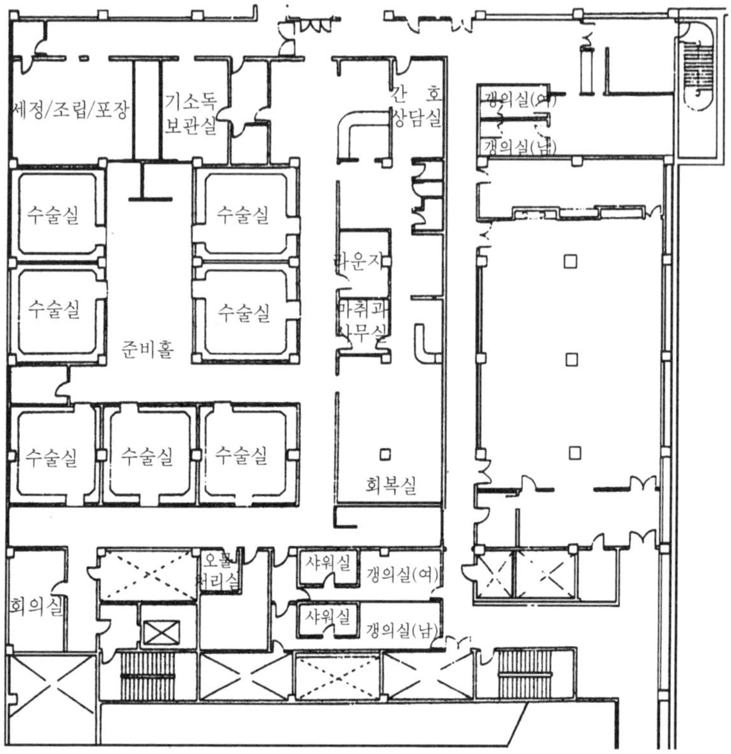

그림 5-47 S병원의 통원수술센터

참 고 문 헌

1. 삼성의료원 종합운영 manual, 삼성의료원, 1994.
2. 임철우 · 윤종숙 : 병원+디자인, 도서출판 대학서림, 1995.
3. 김광문 외 5인 : 건축계획론, 기문당, 1998.
4. 이특구 : 응급의료시설에 관한 건축계획적 연구, 1987.
5. 삼성서울병원 공간이용평가에 관한 연구, 한국의료복지시설학회, 1995

사 진 인 용

1. 병원 · 의원, 산업도서출판공사
2. 現代建築集成/醫療施設, meisei Publications, 東京, 1994.
3. 병원공사기술지, 삼성건축사업본부 삼성의료원현장

제6장 중앙진료부문

병원에서 중앙진료부는 환자에게 진단과 치료를 직접 행하는 곳으로 일반적으로 수술부, 임상병리검사부, 해부병리검사부, 생리기능검사부, 진단방사선부, 치료방사선부, 핵의학부, 재활의학부, 인공신장부, 분만부 등으로 구성된다. 중앙진료부의 면적은 병원 전체 면적의 18 ~22%를 차지하고 있고, 병상당 면적은 보통 8~12m^2(순면적) 정도이며, 대규모 병원의 경우 중·소 규모 병원보다 상대적으로 더 많은 면적을 요구한다. 중앙 진료부는 의료기술의 발달로 인해 내부의 변화와 증축이 많이 예상되는 곳이며, 또한 고도의 설비를 필요로 하는 곳이므로 계획 단계에서부터 이를 충분히 고려하여 설계해야 한다. 중앙진료부의 위치는 외래부와 병동부 사이에 두어 상호 밀접한 관계를 갖게 하되, 외래환자와 입원환자의 동선이 필요 이상으로 마주치지 않도록 배려한다.

6-1 임상병리검사부

종합병원에서 행해지는 검사의 종류는 크게 임상병리검사, 해부병리검사, 생리기능검사로 구분된다. 임상병리 및 해부병리 검사는 인체 내에서 배출되는 뇨, 혈액, 변, 조직 등의 검사물을 대상으로 정성적, 정량적인 방법으로 신체의 이상을 찾아내어 질병의 진단이나 치료에 필요한 정보를 구하는 것이고, 생리기능검사는 환자에 생긴 이상증상의 원인을 규명하기 위하여 환자를 직접 대상으로 하여 신체기관의 기질적, 기능적인 변화를 찾아내는 것이다.

임상병리검사는 일반검사, 혈액검사, 생화학검사, 면역·혈청검사, 미생물검사 등으로 구성되어 있다. 이러한 종류의 검사는 일단은 채취된 검사물(specimen)을 검사하는 것이기 때문에 계획시에는 검사를 시행하는 자료, 즉 검사물에 주목하여 그것이 채취될 장소와 검사할 장소, 또는 상호간의 연락이라든지 검사결과의 연락, 보고에 대한 검토가 필요하다.

해부병리검사는 조직검사, 세포병리검사, 특수병리검사 등으로 구성되며, 병원의 규모와 운영방식에 따라 임상병리과에 속하기도 하지만 어느 정도 이상의 규모가 되면 분리되어 해부병리과로 독립하여 운영된다.

생리기능검사에는 심전도, 뇌파도, 기초대사, 근전도, 내시경검사 등이 있고, 설계시에는 환자가 직접 검사실까지 와야 한다는 동선상의 문제를 고려해야 한다.

소규모의 병원에서는 경우에 따라 생리기능검사부와 임상병리검사부가 운영상 한 부서를 구성하기도 하나, 일반적으로는 분리하여 운영한다. 또한 생리기능검사부가 비록 임상병리과에 운영상 소속된다 하여도 행정적으로만 임상병리과에 속해 있고, 판독은 주로 해당 과에서 하므로 임상병리검사부와 기능상 그 위치관계를 특별히 규정할 필요는 없다.

6-1-1 임상병리검사부의 종류

임상병리 검사의 종류는 크게 일반검사(microscopy), 혈액검사(hematology), 생화학검사(biochemistry), 면역검사(immunology), 혈청검청(serology), 미생물검사(microbiology), 혈액은행(blood bank), 조직검사(histology), 또는 해부병리검사(anatomical pathology)로 나눌 수 있다. 이들 각각의 검사에 대하여 간단히 설명하면 다음과 같다.[1)]

(1) 일반검사는 뇨, 변, 체액의 검사물을 대상으로 정성적인 검사를 행하거나 현미경검사를 한다. 시험지나 시험관 등을 사용하여 화학적 반응을 보거나 자동분석기로 분석하고, 필요한 경우에는 원심분리기를 써서 침전시킨 후 현미경 검사를 한다. 대부분이 뇨검사이므로 채뇨실과의 관계를 고려한다.

(2) 혈액검사에는 일상검사(혈색소, 백혈구, 적혈구의 혈구 수 측정 및 형태의 이상 유무 판정)와 혈액응고, 골수검사, 특수혈액검사 등이 있다. 요즈음의 혈액검사에는 자동화된 기기가 도입됨으로써 많은 검사를 단시간에 처리하게 되었고, 혈액응고시

1) 정재욱 : 종합병원의 임상병리검사부 계획에 관한 연구, 고려대 대학원, 석사학위논문, pp. 11~17, 1998.

험에도 혈액응고기를 이용하므로 그 작업을 쉽게 처리하게 되었다. 혈액응고검사는 입원환자가 직접 검사실로 와서 하므로 환자의 동선을 고려한다.

(3) 생화학검사는 일반화학검사(routine chemistry)와 특수화학검사(special chemistry)로 나눌 수 있으며, 혈액과 뇨, 체액을 대상으로 정량적 실험을 행한다. 검사 종류도 매우 다양하고 검사건수도 가장 많지만 자동화학분석기를 이용함으로써 이에 대응하고 있다. 생화학검사는 자동화된 기계를 사용하여 검사의 대부분을 처리하는 것 외에 손작업에 의한 검사도 있으므로, 두 가지 모두를 수용할 수 있도록 공간을 계획해야 한다.

(4) 면역검사·혈청검사는 혈액을 원심분리해서 얻은 혈청 성분을 이용하여 항원·항체반응을 검사하는 것으로, 감염이나 매독, 후천성면역결핍증(AIDS)의 감염 여부를 알아내기 위한 것이다. 검사 건수가 많지 않은 중·소 규모의 병원에서는 면역검사와 혈청검사를 하나의 영역(zone)으로 구획하고, 검사도 한 사람 정도가 모두 처리하기도 한다.

검사작업은 접수실에서 검체를 가지고 와서 원심분리기로 혈청성분을 추출한 다음, 시약과의 반응을 촉진시키기 위해 배양기에 넣고 시간이 적당히 지난 뒤에 기사가 눈으로 판별한다.

(5) 미생물검사는 환자의 혈액, 뇨, 변, 객담(가래), 농(고름) 등을 이용하여 세균 감염 여부와 세균의 종류, 약품에 대한 세균의 반응을 조사하는 작업이다. 미생물검사는 타 검사와 달리 감염의 가능성이 있는 세균을 취급하므로 검사실을 다른 검사와 같이 쓸 수 없고 별도의 방을 마련해야 한다. 또한, 균의 종류에 따라 일반미생물검사와 결핵균, 진균(眞菌)검사로 나누어 결핵균과 진균(眞菌)검사의 경우 감염예방조치로서 별도의 실과 배기용 후드(hood)를 설치한다.

미생물검사의 일반적인 작업 순서는 배지를 제작하고 배지에 검체를 발라 배양기(incubator)에서 적정온도로 유지시켜 주면 균이 자라난다. 며칠 후 자라난 균을 현미경으로 식별할 수 있도록 착색(stain)시켜서 현미경으로 균을 관찰한다.

(6) 해부병리검사는 신체에서 조직을 떼내어 검사한다. 해부병리검사는 조직검사(histology)와 세포조직(cytology), 부검(autopsy)

으로 나뉘어진다. 검사의 대상인 조직은 주로 수술실이나 부검실에서 전달되고, 경우에 따라서는 신속한 검사결과가 요구되어지기도 한다.

검사작업은 시체 접수, 기록을 한 다음, 육안조직판독을 하고 조직검사에 들어간다. 조직검사는 고정(fixation), 탈수(dehydration), 포매(包埋, embedding), 박절(薄切, cutting), 염색(staining), 봉입(封入, mounting) 순으로 작업이 진행되고 난 후 현미경으로 판독을 하는데, 조직판독을 주로 의사가 한다.

응급을 요하는 검사에 대하여는 자동고정포매장치가 시간이 오래 걸리므로 그 대신 동결표본절편기를 사용한다.

6-1-2 임상병리검사부의 운영방식

1. 검사물의 채취방식[2]

임상병리검사부의 경우 검사물을 채취하는 장소에 따라 외래환자의 동선에 많은 영향을 주므로, 건설계획상 검사부를 검사구역과 검사물채취구역으로 나누어 운영방식을 분류하면 다음과 같다.

- A형 : [채취+검사] 분리형

검사구역과 검사물채취구역이 공간적으로 같이 배치되어 있는형으로, 외래환자는 검사물 채취를 위하여 직접 임상병리검사부로 가야 한다.

- B형 : [채취] [검사] 형

검사물채취구역과 검사구역이 공간적으로 각각 분리되어 운영되는 방식으로, 검사물채취 장소는 외래부 근처에 배치시켜 외래환자의 동선을 줄일 수 있는 장점이 있으나, 채취된 검사물을 검사구역에 전달하는 방법과 직원 배치에 유의해야 한다.

- C형 : [채취+일반검사] [검사] 분리형

검사구역과 검사물채취구역이 공간적으로 같이 배치되어 있어서 외래환자가 직접 오는 검사물채취구역과 검사물 운반에 불편이 많

2) 양내원 : 종합병원의 임상병리검사부에 관한 건축계획적 연구, 한양대학교 석사학원논문, p.55, 1983.

은 뇨검사(일반검사)가 한 군을 이루고, 나머지 검사(혈액, 생화학, 면역, 혈청 등)가 분리되어 위치한 형으로, 이 경우에는 임상병리검사실과 일반검사실 간의 검사물 운반, 세척물 운반 등에 따르는 동선 및 직원 배치에 유의해야 한다.

기존 병원 조사에 의하면, 200~300병상 규모의 병원은 대부분이 검사물채취구역과 검사구역이 한 군을 이루는 A형으로 운영하고 있고, 반면에 500병상 이상의 대규모 병원에서는 검사물채취구역과 검사구역이 공간적으로 분할되어 위치하는 B, C형이 많이 나타난다.

표 6-1 조사 병원의 검사부 배치형식

병 원	병상 수	배 치 형 식
SW	230	A. 채취 · 임상병리형
BS	240	A. 채취 · 임상병리형
EH	300	A. 채취 · 임상병리형
YS	300	A. 채취 · 임상병리형
KS	530	C. 채취 · 일반 임상병리형
HY	1,000	C. 채취 · 일반 임상병리형
SN	1,168	B. 채취 임상병리형

이는 병원 규모가 커질수록 검사의 종목이 많아지고, 검사 업무가 분화되며, 병원 전체의 면적과 검사부 면적이 증가하여 물건이나 사람의 동선이 길어지고 복잡해지므로, 외래환자가 직접 중앙검사실에서 채혈, 채뇨를 하는 방식(A형)보다 외래 근처에 채취실을 둔 방식(B, C형)이 동선상 더 바람직하기 때문이다. 그러나 검사관리상으로 볼 때는 검사물 채취에서 검사까지의 시간이 짧은 것이 좋으므로 검사부에서 채취하는 A형이 바람직하다. 검사부에서 검사물을 채취할 경우에는 환자구역과 검사구역을 명확하게 구분하여 환자의 동선 및 소음이 검사 업무에 방해를 주지 않도록 해야 한다. 임상병리검사부는 작업 업무를 중심으로 볼 때 대부분 검사물(specimen)을 대상으로 하므로, 이의 전달과정만 적절히 고려한다면 외래 근처에 위치시켜야 할 이유가 별로 없다. 따라서, 공간의 확보라는 측면에

서 보면 A형은 외래 근처에 검사실을 배치하는 데 어려움이 따를 수 있다. 즉, 병원이 대규모화할수록 외래에 검사물채취실을 두고 중앙검사실을 다른 곳에 분리시킨 B, C형이 공간 확보상 유리하다고 할 수 있다.

채취실과 검사실이 분리된 B, C형은 검사물의 전달방식 및 그 과정에 대한 검토가 필요하다. 검사물은 채취 후 될 수 있는 한 빨리 검사하는 것이 검사 결과에 좋으므로, 이의 해결을 위하여 채취실과 중앙검사실을 위층, 아래층으로 배치시켜 리프트 등의 수직교통에 의해 채취한 검사물을 운반하는 방법을 생각할 수 있다.

결론적으로, 대규모 병원에서는 임상병리검사부와 검사물채취 장소가 분리된 B, C형이 환자의 동선과 공간 확보상 유리하며, 중・소병원에서는 임상병리검사실에서 검사물을 채취하는 A형이 직원 배치 및 시설 배치상 유리하다.

2. 해부병리검사부의 운영방식

해부병리검사부는 병원의 규모와 운영방식에 따라 임상병리과에 속하기도 하지만, 어느 정도 이상의 규모가 되면 분리되어 해부병리과로 독립하는 경향이 있다. 우리나라 종합병원의 경우 500병상 이상의 병원에서는 대부분 임상병리와 해부병리가 나누어짐을 알 수 있다. 이것은 규모의 증가에 의해 검사 건수도 많아져서 작업이나 업무의 효율상 분리의 필요가 생겼음을 의미한다.

또한, 해부병리검사부가 독립된 한 부문을 이루기 위해서는 인원 및 시설이 더 많이 요구되므로 대규모 병원에서 가능한 형이다.

표 6-2 임상병리과와 해부병리검사부의 운영방식[3]

병원구분	A	B	C	D	E	F	G	H	I	J	K	L
병상 수	388	420	443	478	498	500	525	625	700	1,147	1,149	1,249
분리 여부			●			◎			●	●	●	●

● 공간과 행정의 완전분리
◎ 행정상의 분리(하나의 검사부 내에 공존)

3) 정재욱 : op.cit., p. 17.

6-1-3 임상병리검사부의 위치

1. 입원, 외래환자와의 관계

입원환자의 검사물 채취는 병동에서 주로 직원에 의해 진행되므로 환자의 동선이 문제시되지 않으나, 외래환자의 경우 검사물 채취를 위하여 직접 찾아와야 하므로 배치 계획시 문제가 된다. 따라서 임상병리검사부의 위치는 입원환자와 외래환자가 모두 편리하게 이용할 수 있는 곳이어야겠지만, 환자의 이용 측면에서 볼 때 외래로부터의 이용을 더욱 고려하여야 할 것이다. 혈액검사와 뇨검사의 각 과별 이용 실태를 살펴보면, 핼액검사는 내과・외과에서 주로 많이 이용하고, 뇨검사는 내과・산과・비뇨기과에서 많이 이용하고 있음을 알 수 있다. 그러나 외래부에 검사물 채취실을 별도로 운영하는 경우에는 임상병리검사부를 굳이 외래 근처에 배치할 필요가 없다. 대규모 병원에서는 특히 이용 빈도가 높은 내과・외과・산과와 근접하여 검사물채취실을 배치하는 것이 바람직하다. 이와 같이 외래와의 관계를 중요시하는 이유는 외래환자가 외래 각 과를 거쳐서 오기 때문에 동선이 복잡하다는 것뿐만 아니라, 환자가 많이 걸으면 걸을수록 평면 배치상 문제가 생기기 때문이다.

2. 수술실, 부검실과의 관계

병리조직검사는 수술실과 부검실의 연관성을 고려해서 위치해야 한다. 즉, 수술 도중 환자가 긴급한 상태에 있을 때 신속히 진단을 할 수 있는 방법이 필요하고, 이를 위하여 조직을 해부병리검사실에 가져와서 동결시켜 빨리 검사하는 방법이 쓰인다.

또한, 병리전문의가 수술실에 가서 절개한 자리를 직시한 후에 진단을 내리는 일도 있으므로, 응급시를 위하여 수술실과의 거리는 가까울수록 좋다.

부검실과 검사실과의 관계는 가까울수록 좋은 것이 당연하겠지만 부검실의 위치는 주로 영안실과 관련해서 결정되어진다. 따라서 검사실과의 동선적인 연결이 어느 정도 멀어지는 것은 부득이한 일이나 연간 부검 수가 사망자에 대해 6~15% 정도이고, 주로 병리의사만 이용하므로 크게 문제될 것이 없다.

3. 성장과 변화에 따른 위치

검사부의 위치는 환자의 동선이나 타 부서간의 이용뿐만 아니라 장래의 증축을 고려하여 그 위치를 선택하는 것이 중요하다. 특히, 임상병리검사부의 검사 건수는 해마다 높은 증가율을 보여주는데, 그 이유는 검사 종목의 계속적인 개발 및 새로운 검사기기의 도입 등을 들 수 있다. 장래의 확장을 위한 검사부의 위치는 한 방향 이상으로의 확장 가능한 외부 공간을 가지는 곳이 바람직하다.

4. 안전성을 고려한 위치

검사부에서는 많은 화학약품을 사용하므로, 공기의 정체로 인하여 폭발이나 발화의 위험이 존재한다. 따라서, 항상 환기의 필요성이 강조되며, 전자현미경실이나 형광현미경실과 같은 특수한 예를 제외하면 반드시 외기에 접하는 것이 요구된다. 그러나, 외부로부터의 강한 직사광선은 그 속에 포함된 자외선 때문에 약품의 성질을 변화시킬 수 있으므로, 화학약품에 직사광선이 닿지 않도록 검사실을 북측 채광으로 하는 것이 바람직하다.

지하실은 습기 조절이나 환기상의 어려움으로 세균이 번식할 가능성이 높으므로 적당치 않다. 또한, 뜻하지 않은 사고가 발생했을 때 피난을 고려해야 한다.

6-1-4 임상병리 검사부의 규모

건축시설의 계획에 있어서 필연적으로 직면하는 문제는 해당 시설을 어느 정도의 규모로 할 것인가 하는 것이다. 일반적으로 임상병리검사부의 규모를 산정하는 방법에는 먼저 검사 건수를 예측하고, 이러한 검사 건수를 처리할 수 있는 필요한 기사의 수를 산정하여 산정한 기사 수에 필요한 바닥면적을 산정하는 것이다.

이와 같이 검사부 규모를 기사 수에 대한 바닥면적으로 산정하는 이유는, 대부분의 검사가 작업대 위에서 기사에 의해 이루어지므로 기사 수에 의해 작업면적이 결정되기 때문이다.

그러나 이 방법은, 점점 검사부가 자동화되어가고, 검사 건수의 산정방법이 병원에 따라 일치하지 않은 경우가 많으며, 또한 적절한 직원 수를 확보하지 못한 병원의 경우 오차가 많이 발생할 수 있으므로 개략적으로 산정하는 데 쓰인다. 우리나라 종합병원의 경우 기사 1인당 검사부 면적은 10~26m^2 정도이나 외국에서는 25~30m^{2}를 적정면적으로 요구하고 있고, 최소한으로 20m^2 정도 필요하다고 제안하고 있다. 이 값을 기준으로 검사실 면적을 산정하면,

200~300병상규모에서 1.4~1.7m^2/병상

400~600병상규모에서 1.5~1.8m^2/병상

1,000병상규모에서 1.7~2.0m^2/병상이 필요하다.

최근 조사병원 임상병리검사부의 면적은 병상당 1.5~2.0m^2 내외이며, 해부병리검사부의 경우 0.5m^2/병상 정도를 확보하고 있었다.

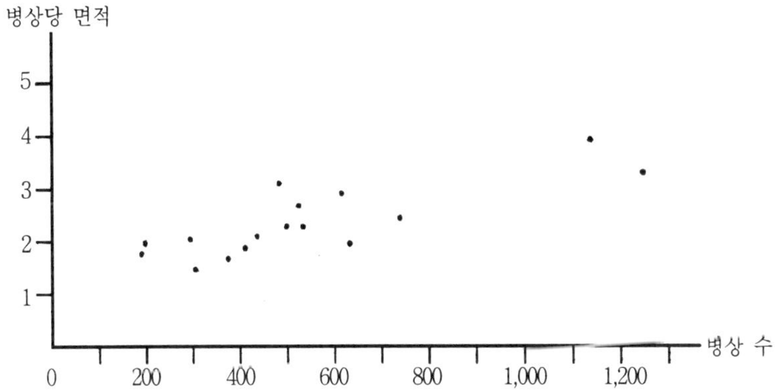

그림 6-1 병상 수와 검사부의 면적비[4)]

6-1-5 임상병리 검사부의 공간구성

검사부를 구성하고 있는 공간은 크게, 직접 작업에 이용되는 검사공간과 검사작업을 뒷받침하는 보조공간, 검사부 전체의 관리와 검사부의 대외적인 행정사무를 맡는 관리공간의 3부문으로 나눌 수 있다.

검사공간	일반검사, 혈액검사, 생화학검사, 면역 · 혈청검사, 미생물검사, 혈액은행 조직검사 등의 검사실
보조공간	천평실, 멸균실, 세척실, 채혈실 등
관리공간	과장실, 의사실, 회의실, 의국, 화장실 등

4) 정재욱 : op. cit., p. 38.

1. 검사부의 면적 구성

임상병리검사부 면적 중 검사공간은 전체의 49~62%(평균 54.5%)정도를 차지하고, 보조공간은 9.3~14%(평균 11.8%), 관리 및 기타공간은 27~40%(평균 33.3%)에 해당하고 있다.

이와 같은 면적 구성비는 해부병리검사부의 운영방식이나 검사공간의 오픈성에 따른 복도 비율에 따라 다소 달라질 수 있다.

검사공간을 크게 일반검사공간, 미생물검사공간, 조직검사공간으로 구분하고 각각의 구성 비율을 살펴보면 67.8%, 14.7%, 17.5%이다.

여기에서 일반검사란 일반검경(一般檢鏡, microscopy), 혈액검사(hematology), 생화학검사(chemistry), 면역검사(immunology), 혈청검사(serology), 혈액은행(blood bank) 등 검사별로 칸막이를 두지 않고 큰 홀에 오픈시켜 할 수 있는 검사를 뜻한다.

2. 검사부의 평면 유형

1) 개방형과 개실형

검사부의 평면은 크게 개방형과 개실형으로 분류할 수 있다.

개방형은 검사공간을 검사별 작업대로 구성하되, 미생물검사와 조직검사 등 폐쇄성이 필요한 검사를 제외한 나머지 검사를 커다란 홀에 개방시키는 방식이며, 개실형은 각각의 검사를 독립된 공간으로 구분시키는 방식이다.

임상병리검사부 기사의 동선 흐름을 조사해 보면, 각 기사는 주로 각각의 검사대를 중심으로 움직이며, 타 부문에 가는 이유는 싱크대, 원심분리기, 냉장고 등이나 시약창고의 공동이용 및 검사 결과의 전달, 기구의 세척 등으로, 각각의 검사 부문은 검사상 연관성은 거의 없고 상당히 독립되어 있음을 알 수 있다. 검사실의 평면 유형은 검사상의 연관성보다도 검사의 성격, 검사실 운영방법 등에 따라 많이 좌우된다.

개실형 평면에서는 각 검사에 필요한 독립된 환경을 유지할 수 있는 장점이 있지만 검사에 필요한 기기가 서로 중복되고 인력의 효율적인 활용 및 관리가 어려워지는 단점이 있다.

우리나라 종합병원 검사부는 대부분 개방형으로 계획되어 있다. 개방형 평면의 장점은 기구와 시약을 공동으로 쓸 수 있고, 동선을

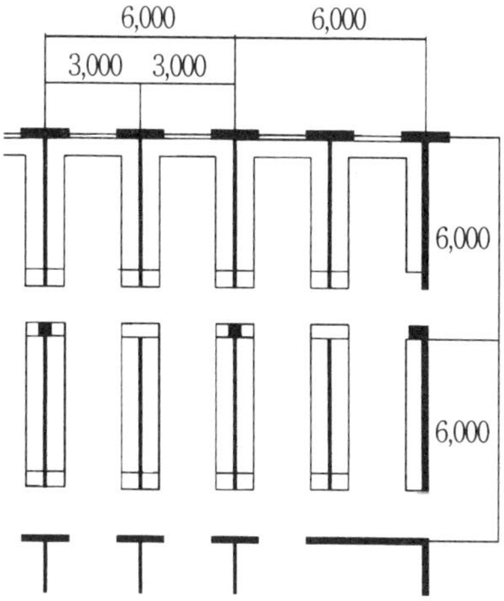

그림 6-2 개방형 검사실의 3.0m 모듈의 예[5)]

줄일 수 있으며, 관리가 간편하다는 데 있다. 그러나 개방된 공간에서의 기기를 공동으로 사용함에 따른 소음 등이 개방형 평면의 단점으로 지적되기도 한다.

이와 같이 검사실을 개방된 홀에서 몇 개의 검사를 하도록 하지만, 경우에 따라서는 검사상의 특성에 의해 개실을 요구하기도 한다. 예를 들면, 자동화학분석기를 사용하는 생화학검사, 형광현미경을 사용하는 면역·혈청검사, 전자현미경을 사용하는 조직검사, 자동혈구측정기를 사용하는 혈액검사 등은 검사의 성격상 개실을 필요로 한다. 근래에 계획된 검사부를 보면 개방된 홀과 개실로 된 검사실 사이를 완전히 벽으로 차단하지 않고 유리를 이용하여 시각적인 관리를 쉽게 하고 있다.

검사실은 또한 장래의 확장과 변화에 대응하기 위하여 내부 가변성이 요구된다.

2) 검사대의 배치 방법

검사대의 배치방식에는 섬형과 반도형의 두 가지 방법이 있다.

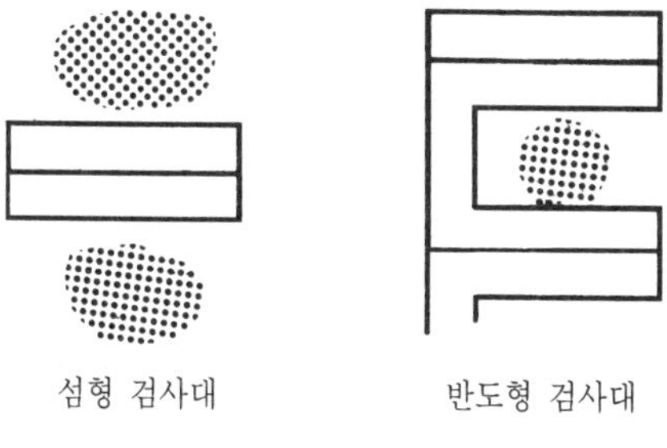

a. 섬형 배치 : 검사실 내에 몇 개의 검사대를 독립해서 배치하여 대의 주변에서 검사대를 사용한다. 섬형은 일반적으로 검사대를 중심으로 한 작업공간을 이룬다.

b. 반도형 배치 : 벽이나 창에 직각방향으로 반도형의 작업대를

5) 정재욱 : op. cit., p. 21.

배치한다. 두 개의 작업대 사이에 기사가 위치하여 주변의 검사대를 사용한다.

반도형에서는 알코브(alcove)된 공간이 하나의 작업공간을 이루므로, 작업의 연관상 기사가 몸을 돌리면 뒤에 있는 검사대와 접촉이 쉬워지나 섬형에서는 뒤로 돌아가야 한다. 따라서, 반도형이 기사의 작업에 따른 공간구획상 더 바람직하다.

그러나, 섬형과 반도형의 사용상 문제는 검사하는 기사의 요구에 따르는 것 외에 설비의 배관·배선과 증축·개축, 그 밖의 것들도 고려하여 선택해야 할 것이다.

3. 검사별 작업공간의 구성

여러 가지 검사는 각기 검사 준비와 검사로 구분할 수 있고, 이에 따라 공간도 준비공간과 검사공간으로 나눌 수 있다.

1) 일반검사실

일반검사에서는 현미경검사가 주로 행해지고, 검사 종류에 따라 뇨분비(urinalysis), 기생충검사(parasitology), 체액검사(body fluid)로 구분된다. 검사별로 1인당 폭 1.5m 정도의 앉아서 작업할 테이블과 공동으로 이용할 수 있는 원심분리기, 냉장고 등의 기기가 필요하다.

뇨검사는 검사 건수는 많으나 비교적 간단히 처리할 수 있는 검사이므로, 채뇨 후 바로 검사와 연관시키는 것이 바람직하다. 채뇨실(화장실)과의 위치 관계를 고려하여 배치하며, 해치 등을 통하여 환자가 직접 뇨검사실에 뇨를 전달해 주도록 계획하면 기사와 환자의 동선을 줄일 수 있다.

2) 혈액검사실

혈액검사부는 중·소 규모의 병원에서는 생화학부에 포함시키기도 한다. 혈액검사는 일상검사와 혈액응고검사, 골수검사로 나뉘는데, 대규모 병원에서는 일상검사와 혈액응고검사에 자동화된 의료기구를 이용한다. 의료기기는 온도와 습도 등 작업환경을 적절히 유지해야 하기 때문에 자동혈구측정기는 따로 방을 만들고 일반검사실과의 사이에 유리를 끼우기도 한다. 이 밖에도 혈액에서 혈청 성분을 추출하기 위한 원심분리기와 일정 온도(37℃)에서 혈청의 시약반응을 검사하는 워터배스, 그리고 시약과 혈액을 보관하는 혈액 냉장고가 있다.

혈액응고검사를 하기 위한 환자가 검사실 내에 오는 경우를 고려해서 입구 근처에 배치함으로써 외부 동선이 일반검사실 내부에 들어오지 않도록 한다. 검사의 연관상으로 혈액은행에서 검사를 의뢰하거나 상호 협조하는 경우가 있다.

3) 생화학검사실

생화학검사는 뇨, 변, 혈액, 체액을 가지고 정량·정성적 실험을 통해 질병의 예후를 판정하는 목적이 있다. 생화학검사에 쓰이는 많은 검사기기들은 보통 테이블 위에 놓고 작업하며, 검사대 좌우에는 검사 준비와 검사 후 처리를 위한 여유가 필요하다. 자동화학분석기는 습도 등에 아주 민감하고 먼지에 의해 고장이 날 우려가 있으므로 독립된 실이 요구된다.

생화학검사실은 보통 개실화된 자동검사실, 개방된 검사대 및 준비구역으로 구성되며, 특히 유리기구 및 화학약품을 많이 쓰므로 천칭실, 시약창고 및 세척실과의 관계를 고려한다.

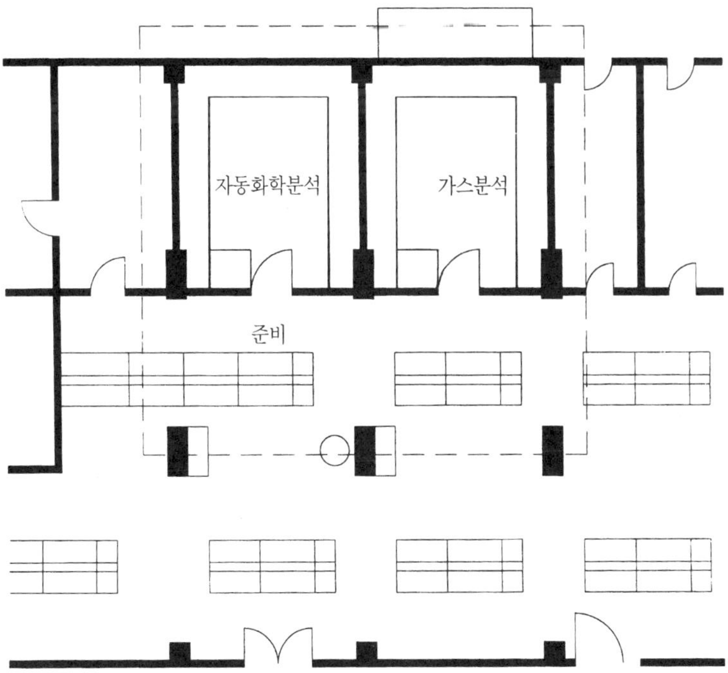

그림 6-3 생화학검사공간의 예[6)]

6) 정재욱 : op. cit., p. 24.

4) 면역 · 혈청검사실

면역 · 혈청검사는 혈액에서 분리해 낸 혈청 성분을 이용해서 항원 · 항체반응을 검사하는 것이 주요 내용이다. 중규모 정도의 병원에서는 면역 · 혈청검사의 건수가 많지 않으므로 두 가지 검사를 하나의 검사단위에 포함시키기도 하지만, 400병상 이상의 병원에서는 나누어 배치한다. 사용하는 기기는 원심분리기와 냉장고, 워터배스(water bath) 등이며 동선은 비교적 간단하다. 생화학검사와 비슷한 검사 전 작업을 하므로 기기의 공간이용을 위하여 생화학검사대와 근접하여 배치할 수가 있으며, 혈액은행과도 검사상 협조관계가 있다.

5) 미생물검사실

미생물검사실은 검사하는 균의 종류에 의해 일반미생물검사실과 진균 · 결핵균검사실로 나누고, 배지를 만들기 위한 배지제작실을 둔다. 일반미생물검사실에서는 진균 · 결핵균을 제외한 일반세균을 검사하고, 진균 · 결핵균검사실에서는 전염성이 있는 세균을 취급하므로, 일반세균과 분리하며 공기의 세균감염을 방지하기 위해서 외부로 통하는 배기 후드(hood)를 설치한다. 또한, 미생물검사실은 공기가 일반검사실로 퍼지지 않도록 해야 한다.

세균을 검사하려면 현미경으로 식별할 수 있는 균을 증식시키고 착색하여야 한다. 혈액과 같은 검체 내의 균은 배지에 발라 배양기 또는 항온실에서 증식시킨다. 배지는 시중의 것을 사서 쓰기도 하지만, 중규모 이상의 병원에서는 일반적으로 자체 배지제작실을 설치, 운영한다.

이러한 경우 균 오염을 방지하기 위하여 미생물검사실과 공간적으로 분리시키는 것이 바람직하다. 배지제작실에는 커다란 배지제작기와 오븐, 싱크(sink), 워터배스 등을 둔다.

6) 해부병리검사

해부병리검사는 크게 조직검사와 세포검사로 나누고, 조직검사는 검사과정에 따라 육안조직검사와 현미경 관찰을 하기 위한 검사과정으로 구분하며, 세포검사는 조직검사 후에 행한다. 해부병리검사실의 공간은 작업과정에 의해 접수 및 기록, 육안조직판독실, 조직검사실, 세포검사실과 검사 후 검사한 슬라이드를 보존할 수 있는 창고, 시약창고 등이 있어야 하며, 경우에 따라 전자현미경실을 두기도 한다. 전자현미경실은 외부와 차단된 암실과 같은 방이 좋다.

육안조직판독실은 검체가 수술실이나 처치실에 와서 접수한 다음에 조직이 눈으로 검사되는데, 방 안에는 사진 촬영을 할 수 있는 장치와 배기 설비를 한다.

일반조직검사실에 사용되는 기기는 조직의 자가용해와 부패를 막고 세포의 원형을 보존하며 조직을 단단하게 만들도록 조직에 파라핀을 침두시키는 자동고정포매장치와 파라핀과 함께 단단해진 조직을 현미경으로 볼 수 있게 자르는 박절기, 파라핀신전기, 파라핀오븐, 워터배스, 현미경, 그리고 검체보관용 냉장고 등이다.

세포검사실에서 필요한 기기는 현미경과 자동염색기, 냉장고 등이다. 수술과 같이 응급의 경우에 자동고정포매장치를 쓰게 되면 12시간 이상의 시간이 필요하므로, 신속히 냉각시켜서 조직을 검사하려면 동결절편기를 이용하여야 한다. 동결절편기로 자른 조직은 바로 염색하여 현미경으로 보고 질병을 판단하는데, 조직검사의 판독 작업은 의사가 한다.

4. 보조공간

보조공간은 직접 검사를 하지는 않으나 검사작업의 준비와 뒤처리, 보관과 같은 검사지원기능을 갖는 것으로, 접수실, 채혈실, 채뇨실, 멸균세척실, 천평실, 시약창고 등이 여기에 속한다. 이와 같은 검사지원시설은 검사실 가까이에 위치하면서도 다른 업무에 지장을 주지 않도록 독립된 실로 만드는 것이 좋다.

1) 접수실

접수실은 외래, 병동에서 보내온 검사물과 검사부표를 확인하고 통계표에 정리한 다음 검사물(specimen)을 각 검사 부문에 나누어주는 곳으로, 검사 업무의 출발점이 되기 때문에 그 위치가 중요하다.

응급환자와 입원환자의 검체 및 의뢰서는 기사나 간호사, 또는 보조원과 같은 병원의 직원에 의해 전달되므로 크게 혼란을 일으키지 않지만, 수납을 거친 외래환자는 익숙하지 않은 경로를 통해서 오기 때문에 접수실은 외래환자의 눈에 잘 띄는 곳에 배치한다. 접수실에 의뢰서를 제출하고 용기를 받아 채뇨하거나 접수대 근처에 마련된 채혈장소에서 채혈을 하므로, 접수실에 근접시켜 채혈실과 채뇨실을 두는 것이 좋다. 채혈실이나 접수실 내, 또는 접수실 앞에는 환자와 보호자를 위한 대기공간을 배려한다.

접수의 업무에는 검사물의 채취 및 수거, 외래검사실이나 병동에 검사물 채취를 위한 용기의 준비, 생화학검사나 혈청검사 부문에 필요한 혈청분리, 검사 결과 정리 및 보고 등이 있다. 이러한 접수의 기능은 기사의 동선이나 검사실 내부 계획에 영향을 주므로, 계획에 앞서 그 업무 범위를 명확하게 해 둘 필요가 있다.

2) 채혈실

채혈실은 주로 외래환자를 대상으로 채혈 업무를 행하는 곳으로, 채혈은 보통 채혈담당기사가 행한다. 채혈실에는 채혈 공간과 채혈 기구 및 검체를 모아 두는 장소가 필요하다. 채혈실을 별도로 설치하지 않은 병원에서는 접수실이나 혈액은행을 이용하기도 한다.

채혈 장소는 검사구역과 명확하게 구분하여 환자의 동선이 검사구역 내부까지 연결되어 검사업무에 방해를 주는 일이 없도록 한다.

3) 채뇨실

채뇨를 위해서는 남녀가 구별된 변기를 갖추면 된다. 용기를 들고 복도를 통행하는 것보다는 접수실의 한쪽에 채뇨를 위한 화장실을 두거나, 바로 이웃한 화장실과 접수실 사이에 작은 문(hatch)을 내는 것이 환자의 동선과 작업 흐름에 바람직하다.

4) 멸균 · 세척실

멸균 · 세척실은 각 검사실에서 사용한 용기를 세척하거나 멸균시키는 곳으로, 검사 건수가 많은 생화학검사실이나 멸균을 필요로 하는 미생물 검사부에서 주로 많이 사용한다. 특히 미생물 검사실에서는 멸균뿐 아니라 배지 제작상 많이 이용한다. 멸균시 열과 냄새가 많이 남에 따라 검사부 전체에 영향을 주므로, 환기를 고려해 외기에 면하여 배치하는 것이 바람직하다. 필요 시설로는 멸균기 및 기구 세척을 위한 싱크대, 건조대, 건조기 및 보관용 선반, 운반하는 카트 등이 있다.

5) 천평실

검사실에서 사용하는 시약은 정확한 검사를 위하여 정확히 제조되어야 한다. 이를 위하여 천평실이 필요하다. 천평은 진동이 없는 수평면에 놓아야 하고, 가스나 직사광선, 난방장치에 의해 영향을 받지 않도록 한다. 천평실에서 사용하는 기기는 주로 pH측정기와 천평(balance weight) 등이며 그 외에도 기기를 놓을 수 있는 작업대와 시약을 보관할 수 있는 장이 필요하다.

6) 냉장실·냉동실

시약이나 검사물들 중 상온에서 보관할 수 없는 것을 보관하기 위하여 냉장실이나 냉동실이 필요하다. 병원에 따라서는 일반냉장고나 특수냉장고를 사용할 수 있지만, 냉장할 시약이나 검사물이 많은 경우에는 냉장실을 설치하여 여러 검사실에서 공동으로 이용할 수 있다. 냉동실을 두는 경우 냉장고를 줄일 수 있어서 검사실 공간을 더욱 효율적으로 사용할 수 있다는 장점이 있다.

7) 창고

창고는 시약, 검사기구, 검사물, 검사 결과, 검사물 표본, 검사용 용기 등을 보관하는 장소로, 대부분의 검사실이 창고 면적이 부족하여 원래 창고가 아닌 곳을 창고로 사용하는 경우가 많다. 이와 같이 창고가 부족할 경우 검사실 내에 물건을 분산 배치함에 따라 검사에 방해를 주거나 직원들이 필요없이 많이 움직이게 되어 검사실을 복잡하게 할 위험이 있다. 창고 면적이 부족하다는 것은 대부분 검사부 자체의 면적이 불충분한데 그 이유가 있으므로 될 수 있는 한 계획 단계에서 명확하게 확보해 주는 것이 바람직하다.

7) 정재욱 : op. cit., p. 32.

표 6-3 조사 병원의 보조공간 배치 현황[7)]

구 분	C (443병상)	E (498병상)	F (500병상)	G (525병상)	H (625병상)	I (700병상)	K (1147병상)	L (1249병상)
접수실			●	●	●	●	●	●
채혈실	●	●						●
멸균세척실	●	●	●	●	●	●	●	●
냉장실		●					●	●
천평실						●	●	●
창고	●	●	●	●	●	●	●	●
컴퓨터실		●						●

8) 컴퓨터실

과거에는 병원 내의 자료를 사람이 일일이 기록하고 전달했었으나 요즈음은 병원 전체의 정보 체계가 전산화되어, 검사 결과를 컴퓨터로 자료화하게 되었다. 따라서, 종전에는 검사 의뢰에서 결과 보고까지를 사람의 손으로 해결하고 기록하던 것이 컴퓨터단말기와 프린터로 하게 되어, 전산 업무만 행하는 컴퓨터실을 필요로 하게 되었다. 컴퓨터는 습도와 먼지 등에 민감하게 반응하기 때문에 항상 적정한 습도를 유지해야 하고 환기가 필요하며 직사광선을 피하도록 한다.

5. 관리 및 후생, 기타 공간

관리공간에는 임상병리과장실, 의사실, 의국, 기사장실, 회의실 및 사무관리를 위한 실이 있다. 후생공간은 기사나 보조원의 휴식시설, 화장실 및 갱의실 등으로 구성되며, 기타공간에는 공기조화 및 냉난방 시설을 위한 기계실이 있다.

표 6-4 조사병원의 관리 및 기타공간 배치 현황8)

구 분	C (443 병상)	E (498 병상)	F (500 병상)	G (525 병상)	H (625 병상)	I (700 병상)	K (1147 병상)	L (1249 병상)
과장실	●	●	●	●	●	●	●	●
의국	●	●	●	●	●	●	●	●
의사실		●	●	●	●	●	●	●
갱의실		●	●	●	●	●	●	
화장실		●	●		●		●	●
회의·휴게실	●	●	●		●	●	●	●
기사장실	●	●			●	●		●
전산기록실		●						●
기계실			●			●	●	●

6-1-6 임상병리검사부의 설비방식

검사실에는 타 부문에 비해 여러 종류의 설비가 필요하며, 이러한 설비의 공급방법은 검사실의 증축과 개축시에 많은 영향을 준다. 설

8) 정재욱 : op. cit., p. 34.

비 용량의 확충 및 수리하는 데 있어서 타 부문에 영향을 주거나 검사부 자체에 지장을 주지 않고 쉽게 대응할 수 있는 설비 시스템은 실내 재배치 계획시 융통성을 줄 수 있다. 물론 고정된 기기와 개실 등에 의하여 최대한의 융통성을 확보한다는 것은 가능하지 않으나, 설비의 공급을 균질하게 함으로써 공간 이용상의 제약을 줄일 수 있다.

1. 설비공급방식

검사대에 필요한 설비를 공급하는 방식에는 다음과 같은 것이 있다.

1) 아랫방향 방식

섬형의 설비는 주로 아랫방향에서 공급되어 진다. 즉, 콘크리트바닥 및 아래층 천장에서 배관 및 배선을 뽑아 쓴다. 이런 방식은 현재 임상검사실의 가장 일반적인 방법이나 개조시에 아래층에 영향을 주므로 바람직하지 못하다.

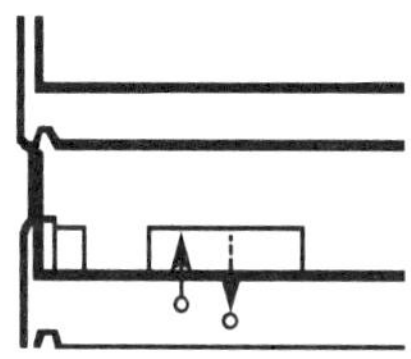

아랫방향 방식

2) 옆방향 방식

각종 설비의 공급을 옆에서 하는 방식이다. 섬형에서는 적용시킬 수 없고 반도형에만 가능하다. 이것은 아래층에 전혀 영향을 주지 않고 배치할 수 있어 방수, 방재의 면에서 유리하고, 자유롭게 설비 용량의 확충·수리가 가능하며, 설비 공급과 검사실 공간에 바람직한 방법이다.

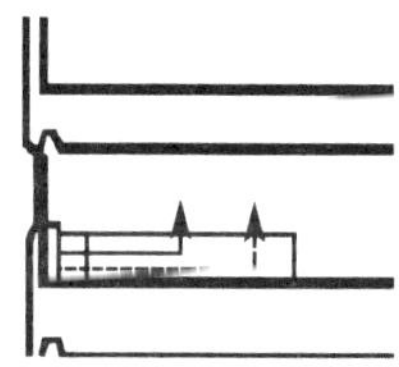

옆방향 방식

3) 윗방향 방식

천장 속에서 아래로 설비를 공급하는 방법도 설비 시스템상 타 부문에 영향을 주지 않으나, 배관 및 배선으로 실내 전망에 방해를 주고 공장과 같은 분위기를 주지 않는다면 섬형, 반도형 양자에 가능한 방법이다. 단, 배수를 하기 위하여 배수관을 아래나 옆으로 뽑아야 한다.

이상과 같이 볼 때 설비의 배관 및 배선상 반도형 검사대가 유리하다고 할 수 있다.

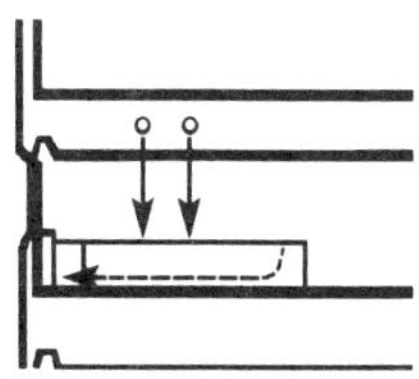

윗방향 방식

그림 6-4 설비공급방식

2. 설비공급방법의 유형

앞에서 언급한 바와 같이 설비배관방식은 단지 설비상의 문제가 아니고 공간의 이용방법과도 밀접한 관계가 있음을 알 수 있다. 증축과 개축시 설비 용량 확충 및 수리에 유리한 설비공급방식에 대하여 소개하면 다음과 같다.

1) 반도형의 일반형

배관과 배선을 그 층의 벽에서 옆으로 빼고 검사대 내부를 통하여 공급된다. 검사대의 배치는 기둥, 칸막이 등과 같은 모듈을 사용한다.

2) 설비스카트

검사대 배치는 반도형으로 하고, 실외에 검사실 전체에 이르는 스카트를 설치하여 그 속에서 옆으로 빼어 검사대에 공급해 준다. 증설, 변경, 수리는 실외에서 행하므로 검사업무에 지장도 적고 배관의 부식도 없다.

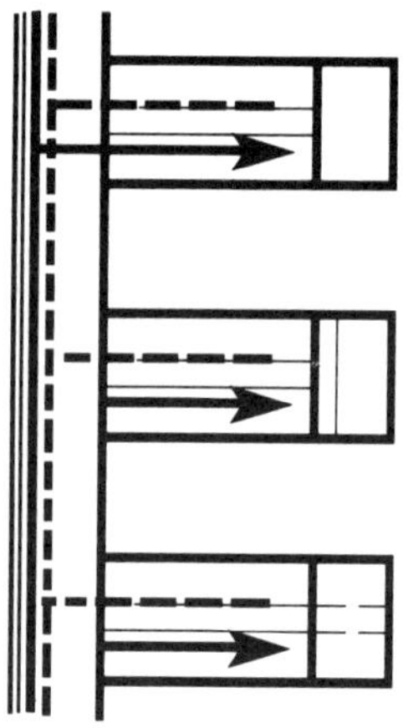

그림 6-5
반도형의 일반형

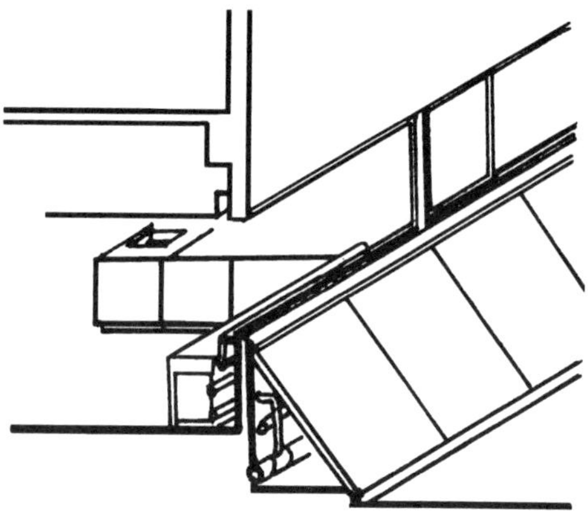

그림 6-6 설비스카트

3) 설비기둥

반도형의 일반형에서 주배관을 실외로 빼서 기둥 모양의 세로 샤프트에 연결시키는 방법이다. 검사실 내부에 있는 배관·배선의 간선은 외벽을 따라 세워져 각각의 설비기둥에 연결시키므로, 이와 같은 검사실에서는 옆의 검사대에 영향을 주지 않고 개개의 설비 증설, 변경이 가능하다.

4) 설비기둥+설비스카트

설비기둥과 설비스카트를 병행하는 방법이다.

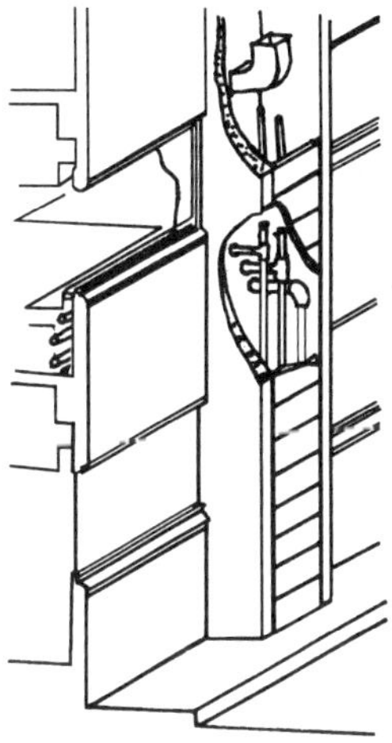

그림 6-7 설비기둥

5) 설비층(중간층, Interstitial space)

기능층과 설비층을 뚜렷이 나누고 한 개의 설비층이 한 개 또는 두 개의 층을 공급해 주는 방식이다. 앞에서 언급한 방식들은 배관·배선용의 덕트 등을 수용하는 데 무리가 있으나, 설비층의 방식을 취하면 덕트류는 물론 반송기, 공조기의 일부 등의 수용도 가능하다. 특히 설비의 증설이나 변경에 대해서도 대응도가 높다고 할 수 있다. 그러나, 설비층은 그 안에서 서서 하는 작업이 가능한 높이를 확보해야 함에 따라 건물 전체가 높아지고, 어떤 층에서는 전 지역에 설비층이 필요하지 않기 때문에 낭비가 생기기 쉬우므로 비용이 많이 드는 것이 최대의 단점이라고 할 수 있다.

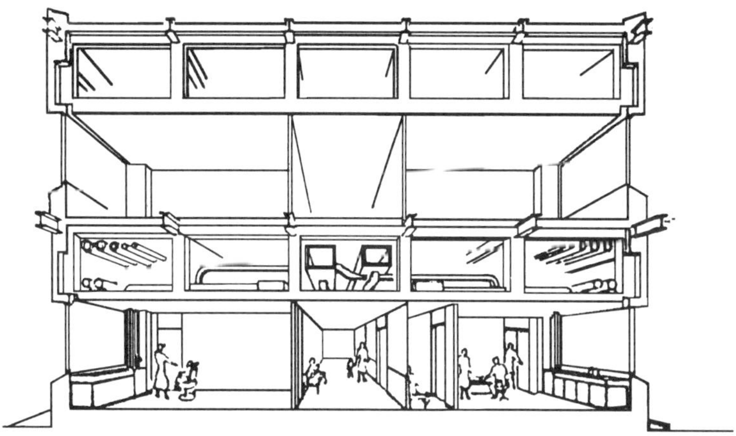

그림 6-8 설비층의 예

6) 설비복도

설비층이 위, 또는 아래에 설비 전용 공간을 확보하는 개념이라면, 설비복도는 검사부에 인접하여 복도 형태로 설비 전용 공간을 갖는 개념이다.

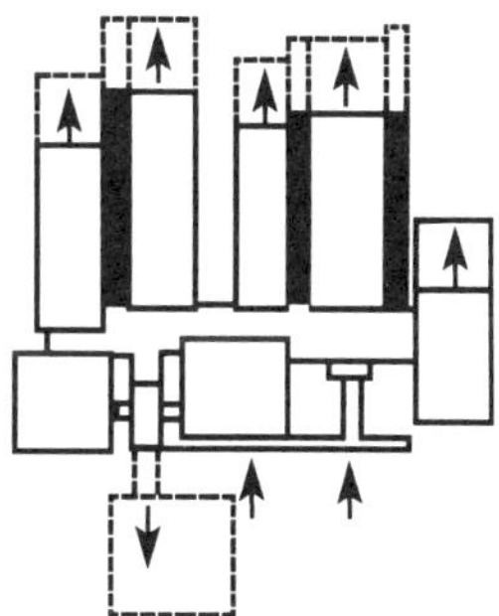

그림 6-9 설비복도

표 6-5 임상병리검사부의 공간계획 예

병원(병상 수)	A(202병상)			B(420병상)			C(520병상)			D(572병상)			E(627병상)		
실명	실면적	실수	계	실면적	실수	계	실면적	실수	계	실면적	실수	계	실면적	실수	계
접수/사무실	18	1	18	15	1	15	22	1	22	24	1	24	24	1	24
검체채취실				20	1	20	18	1	18	18	1	18	18	1	18
임상검사실	66	1	66	100	1	100	360	1	360	360	1	360	300	1	300
형광현미경실							9	1	9	9	1	9	9	1	9
자동분석실	36	1	36	15	1	15	72	1	72	72	1	72	36	1	72
혈액성분치료실													36	1	36
기생충검사실							18	1	18	18	1	18	18	1	18
시약준비실	9	1	9				12	1	12	12	1	12	18	1	18
저온실							18	1	18	18	1	18	18	1	18
당직실							12	1	12	12	1	12	12	1	12
의사실	18	1	18	15	1	15	12	1	24	12	2	24	12	3	36
의국							36	1	36	36	1	36			
회의실													18	1	18
기사장실							12	1	12	12	1	12	12	1	12
기사탈의실	12	1	12	15	1	15	18	1	18	18	2	36	18	2	36
직원화장실	9	1	9	5	2	10	6	2	12	6	2	12	6	2	12
전산실							22	1	22	22	1	22	22	1	22
소독멸균실	12	1	12	15	1	15	24	1	24	24	1	24	24	1	24
세척실				10	1	10									
기기창고	18	1	18	20	1	20	18	1	18	18	1	18	18	1	18
청소도구실							4	1	4	4	1	4	4	1	4
작업실							12	1	12	12	1	12			
대기실				10	1	10									
판독실				15	1	15									
냉장/냉동실				10	1	10									
미생물검사실	18	1	18	15	1	15	36	1	36	54	1	54	36	1	36
무균실							18	1	18						
배양실							12	1	12	12	1	12	9	1	9
배지준비실							12	1	12	12	1	12	12	1	12
계(m^2)			216			285			801			821			764

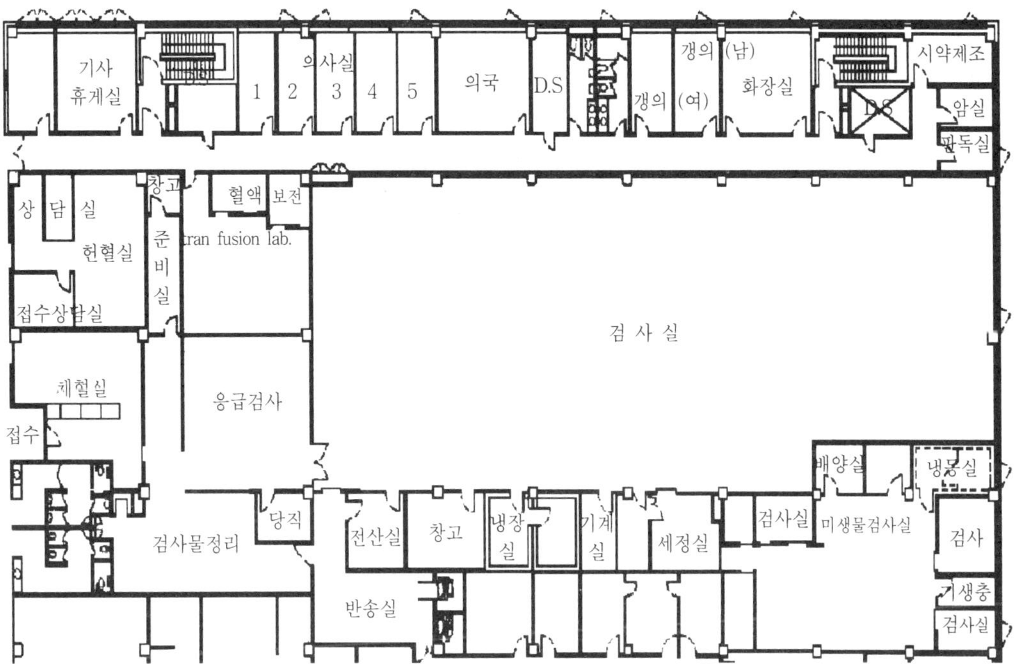

그림 6-10 임상병리검사부의 설계 예(삼성의료원)

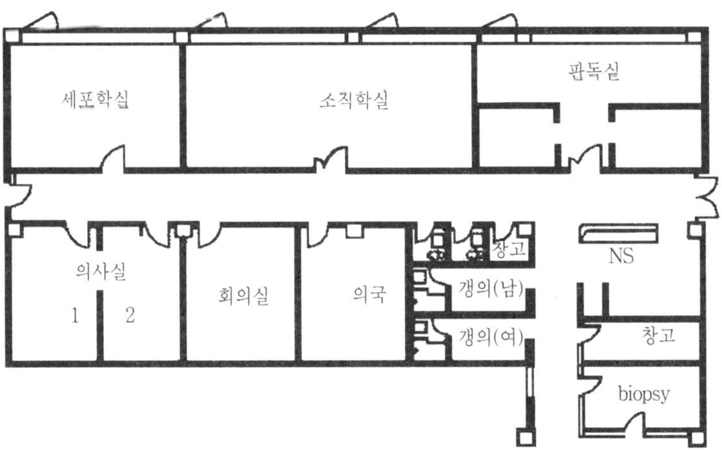

그림 6-11 해부병리검사부 설계의 예(삼성의료원)

표 6-6 해부병리검사부의 공간계획 예

병원(병상 수)	A(202병상)			B(420병상)			C(520병상)			D(572병상)			E(627병상)		
실명	실면적	실수	계	실면적	실수	계	실면적	실수	계	실면적	실수	계	실면적	실수	계
접수/사무실							12	1	12	12	1	12	12	1	12
응급검사실													9	1	9
조직검사실	24	1	24	40	1	40	36	1	36	36	1	36	44	1	44
세포검사실	18	1	18				24	1	24	24	1	24	36	1	36
전자현미경실							12	1	12	12	1	12	18	1	18
조직보관실	9	1	9	15	1	15	18	1	18	18	1	18	22	1	22
슬라이드보관실							18	1	18	18	1	18	22	1	22
의사실	18	1	18				12	2	24	12	2	24	12	2	24
의국							36	1	36	36	1	36	36	1	36
기사실	12	1	12				12	1	12	12	1	12	12	1	12
탈의실										12	2	24	9	2	18
창고	9	1	9	15	1	15	18	1	18	18	1	18	18	1	18
청소도구실							4	1	4	4	1	4	4	1	4
냉동절편실				10	1	10									
전산실				10	1	10									
계(m²)			90			90			214			238			275

6-2 생리기능검사부

병원에서 생리기능검사부는 진단에 필요한 질병의 종류와 그 원인 및 증상을 밝혀내는 부문으로, 의사가 검사를 요구하였을 때 직접 환자를 대상으로 검사를 진행하여 그 검사 결과를 신속, 정확히 의사에게 전달하는 기능을 갖는다.

6-2-1 생리기능검사부의 종류9)

생리기능검사에는 심전도, 초음파검사, 호흡기능검사, 뇌파검사, 근전도검사 및 직접 체내의 상태를 검사하는 내시경검사 등이 있다. 이들 검사에 대하여 간단히 설명하면 다음과 같다.

1) 심전도검사(EKG)는 심전계를 사용하여 심질환의 유무를 검사하는 것으로, 검사류에는 안정시의 심전도검사와 일정의 운동부하를 주고 그 전후의 심전도를 비교하는 운동부하심전도 검

9) 김종국 : 종합병원 생리기능 검사부의 건축계획적 연구, 한양대 산업대학원, 석사학위논문, pp. 7~9, 1988.

사, 24시간 동안의 활동상태를 검사하는 홀터(Holter)심전도검사 등이 있다. 운동부하심전도검사는 마스터대(운동부하를 부여하기 위해 일정 시간 동안 되풀이하여 상하 운동시키는 계단)를 두어 검사하거나 자전거등 부속기기를 설치하여 검사한다.

2) 초음파검사는 초음파를 이용하여 두부, 심장, 복부 등 신체 부위를 검사하며 암, 출혈, 결석 등 여러 가지 질환의 진단에 사용되는 것으로, 수술 전·후의 환자에게 많이 행하여지고 있다. 병원의 규모에 따라 검사기기의 종류가 추가되어지며, 첨단의료장비의 출현으로 생리기능검사부 중 발전 속도가 비교적 빠른 부문이다.

3) 호흡기능검사는 폐로부터의 공기 출입 능력, 폐포에서의 가스 교환 능력을 측정하는 검사로 호흡기 질환, 심장 질환, 폴리오 등의 진단에 사용되며, 최근에는 도시의 대기오염 문제로 소규모 병원에서도 시행되고 있다.

4) 뇌파검사(EEG)는 뇌세포의 종합된 전위 변동을 약 100만배로 증폭, 기록하여 뇌질환의 유무를 검사하는 것으로, 간질, 뇌종양, 뇌질환장애 등의 진단에 사용된다. 뇌파검사는 미약한 전압의 증폭기록이므로, 교류 등 약간의 전위 장애가 기록에 혼입되지 않게 하기 위하여 전기적 실-드룸에서 환자를 검사해야 하지만, 최근에는 뇌파계의 현저한 진보로 실-드룸의 필요 여부가 논란의 대상이 되고 있다.

5) 근전도검사(EMG)는 근육의 움직임에 의해 생기는 활동 전위를 피부 표면이나 근육 내에 삽입한 전극을 통해 도출시켜 증폭, 기록 하는 검사이다. 뇌파검사와 마찬가지로 미약한 전압의 증폭의 기록이므로, 건축적인 특수한 요구나 위치선정의 고려가 필요하며 의사가 직접 검사를 행하고 있다.

6) 내시경검사는 내시경이나 위카메라를 사용하여 직접 체내의 상태를 검사하는 것으로 검사종류로는 주로 위내시경, 장내시경, 기관지경, 복강경 등의 내과적 검사와 비뇨기과 검사인 방광경, 산부인과 검사인 자궁경이 있다. 오늘날 의학 및 의공학의 지속적인 발달로 내시경검사의 비중은 점점 커지고 있으며, 그 기능도 다양화되고 있는 추세이다.

6-2-2 생리기능검사부의 운영방식

생리기능검사부는 환자가 직접 검사실로 와야 하는 부서이기 때문에 병원 내에 어떻게 배치하여 운영하느냐 하는 것이 건축 계획상 중요한 문제가 된다. 특히 병원의 규모가 커질수록 환자가 걸어 다니는 거리가 길어지게 되므로, 배치 유형을 선택하는 문제는 신중하게 검토되어져야 한다.

검사의 성격상 크게 순환기 검사(심전도, 초음파 및 호흡기능검사), 소화기검사(내시경), 신경계검사(뇌파검사, 근전도검사)로 나누어 이들 각 검사의 병원 내 배치 유형을 검토해 보면 분산형, 집중형 및 분산전문형으로 분류할 수 있다.

1) 분산형

순환기검사, 소화기검사, 신경계검사가 해당 진료과에 각각 소속되어 공간적으로 서로 분리되어 배치된 형이다. 이는 진료 각 과의 편리성을 위주로 운영되는 방식으로, 소규모 병원에서 주로 채택되고 있다. 이와 같이 생리기능검사부를 분산화하는 이유는 검사 결과의 판독을 대부분 해당 진료과에서 직접 담당하기 때문이다. 또한 시설을 분산화함으로써 얻을 수 있는 장점으로는 환자가 시설에 접근하기 쉽고 대기시간을 단축할 수 있으며, 또한 진단을 신속하게 할 수 있는 등 이용상 편리성이 있기 때문이다.

2) 중앙집중형

순환기검사, 소화기검사, 신경계검사를 모두 한 곳에 중앙화시켜 배치한 형이다. 이와 같이 생리기능검사를 중앙화시키는 이유는 각각의 검사가 여러 과에서 동시에 요구되어지므로 검사 시설의 이용율을 높일 수 있고, 직원 배치 및 조직 운영상의 장점이 있기 때문이다.

3) 분산전문형

분산형이 발전한 형태로 각 검사는 해당 진료과에 소속되어 운영되면서 전문적으로 센터화된 형으로, 예를 들면, 순환기검사가 심장센터에 분리되어 설치되거나 내과에 독립하여 소속된 내시경검사, 재활의학과에 소속된 근전도 검사 등을 들 수 있다.

조사 병원의 경우 400~500병상 규모에서는 분산형, 500병상 이상에서는 중앙집중형과 분산전문형이 일반적이다. 분산전문형인 병원의 경우에는 병원의 각 부문이 점점 전문화됨으로써 이에 따라 분산 배치되는 경우와, 초기 단계에서는 소규모 병원으로 시작하여 대규모화되어가면서 중앙화를 시키지 못하고 분산화를 계속 유지하면서 같은 종류의 검사실을 한 곳에 집중시켜 전문화를 이루는 경우가 있다.[10)]

6-2-3 생리기능검사부의 위치

생리기능검사부는 환자가 직접 검사실까지 와야 하기 때문에 검사부를 이용하는 외래환자, 입원환자 및 기타 관련부분과의 관계를 고려하여 환자들이 편리하게 이용할 수 있는 위치 설정이 필요하다. 특히 배치 유형의 선택에 따라 환자의 움직임과 이용 경로가 달라지므로 위치 선정시 이를 고려해야 한다. 생리기능검사부는 외래진료부와 병동부에서의 이용이 가장 많고, 그 외에 응급부, 수술부, 중환자실에서 주로 이용하고 있다. 생리기능검사부의 검사 건수를 입원환자와 외래환자로 구분하여 조사한 결과, 입원환자의 검사가 약 56%, 외래환자의 검사가 약 44% 정도의 비율로 나타난다. 생리기능검사부와 타 부문과의 관계는 다음과 같다.

1) 외래진료부와의 관계

생리기능검사부에 오는 외래환자는 보통 각 외래진료과에서 진찰을 받은 후 의사의 검사지시에 따라 수납을 거쳐 이곳에 오게 된다. 이와 같이 환자가 검사 지시에 의해 수납을 거쳐 이곳까지 직접 찾아오게 되므로 쉽게 올 수 있는 배치 계획이 필요하다. 따라서, 생리기능검사부와 외래부는 같은 층에 위치하는 것이 일반적이다.

검사 부문별 각 과의 이용 정도를 평균치로 살펴보면, 심전도검사는 내과 47.2%, 정형외과 6.7%, 산부인과 6.7%, 심초음파검사는 내과 54%, 소아과 28%, 호흡기능검사는 내과 52.6%, 산부인과 18.4%, 내시경검사는 내과 93.1%, 일반외과 4.6%, 뇌파검사는 신경정신과 66.7%, 소아과 16.6%, 근전도검사는 재활의학과 70.8%, 정형외과 21.4% 순으로 되어 있다. 그러므로, 심전도, 심초음파, 호흡기능검사는 내과, 산부인과, 소아과, 뇌파검사는 신경정신과, 소아과, 근전도

10) 김종국 : Ibid., pp. 22~23.

검사는 재활의학과, 정형외과, 내시경검사는 내과 및 일반외과 등 이용에 많은 각 과에서 편리하게 이용할 수 있는 위치 설정이 필요하다.

2) 병동과의 관계

병동과의 관계는 병원의 전체 배치 개념(수직형, 수평형)에 따라 달라지는데, 우리나라의 병원은 대부분 저층에는 외래진료부, 중앙진료부 등이 위치하고, 병동은 하나의 코어를 중심으로 수직으로 연결되는 수직형을 취하고 있다. 이와 같은 형태에 있어서 생리기능검사부와 병동과의 관계는 중앙의 수직교통과의 관계를 고려하면 될 것이다. 병동에서의 이용은 침대차나 휠체어를 이용하는 환자가 많기 때문에 엘리베이터홀에서 생리기능검사부까지의 동선을 짧게 연결하는 것이 바람직하다. 수평형 병원의 경우에는 이용이 가장 많은 내과병동과의 관계를 고려하여 배치한다.

3) 응급부, 수술부, 중환자실과의 관계

생리기능검사부는 응급부, 수술부, 중환자실과의 연관을 고려해서 배치해야 한다. 즉, 환자가 긴급한 상태에 있을 때 신속히 진단을 해야 하므로 이를 위하여 생리기능검사부에서 검사기기를 운반하거나 환자를 신속하게 데려올 수 있는가 하는 측면에서 검토되어야 한다. 단, 응급부, 수술부, 중환자실에 검사기기가 별도로 배치되어 있는 경우에는 응급부, 수술부, 중환자실까지의 이동은 직원과 이동용 검사기기에 한정되므로, 이들 부문까지 쉽게 이동할 수 있는 엘리베이터, 계단과의 위치를 고려하면 될 것이다.

4) 기타 고려사항

생리기능검사는 환자를 안정된 상태에서 검사하는 것이 필요하므로, 조용하고 통과 교통이 없는 곳으로 해야 한다. 또한, 각 검사실은 전기적으로 차폐를 필요로 하는 건축적인 특수한 요구를 가지므로, 전기적 장애와 진동으로부터의 격리라는 위치의 선정이 고려되어야 한다. 특히, 엑스선실이나 변전실, 엘리베이터 근처, 또는 대전력 배선이 지나는 장소는 피하여야 한다.

6-2-4 생리기능검사부의 규모

생리기능검사부의 규모를 산정하는 방법으로는 각 검사별 예상되는 검사 건수를 추정하고 이를 처리할 수 있는 검사기기 대수를 산정하는 것이 일반적이다. 우리나라 병원의 병상당 연간 검사 건수는 일반 병원의 규모와는 상관없이 연간 30~55건의 큰 분포로, 평균적으로 병상당 약 40건 정도로 추정할 수 있다. 또한, 환자 1인당 1일 검사 건수는 0.03~0.05 사이에 분포되어 있다. 전체 검사 건수에 대한 각 부문별 검사 건수의 비율을 살펴보면 표 6-7과 같다. 이 비율은 병원 규모와 특성에 따라 다소 달라질 수 있겠지만, 조사 병원의 경우에는 비교적 일정한 값을 보여주고 있다. 검사별로 살펴보면 심전도검사는 51.7%~77.9%(평균 62.3%), 내시경검사는 7.1%~33.7%(평균 21.3%)를 차지하고, 나머지 검사 부문은 각각 1.3%~7.9%(심초음파 4.9%, 호흡기능 3.4%, 뇌파 4.8%, 근전도 3.2%)를 차지하고 있음을 볼 때, 심전도검사와 내시경검사가 가장 일반적이고 또한 많이 보급되어 있음을 알 수 있다.

우리나라 병원의 생리기능검사실의 보유 현황은 표 6-7과 같다.

400병상규모의 경우 심전도와 심초음파검사, 호흡 기능과 뇌파기능 등의 검사실을 일반적으로 겸용하여 사용하고 있다.

600병상규모 이상에서는 대부분의 검사실을 각각 보유하고 있으며, 1,000병상규모 이상에서는 각 검사 부문별 종류에 따라 세분하여 검사실을 운영하고 있다.

우리나라 병원에서 필요한 생리기능검사부의 검사기기 대수는 200병상 규모에서는 검사 부문별 각 1대(심전도, 초음파, 호흡 기능, 내시경, 뇌파, 근전도), 400병상규모에서는 심전계 2대, 검사대 2대, 나머지 검사기기는 각 1대, 600병상규모에서는 심전계 3대, 나머지 검사기기는 400병상규모와 같으며, 1,000병상규모에서는 심전계 4대, 내시경계 3대로 하고, 나머지 검사기기는 각 2대 정도라고 볼 수 있다.

표 6-7 생리기능검사부의 공간계획

병원(병상 수)	B(420병상)			C(520병상)			D(572병상)			E(627병상)		
실명	실면적	실수	계	실면적	실수	계	실면적	실수	계	실면적	실수	계
접수/사무실	5	1	5	18	1	18	30	1	30	30	1	30
준비실				12	1	12	12	1	12	12	1	12
환자대기실	15	1	15	24	1	24	24	1	24	24	1	24
환자화장실							9	2	18	9	2	18
심전도검사실	15	1	15	48	1	48	48	1	48	36	1	36
심에코검사실				18	1	18	18	1	18	18	2	36
폐기능검사실	15	1	15	18	1	18	18	1	18	18	1	18
근전도검사실	15	1	15	18	1	18	18	1	18	18	1	18
뇌파검사실	15	1	15	48	1	48	48	1	48	48	1	48
스트레스측정실				18	1	18	18	1	18	18	1	18
전이유발검사실				12	1	12	12	1	12	12	1	12
알러지검사실				18	1	18	18	1	18	18	1	18
심도자실				66	1	66	66	1	66			
의사실				12	2	24	12	2	24	12	2	24
기사실	15	1	15	12	1	12	12	1	12	12	1	12
판독실				18	1	18	18	1	18	18	1	18
자료실	15	1	15							18	1	18
예비실										18	1	18
창고				12	1	12	12	1	12	22	1	22
청소도구실							4	1	4	5	1	5
직원화장실				6	2	12	6	2	12			
준비실	5	1	5	12	1	12	12	1	12	12	1	12
환자대기실				18	1	18	18	1	18	18	1	18
내시경실	15	1	15	12	4	48	13	4	52	13	4	52
회복실				18	1	18	22	1	22	44	1	44
오물처리실	5	1	5	6	1	6	6	1	6	6	1	6
창고				12	1	12	12	1	12	12	1	12
판독실				18	1	18						
계(m^2)			135			528			552			549

6-2-5 생리기능 검사부의 동선

검사부 내에서 일어나는 동선에는 크게 환자, 직원 및 정보(검사

결과)가 있다. 이들 각각의 동선을 살펴보면, 환자는 일반적으로 접수실을 거쳐 환자대기실에서 갱의실(외래환자)을 통하여 검사실에 들어간 뒤 검사가 끝난 후에는 다시 갱의실을 거쳐 검사부를 떠난다.

직원(의사, 기사 및 간호사)은 직원 갱의실에서 옷을 갈아입은 후 각 검사실에서 작업한다. 일반적으로 직원과 환자의 동선이 교차하게 되면 직원들의 작업 능률을 저하시키는 요인이 될 수 있으나, 생리기능검사부에선 환자의 동선과 직원의 동선을 분리하는 단일복도형이 많이 쓰인다. 검사 결과는 전표나 컴퓨터단말기로 해당 부서에 보내진다.

검사부를 구성하고 있는 공간은 크게, 직접 검사행위가 일어나는 검사공간과, 검사행위를 뒷받침하는 보조공간, 검사부 전체의 관리와 검사부의 대외적인 행정사무를 맡는 기타 관리공간으로 나눌 수 있다.

검사공간은 심전도실, 초음파검사실, 호흡기능검사실, 뇌파검사실, 근전도 검사실, 내시경검사실 등으로 구성되고, 보조공간은 접수실, 환자대기실, 준비실, 창고, 데이터보관실 등, 관리공간은 의사실, 기사실, 회의실, 갱의실, 화장실 등으로 구성된다.

6-2-6 공간구성

1. 검사공간

1) 심전도검사실

심전도검사는 검사 건수도 많고 또 비교적 간단히 처리할 수 있는 검사로, 안정시 심전도검사와 운동부하, 홀터(Holter), 심전도검사로 나누어지는데, 대부분은 안정시의 심전도검사이다. 작업의 흐름은 접수받은 환자를 확인하고 탈의 및 검사시 주의사항을 알려준 후 검사대 위에 눕힌다. 환자의 몸에 니-드를 부착한 후 검사기기를 작동시키고 검사 완료 후 니-드의 세척 후 검사기록지를 기기로부터 분리, 정리한다. 일반적으로 환자 1인당 검사소요시간은 약 10분 정도로 회전율이 비교적 높다. 운동부하심전도검사는 일정의 운동부하를 주고 그 전후의 심전도를 검사하는 것으로, 약 20~25분 정도가 걸린다.

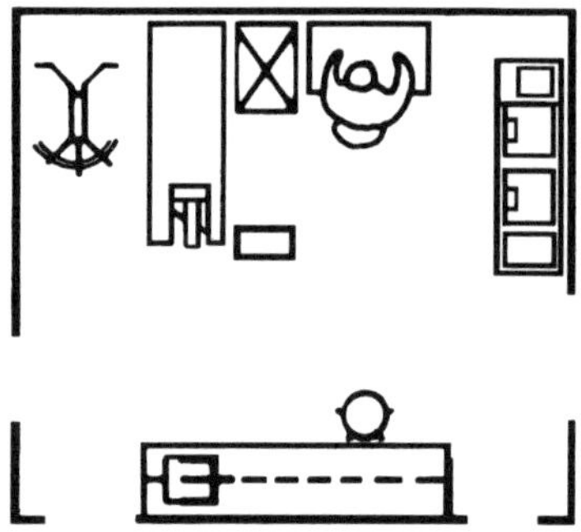

EKG. 심전도실　　　　부하 심전도의 설계의 예

그림 6-12 심전도검사실의 설계 예[11]

2) 심초음파검사실

심초음파검사는 초음파를 이용하여 두부, 심장, 복부 등 신체 각 부위를 검사하는 것으로, 수술 전후의 환자가 많으므로 수술실 및 중환자실과의 위치 관계를 고려해야 하며, 조용한 분위기에서 검사를 할 수 있는 위치 선정이 필요하다. 검사실내의 작업 흐름은 접수를 받은 환자를 확인하고 검사대에 눕힌 후 의사와 기사가 함께 참여하여 의사는 환자의 상태를 관찰하면서 검사부위에 따라 심장기능을 검사하며, 기사는 검사기구를 조작하거나 의사를 보조하는 작업을 행한다. 환자 1인당 검사소요시간은 약 60분 정도이다.

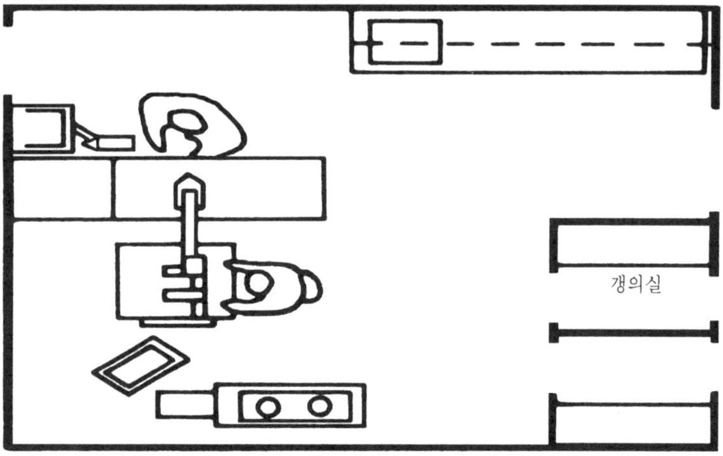

그림 6-13 초음파 검사실의 설계 예[12]

11) Ritter : Krankenhaus sarierung, p. 56, 1988.
12) Ritter : Ibid., p 56.

3) 호흡기능검사실

호흡기능검사는 검사에 따라 폐기능검사와 일정한 운동을 하면서 검사하는 운동부하폐기능검사로 나뉘어진다. 작업의 흐름은 접수한 환자를 확인하고 환자의 신체 조건 및 검사실 내의 기후조건(온도, 기압) 등을 기록한 다음 검사에 들어간다. 일반적으로 환자 1인당 소요시간은 시험결과의 계산 등을 포함하여 약 60분 가량이 소요된다. 특히 검사시 가스의 사용이 있으므로 검사실 내의 환기가 잘 되도록 해야 한다.

4) 뇌파검사실

뇌파검사는 교류등 전위 장애를 차단하는 실-드룸에서 이루어지며, 기사는 작업실에서 유리창을 통하여 검사실을 들여다보면서 검사를 행한다. 작업의 흐름은 접수받은 환자를 확인하고 검사시 주의사항을 일러준 후 검사대에 눕히고 환자의 두부에 기계로부터 연결된 니드를 부착한 후 검사기계를 작동시킨다. 검사를 완료한 후에는 환자에게 처치요령을 알려주며, 니드의 소독 및 기록지 정리를 한다. 일반적으로 환자 1인당 소요시간은 약 40분 정도 걸리나 개개의 환자에 따라 이상뇌파를 나타나는 시간의 차가 있기 때문에 평균 60분으로 보아야 한다. 뇌파검사는 작업실과 검사실이 완전히 분리 되어야 하고, 검사실은 전기적 위험을 방지하기 위한 차폐와 수면시 검사할 수 있는 조용한 분위기가 요구되며, 검사 후 환자 두부에 바른 약을 닦을 수 있는 세면실이 필요하다.

5) 근전도검사실

작업의 흐름은 접수된 환자를 확인한 후 검사대에 눕혀 니-드를 부착시켜 검사를 한다. 일반적으로 이 검사는 전문의가 직접 행하고 기사는 환자의 보조 및 기기의 점등을 한다. 환자 1인당 소요시간은 약 60분 정도가 걸리며, 대부분의 환자가 지체부자유자이기 때문에 휠체어 및 스트레처를 이용하는 환자에 대한 고려가 필요하다. 검사실은 전기적 장애를 방지하기 위한 차폐가 요구된다. 또한 대부분 탈의 후 검사가 행하여지기 때문에 실의 온도조절이 용이해야 한다.

6) 내시경검사실

내시경검사는 구강이나 항문을 통하여 내시경을 소화기관 속으로 삽입하여 소화관 상하부 점막의 염증, 종양 및 병변을 검사하는 것으로, 생리기능검사부에서는 대부분의 검사가 위·장 내시경검사로 구성되어 있고, 기타 산부인과, 비뇨기과 검사는 각 과에 분산 배치되는 것이 보통이다. 내시경검사의 작업 흐름은, 접수된 환자를 확인하고 전 처치로 가스제거제 주입, 구강마취약 복용 및 주사 등을 검사 5~10 분 전에 행한다. 기사(또는 간호원)는 검사 후 기기 소독 및 검사대 정리, 기록지 정리를 하며 검사시 사진 촬영이나 조직 채취를 하였을 경우 현상실, 해부병리부에 의뢰한다. 검사기기의 1차 소독은 싱크대에서 세척하고 2차 소독은 소독기에 넣어 소독하며, 환자 1인당 소요시간은 위경검사의 경우 약 30분, 장경검사의 경우 약 60분 정도 소요되나 병변의 상태 또는 검사과정상 더 소요될 수 있다. 내시경검사는 검사 전 처치와 갱의를 할 수 있는 준비실이 필요하며, 이는 검사실과 분리되는 것이 바람직하다. 특히 검사기기(내시경) 세척실은 검사실과 분리되어 검사에 방해를 주지 말아야 한다. 검사실 바닥 및 내부 마감은 다른 환자로부터 전염을 막기 위해 소독 및 청결을 유지할 수 있는 마감재료가 필요하며, 복강경검사의 경우에는 수술의 일종으로 수술실과 같은 시설이 요구된다.

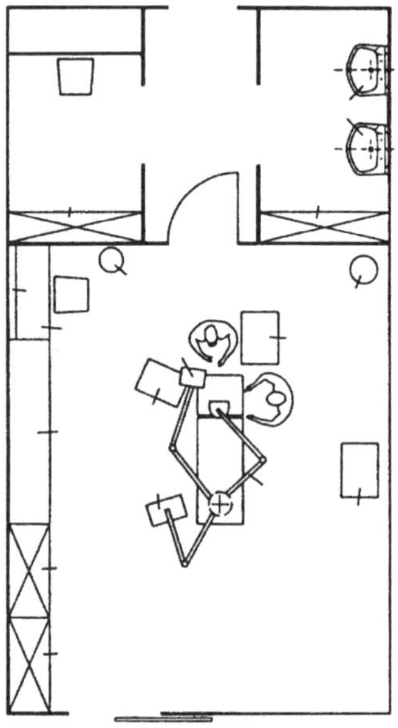

30m²

그림 6-14 위내시경 검사실의 설계 예[13)]

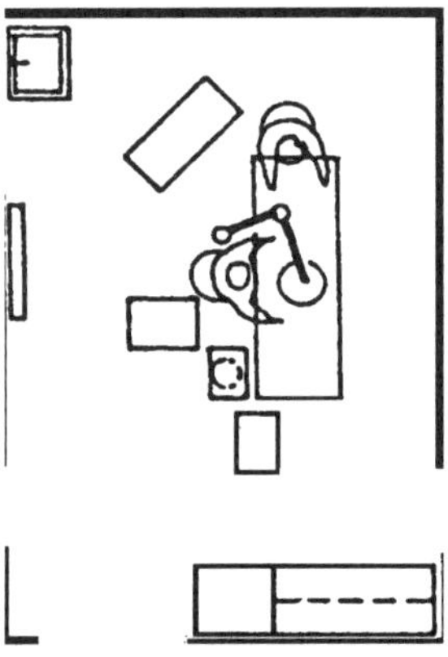

24.0m²

그림 6-15 장내시경 검사실의 설계 예[14)]

13)~14) Ritter : Ibid., p. 56.

2. 보조공간의 구성

1) 접수실

접수실의 기능은 외래·입원·환자의 접수뿐 아니라, 검사 스케줄과 검사 준비 및 검사통계표 작성 등의 관리 업무에 있다. 또한 검사결과를 정리하여 필요 부서에 보내 주며 필요한 시설로는 접수 및 사무대, 컴퓨터단말기 및 서류를 보관하는 선반 등이 있다.

2) 환자대기실

일반적으로 생리기능검사는 환자의 정신 상태와 상당히 밀접한 관계를 갖고 있으므로 검사 전 환자의 심신 안정을 위한 조용한 대기실이 필요하다. 그러나, 환자대기실은 일반적으로 경시되는 경향이 있어 환자들이 복잡한 복도에서 대기하는 예가 많다. 특히 입원환자 중 베드나 스트레처로 오는 환자가 있기 때문에 이를 외래환자와 분리시켜 복도에 알코브를 두어 스트레처를 위한 대기실을 마련하면 직원과 환자의 동선이 혼합되는 복도 형식에서도 어느 정도 혼잡함을 감소시킬 수 있다.

3) 검사준비실 및 처치실

검사시 필요한 행위 및 절차를 설명하며, 갱의, 체중 및 체온측정, 검사 전 주사 투여 등의 행위가 이루어지는 곳으로, 준비, 처치실을 효과적으로 운영하면 검사실 작업의 효율성을 높일 수 있다.

4) 창고 및 데이터보관실

검사부 내의 창고는 약품, 검사기구, 검사용지, 처치용품, 소독물 등을 보관하는 장소로, 기존의 병원에서는 대부분 검사실의 창고면적이 부족하여 각 검사실 내에 이를 비치시킴으로써 검사실 환경 및 작업에 지장을 초래하고 있다. 또, 각종 데이터도 보관실의 면적이 협소하여 대부분의 조사 병원에서는 검사실 내에 보관함으로써 검사실 내 동선 혼잡의 원인이 되고 있다. 창고와 데이터보관실 면적이 부족하다는 것은 검사부 자체의 면적이 불충분한 데 그 이유가 있으므로 될 수 있는 한 계획 단계에서 명확하게 확보해 줌이 바람직하다.

5) 기타 관리 및 후생공간

의사실과 기사실은 실의 쾌적성을 위하여 되도록 자연광과 환기를 취하도록 해야 한다. 자칫하면 작업성의 추구에만 눈을 돌려 거주환경을 무시한 계획이 되기 쉽다. 즉, 기사실, 갱의실 등을 소홀히 하기 쉬우나, 이러한 요구를 무시하게 되면 다른 기능을 방해하는 요인으로 나타나게 됨을 고려해야 한다. 그 외 후생공간으로 직원 갱의실, 직원화장실, 회의실 등이 있다.

6-2-7 혈액은행

1. 혈액은행의 기능과 특성

병원 혈액은행의 주임무는 혈액의 조달과 혈액의 검사이다.

병원 혈액은행에는 대한적십자사혈액원으로부터 필요한 혈액을 공급받아 적시에 각 부에 공급 관리하며, 임상측으로부터 요청된 특수한 혈액을 공혈자를 모아 스스로 원내 채혈에 의해 공급하는 일이다. 또, 거꾸로 각 병동과 수술부에서 사용되지 않는 혈액을 회수하는 일도 포함한다. 이전에는 채혈한 피를 바로 수혈하는 전혈수혈이 거의 대부분을 점했지만, 최근에는 혈액중의 성분 내에서 환자가 필요로 하는 부분을 수혈 보충하는 성분수혈의 방법도 이용되고 있다. 이것은 불필요한 성분을 수혈하는 것에 의한 부작용을 방지하고, 다량의 수혈에 의한 환자의 신체적 손상을 경감시키며, 공급된 혈액을 유효하게 이용한다.

대병원을 제외하면 일반적으로는 혈액은행을 두지 않고 혈액원에 대한 발주・접수・보관 등의 업무를 검사부에서 담당하게 한다. 병원 혈액은행에서의 작업을 정리하면 다음과 같다.

1) 검사

혈액형 판정, 특수혈액형에 대한 항체의 검출, 교차적합시험, 항원, 항체검사, 간염바이러스검사 등을 한다.

2) 보존과 공급

혈액원으로부터 받은 전혈과 성분제제를 각각에 적합한 온도의 상태로 관리하여 각 부에 공급한다. 혈액의 변화와 수혈 과오를 피하기 위하여 원칙적으로 중앙 관리한다. 수혈 성과를 관리하기 위하여 수혈시험체를 보존한다.

3) 채혈과 제제

당일의 신선한 혈액과 기타 유효기간이 짧은 혈액, 더욱더 당해 환자에게 질적으로 좋은 특수한 제제가 필요한 경우 혈액원에 의해 다량으로 제제를 하는 기관에서 제제한 것, 자기혈액 등을 대상으로 이루어진다.

4) 원내 컨설팅

각 과로부터 혈액 신청이 오면 적절한 수혈용 혈액을 대상으로 조언하다.

5) 수혈 업무의 관리

과오 수혈과 혈액은행 작용을 방지하기 위하여 수혈작업자의 지도를 시작으로 공혈자, 환자, 사무수속 등을 정규적으로 체크한다. 또 수혈 후의 추적 조사도 한다.

대병원을 제외하면 일반적으로는 혈액은행을 두지 않고 혈액원에 대한 발주·접수·보관 등의 업무를 검사부나 약국에서 담당하게 하고 있는 병원이 많다.

2. 혈액 공급의 체계와 흐름

1) 혈액공급의 체계

수술을 비롯하여 의료의 각 분야에서 수혈의 중요성은 점점 커지고 있다. 이 때문에 혈액의 조달에 대해 이전에는 병원 개개의 노력과 매혈에 의존하고 있던 시기도 있었지만, 지금은 대한적십자사가 서울에 중앙 혈액원, 각 도에 지방 혈액원을 두어 이들이 중심이 되어 헌혈을 기반으로 한 전국적인 공급 체계를 갖추어 24시간 모든 의료기관의 수요에 응하고 있다. 각 병원은 필요에 따라 지방 혈액원에 신청하면 전혈제제(보존혈·신선혈)이든 성분제제이든 즉시 배달 받을 수 있게 되었다.

2) 채혈의 순서

병원에서의 채혈을 전제로 그 순서는 다음과 같다.

(1) 접수

공혈자의 대기를 겸한다.

(2) 진찰

혈액의 비중 측정, 혈액형의 판정, 문진, 혈압 측정 등 필요에 따라 청타진도 한다.

(3) 채혈

채혈은 최근에는 오픈채혈법을 사용한다. 성분채혈은 어느 정도 시간이 걸리기 때문에(현재는 세 시간 정도), 별실 또는 커튼으로 칸을 막은 한쪽 구석에서 전용의 침대(채혈베드)를 사용하고 있다. 병원에서 자가채혈을 하는 것은 대부분 신선한 혈액이 요구될 때이기 때문에 보존으로 돌리는 것은 적다.

(4) 검사

앞에서 말한 것 같은 검사를 한 후, 이상이 없으면 즉시 청구 부문에 보낸다. 검사를 위한 설비를 혈액은행 내에 두지 않고 검사 일체를 검사부에 의뢰하고 있는 병원도 있다.

(5) 관찰

채혈 후 공혈자의 상태를 관찰하고 음식물 등을 제공한다.

3. 타 부서와의 관계

주요 공급처는 병동의 수술부이며, 이 부분과 긴밀히 연결한다. 또, 다수의 공혈자가 병원에 오거나, 긴급히 혈액이 필요한 심야에 혈액원으로부터 요청되는 일도 있기 때문에 즉시 처리할 근처에 항시 사람이 있어야 한다.

또 검체검사부와의 관계는 밀접해야 한다. 중소 병원에서는 오로지 혈액원으로부터 제공된 혈액을 보존하여 각 부에 공급하고, 부의 자격으로 독립되어 있지 않고 검사부에 속해져 있는 일이 많다. 이 경우 병원 채혈은 병동 등에서 행해지는 일도 많다.

4. 소요공간

혈액은행의 소요실은 다음과 같다.

1) 접수

공혈자의 접수, 등록을 위한 예비 검체 접수 장소를 만든다.

2) 대기실

회복실을 겸한다. 다수의 공혈자가 동시에 오는 일이 있을 때의 여유를 준다. 채혈 후에 음식이나 차 등을 준비할 필요가 있다.

3) 예진실

일반진찰실에 준한다.

4) 채혈실

전혈채혈은 그다지 시간을 요하지 않지만 성분채혈은 시간이 걸리기 때문에 적당한 배려가 요망된다. 채혈대, 채혈베드, 연속혈액성분채혈장치 등이 설치된다.

5) 검사실

일반검체검사실에 준한다. 검사대는 서서 작업하기 편리한 높이로 하는 것이 좋다. 한 편에 긴급검사 코너를 만들어 놓으면 야간이나 긴급시에 편리하다. 원심분리기, 항온조, 수평진탕기, 살균기, 흡인펌프 등이 설치된다.

6) 보존실

혈액원으로부터 공급된 보존혈액, 교차적합시험냉동고(-20℃,~60℃) 등에 넣어 보존한다. 필히 비상용 전원에 접속한다.

7) 무균실

성분제제를 만든다. 소규모의 경우는 크린벤치라도 좋다. 혈장분리장치, 냉각원심기 등이 설치된다.

8) 기자재실

일회용 제품과 예비 기계를 보관한다. 감염을 피하기 위하여 기구는 주의하여 취급한다.

9) 사무실

과오 수혈에는 사무적인 착오에 의한 것도 많다.

10) 기타

회의실, 직원실, 창고 등

6-3 방사선부

방사선부는 방사선을 이용하여 질병의 진단과 치료를 행하는 부문으로 진단방사선부, 치료방사선부, 핵의학 부문으로 구성된다. 각 부문은 방사선 방호라는 공통적 특성을 가지고 있다. 이 중 진단방사선부는 병원급 이상의 병원에서는 일반적으로 갖추고 있는 반면에 치료방사선부는 500병상 이상 정도의 대규모 병원에서 운영하고 있다. 그리고, 핵의학부는 최근 들어 이용이 매우 증가하고 있는 부서로서 임상검사적인 특성과 영상의학적인 특성을 가지고 있고, 진단과 치료의 양쪽 측면을 가지고 있는 부문이다. 위의 세 부문은 병원 내에서 각기 독자적으로 운영되고 있고, 각각의 독립적인 위치를 하고 있는 것이 일반적이다.

6-3-1 진단방사선부

1. 운영방식과 위치

1) 운영방식

진단방사선부의 시설이 간단하고 모든 진료가 각 과 중심으로 운영되던 시기에는 시설이 각 과에 분산, 설치되는 경우도 있었다. 최근의 경우에도 입원, 외래용 혹은 촬영실 유형별 등으로 구분하여 분산 배치하는 경우도 있다. 시설을 분산화함으로써 얻을 수 있는 장점은 환자가 시설에 접근하기가 쉽고, 환자의 대기시간을 단축할 수 있는 점이다. 이것은 시설의 경제성이나, 효율성보다는 각 과에서의 이용의 편리성에 우선한 데 있다. 그러나, 진단방사선부의 시설이 점차 복잡해지고 전기, 기계적인 특수성과 방사선 방어 관리 등의 문제로 현재는 한곳에 모아서 중앙화하는 것이 일반적인 경향이다.

또한, 시설의 운영주체가 어디인가에 따라서 필요로 되는 실 구성이 달라지게 된다. 우리나라의 경우는 의사, 간호사 등이 진단방사선부에 전속으로 있고, 모든 촬영의 주체를 진단방사선부에서 전담하며, 필름의 판독, 보관도 모두 진단방사선부에서 하는 형이다. 이와 같은 유형에는 촬영에 필요한 시설뿐만이 아니라 필름을 정리, 판독, 보관하는 시설과 회의실, 의사실, 물품보관실 등 제반 사무작업에 관계되는 실들이 충분히 계획되어야 한다. 병원에 따라서는 심혈관조영촬영은 흉부외과에서 운영하는 경우도 있으나, 이 경우에도 시설은 모두 진단방사선부로 통합하는 것이 시설의 관리, 운영 측면에서 유리하다. 일본의 경우는 특수촬영의 경우, 각 과의 의사가 간호사 등을 동반하여 진단방사선부의 시설을 이용하거나, 필름의 판독, 보관 등을 각 과에서 하는 경우가 보다 많다. 이 경우 시설 내에 필름의 판독, 보관을 위한 실과 회의실 등이 우리나라의 경우와는 다르게 된다. 미국과 유럽 등에서는 대부분 우리나라와 같은 방식으로 운영되고 있다. 이와 같은 운영방식의 차이는 각 나라의 의료 제도, 의학 교육, 진료체계 등과 관련되는 요소이다. 병원의 진료기능에서 검사의 비중이 증가하고 있으며, 영상의학의 발전과 진단방사선부의 특성 등을 고려할 때 현재 우리나라에서의 일반적인 운영방식인 진단방사선부 중심형의 운영방식이 계속될 것으로 예상되기 때문에 시설의 계획도 이에 따라야 될 것이다.

2) 위치

진단방사선부에 대한 중요성을 충분히 인식하지 못하였던 진단방사선부 초기 시대에는 진단방사선부가 지하에 위치하는 것이 보통이었으며, 방사선 방호라는 문제로 이 부문은 자연히 사람들과 떨어진 장소에 설치되어졌다. 그러나, 현재에는 연판과 콘크리트 벽의 사용으로 진단방사선부는 더 이상 지하에 위치할 필요가 없게 되었다. 방사선촬영을 위해서는 환자가 이곳까지 직접 와야 하기 때문에 외래진료부, 병동, 응급실 등과의 관계를 고려하여 환자들이 편리하고 쉽게 이용할 수 있는 위치 설정이 필요하다. 진단방사선부를 이용하는 입원·외래환자의 비율은 병원의 규모, 특성 등에 따라 차이가 나지만, 대체로 각기 50% 정도를 차지하고 있다.

또한, 진단방사선부는 계속적으로 증가하는 촬영 건수와 새로운 촬영기기의 도입 등으로 시설의 확장이 요구되는 부문으로서, 확장 시에 시설이 분산되는 것을 막기 위하여 외부로 연속하여 확장할 수 있는 방안이나 인접한 타 부서로 쉽게 확장할 수 있는 계획에 대한 것이 사전에 고려되어야 한다.

(1) 외래부와의 관계

외래 각 과별 촬영의 비율은 내과 32~45%, 정형외과 20~22%, 소아과 4~11%, 일반외과 3~6%, 이비인후과 2~14%, 신경외과 5~6% 등의 분포[15]로 외래진료과 중에서도 이용이 많은 내과, 정형외과 등에서 편리하게 이용할 수 있는 위치 설정이 필요하다.

(2) 병동과의 관계

병동과의 관계는 병원의 형태와 블록플랜에 관계되는 것으로, 우리나라의 병원은 대부분 저층에는 외래진료부, 중앙진료부 등이 위치하고, 병동은 하나의 코어를 중심으로 수직으로 연결되는 형태를 띠고 있다. 이와 같은 형태에서 진단방사선부와 병동과의 관계는 승강기와의 위치 관계를 고려해야 한다. 그리고, 병동에서의 이용은 침대차나 휠체어를 이용하는 환자가 많기 때문에 승강기홀에서 진단방사선부까지의 동선이 짧게 연결되고, 가급적 일반외래환자와의 동선 교차를 피하는 것이 바람직하다. 병동의 형태를 저층병렬형으로 할 경우에는 각 과별 촬영 종류와 비율을 고려하여 병동, 진단방사선부의 위치를 고려해야할 것이다.

(3) 응급부와의 관계

응급실의 환자를 얼마나 신속하고 안전하게 진단방사선부에 데려올 수 있는가 하는 측면에서 응급부와의 위치 관계가 고려되어야 한다. 진단방사선부와 응급부가 서로 다른 층에 위치하거나 병원이 대규모 할 경우 응급부에 별도의 촬영실이 설치되는 경우가 있다. 그러나, 촬영 종류의 제한으로 응급부에서의 촬영이 곤란한 환자는 진단방사선부로 이송해야 하는 점과, 암실 운영과 직원 관리 등의 문제를 고려할 때 진단방사선부와 응급부는 상호 가까운 위치에 배치하는 것이 바람직하다.

(4) 수술부와의 관계

수술부에서의 촬영은 수술 계획에 따라 수술부에 설치된 촬영기기로 혹은 이동용 촬영기기를 운반하여 촬영하고 있다. 진단방사선부와 수술부 간의 이동은 직원과 이동용 촬영기기에 한정되므로 쉽게 이동하기 위한 승강기와 계단과의 위치를 고려하면 될 것이다.

15) 유영민 : 종합병원 방사선진단부의 건축계획에 관한 연구, 한양대 대학원, p. 53, 1985.

2. 부문의 구성과 면적

1) 부문의 구성

진단방사선부는 촬영작업이 직접 행해지는 촬영구역과 환자들의 촬영 전・후의 대기 등이 이루어지는 환자구역, 직원들의 촬영에 부수되는 작업이 행해지는 사무작업구역으로 구성된다. 이 중 가장 기본이 되는 곳이 촬영실과 조작실로 이루어지는 촬영구역으로, 병원의 규모, 진료과의 특성 등에 따라 필요 촬영실수와 촬영기기 등이 결정된다.

(1) 환자구역 : 대기실(대기복도), 화장실, 탈의실 등으로 구성된다.
(2) 촬영구역 : 다음과 같은 각 종류의 촬영실과 조작실로 구성된다.
- 일반, 단순촬영계
- 특수촬영계 : 소화기계, 비뇨, 부인, 담도, 부인계와 순환기계 등으로 구성된다.
- 전산화단층촬영(CT)
- 자기공명영상진단(MRI)
- 초음파촬영

(3) 사무작업구역 : 접수(실), 암실, 필름정리실, 필름창고, 필름보관실, 판독실, 회의실, 의사실, 기사실, 전공의실, 간호사실, 사무실, 준비실, 당직실, 장비보관실, 탈의실, 휴게실, 화장실 등으로 구성된다.

표 6-8 병상수에 따른 촬영실수

촬영실 종류 \ 병상 수		100	300	500	700	1,000
일반, 단순촬영계		1	2	4	5	7
특수촬영계	소화기계, 비뇨, 담도	1	2	2	3	5
	혈관계		1	2	2	3
컴퓨터단층촬영(CT)			(1)	1	1+(1)	2
핵자기공명영상진단(MRI)				(1)	1	1+(1)
초음파		1	1+(1)	2+(1)	3	5

※ ( ) 선택적 설치

일반적으로 촬영실 수는 100병상당 약 1.6실이라는 연구 자료[16]가 제시되고 있다. 이것은 일반촬영과 특수촬영만을 고려한 계산값으로 이 외에 전산화단층촬영기, 자기공명영상진단기 등이 병원의

16) 유영민 : op.cit., p. 53.

규모와 진료 특성에 따라 추가 설치된다.

2) 면적

진단방사선부의 총 면적은 병원 연면적의 3.0~4.0% 정도로서 촬영실 1실당 80~120m^{2}의 범위에 많이 분포하고 있다. 우리나라의 진단방사선부와 운영방식이 유사한 구미의 병원에서는 촬영실 1실당 150~220m^{2}의 범위로 우리나라보다는 매우 크다. 병상당 병원의 연면적이 점차 커지는 경향으로 볼 때 진단방사선부의 면적도 비례하여 증가할 것으로 예상된다.

환자구역, 촬영구역, 작업구역의 면적 구성 비율은 환자구역 12.5~17.4%. 촬영구역 47.2~51.0%, 작업구역 31.6~37.4%의 분포로 촬영구역의 면적이 50%정도를 차지하고 있다. 구미에서 제안되고 있는 비율의 분포는 환자구역 20~25%, 촬영구역 30~35%, 작업구역 40~50% 정도로서 작업구역의 면적 비율이 우리나라보다 매우 큼을 알 수 있다. 이것은 우리나라 병원 진단방사선부의 면적이 전반적으로 작은 가운데서도 촬영구역은 촬영기기의 설치와 작업에 필요한 일정 면적을 확보해야 하기 때문에 상대적으로 환자구역과 작업구역의 면적이 작아지고 있다. 앞으로 진단방사선부의 계획시에는 환자구역과 작업구역의 면적을 좀더 여유있게 확보해야 할 것이다.

표 6-9 촬영실 1실당 진단방사선부의 총면적*

나 라	면적(m^2)
스웨덴(S.P.R.I)	225
독일(Von Stromberg)	150-200
네델란드(Puijlaert)	150-200
벨기에(Baert)	145
프랑스(Lamarque)	150-200
미국(Altman)	160
일본(조사병원)	60-140
한국(조사병원)	80-120

※자료 : 유영민 : op.cit., p. 32.

3. 평면구성

진단방사선부에서의 행위는 직원의 경우 촬영작업과 필름을 처리하는 과정에서 많은 움직임이 발생하고 환자는 이곳까지 직접 와서 촬영을 하기 때문에 환자가 접수, 대기, 촬영, 귀가하기까지의 행위 및 동선도 복잡하다. 또한, 환자와 직원 간의 적절한 분리와 접촉은 원활한 진단방사선부의 업무를 위해 매우 필요하다. 따라서, 진단방사선부의 평면구성은 촬영구역을 중심으로 환자들의 대기구역과 직원들의 작업구역이 상호 어떻게 구성되느냐 하는 것이 매우 중요하다. 직원과 환자 간의 연락 관계, 암실로의 필름 운반 동선, 환자 대기 복도와 직원들의 작업상의 왕래를 위한 복도의 혼합·분리 등에 따라 크게 네 가지 유형으로 구분할 수 있다.

1) 혼합복도형

직원·환자 간의 연락은 암실 혹은 접수실 등을 오가면서 할 수 있으나, 환자들이 촬영실이나 조작실의 직원에게 접근하기가 어렵고, 암실로의 필름카세트 운반 동선이 환자구역을 통과하게 된다.

2) 혼합복도조작실형

복도, 대기실의 환자가 조작실의 직원에게 접근하기가 좋고, 직원·환자 간의 연락이 편한 반면, 암실로의 필름카세트 운반을 환자구역을 통해서 해야 한다.

3) 복노분리형

암실로의 필름카세트 운반을 직원의 작업구역 내에서 할 수 있으나, 환자들이 직원에게 접근하기가 불편하고, 직원·환자 간의 연락 또한 불편하다.

4) 접점형

복도분리조작실형으로 복도분리형에 촬영실과 촬영실 사이에 조작실을 두어 복도분리형에서의 단점인 직원, 환자 상호간의 접근의 어려움을 해소하고자 하는 개념이다. 환자복도와 직원복도 간에 접점을 설치하여 환자·직원 상호간의 접근을 쉽게 하려는 의도의 평면형은 외국에서도 찾아볼 수 있다.

이와 같은 접점형 촬영실을 모든 촬영실에 적용하기보다는 환자가 많은 일반단순촬영실과 특수촬영 중 위장투시촬영실 정도에 한정하고, 그밖의 촬영실은 복도분리형으로 함으로써 면적 증가를 최소로 할 수 있다. 접점형 평면은 진단방사선부가 점차 복잡해져 가는 상황에서 환자와 직원이 쉽게 접촉, 연락할 수 있는 접점을 제공한다는 측면에서 보다 긍정적으로 받아들여질 수 있다.

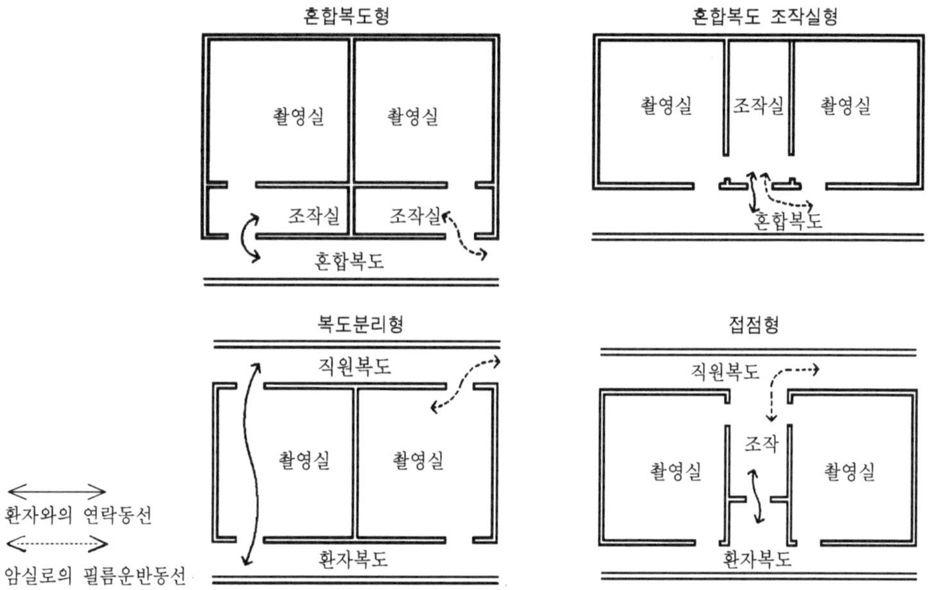

그림 6-16 평면구성의 유형

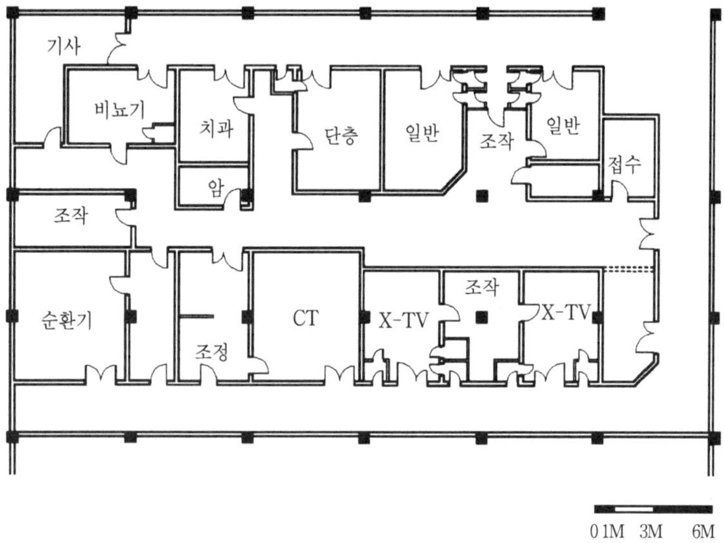

知多市民病院(일본, 1983, 300병상)

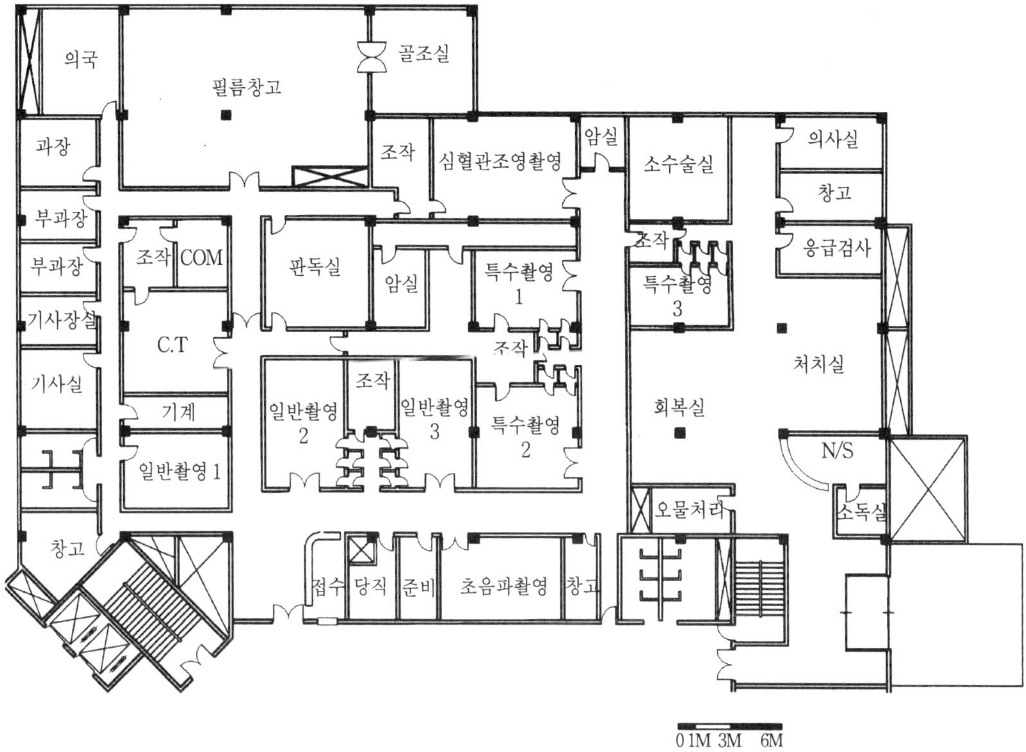

국립경찰병원

그림 6-17 접점형 평면의 예

4. 각 실의 계획

1) 촬영실

촬영실에서의 행위가 병원 내에서의 특수한 시설 중의 하나인 수술실에서의 행위와 크게 다른 점은 수술실에서는 일반적으로 여러 명의 의사와 간호사가 수술대를 중심으로 그 주위를 에워싸고 수술을 하는 반면, 촬영실에서의 촬영 작업은 촬영의 종류에 따라 차이가 나기는 하나 주로 촬영대 앞쪽에서 행해지고 조작실과의 위치 관계가 중요하다는 것이다. 그러므로, 수술실에서는 수술대의 위치가 실의 중앙에 오는 반면에, 촬영실에서는 촬영대를 벽 쪽 가까이 설치하여 환자의 침대차 접근과 직원의 작업행위가 촬영대 앞쪽에서 자연스럽게 행해지도록 하는 것이 바람직하다. 혈관조영 촬영의 경우는 촬영작업의 특성이 수술 행위에 준하므로, 반대편 쪽에서의 작업 공간도 고려해야 한다.

촬영실은 환자, 특히 침대차가 촬영대에 쉽게 접근할 수 있고, 조작실 직원의 촬영실의 작업 관찰, 직원 동선의 단축과 촬영 작업의 편리성, 조작실의 직원과 대기실 환자간의 상호 접근성의 측면 등이 고려되어야 한다.

(1) 일반, 단순촬영실

촬영 소요시간이 짧은 반면에 촬영 건수가 많기 때문에 진단방사선부 입구 가까운 곳에 배치하여 환자들의 동선을 짧게 처리하는 것이 바람직하다.

(2) 투시촬영실

조영제를 사용하여 위장, 대장 등의 장검사와 비뇨기 계통의 촬영이 행해지는 실로, 장검사를 위하여 화장실을 설치한다.

(3) 혈관조영촬영실

혈관조영촬영은 검사 부위에 따라 심혈관계, 복부혈관계, 사지혈관계, 뇌혈관계로 나뉘어진다. 조영제 주입을 위해 혈관을 노출시킬 필요가 있기 때문에 수술실에 준하는 실의 설비가 필요하다.

혈관조영촬영실 중에서도 심혈관조영촬영실은 방사선 발생장치, 필름교환기, 카테타 주입용 테이블이 필요하고, 그밖에 영상장치로

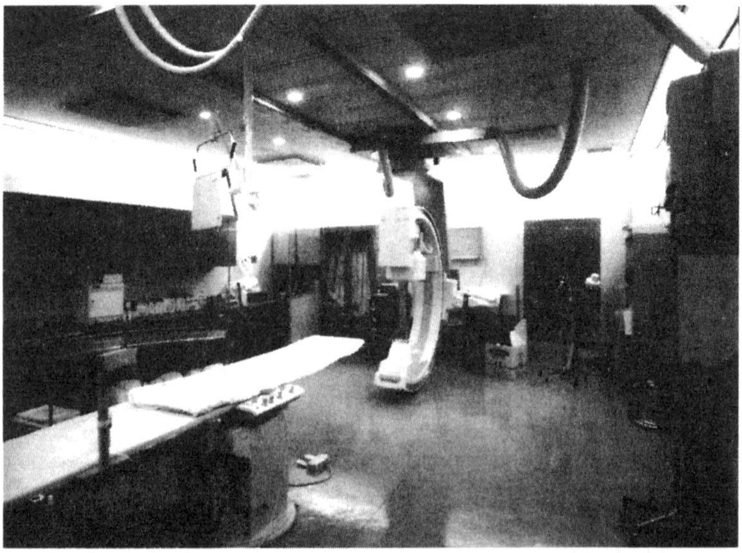

그림 6-18 혈관조영촬영실

서 영상증폭기(image intensifier), 심세동제거장치 등이 각기 유기적으로 결합되어 구성된다. 이 때문에 실도 수술에 준하는 청결도와 공기조화, 조명설비 등이 갖추어져야 한다.

(4) 전산화단층촬영실(Computerized Tomography : CT)

컴퓨터를 사용하기 때문에 공기조화시설이 필요하고 장비의 중량에 대한 바닥 하중도 고려해야 한다. 촬영실 내에서의 행위는 비교적 간단하게 처리되고 촬영실 내의 장비도 촬영테이블과 갠트리(gantry)정도로 비교적 간단하다. CT실은 촬영실 이외에 소작실, 컴퓨터실, 기계실 등의 면적이 매우 크다. 이의 크기는 20~45m^2의 범위로 촬영실 면적의 50~100%에 해당하며, 촬영실 계획시에는 이에 대한 면적도 충분히 고려하여야 한다.

(5) 자기공명영상진단실(Magnetic Resonance Imaging : MRI)

X선이나 방사성 동위원소 등과 같이 인체에 유해한 방사선을 이용하지 않고, 비전리 방사선인 고주파와 자석만을 이용하여 인체의 단면을 촬영하는 영상진단방법이다. MRI장치의 특성인 자장의 균일도를 유지할 목적으로 다음과 같은 내용을 계획시에 고려해야 한다.

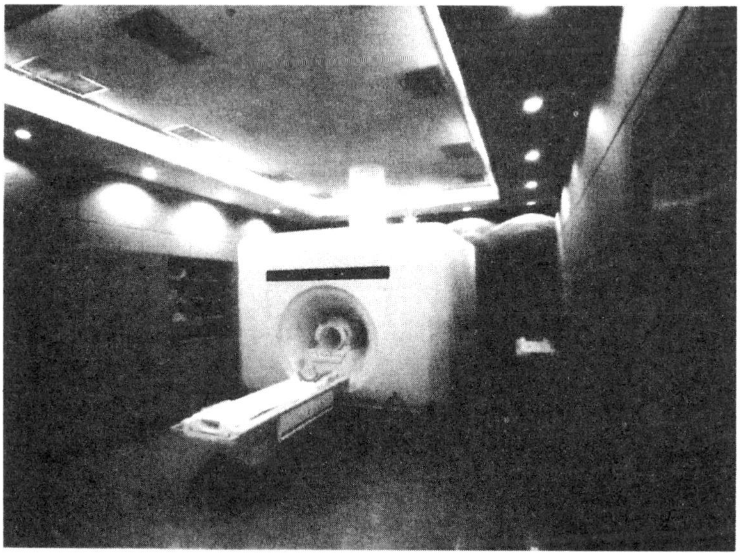

그림 6-19 자기공명영상진단실(MRI실)

① 건물 구조 및 건축 관계

- 외부로부터 들어오는 전파와 병원 내의 의료기기 등에서 발생하는 고주파를 차폐한다.
- MRI장치의 자석 코일에서 발생하는 전자기파가 외부로 누설되는 것을 차폐한다.
- MRI장치 설치 부분의 구조 부재는 비자성체의 재료를 사용한다.
- 장치의 부피가 크고 무겁기 때문에 설치시 반입 통로를 확보하고와 바닥 하중에 대하여 고려한다.
- 냉매인 액체 헬륨가스 저장 용기의 정기적 충진 작업에 따른 용기이동을 고려한다

② 전기 설비 관계

- MRI 시스템용 및 공조용 전원을 확보한다.
- 조명, 표시등, 비상등, 연기감지기, 공조센서 등을 설치한다.
- 접지 등에 관한 사항을 고려한다.

③ 공조 설비 관계

- 기기의 발열량에 대한 공조부하를 고려하고 비상시의 가스 배기 설비와 관련한 산소 농도 모니터를 검사실 내에 설치한다.
- 검사실 : 차폐실의 경우 급·배기구와 공조덕트와의 연결부위는 전기적인 절연이 필요하다.

④ 의료 가스, 급수 설비, 헬륨가스 설비

- MRI장치의 기종에 따라 냉각수를 사용하기 때문에 급·배수 설비와 전용 물탱크의 설치가 필요하다.
- 검사실 내의 의료가스 배관과 증발 헬륨 가스의 배기관 등은 차폐실의 차폐 효과를 저하시키므로 전기적인 절연이 요구된다.

⑤ 전자파 차폐

- 고화질의 영상 구성을 위해서는 자석 코일의 균일한 자장 유지가 반드시 필요하다. 자장의 영향은 자석 본체에서 발생하는 자장이 외부에 미치는 것을 차단하기 위한 자기 차폐와, 외부의 잡음전파가 MRI장치에 미치는 영향을 없애기 위한 고주파 차폐가 있다. 따라서, 내부와 외부에서 발생하는 모든 전자파의 영향을 차단하기 위한 차폐 시설이 필요하다.

차폐 재료로는 자기 차폐에는 순철, 니켈합금판 등을 사용하고 고주파 차폐에는 연판을 사용한다.

차폐방법에는 ① 새장형, ② 원통형, ③ 축조형, ④ 내장형 등이 있다.

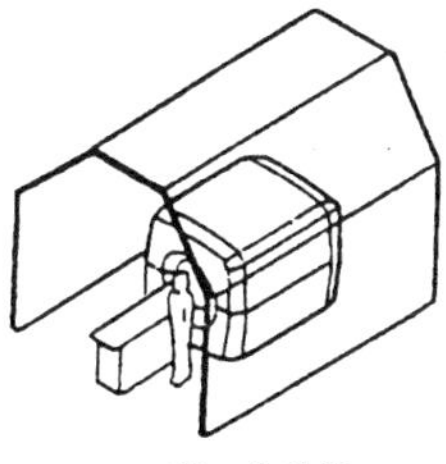

① 새장형

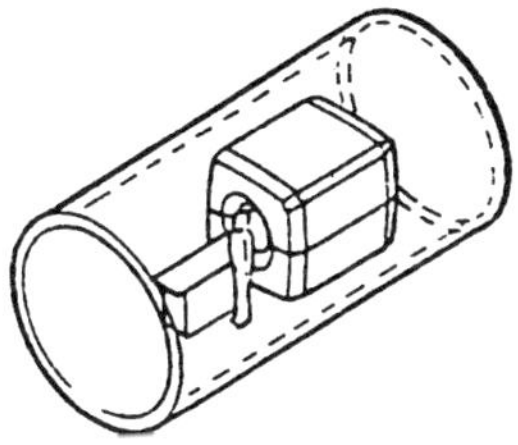

② 원통형

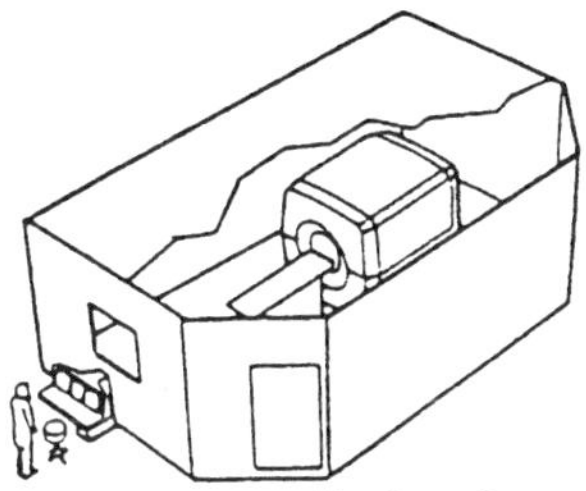

③ 축조형

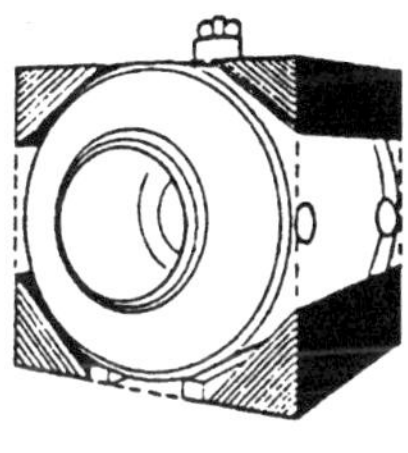

④ 내장형

그림 6-20 차폐방법

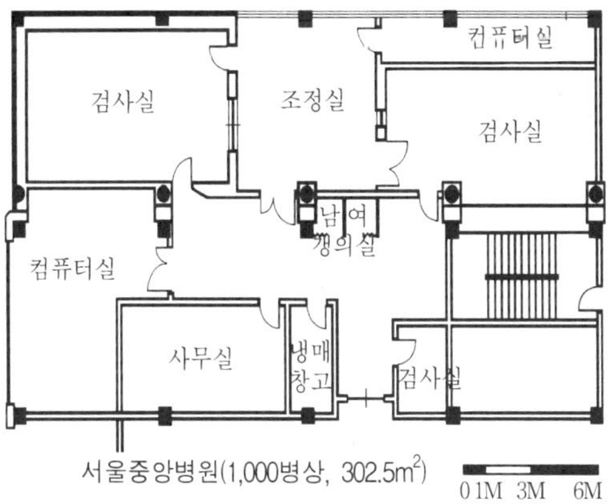

서울중앙병원(1,000병상, 302.5m²)

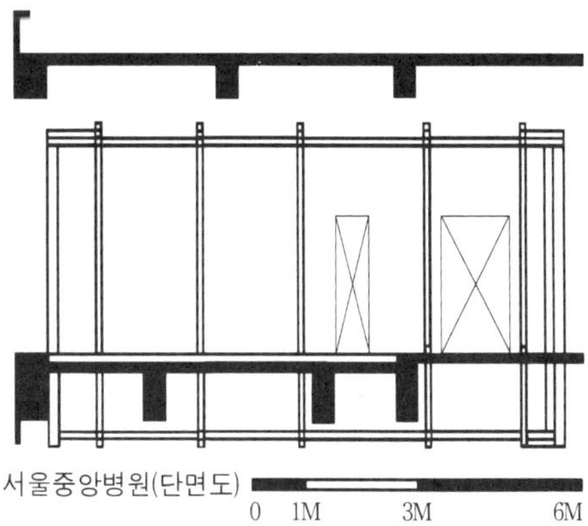

서울중앙병원(단면도)

그림 6-21 MRI실 설계 사례

(6) 초음파촬영실

초음파촬영은 X선이 아닌 초음파를 이용하는 것으로 엄격한 뜻에서 방사선은 아니나, 그 진단법이 영상의학에 속하기 때문에 방사선과 영역에 포함되고 있다. 초음파는 X선 장해에 대한 염려가 없기 때문에 산과 영역 진단에 널리 이용될 뿐만 아니라, 심장과 복부 질환 진단에 광범위하게 활용되고 있다. 초음파촬영실은 방사선에 의한 장해가 없고 촬영기기도 고정 설치되는 것이 아니기 때문에 특별한 실의 설비가 필요치 않다. 이곳은 기기와 실 사용의 융통성을 얻기 위하여 1실에 여러 대의 기기를 설치하여 촬영을 하기도 한다.

(7) 촬영실의 크기

촬영 종류에 따른 각 촬영실의 크기는 각 촬영실에서의 작업 내용과 행위를 고려하고, 문헌 등을 참고할 때 다음과 같은 범위를 제안할 수 있다(표 6-10).

MRI실의 크기는 설치 기종에 따라서 5.0×3.6m(0.2테슬라)에서부터 13.2×7.2m(2.0테슬라)까지 크게 차이가 나고 있다. 일반적으로 9.0×6.0m의 크기가 많이 채택되고 있으나, 실제 설계시에는 설치기종에 대한 것이 고려되어야 할 것이다. 또한, 검사실 이외에 조정실, 컴퓨터실, 탈의실 등 부속제실 면적이 검사실 면적의 1~1.5배에 달하고 있다. 천정고도 기종에 따라 차이는 있으나 2.7~3.0m 정도면 무난하다.

표 6-10 각 촬영실의 크기*

촬영실 \ 크기	면적(m²)	폭(m)	깊이(m)
일반촬영실	22 ~ 30	5.0 ~ 6.0	4.0 ~ 5.0
투시촬영실	24 ~ 36	5.5 ~ 6.6	4.5 ~ 6.0
혈관조연촬영실	42 ~ 56	6.5 ~ 8.0	6.0 ~ 7.5
전산화단층촬영실	36 ~ 40	6.0 ~ 7.5	5.5 ~ 6.5
초음파촬영실	15 ~ 25	4.0 ~ 6.0	3.5 ~ 5.0

※ 유영민 : 종합병원방사선진단부의 건축계획에 관한 연구, 한양대 대학원, 1985.

2) 암실

진단방사선부에서 직원의 행위가 가장 빈번하고 복잡하게 행해지는 것이 촬영실과 암실간의 필름카세트 운반으로서, 암실의 위치는 촬영실에 가깝게 위치시키는 것이 바람직하다. 따라서, 암실은 촬영실군의 중앙에 위치시키는 것이 가장 좋고, 중앙이라 하더라도 촬영건수가 많은 촬영실 군에 근접 배치하는 것이 바람직하다. 일반적으로 암실 옆에는 현상된 필름을 검토하고 정리, 분류하는 필름정리실이 같이 위치하고 있다.

암실을 한곳에 중앙화할 경우 기재와 인력의 효율성을 높일 수 있으나, 촬영실 수가 증가하면 자연히 암실과 촬영실 간의 이동 거리가 길어지게 된다. 최근에는 자동현상기의 보급으로 암실이 분산화하는 경향이 있다. 이것은 기기와 인원이 분산되고 관리상의 문제점이 있으나, 직원들의 동선을 단축시킬 수 있는 장점이 있다. 부문의 규모가 커져서 촬영 실수가 일정 한도 이상 증가하면 암실의 분산화도 자연히 필요케 된다.

3) 필름보관실

각 병원의 진단방사선부에서 공통적으로 대두되는 가장 큰 문제점 중의 하나는 필름보관실의 부족 현상이다. 촬영실 1실당의 연간 필름 매수를 18,000장, 필름보관실 1m^{2}에 보관할 수 있는 필름 매수를 5,000장으로 가정할 때, 촬영실 1실당 필름보관실 면적은 연간 3.6m^{2}가 필요하다. 이것을 우리나라 의료법에 규정되어 있는 최소한의 보관기간 5년을 적용할 때, 촬영 건수의 연간 증가율을 0~10% 정도로 가정하면 5년간의 보관을 위해서는 촬영실 1실당 18~22m^{2}의 면적이 필요하다는 계산이다. 여기에는 필름 정리와 사무를 위한 면적이 제외된 것이다. 이와 같이 많은 면적을 모두 진단방사선부 내에 마련하기란 현실적으로 어려운 점이 많기 때문에 자주 사용하는 필름과 오래된 필름으로 구분하여 진단방사선부내에는 촬영한지 1~3년 정도 된 비교적 최근의 필름만 보관하고, 그 외의 오래된 필름은 타 장소에 보관하는 방법을 택하기도 한다. 필름을 보다 효과적으로 많이 저장하기 위하여 이동보관고(mobile lack) 등이 활용되고 있으나, 근본적인 해결책이 되고 있지는 못하다.

필름의 보관은 단지 보관으로만 끝나는 것이 아니고, 진단방사선부나 타 과의 의료진에게 병력의 정보를 제공해 주는 자료실적인 성격을 띠고 있기 때문에, 진단방사선부 내에서도 타 부서 등에서 이용하기 편리한 위치에 배치해야 한다.

필름보관실의 면적 부족 현상은 앞으로도 계속 문제가 될 것으로 이에 대한 해소 방법으로 필름의 마이크로화 혹은 소형화, 필름영상의 비디오화 등의 방법들이 사용 혹은 실험되고 있으나, 아직은 필름화상의 재현성, 운영관리 등의 문제 등으로 일반화되지 못하고 있다. 또한, 의학영상을 효과적으로 저장하고 전송하는 의학영상전송시스템(PACS)이 개발되고 있다. 이것은 필름 보관과 관리에 따른 인력, 공간, 환자 대기 시간, 필름 분실 등의 문제를 해소하고 의학영상의 축소, 확대, 3차원 입체 영상까지 획득이 가능해 진료의 질과 환자 서비스 향상 등에서 큰 효과가 기대되고 있다. 그러나, 이것을 가능케 하기 위해서는 많은 하드웨어에 대한 투자와 지원이 따라야 하고 병원전체의 시스템과도 관련되는 사항이다. 일부 병원에서는 현재 이러한 시스템을 부분적으로 시행하고 있고, 비용을 낮추고 우리 현실에 맞는 의학영상전송시스템이 개발되고 있다. 이와 같은 방식은 앞으로 진단방사선부의 업무에도 많은 변화를 가져올 것이 예상된다.

6-3-2 치료방사선부

1. 구성과 개요

최근 악성종양에 의한 사망율이 증가하고 있으며, 방사선 치료는 악성종양 치료에 효과적인 치료방법으로서 방사선 치료 환자는 꾸준히 증가하고 있다. 우리나라에는 1991년말 현재 37개 병원에 치료방사선과가 개설되어 있다. 주로 대학병원급의 병원과 500병상 이상의 병원에 설치 운영되고 있다.

방사선 치료는 크게 외부조사법과 강내조사법으로 나눌 수 있다. 최근의 방사선에 의한 외부조사법의 동향은 종래의 딥테라피(deep therapy)로부터 코발트원격치료장치를 거쳐 초고압 방사선치료장치인 선형가속기(linear accelerator ; Lineac.)까지 이르고 있다. 또한, 강내조사법은 원격조정 After Loading식 치료장치가 운영되고 있다.

치료기의 종류도 다양화되어 온열치료기, 감마나이프 등이 개발되어 활용되고 있다. 부문의 구성은 치료실 이외에 접수사무실, 진찰실, 치료계획실, 위치측정실, 공작실, 기재실, 회의실, 기사실, 휴게실 등이 필요하다. 치료 순서는 미리 횡단촬영장치 및 CT로 병변의 위치, 크기, 형상을 정확히 파악하고 이것을 컴퓨터로 해석하여 조사선속의 중심, 조사 범위, 조사 각도, 조사 시간 등을 계획한다. 이와 같은 치료 계획의 결과를 환자의 환부에 정확히 위치시키기 위하여 시뮬레이터를 사용한다.

2. 위치

치료방사선부의 위치는 방사선 방호에 따른 벽, 슬래브 두께 등에 의한 구조적 제한 때문에 지하층에 설치하고 있는 것이 보통이다. 치료 환자의 대부분이 암환자인 것을 고려할 때 밝은 분위기를 낼 수 있는 내부 계획 등이 고려되어야 한다. 부문의 성격상 진단방사선부, 핵의학부와 밀접한 관련이 있기 때문에 상호간에 쉽게 접근할 수 있는 위치 선정이 고려되어야 한다. 그리고, 사람이 상시 거주하는 실과 치료실은 방사선 방어와 그에 따르는 구조적 문제 등을 고려하여 인접 설치하지 않는 것이 바람직하다.

3. 각 실의 설계

1) 선형가속기조사실

선형가속기는 완성형(주로 15MeV)과 조립형(주로 15MeV 이상)이 있다. 완성형은 공장에서 조립하여 중량 5~7톤의 장치를 현장에 반입하여 설치하고, 조립형은 현장에서 조립과 조정 작업을 하며 또한 장치의 배후에 기계실을 설치한다. 실의 크기는 발생장치의 기종에 따라 다르나 일반적으로 입구의 미로 부분을 제외한 내부 치수가 6×8m 정도이다.

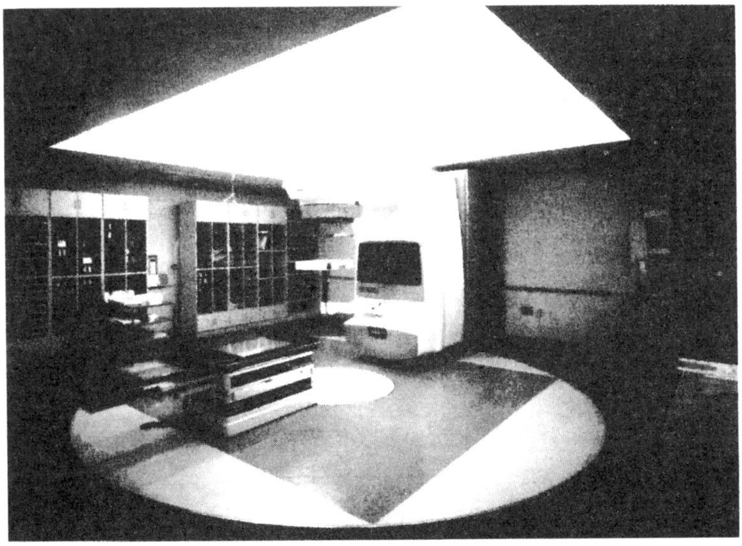

그림 6-22 선형가속기조사실(Lineac.실)

실의 출입구는 1개소로 제한하고 산란선의 누출을 방지하기 위하여 미로를 설치하는 것이 보통이다. 치료실의 구조상 미로를 없애고 출입문만으로 방사선 방어를 할 경우, 문의 하중으로 인해 고가의 특수 모터드라이버를 사용해야 하고, 응급 발생시에 문제가 될 수 있다. 대형 조사장치는 환자에게 위압감을 주기 때문에 실의 마감 및 색채는 따뜻한 분위기를 내도록 계획하는 것이 바람직하다. 또한, 기계에서 발생하는 소음을 억제하기 위해 흡음성이 높은 내장재료를 선택한다. 그리고, 방사선의 양이 많거나 오랜 시간 조사하였을 때 오존 등 유독가스가 발생하기 때문에 이를 제거하기 위한 고속의 환기장치가 필요하다.

2) 코발트조사실

코발트조사장치는 점차 선형가속기로 교체되어 가고 있다. 장치의 대부분은 회전조사식으로 이용선추방향에는 대향판이 있기 때문에 건축적 측면에서는 2차선에 대한 방호를 고려한다.

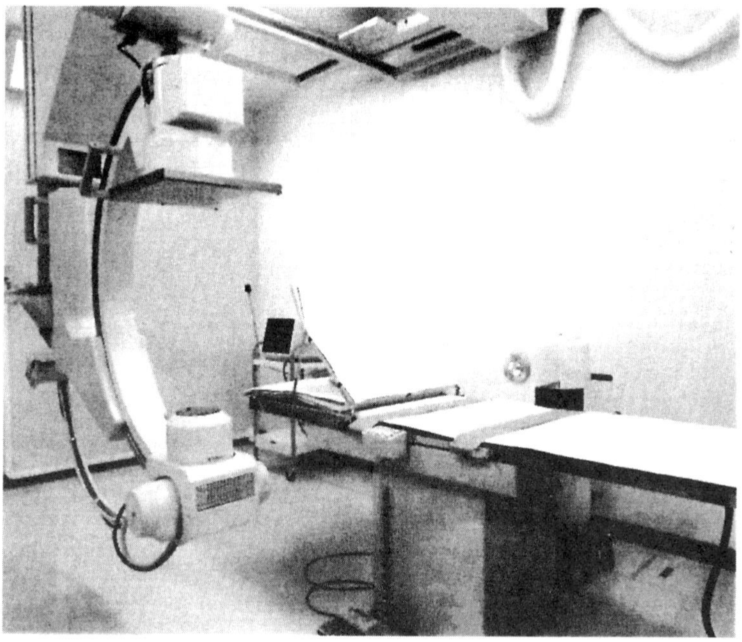

그림 6-23 근접치료실

3) 근접치료실(after loading실)

피부 절개 등 시술상 감염에 대한 위험이 있기 때문에 청결이 유지될 수 있는 계획이 필요하다.

4) 치료계획실

컴퓨터를 이용하여 치료 부위에 대한 심도와 선량 등을 계획한다. 컴퓨터기자재를 위한 항온항습설비가 필요하다.

5) 치료부위측정실

시뮬레이터를 이용하여 치료 부위를 측정한다. 일반촬영실과 같은 구성이나 진단방사선부의 촬영기기와는 종류가 다르다. 조정실과 필름 현상을 위한 암실이 필요하다.

6) 공작실

환자들의 방사선차폐 몰드(mould)를 제작한다. 납, 파라핀 등의 재료를 사용하고 납을 끓일 때 독성가스와 냄새가 많이 나기 때문에 이것을 배출할 수 있는 별도의 환기 시설이 필요하다.

7) 진찰실

환자 침대나 스트레처가 진찰실까지 접근할 수 있어야 한다. 이비인후과 환자를 진찰할 수 있는 ENT 기기가 필요하다.

8) 온열치료실

열을 이용한 치료로서 건축적으로 특별한 고려사항은 없으며, 기기도 쉽게 이동시킬 수 있다.

9) 감마나이프

3차원적 정위방사선수술을 이용하는 외과적 기계장치로서 코발트 60에서 발생하는 감마방사선을 이용하여 뇌종양이나 뇌혈관 질환같은 뇌의 병소를 개두술을 하지 않고 선택적으로 치료하는 장비이다. 고가의 의료장비로, 1,000병상급 정도의 병원에서 일부 설치되고 있다.

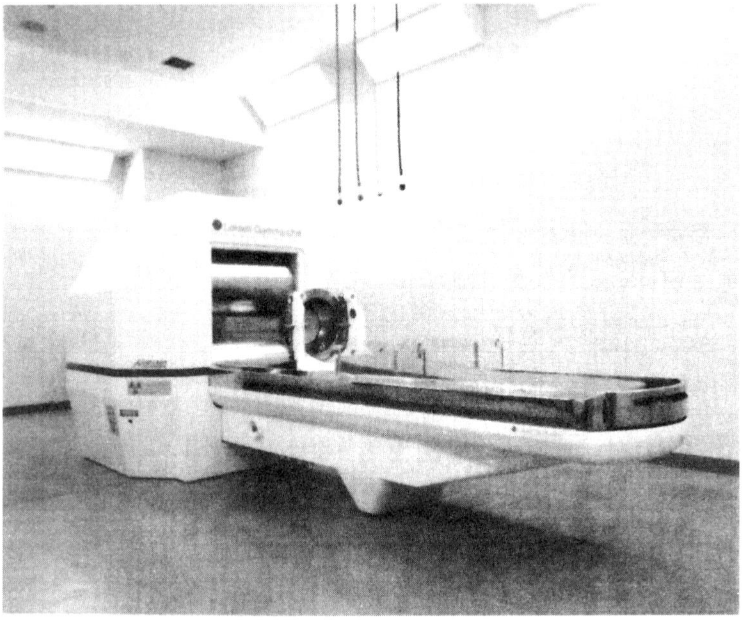

그림 6-24 감마나이프

10) X선 차폐

X선의 차폐는 경험적인 방법에 의한 실험 자료로부터 차폐체의 두께를 결정하고 있다. X선 발생장치에 대한 차폐는 선관차폐와 외부차폐로 구분된다. 선관차폐는 선관을 둘러싼 차폐로서 일반적으로 기기 제조 회사에서 책임지며, 그 기준은 ICRP, NCRP 등에서 권고한 바에 따라 정해져 있기 때문에 방사선부의 설계시 고려해야 할 대상은 외부차폐에 해당한다. X선 발생장치 차폐 설계는 1차 빔을 차폐하기 위한 1차 차폐와, 누설 및 산란 방사선을 차폐하기 위한 2차 차폐로 구별하여 설계하고, 이들 각각에 따른 설계 기준은 방사선방어 측면에서 결정된다. 현재 치료실의 콘크리트 두께는 이용선추 방향에서는 2m 전후, 그 외는 1.0~1.5m가 일반적이다. 치료방사선부가 설치되어 있는 병원에 대한 실태조사 결과 방사선치료실의 방사선 안정성은 충분한 것으로 밝혀지고 있으나, 경제적인 면에서 최적화 설계에 대한 의견이 제시되고 있다. 차폐체의 재료는 일반콘크리트, 철판, 납판, 중량콘크리트 등이 사용되고 있다. 차폐체의 두께는 사용 재료와 기종에 따라 차이가 나게 된다.

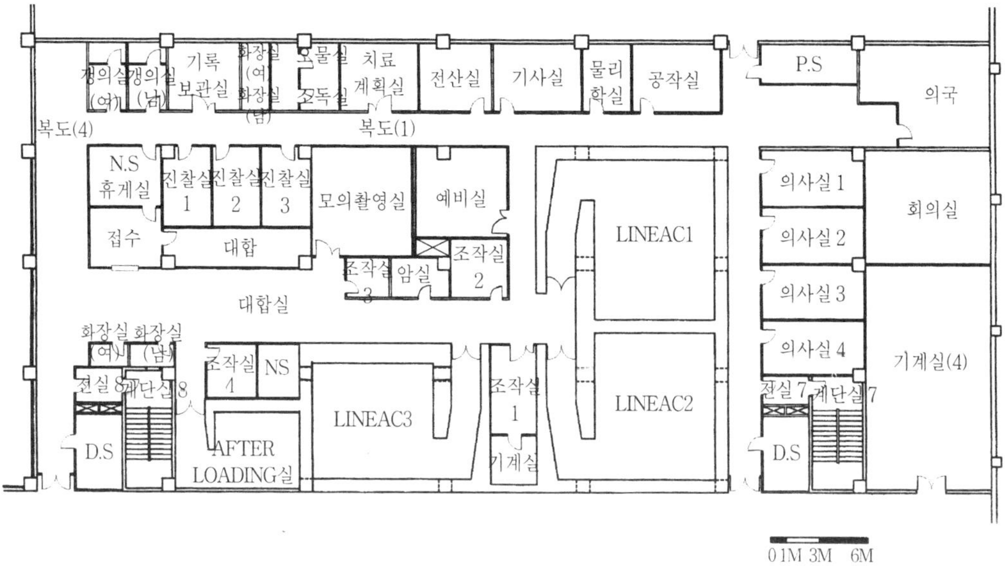

그림 6-25 치료방사선부 평면 예(서울삼성병원 1,100병상)

6-3-3 핵의학부

1. 운영 방식

핵의학부에서 사용하는 물질은 방사성 동위원소로서, 이러한 물질을 의학적으로 이용하는 분야를 핵의학이라 한다. 핵의학은 질병의 진단을 위해서는 소량의 방사성 물질을 이용하고, 치료를 위해서는 반감기가 긴 다소 많은 양의 방사성 동위원소를 사용하는 의학의 전문 분야이다.

핵의학부는 병원의 조직편제에서 핵의학과, 핵의학실, 동위원소실 등으로 구성되고 있으며, 부서의 운영은 독립된 부서로 운영되는 병원이 많고, 그 외에 내과, 진단방사선과, 치료방사선과에 소속되어 운영되기도 한다. 또한, 체내검사와 체외검사는 핵의학 부서에서 모두 하는 것이 일반적이지만, 체외검사를 임상검사부에서 하는 병원도 있다. 위와 같은 현상들은 핵의학부에서의 업무 내용이 내과, 진단방사선, 치료방사선, 임상검사부와 밀접한 관련을 가지고 있기 때문이다. 방사선 동위원소를 이용한 치료는 외래환자를 대상으로 하여 소량의 동위원소를 반복 투여하는 수준에서 하고 있는 실정이다. 고농도의 치료를 위해서는 방사선 차폐 시설이 된 방사성 동위원소

치료용 병실이 필요하다. 핵의학 관계 의료장비와 방사성 의약품의 개발 등에 따라 핵의학 검사의 요구 증가와 함께 부서의 중요성도 점차 높아지고 있다. 따라서, 병원에 따라 일부 분산되어 운영되고 있는 핵의학 업무는, 의료적 특성과 방사성 동위원소의 관리라는 측면에서 통합, 운영될 것으로 예상된다.

핵의학부의 주요 업무는 방사성 동위원소를 의학적으로 이용하여 각종 질환의 진단과 치료를 하는 것으로, 핵의학 검사는 크게 체내검사(in vivo)와 체외검사(in vitro)로 구분된다. 체내검사는 방사성 동위원소를 환자의 체내에 직접 주입하여 검사의 종류에 따라 일정 시간 경과 후 촬영실에서 동위원소의 흡수 경로 등을 체외의 추적장치로 추적, 촬영한다. 체외검사는 혈액 등 환자의 검체를 대상으로 방사성 동위원소를 주입하여 검사를 행한다.

체내검사와 체외검사는 방사성 동위원소를 사용하는 공통적인 특징이 있지만, 작업 내용에서는 큰 차이점이 있다. 체내검사는 환자를 직접 대상으로 하여 검사를 하고 검사 결과를 영상으로 추출하여 판독하는 등 작업 내용이 진단방사선부의 내용을 많이 포함하고 있는 반면에 체외검사는 환자의 검체를 검사 대상으로 하고 검사 결과에 대한 작업등이 임상검사부의 작업 내용과 유사하다. 방사성 동위원소를 이용한 치료는 갑상선암이나 그 외에 골전이 등의 치료에 많이 이용되는 추세이고, 대부분의 방사성 핵종을 이용한 치료는 갑상선 질환에서 이용되고 있다.

이러한 체내검사, 체외검사의 검사 기능과 치료 기능은 병원의 규모, 의료적 특성 등에 따라 시행 범위가 다르고, 운영 주체도 병원에 따라 다르게 나타나고 있다. 체내검사와 체외검사를 핵의학부에서 모두 통합하여 운영하는 것이 일반적이지만, 체외검사를 별도의 장소에서 운영할 경우 방사성 관리구역을 별도로 설정하여 관리 운영해야 하는 점이 있고, 의료적 측면에서도 문제점이 제기되고 있다.

2. 기능과 실 구성

1) 체내검사

체내검사는 특별한 경우를 제외하고는 모두 일정 계획에 의해서 진행된다. 일단 핵의학부 접수에 검사요구서가 접수되면 검사 일정

계획에 따라 검사일자와 시간이 정해진다. 이때, 입원환자의 경우는 병동직원이 직접 검사요구서를 가져오거나 컴퓨터단말기를 이용한 검사 요구를 하고, 외래환자는 환자 혹은 보호자가 이곳에 와서 접수한다. 그 후 환자는 지정된 시각에 핵의학부에 와서 다시 접수를 하고 검사에 필요한 동위원소 주사를 맞는다. 주사를 맞은 환자는 일정 시간 대기 후 체내검사실에서 검사를 한다. 검사 후 환자는 귀가를 한다. 의료진의 행위는 동위원소의 분배, 환자에게의 동위원소 주사, 촬영실에서의 검사작업, 필름 현상 등의 순으로 진행된다. 동위원소의 분배작업은 보통 당일의 검사 계획에 따라 체내검사실 기사가 동위원소 분배작업실에서 준비하고 있다.

2) 체외검사

체외검사는 외래환자의 경우 검사요구서 접수와 함께 보통 바로 검체 채취를 한다. 환자는 검체 채취 후 귀가한다. 입원환자는 임상병리검사부의 경우와 같이 병동에서 검체를 채취하여 핵의학부에 접수한다. 환자의 동선은 외래환자의 검체 채취 장소로 한정되고, 직원들의 동선과 업무도 검사실 내에서의 일로서 임상검사부의 작업내용과 유사하다.

외래환자의 체외검사 접수 및 검체 채취는 대부분의 병원이 핵의학부에서 직접 하고 있다. 반면에 일부 대규모 병원에서 외래환자의 임상검사 검체 접수를 외래환자들의 편의를 위하여 외래검사실을 따로 두어야 할 경우, 핵의학부의 체외검사 검체 접수를 외래검사실에서 같이 하는 경우도 있다. 그러나, 이때에도 연속 검사의 필요성, 생리상의 문제 등으로 체외검사실에서 직접 검체를 채취해야 하는 경우가 많이 있다. 따라서, 외래환자들의 검체 채취를 위한 대기공간 및 접수장소와 이들에 대한 동선 등이 고려되어야 한다.

3) 실 구성

핵의학부의 실 구성은 검사가 직접 행해지는 검사공간, 검사 전후의 방사성 동위원소를 취급하는 동위원소 작업공간, 그리고 환자 및 직원의 대기・휴식・사무 등에 관계되는 공간으로 크게 구분할 수 있다. 동위원소 작업공간은 방사성 관리의 중요성 때문에 원자력 법령으로 시설에 대한 기준을 마련하고 있다. 검사공간과 동위원소 작업공간은 핵의학부의 기본적인 시설이기 때문에 핵의학부를 설치하고 있는 대부분의 병원에서 갖추고 있으나, 그 외 환자의 대기와 휴식, 직원의 사무 관계 제 실 등은 병원에 따라 많은 차이가 있다. 앞으로 이 부분에 대한 실과 면적 확보가 필요로 된다.

3. 위치와 규모

1) 위치

핵의학 부서의 활동과 업무가 내과, 진단방사선, 치료방사선, 임상화학, 임상병리검사 등과 관련성이 있기 때문에 일정한 구성상의 위치를 갖고 있지는 않다. 병원에 따라서는 타 부서에 소속되어 운영되는 병원도 있으나, 대부분의 병원이 운영 주체에 관계없이 모두 하나의 부서로 독립적으로 위치하고 있다.

핵의학부는 환자가 직접 이곳에 와서 검체를 채취하거나, 검사를 받아야 하기 때문에 환자들이 편리하게 이용할 수 있는 위치 설정이 필요하다. 이곳은 외래·입원 환자가 대체로 같은 정도로 이용하고 있다. 입원환자의 경우 일반적으로 승강기를 이용한다고 가정할 때 승강기홀에서 쉽게 올 수 있는 위치가 바람직하다. 이때 입원환자는 휠체어, 침대차 등으로 많이 이동하기 때문에 다른 교통에 방해받지 않는 위치 설정도 같이 고려하여야 할 것이다. 반면에 외래환자는 외래진료를 받고 직접 이곳에 찾아와야 하기 때문에 외래환자의 접근 경로에 대한 것이 검토되어야 한다.

각 과별 환자 분포는 내과가 46.9~63.9%, 정형외과 10.1~22.6%, 일반외과 5.9~16.9%, 이비인후과 1.7~8.0%, 비뇨기과 1.8~5.6%, 흉부외과 2.9~3.7% 등의 순으로 나타나고 있다. 내과가 전체의 반 혹은 그 이상의 분포를 보이고, 다음에 정형외과 등의 외과계가 큰 분포를 보이고 있다. 타 부서와의 관계에서는 특히 진단방사선부와의 관련성이 꾸준히 증가하고 있다. 핵의학부와 진단방사선부는 상호 보충적이며, 양 부서의 결합은 강력한 힘을 발휘하는 것으로 보고되고 있다. 실제로 양 부서는 영상자료를 근거로 진단을 하는 공통적 특성을 갖고 있기 때문에 서로 인접한 위치가 바람직하나, 그렇지 못한 경우라도 필름자료 등을 편리하고 빠르게 전달할 수 있는 시스템이 갖추어지는 것이 바람직하다.

표 6-11 실 구성 현황

병원	병상수	면적(m²)	접수	필름보관실	대기실(1)	대기실(2)	탈의실	진찰실	회의실	의사실	RI주사실	판독실	기사실	RI저장실	RI작업실	폐기물보관실	오염검사실	오염세척실	촬영실	암실	체외검사실	계측실
A	1000	924	0	0	0	-	0	0	0	0	-	0	0	0	0	0	0	0	0	0	실분화	0
B	770	234	0	-	0	-	-	-	-	-	-	-	겸용	0	0	0	0	0	0	-	일실	0
C	750	212	0	0	-	-	-	-	-	0	-	-	0	0	0	0	0	0	0	0	일실	-
D	749	653	0	0	0	-	-	-	-	-	-	-	-	0	0	0	0	0	0	0	실분화	0
E	700	108	0	-	-	-	-	-	-	-	-	-	겸용	0	0	0	0	-	0	-	-	-
F	592	378	0	0	0	-	-	-	-	0	0	-	겸용	0	0	0	0		0	0	일실	0
G	532	132	0	-	-	-	-	-	-	-	-	-	-	0	0	0	-	0	0	-	-	-
H	450	94	-	0	-	-	-	-		-	-	겸용	겸용	0	0	0	-	-	0	-	일실	-

면적 : 핵의학부 면적(m²) , 대기실(1) : 주사 전, 대기실(2) : 주사 후
　　유영미 : 종합병원 핵의학부의 건축계획에 관한 연구, 대한건축학회논문집 10권 11호, p. 30, 1994.

2) 검사 건수와 촬영 실수

체외검사는 임상검사부에서 실시하는 곳도 있고, 병원에 따라 체외검사 건수 표기방법이 달라 일률적으로 비교하는 데는 무리가 있어 검사 건수의 산출에서는 환자를 직접 대상으로 하는 체내검사만을 대상으로 하였다. 병상 수와 체내검사 건수와의 관계는 병상 수가 증가함에 따라 체내검사 건수도 증가하고 있다. 이것을 병상당 연간 체내검사 건수로 환산하면 2.6~11.6건으로 일정한 분포를 보이고 있지는 않다. 500병상 전후의 병원이 대체로 병상당 5건 전후, 700~1,000병상 규모의 병원이 10건 전후에 많이 분포되어 있다.

검사 건수의 처리 능력을 알아보기 위하여 체내검사 건수와 촬영기 대수와의 관계를 살펴본 결과, 촬영기 1대당 1일 3.4~19.2건으로 큰 차이를 보이고 있다. 촬영기 1대당 1일 처리할 수 있는 체내검사

건수는 일반적으로 10건 정도를 적정량으로 보고 있으나, 이것은 검사의 종류, 검사 시간, 촬영기 종류 등에 표 실 구성 현황에 따라 차이가 난다.

표 6-12 병상수와 체내검사건수*

병원	병상 수	연간 체내 검사 건수	촬영기 대수	1일 체내검사 건수	촬영기 1대당 1일 체내검사 건수	병상당 연간 체내검사 건수
JA	1000	10,221	5	37.9	7.6	10.2
PS	750	6,685	2	24.8	12.4	8.9
DA	749	2,117	1	7.8	7.8	2.8
PB	700	1,805	2	6.7	3.4	2.6
KS	592	3,162	2	11.7	5.9	5.3
YS	532	4,197	1	15.5	15.5	7.9
MS	450	5,190	1	19.2	19.2	11.6

※유영민 : op.cit., p. 32.

위와 같이 가정할 때 촬영기 1대당 연간 2,500~3,000건 정도가 적정 처리건수로서, 1,000병상 병원의 경우 병상당 연간 촬영 건수 10건을 고려할 때 연간 총 촬영건수는 10,000건으로 필요 촬영실 수는 4실 정도가 된다. 실제 계획에서는 이것을 바탕으로 병원의 특성, 의학적 요구도 등에 따라 촬영기 대수와 기종을 결정해야 할 것이다.

3) 면적

병원 연면적에 대한 핵의학부의 면적 비율은 0.4~1.2%의 분포를 나타내고 있다. 일본의 경우는 131~914병상의 26개 병원 조사에서 16개 병원에 핵의학부가 설치된 것으로 나타났다. 보통 250병상 이상 병원에 설치되고 400병상 이상 병원에는 모두 설치되고 있다. 병원 연면적에 대한 비율은 0.6~1.8%의 비율을 나타내고 있다. 우리나라 병원보다는 조금 더 높은 비율이다.

체내검사실 촬영기 1대당 핵의학부 면적은 우리나라 조사 병원의 경우 100~200m²에 많이 분포되어 있다. 실제 운영되고 있는 많은 병원들에서 실과 면적 부족 때문에 운영에 어려움을 겪고 있는 현상을 고려할 때, 병원 연면적에 대하여 적어도 1.0% 정도는 되어야 하고, 체내 · 체외 검사를 모두 핵의학부에 통합하여 계획할 때 핵의학부의 면적은 체내검사실 1실(촬영기 1대)당 150~200m^2 정도는 필요하다(표 6-13).

표 6-13 촬영기대수와 핵의학부 면적* (면적 : m^2)

병원	핵의학부 면 적	촬영기 대 수	촬영기1대당 핵의학부면적	체내검사(촬영실)1실당면적	촬영실유형
JA	924.0	5	184.8	24.5	개방형
CK	234.0	2	116.5	34.5	반개방
PS	211.9	2	106.0	32.7	개방형
DA	653.3	3	217.8	39.6	개실, 반개방
PB	108.0	2	54.0	26.4	개방형
KS	378.0	2	189.0	45.4	개실형
YS	132.0	1	132.0	42.0	개실형
MS	94.0	1	94.0	24.3	개실형

※유영민 : op.cit., p. 32..

4. 각실의 계획

1) 촬영실

체내검사 촬영실 내에서의 촬영작업이 주가 된다. 촬영실은 촬영기, 콜리메터, 컴퓨터, 조정기 등의 장비로 구성된다. 검사실 1실에 1대의 촬영기를 설치하는 개실형 방식과 1실에 2대 이상의 촬영기를 설치하는 개방형 방식이 있다. 개방형 검사실의 경우 개실형에 비하여 직원들의 작업 능률을 향상시키고, 직원들간의 상호 연락이 쉬우며, 새로운 기술과 장비에 쉽게 적응할 수 있다는 장점이 있다. 검사가 진행되는 동안 환자들은 옷을 입고 있기 때문에 프라이버시의 문제는 거의 없고, 개방된 검사실의 분위기는 환자들이 느끼는 두려움을 적게 해 준다고 하고 있다. 그러나, 개방형 방식의 장점에도 불구하고 작은 면적에 무리하게 여러 대의 촬영기를 설치할 경우, 기기 간의 간섭 현상과 환자 및 직원의 동선상의 문제 등으로 작업상의 어려움이 따르게 된다. 체내검사실의 크기는 최소 27m^2 이상으로 기종에 따라 30~40m^2 정도의 면적이 필요하다.

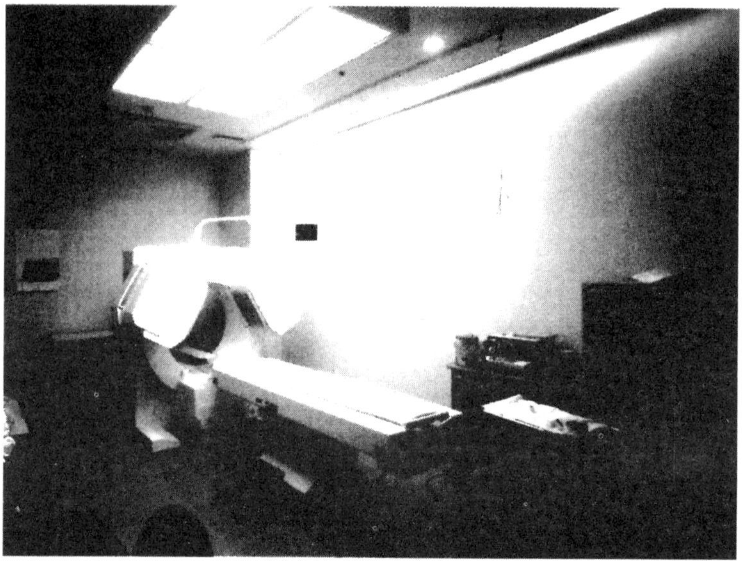

그림 6-26 촬영실(감마카메라실)

2) 체외검사실

규모가 작은 병원에서는 체외검사작업이 하나의 실에서 행해지고 있고, 핵의학부의 규모가 커짐에 따라 구성, 실 등이 분화되고 있다. 체외검사실 이외의 실로서는 계측실이 공통사항이고, 규모에 따라 검체보관실, 냉장실, 세포배양실 등으로 구성되고 있다. 규모가 작고 하나의 실에서 제반 검사작업이 행해지는 가운데도 검사의 정도를 높이기 위해서 계측실은 별도의 실로서의 구획이 필요로 된다.

3) 동위원소 저장 및 분배실

원자력법시행령에 저장시설과 분배시설에 대한 시설기준이 제시되고 있다.

4) 동위원소 폐기물보관실

방사성 동위원소의 사용 후에 나오는 폐기물을 보관하는 곳으로, 일명 반감기실이라고도 한다. 폐기물보관실의 면적이 대체적으로 부족한 실정으로 병원에 따라서는 이 구역이 제대로 설정되지 못하고 복도 등에 보관하고 있는 병원도 있다. 폐기물 보관에 관한 사항은 폐기물의 회수 체계와도 관련된 문제이나 계획, 설계시에는 이 부분에 대한 면적 배려가 필요하다.

5) 오염검사실

방사성 동위원소의 오염 여부를 검사하는 실로서, 밀봉되어 있지 아니한 방사성 동위원소를 사용하는 경우에는 오염검사실을 설치할 것을 원자력법시행령에서 규정하고 있다. 실의 위치는 사람이 상시 출입하는 사용 시설의 출입구 부근등 방사성 물질등에 의한 오염 검사를 실시하는 데에 가장 적합한 장소에 설치할 것과 오염검사실에는 세정 및 탈의 설비를 하고 오염 검사를 위한 방사선 측정기 및 오염 제거에 필요한 기재를 갖출 것도 규정하고 있다. 여기에서 출입구 부근을 핵의학부서 입구 쪽으로 해석하여 핵의학부 입구에 설치하고 있는 병원도 있으나, 실제 동위원소를 취급하는 실의 출입구 부근에 설치하는 것이 이용에 더욱 편리하기 때문에 오염검사실의 위치는 동위원소의 저장 및 분배 작업실 근처에 설치하는 것이 바람직하다.

6) 동위원소주사실

체내검사를 위해 환자에게 동위원소를 주사하는 곳으로, 이곳은 동위원소를 취급하기 때문에 일반 작업과는 구분된 별도의 실에서 행해져야 한다.

7) 동위원소 주사 후의 환자 대기실

체내검사는 동위원소 주사 후 일정 시간이 경과한 후에 검사를 하게 된다. 이때 환자는 체내검사실에 바로 입실하여 검사를 하기도 하지만, 검사의 종류에 따라 20여분 정도에서부터 길게는 4시간 이상 경과한 후에 검사를 하는 경우도 있다. 기다리는 동안 환자에게서 발생하는 방사선이 타인에게 조사되는 것을 방지하고, 기다리는 시간의 불편함을 위해 휴게실 개념의 별도의 구획된 대기실이 필요하다.

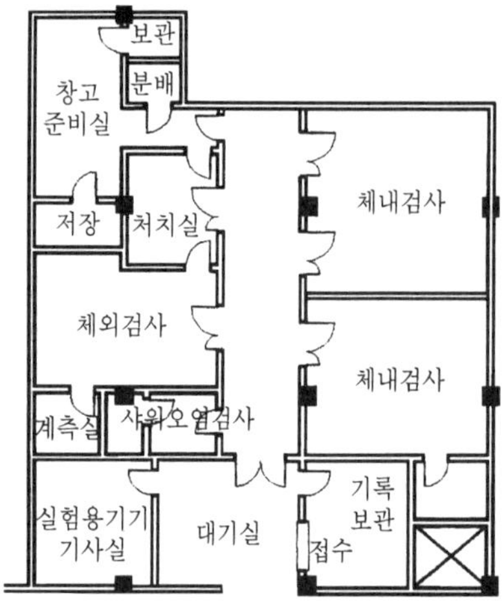

강남성모병원(532병상)

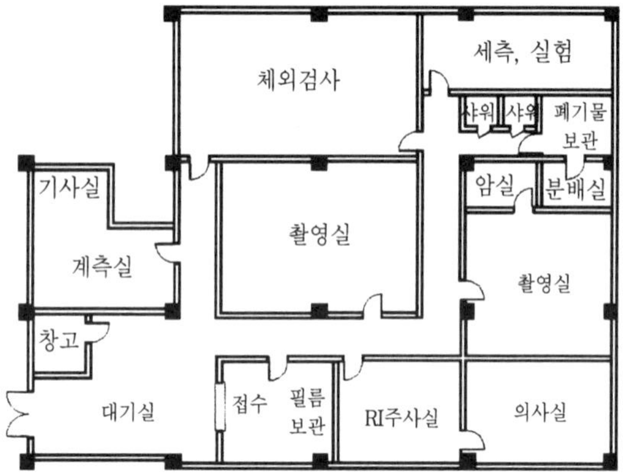

경상대병원(592병상)

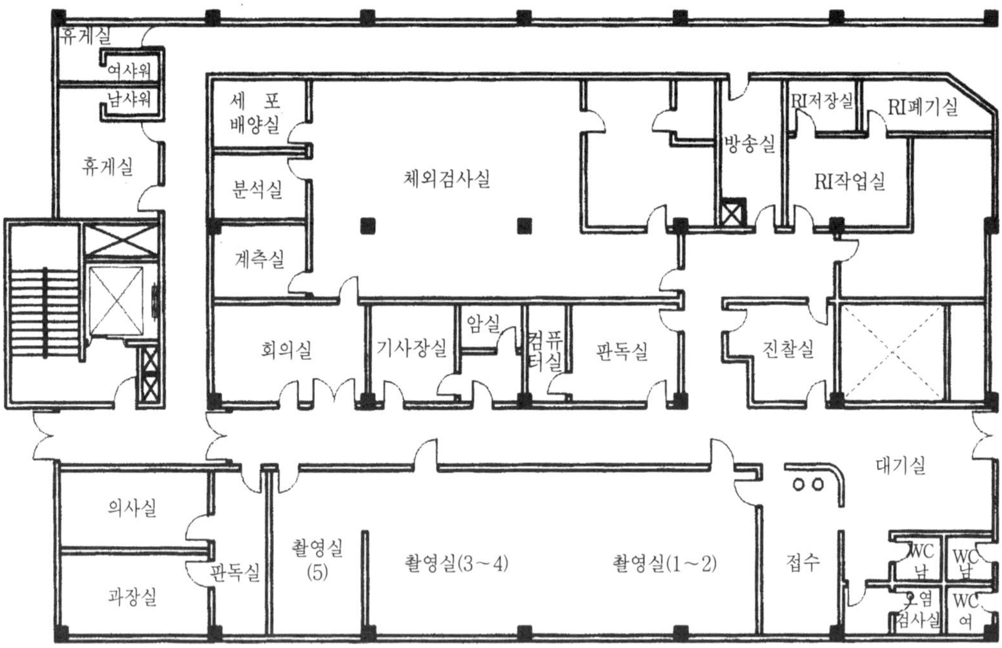

서울중앙병원(1,000병상)

그림 6-27 핵의학부 평면 사례

6-4 수술부

수술부는 환자 치료에 가장 중심적인 역할을 담당하는 부서이고, 사람의 생명을 직접 다루는 매우 복잡하고 중요한 기능을 가지고 있다. 특히, 수술부는 타 부문과는 달리 환자에 대한 병원균의 감염 등의 문제로 고도의 설비 및 청결 조건을 필요로 하는 부서이다. 그리고, 이곳은 최첨단의 고가의 의료기기 설비가 설치되고 영역을 한정한 엄격한 환경 관리하에서 집중도가 높은 수술작업이 진행되기 때문에 병원의 어느 부서보다 건설비 및 유지비가 많이 소요되는 곳이기도 하다. 또한, 수술부는 의학과 기술의 발달에 따라 새로운 수술방법이나 의료기기들이 도입되는 곳으로서 이러한 것을 계속 수용할 수 있도록 시설의 증축과 개축 등도 고려해야 하는 부서이다.

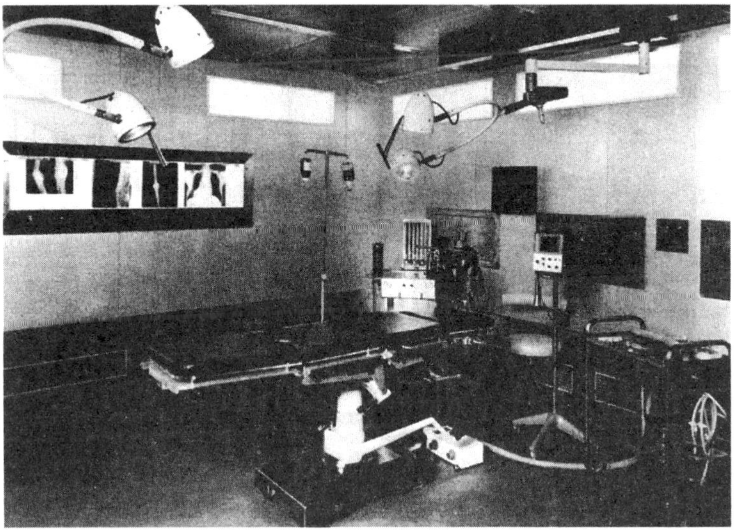

그림 6-28 수술실의 예

6-4-1 중앙수술부의 개념과 운영

과거에는 외과적 치료를 행하는 진료 각 과마다 따로 전용의 수술실이 설치되었던 것이 오늘날에는 독립된 부서로서 중앙화하여 운영되는 것이 일반적이다. 이와 같이 병원 내의 수술실을 한곳에 집중시켜 각 과의 수술 업무를 중앙화시켜 공동으로 사용하는 이유는 의료 수준을 고도화하고 치료 능률을 향상시키기 위함이다. 수술부

를 중앙화함으로써 얻을 수 있는 장점을 열거하면,

첫째, 공간과 의료기기의 이용도를 높일 수 있음으로써 시설설치의 경제성이 크며, 또한 기계 설비 면에서 시설비와 유지비를 줄일 수 있다.

둘째, 마취전문의사 및 수술부 전용의 전문화된 직원을 확보할 수 있음으로써 좋은 의료를 제공할 수 있고, 중앙화함으로써 직원의 업무를 효율화시킬 수 있다. 또한, 야간의 응급을 위한 당직의사의 배치 및 작업 프로그램이 가능하다.

셋째, 수술부가 타 부문과는 달리 고도의 청결을 유지해야 하는 감염 관리에 있어서 장점이 있다.

그러나, 중앙화의 단점으로 생각할 수 있는 것은 수술부의 규모가 커질수록 많은 환자와 직원 및 물품에 따른 조직 관리상의 어려움과 이에 따른 병원 감염의 위험성이 높아진다는 것을 들 수 있다. 한 예로 독일에서는 한때 수술부 내의 수술실 수를 이와 같은 이유에서 8개 이하로 제한하여 왔다. 수술부가 중앙화되어 있다고 해서 병원내의 모든 수술이 수술부에서 이루어지는 것은 아니다. 각 병원의 운영방식에 따라서 수술부 외의 부서에서도 행해진다. 예를 들면 응급부에서의 응급수술, 분만부 내의 제왕절개수술, 외래환자들이 당일에 수술받는 통원수술, 외래 각 과 및 병동의 처치실에서 진행되는 비교적 간단한 수술 등이 있다. 이러한 운영방식의 선택은 수술부의 규모 및 공간 구성에 영향을 주므로 계획시에 고려되어야 한다.

최근에는 외래에서 수술을 받고 당일로 퇴원하는 통원수술의 수가 확대되어 가고 있다. 통원수술은 병원의 수익성 향상과 환자의 경제적 부담을 줄일 수 있다는 장점이 있다.

6-4-2 수술부의 위치

과거의 수술부의 위치를 결정하는 가장 중요한 조건은 오염된 환경에서 분리된 무균의 환경에서 수술을 가능하게 하는 것이었다. 따라서, 수술부의 위치로는 타 부문의 교통이 통과하지 않고, 자연채광을 충분히 얻을 수 있으며, 수술실의 조속한 난방을 위해 보일러실에 가깝고, 맑고 깨끗한 공기를 쉽게 얻을 수 있어야 했으며, 또한 천장고를 충분히 확보할 수 있을 뿐 아니라, 환자수송차가 안전하고 쉽게 접근할 수 있는 장소이어야 했다. 이러한 조건들이 바람직한 것으로 여겨져서 수술부를 별동에 설치하거나 건물의 최상층에 설치하는 것을 원칙으로 하여 왔었으나, 근래에는 기계적인 온습도 조절, 실내 공기의 소독, 인공 조명 등의 개발로 고도의 인공 환경을 만들 수 있게 되어 자연적인 조건은 그 중요성을 점점 잃게 되었다. 오늘날 수술부의 위치 조건으로는 수술부 내에서 행해지는 행위와 기능상 관계되는 타 부문과의 협조가 이루어질 수 있도록 하는 것이 중요하다. 타 부서와의 올바른 배치는 병원 건축이 사용되는 동안 운영비와 기능에 영향을 주는 요인이 되기 때문이다. 수술부 위치 선정시 주의할 점은 다음과 같다.

1) 수술부 내부를 관통하는 통과 동선이 없어야 하는 것은 물론, 수술부 출입구 부근에 있어서도 타 부서간의 통과 동선이 최소화되어야 한다. 특히 외래환자의 주 동선과는 완전히 분리되어야 한다.
2) 중환자부(ICU) 및 중앙공급부와의 연결이 용이해야 하며, 분만부, 응급부, 혈액은행, 진단병리부와의 유기적인 연결을 고려하여 배치해야 한다. 또한, 외과계 병동에서의 동선이 너무 길어지지 않도록 유의한다.
3) 수술중에 조직검사나 촬영을 요하는 해부병리검사부, 진단방사선부와의 협조가 잘 될 수 있는 장소이어야 한다. 그러나 수술부의 규모가 커지면 진단방사선부의 촬영기를 고정적으로 수술부에 설치하기도 한다.
4) 멸균재료부(CSSD)에 수직적, 또는 수평적으로 근접이 쉬운 장소이어야 한다.
5) 응급부 환자가 타 동선에 방해됨이 없이 신속하게 운반될 수 있는 장소이어야 한다.

그 외에도 수술부는 감염의 위험성이 많거나 청결하지 못한 부서(전염병동, 폐기물 처리부 등)와 근접해서 배치되어서는 안된다.

6-3-3 수술부의 규모 및 면적

수술부 건축 계획시 우선 몇 개의 수술실을 설치할 것인가 하는 규모를 결정하여야 한다. 그러나, 정확한 필요 수술실 수를 결정한다는 것은 쉽지 않다. 각 병원의 수술부 운영방식에 따라 병원의 평균 수술시간, 수술 스케줄, 수술부 직원의 경력 정도, 수술진의 조편성 방법, 외과계 의사 수 및 병상 비율, 외래 수술실의 설치 여부 등 여러 가지 요인이 작용하기 때문이다. 수술실 수를 결정하는 방법은 여러 가지가 있겠으나 병원 규모와 연간 수술 건수와 관계를 파악함으로써 예측되는 수술 건수를 처리할 수 있는 소요 수술실 수를 산정하는 것이 일반적이다.

1. 병상 수와 수술실 수의 관계

일반적으로 수술실 수를 산정할 때 100병상당 몇 개의 수술실이 필요한가 하는 식으로 간단하게 계산하기도 한다. 현재 우리나라 병원에서는 50~100병상당 수술실 1실을 두고 있는데, 이는 역으로 100병상당 1~2개의 수술실을 두고 있다고 볼 수 있다. 수술실의 운영에 있어서 소규모 병원에서는 대수술실, 소수술실 등 개략적으로 구분하여 사용하나, 대규모 병원에서는 과별로 구분하는 것이 일반적이다.

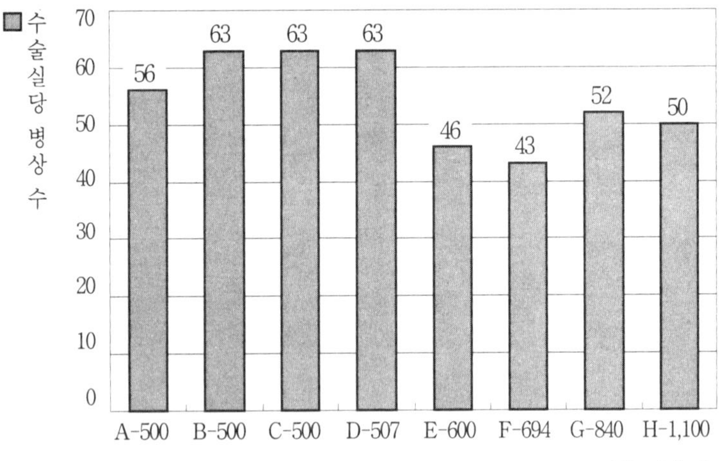

그림 6-29 수술실 1실당 병상수[17)]

2. 병상 수와 수술 건수와의 관계

소요 수술실 수를 산정하기 위해서 먼저 전체 수술 건수와 병상

17) 한국병원건축학회 : 마산삼성병원 시설종합기존계획 추진을 위한 타당성 연구 보고서, p. 169, 1995.

수와의 관계를 파악하는 것이 필요하다. 우리나라 병원의 병상당 연간 수술 건수는, 300병상 이하의 병원에서는 병상당 약 7~10건이며, 400병상 이상의 병원에서는 10~14건 정도이다. 400병상을 전후하여 병원의 규모가 커질수록 병상당 연간 수술 건수가 증가함을 알 수 있으며 전체 평균치는 약 11건 정도이다.

3. 입원 환자 수와 수술 건수와의 관계

수술 건수를 병상 수와의 관계에서 구하는 것은 개략적인 수술 건수를 산출할 때 일반적으로 사용되고 있지만 병원에 실제 입원하는 환자 수와의 관계에서 산출하는 것이 좀더 정확한 방법일 것이다. 병원의 실입원환자 수는 병상 수와 병상이용률, 환자 1인당의 재원기간과 관계가 있다. 즉, 같은 병상 수라 하여도 병상이용률이 낮고 재원기간이 긴 경우 실제 입원하는 환자 수는 적게 된다. 우리나라 병원의 경우 입원환자 1인당 수술 건수는 0.3~0.6건 정도이고 평균은 0.4건이며, 병원이 대규모화될수록 환자 1인당 수술 건수가 많아짐을 알 수 있다. 즉 1,000병상 이상의 대규모 대학병원에서는 환자 1인당 수술 건수가 0.6건, 500~1,000병상 규모에서는 0.5건, 300~500병상 병원은 0.4건, 300병상 이하의 병원은 0.3건 정도로 추정할 수 있다.

4. 각 과별 수술 건수

수술의 종류는 이비인후과의 간단한 수술에서부터 흉부외과의 심장수술에 이르기까지 매우 다양하다. 이러한 수술의 종류는 대부분 각 과의 특성에 따라 달라지게 된다. 이러한 각 과의 다양한 수술은 하나의 수술실에서 같이 행해지기보다는 각 과별로 수술실에 할당되어 운영되는 것이 일반적이다. 각 과별 수술 건수의 비율은 일반외과 수술이 전체 수술 건수의 15~25%를 차지하고, 그 다음에 정형외과, 산부인과, 이비인후과, 성형외과, 비뇨기과의 순으로 나타나고 있다. 또한, 각과별 환자 1인당 수술 건수를 조사해 보면 입원환자 1인당 0.86~1.26건의 분포로 평균적으로 1.0건 정도의 수술을 하고 있다. 흉부외과의 경우 입원환자 1인당 0.78~1.37, 신경외과 0.30~0.81, 비뇨기과 0.78~1.59, 이비인후과 0.93~1.32, 안과 1.05~1.3

1.39건 정도의 수술을 하고 있다.

5. 수술 소요시간 및 1실당 수술 건수

수술에 소요되는 시간은 수술 종류의 다양성과 수술팀의 구성 및 물품 조달, 의료진 등의 특성에 따라서 좌우될 수 있기 때문에 이를 일괄적으로 산정하기는 매우 어렵지만, 수술부의 직원 배치 및 수술실 1실당 가능한 수술 건수의 산정에 필요한 자료이다. 우리나라 병원의 수술 소요시간은 수술시간, 마취시간 및 수술전 대기시간의 합으로 계산하여 수술 1건당 평균 1.5~2.0시간 정도 소요된다. 따라서 수술을 오전, 오후 모두 할 경우(오전 8, 9시~오후 5시), 수술실 1실당 평균적으로 1일 3~4건, 연간 750~1,000건 정도의 수술을 처리할 수 있다. 참고로 우리나라 조사 병원의 경우 연간 수술실 1실당 수술 건수는 500~1,000건에 분포되어 있다.

6. 소요 수술실 수의 산정

병원에서 필요한 수술실 수는 예상되는 수술 건수와 이를 처리할 수 있는 수술실 1실당 처리 가능한 수술 건수를 고려하여 다음과 같은 공식으로 산정될 수 있다.

$$\text{소요 수술실 수} = \frac{\text{병상 수} \times \text{병상이용률} \times 365 \times \text{입원환자 1인당 수술 건수}}{\text{재원 기간} \times \text{수술실 1실당 연간 처리 건수}}$$

여기서 입원환자 1인당 수술 건수를 0.3~0.6건으로 추정하고 병상이용률 90%, 수술실 1실당 연간 처리 건수를 1,000건으로 가정할 때 필요 소요 수술실 수는 재원기간이 짧을수록, 병상 규모가 클수록 많이 필요하며, 소규모 병원에서는 90~100병상당 1실, 중규모 병원에서는 70~80병상당 1실, 대규모 병원에서는 50~60병상당 1실 정도의 수술실이 필요하다.

7. 수술부의 면적

우리나라 병원에서 수술부의 면적 비율은 병원 전체 면적의 4~8% 정도에 분포되어 있고 병상 규모가 작은 종합병원의 경우 대학병원에서보다 높은 면적 비율을 보여준다. 수술실 1실당 면적은 우리나라 종합병원의 경우 평균 160m^2 정도이다. 또한, 수술부에 필요한 부속실 및 직원, 환자, 물품의 통행을 위한 복도 부분까지 크게 셋으로 분류하여 보면, 수술실 면적은 전체 수술부 면적의 20~25%의 범위 내에 분포되어 있고, 부속실 면적은 43~63%, 그리고 복도 부분은 15~30% 사이에 분포되어 있다. 이러한 수술실 1실당 면적은 수술부의 평면 유형 및 복도형에 의하여 달라지므로 일률적으로 적용하기에는 어려움이 있다.

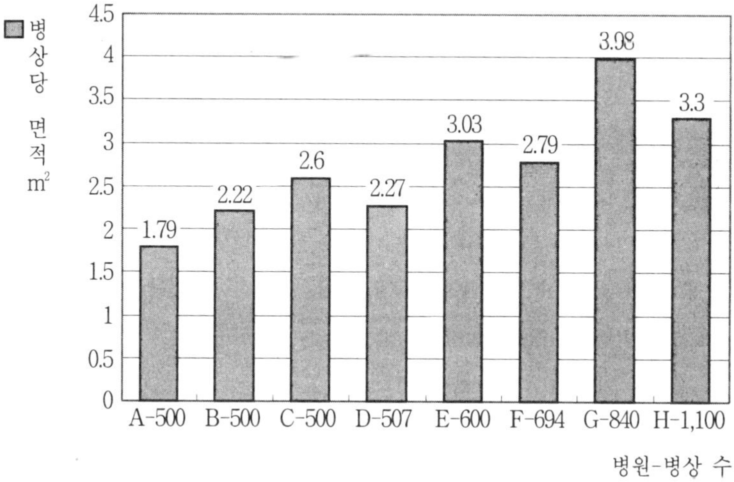

그림 6-30 기존병원 병상당 수술부의 면적18)

6-4 4 수술부의 평면 유형

수술부의 평면형은 청결도에 따른 조닝(zoning)과 동선 분리의 개념 및 전실의 유무에 따라 다음과 같이 분류할 수 있다.

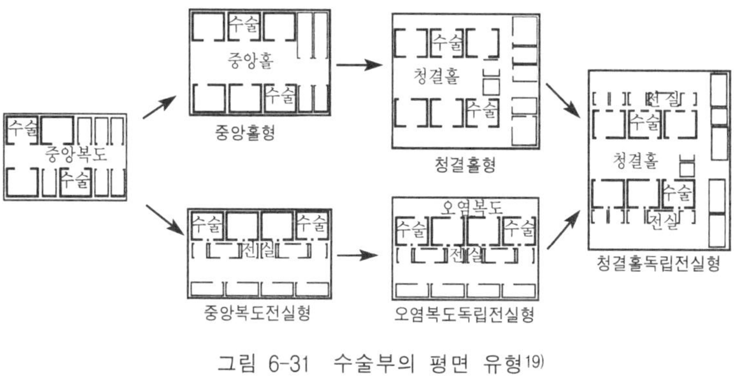

그림 6-31 수술부의 평면 유형19)

18) 한국병원건축학회 : op.cit., p. 170.
19) 김광문 외 4인 : 건축계획, 기문당, p. 56, 1995.

1. 중앙복도형

중복도 양측에 수술실이나 준비실을 병설한 형이다. 병동과 같은 동에 수술부를 설치할 경우 이 형에 가깝게 되며, 우리나라의 많은 병원이 여기에 속한다. 일반적으로 복도 면적의 비율이 작아지기 때문에 경제적인 평면형이라고 할 수 있다. 그러나, 청결물과 오염물이 같은 복도를 통과하므로 교차감염의 우려가 높고, 규모가 커지면 많은 실들이 복도를 따라 배치되기 때문에 동선이 길어지고 스트레처 대기, 준비작업 등이 복도에서 이루어지므로 복잡해진다.

2. 중앙홀형(미국형)

중복도형의 복도 폭을 넓혀서 단순한 복도로서 뿐만 아니라 작업을 수행할 수 있도록 복도를 홀로 처리한 것이다. 중복도형과는 복도 폭에 따라서 구별되므로 그 구분이 명확하지 못하다. 복도에서 수세행위가 가능하다든지 물품의 저장이 있을 경우 홀형으로 볼 수 있다. 이는 미국의 표준 설계 이후의 개념으로, 표준 설계에서는 수술실 2실 사이에 준비실(세정실)을 설치하고 있다. 최근 우리나라에서도 이와 같은 형으로 홀에 직접 수술실만을 부착시킨 예를 볼 수 있다. 각 수술실의 중앙에 예비 물품류가 저장되어 있기 때문에 동선은 다소 짧아지고, 따라서 작업이 능률적으로 행해질 수 있다. 그러나, 홀 양쪽에 수술실이 있기 때문에 홀 내부의 동선은 복잡해지거나 작업의 혼란 및 오염의 위험성이 뒤따를 수 있다. 또한, 중앙홀에서 오염물과 청결물이 섞이게 되어 중앙의 준비홀은 청결 구역으로 철저히 유지하기 어렵다. 중복도형과 같이 비교적 우리나라에서 많이 볼 수 있는 형이다.

3. 중복도전실형(구라파형)

중복도형에 수술실과 복도 사이에 전실을 두는 경우로서, 전실에서 준비작업, 물품의 저장, 마취 등이 이루어진다. 수술실 주위에서 일어나는 환자의 움직임을 일방통행으로 하여 수술실의 사용회전율을 높이려는 형이다. 우리나라의 경우 서울대부속병원 이외의 병원에서는 찾아보기 힘든 형이나 구라파에서는 보편적으로 사용되고 있다. 유럽에 있어서 전실의 용도는 마취실 및 회복실을 통하여 수술실의 이용률을 높이는 기능상의 이유에서 뿐만 아니라 감염방지상의 이유에서도 사용되어진다. 즉, 전실이 복도와 수술실 사이에 배치됨으로써 공기 흐름의 보호구역을 형성하기 때문이다.

4. 오염복도독립전실형

중복도전실형을 발전시켜 수술부 내의 청결도를 유지시키려는 의도에서 오염복도를 독립시킨 형이다. 수술 후 오염된 물건의 폐기를 위한 동선을 따로 분리시키기 위하여 별도의 복도를 두는 형으로 영국에서 제안되었으나 오늘날에는 크게 호응받지 못하고 있다. 그 이유는 오염물을 용기에 넣어 운반 처리함으로써 감염에 큰 지장이 없다는 견해가 지배적이기 때문이다. 저장은 중복도전실형과 같이 전실, 준비실, 기계실에 각각 나누어 행해진다. 오염복도의 출입은 폐기행위에 한하기 때문에 극히 적고 오염복도 전담직원이 필요하게 된다.

5. 청결홀형

몇 개의 수술실에 접하고 있는 홀을 설치하여 그곳을 물품 공급을 위한 저장장소 및 작업 청결도가 높은 장소로서 사용하고, 수술실군의 외주에 일반복도를 설치한 형이다.

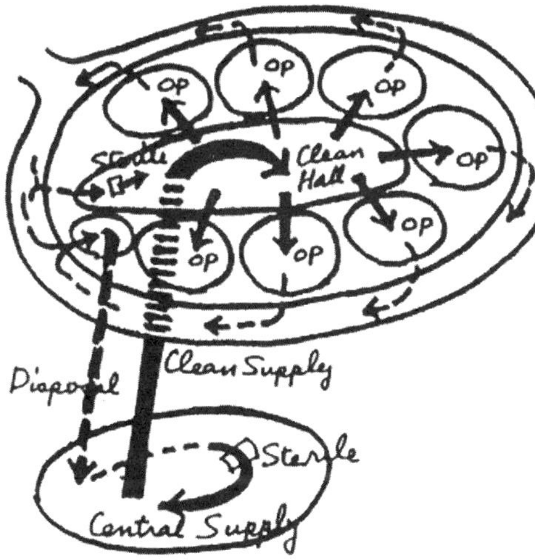

그림 6-32 청결홀형 수술실의 개념20)

20) 한국병원건축학회 : op.cit., p. 175

청결 물품의 동선을 별도로 분리시켜 수술실에 직접 공급하는 형으로, 이 청결홀은 중앙공급부와 수직 또는 수평으로 연결시키는 것이 일반적이다. 청결물의 저장은 청결홀에서 하고, 물품의 흐름을 일방 통행으로 할 수 있음으로써 동선 교차를 방지할 수 있으며, 청결, 비청결 구역을 명확히 할 수 있다. 공기의 흐름을 '청결홀 → 수술실 → 수술실 복도'로 함으로써 공기 감염에 대한 문제도 해결할 수 있다. 우리나라에서는 서울중앙병원에서 이와 같은 형을 발견할 수 있다.

6. 청결홀독립형, 전실형

청결홀 독립형에다 수술실에 전실을 설치한 형으로, 청결홀형과 같은 동선 체계를 갖는다. 우리나라에서는 발견하기 어려운 평면형이다.

표 1-14 동선 분리에 따른 수술부의 평면 유형

수술부 평면 유형 \ 수술부의 동선		수술전환자	수술후환자	수술전의사	수술후의사	청결물품	오염물품	비 고
단일복도형		●	●	●	●	●	●	모두 같은 복도를 통과함.
오염복도 분리형	일반복도	●	●	●	●	●		오염 물품을 별도의 복도를 통하여 폐기 처리함.
	오염복도						●	
수술 전후 동선분리형	복도 1	●		●		●		수술 전 동선과 수술 후 동선을 일방통행으로 분리시킴.
	복도 2		●		●		●	
청결복도 분리형 1	복도 1	●	●	●	●		●	청결 물품을 별도의 복도에서 수술실에 공급해 줌.
	복도 2					●		
청결복도 분리형 2	일반복도	●	●		●		●	수술 전 의사와 청결 물품을 별도로 분리시킴.
	오염복도			●		●		

수술부 내의 동선은 크게 환자, 직원, 물품으로 나눌 수 있고, 이를 또 청결도에 따라 수술 전 환자, 수술 후 환자, 수술 전 의사, 수술 후 의사, 청결 물품, 오염 또는 사용된 물품 등 6개 동선으로 세분화할 수 있다.

독일 보건부의 설계지침서에 따르면 수술부내의 동선 분리가 군이 필요하지는 않지만, 청결 물품을 따로 분리하고 전실을 둔 형태(청결홀독립, 전실형)가 감염방지상 바람직하다고 추천하고 있다. 감염에 영향을 미치는 요인은 너무 광범위하고 다양하기 때문에 어느 것이 가장 바람직한 것인지 결론을 내리기는 어려움이 많다. 이와 같은 평면 유형은 수술부의 면적에도 큰 영향을 주어, 중복도형이나 중앙홀형은 수술실 1실당 면적이 가장 적게 소요되고 청결홀독립형은 이보다 약 30% 가량 면적이 증가한다고 보고되고 있다.

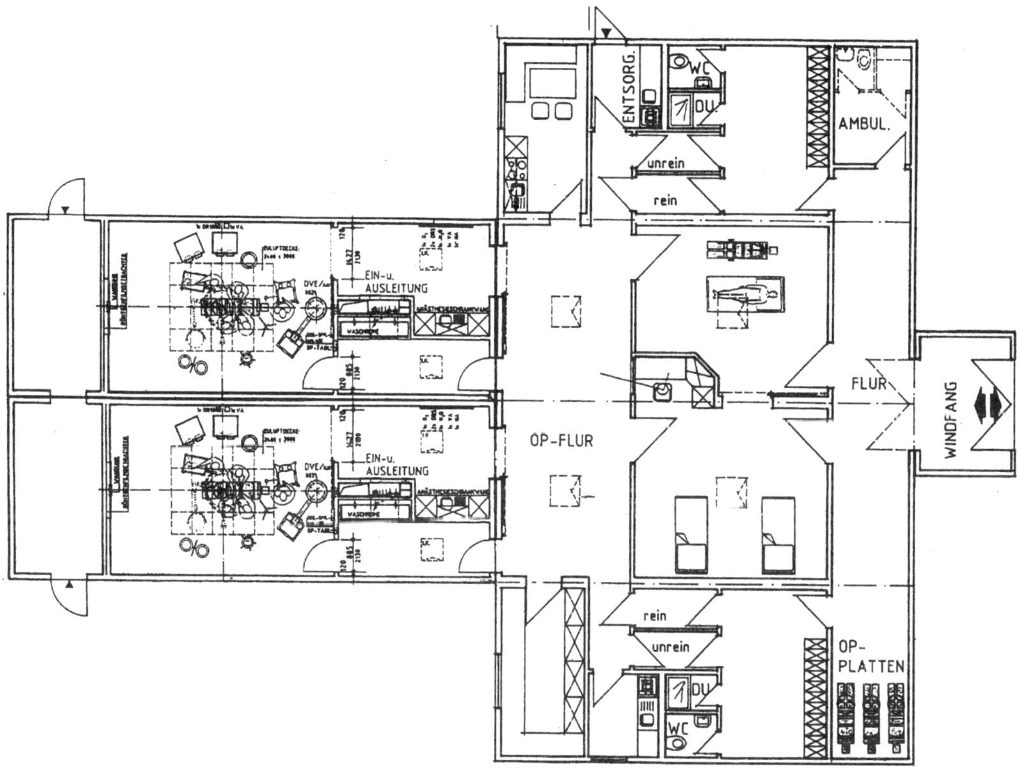

그림 6-33 외국 병원 수술실의 설계 예(콘테이너식)

6-4-5 수술부의 공간 구성

수술부를 청결정도에 따라 청결 · 준청결 · 비청결 · 오염 구역으로 구분하고 각 구역의 해당되는 실에 대하여 정리하면 다음과 같다.

1. 청결구역

이곳은 수술부 내에서 가장 청결을 요하는 곳으로, 수술실을 비롯하여 수술작업에 직접 관계되는 실로 구성된다.

1) 수술실

수술부의 중심은 수술실이라 할 수 있다. 수술실은 크기에 따라 대수술실, 소수술실로 구분되며, 감염도에 따라서는 청결수술실, 오염수술실로 구분되고, 그 외 각 과별 용도로 분류될 수 있다. 수술실의 크기는 방 안에서 발생하는 행위에 따라 결정되므로 수술의 종류마다 차이가 있을 수 있다. 수술실의 중심에는 수술대가 놓이게 되고 수술대 주위에 수술팀의 구성원이 의료기기와 함께 그 기능에 따라 배치되며, 그 주위로 직원의 동선을 위한 면적 및 의료장비 및 수납 공간이 필요하다.

구라파의 수술실에는 마취실, 수세실, 회복실, 의료기기실, 간호사 작업실 등의 전실이 합하여져 수술 단위군을 이루는 것이 보통이다.

우리나라 병원의 수술실 크기는 대수술실의 경우 41~57m^{2}이고 소수술실은 30~43m^{2}의 분포를 보이고 있다. 수술 부위에 따라 각 과 수술실 배치를 유형화하고, 그 배치에 기준하여 각 과별 수술실 규모를 제안해 보면 다음 표와 같다. 여기서 적정 규모는 각종 장비와 수납장 공간을 모두 감안한 것으로, 적정치 내지는 여유있는 수치에 가깝다고 할 것이다. 최소 규모의 경우도 제반 수술을 진행하기에 커다란 무리가 없는 수치로 제안한 값이다. 각 과별 수술실의 적정 크기는 일반외과 40m^2, 흉부외과 48m^2, 정형외과 52m^2, 신경외과 50m^2, 성형외과 50m^2, 안과 및 이비인후과 38m^2, 산부인과, 비뇨기과 40m^{2}로 제안할 수 있다.

표 6-15 수술실의 적정 면적 제안

수술실 명	적정크기
일반외과 수술실	40m^2 (6.3×6.3)
흉부외과 수술실	48m^2 (7.2×6.6)
정형외과 수술실	52m^2 (7.2×7.2)
신경외과 수술실	50m^2 (6.9×7.2)
성형외과 수술실	50m^2 (6.9×7.2)
안과, 이비인후과 수술실	38m^2 (6.6×5.7)
산부인과, 비뇨기과 수술실	40m^2 (6.6×6.0)

수술실에는 마취 및 수술에 필요한 의료가스(산소, 산화질소, 압축공기 등)와 의료기기 사용에 충분한 전원 및 설비가 구비되어야 한다. 그 외에도 수술 준비를 위한 수납장 및 엑스레이 필름박스 등이 필요하나, 수술실의 청결을 위해서는 원칙적으로 많은 물품이 있어서는 안된다. 수술실 천장은 수술램프, 엑스레이 기기 및 모니터 등의 배치를 위해서 최소 3.3m 정도의 충분한 높이가 필요하다. 수술실의 바닥, 벽 등의 재료는 청소 및 소독하기 쉽고 병원체가 서식할 수 있는 틈이 없도록 해야 한다. 과거에는 수술부의 바닥은 전도에 내하여 방지되어야 했으나, 오늘날에는 마취 기술의 발달로 그 필요성에 대하여는 많은 논란이 있다.

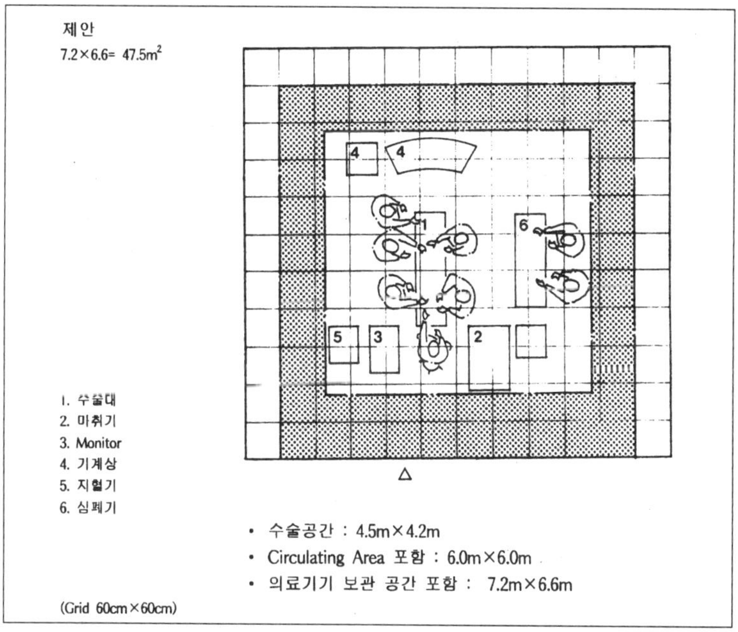

그림 6-34 일반외과 수술실의 적정면적 산출예[21]

21) 한국병원건축학회 : 삼성서울병원 공간이용평가에 관한 연구, p. 324, 1995.

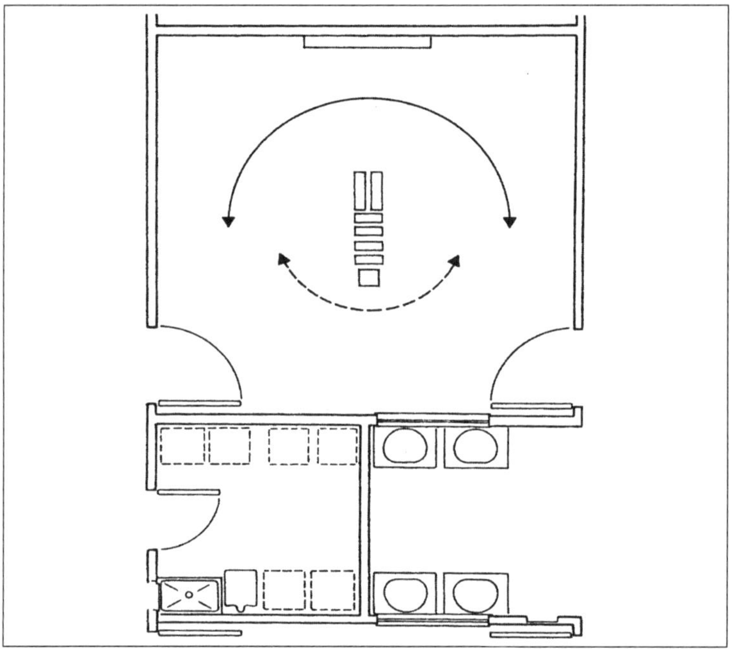

그림 6-35 미국 수술실의 예(Friesen 제안)

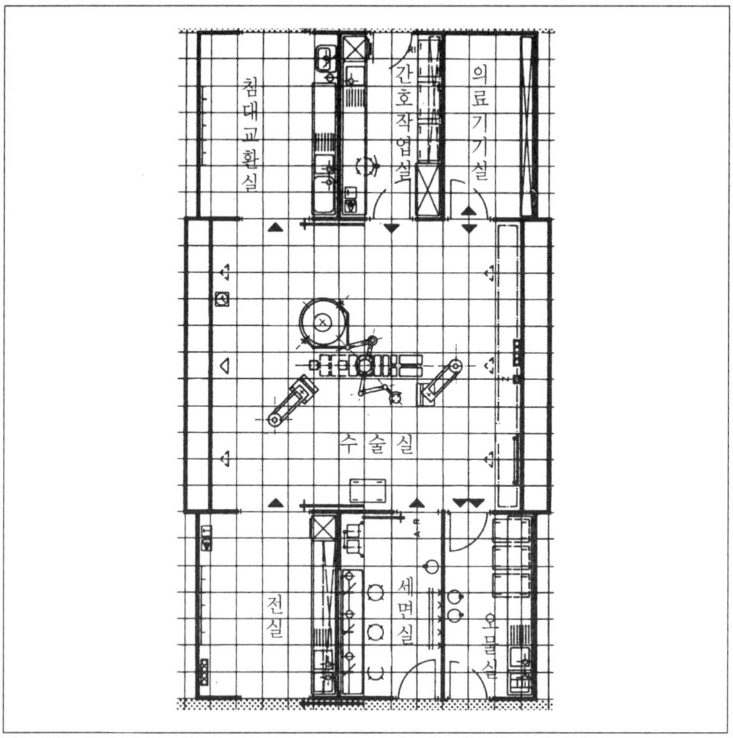

그림 6-36 유럽 수술실의 예[22)]

22) Labryga 외 3인 : Krankenhausbau, koch verlag, p. 303, 1984.

2) 마취실

환자를 수술대 위에 옮긴 상태에서 마취를 하는 장소이다. 마취가 되어 의식이 없는 환자는 마취실에서 수술실로 옮겨지게 된다. 유럽 각국에서는 일반적으로 마취실을 수술실 전실에 위치시켜 설치하는 것이 상식으로 되어 있다. 이와 같이 마취실을 전실로 두는 이유는 수술실의 청결을 유지하기 위하여 마취실을 거쳐 청결구역인 수술실로 들어간다는 것과, 또 마취가스의 폭발성 때문에 별실로 하는 것이 바람직하다고 생각하기 때문이다. 마취실이 별실로 계획된 경우 수술실에서의 마취시간이 절약되므로 실제 수술실 이용시간을 줄일 수 있어 수술실의 회전율을 높일 수 있다는 장점이 있다. 이와 같이 마취실을 별도로 설치할 경우는 보통 $20m^2$ 정도의 환기가 잘 되는 실이 필요하다. 우리나라 병원의 경우 서울대학교병부속병원을 제외하고는 이와 같은 마취실을 별도로 두고 있는 병원은 찾아볼 수 없고 일반적으로 수술실에서 마취를 행한다. 그러나, 수술실 각 실마다의 마취실은 아니더라도 수술부 내에 중앙화된 마취실이 필요하다고 주장하는 마취 의사들도 비교적 많이 있으므로 병원 설계 시 검토해 볼 필요가 있다.

3) 멸균준비실(sub-sterilize room)

수술실에 필요한 대부분의 의료기기는 중앙소독부에서 공급하여 사용하나 과거에는 사용상의 부주의로 인해 오염된 것은 수술실 옆의 멸균준비실에서 소독, 멸균하여 사용하였다. 그러나, 오늘날에는 일반적으로 충분한 의료기기가 확보되어 있고, 멸균기에 의한 멸균이 시간이 오래 걸린다는 이유로 멸균준비실은 점차 사용되지 않고 있다.

4) 청결물 창고

마취 및 수술, 간호에 필요한 약품 및 린넨 등 청결 물품을 보관하거나 멸균소독된 작은 의료기기의 저장 장소로서 필요하다. 또한, 중앙공급실에서 멸균된 청결한 린넨류도 수술부에 운반되어 이곳에서 청결한 상태로 보관되었다가 수술실에 공급된다. 이러한 청결물 창고는 각 수술실에서 가까운 장소에 배치됨으로써 수술 간호사의 동선을 짧게 하는 것이 바람직하다.

2. 준청결구역

1) 갱의실

수술부는 수술부에 출입하는 모든 동선(환자, 직원 및 물품) 및 공기 흐름을 통하여 들어올 수 있는 병원균을 차단시키기 위하여 한다. 환자와 직원은 원칙적으로 갱의 구역을 통해서만 수술부에 출입해야 한다. 이러한 갱의 구역은 외부인의 출입을 통제하고 타 동선이 교차되지 않는 위치에 설치되어야 한다. 병원균의 전염은 주로 접촉 및 공기오염을 통하여 이루어지므로 갱의실도 이에 대한 대책을 동시에 반영하여야 한다. 갱의실의 종류에는 이용 대상에 따라서 환자용 갱의실, 직원용 갱의실 및 물품 갱의실이 있다. 수술부의 갱의실은 수술부 외부보다 양압으로 하여 공기 흐름을 통하여 수술부가 오염되지 않도록 한다.

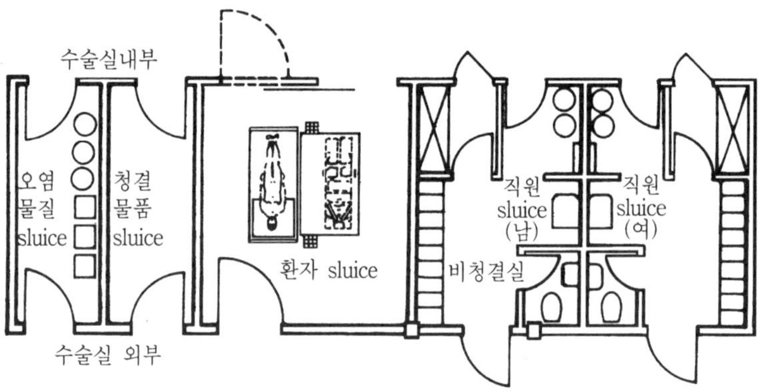

그림 6-37 유럽 병원의 갱의실 배치 예

(1) 환자용 갱의실

환자가 침대나 스트레처에 실려 수술부에 오면 환자용 갱의실(sluice)에서 수술대 위로 옮겨진 후 수술실로 보내진다.

환자용 갱의실은 직원이 직접 환자를 수술대에 옮기는 방법과 기계에 의한 방법이 있다. 수술부 내에는 응급의 경우를 제외하고는 원칙적으로 침대나 스트레처가 들어와서는 안된다. 왜냐하면 이들의 오염된 바퀴에 의해 수술부의 바닥이 감염될 위험성이 높기 때문이다. 보통 환자 갱의실 내의 중간 바닥에 선을 그어 놓고 침대가 들어오지 못하는 영역을 명시해 놓기도 한다. 환자갱의실은 공기를 통한 오염을 고려하여 복도에 오픈되지 않은 폐쇄된 공간이어야 하며, 그 앞에는 침대 및 스트레처를 위한 대기공간이 있어야 한다.

이곳에서는 또한 병동 간호사와 수술부 직원 간에 환자 인도를 위한 서류 전달 등의 정보 교환이 이루어지기도 한다. 환자용 갱의실은 수술부의 접수실과 밀접한 관계를 가지므로, 공간적으로 근접 배치시키거나 인터폰으로 서로 연락할 수 있도록 한다.

(2) 직원용 갱의실

직원용 갱의실은 비청결구역에서 온 의사, 간호사들이 수술부 내의 청결구역으로 들어가기 전에 옷을 갈아입고 세척하는 장소로, 비청결구역과 청결구역을 연결하는 완충지대의 역할을 하는 곳이다. 직원은 갱의실에서 옷을 벗고 손을 세척한 후 깨끗한 옷과 신발로 갈아입는다. 수술부를 떠날 때는 이곳에서 오염된 수술부 옷과 신발을 벗고 바디 병원 가운을 입는다. 이곳에는 샤워실 및 화장실이 배치되는 것이 바람직하며, 특히 화장실은 수술부 내부에는 절대로 허용되어서는 안된다. 더러워진 수술복이나 모자 및 신발은 이곳에서 별도로 모아져서 세탁부로 운반된다.

기존의 갱의실은 갱의 전 구역과 갱의 후 구역의 구분이 명확하지 않은 관계로, 감염 방지에 대한 충분한 기능을 하지 못한다는 비판을 받고 있다. 그러므로, 직원들의 출입으로 인한 수술부의 오염을 줄이기 위해서는 갱의실 내부를 물리적인 방법에 의해서 청결과 비청결구역으로 구분하는 것을 고려해야 할 것이다.

그림 6-38은 외국의 직원갱의실의 한 예로, 갱의실 내를 비청결구역(탈의 구역)과 청결구역(착의 구역)을 구분하고 있다. 이는 수술실 청결을 위한 적극적인 갱의실 계획안이라고 볼 수 있다.

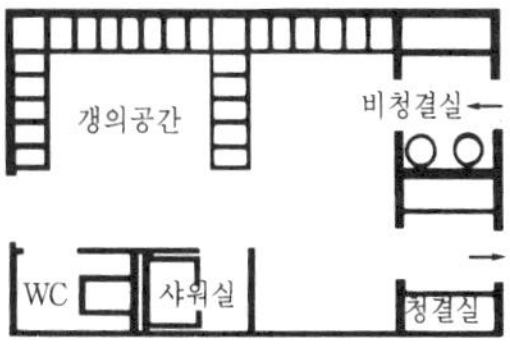

그림 6-38 직원갱의실 설계 예(독일 기준)

(3) 물품용 갱의실

일반적으로 물품의 통제는 수술부에서 무시되기 쉬우나 수술부 내로 반입되는 의료기기 및 물품을 통해서도 병균이 전달될 수 있으므로 이에 대한 배려가 필요하다. 즉, 청결 물품인 경우에는 물품용 갱의실 내에서 운반용 카트를 소독하거나 포장을 떼어내서 수술부 내로 반입시키고 수술부에서 나오는 오염물은 병원의 타 부문에 병균을 퍼뜨리는 원인이 될 수 있으므로 물품용 갱의실에서 소독 처리를 하거나 용기에 담아 폐기물 처리실로 보내져야 한다. 수술부에 공급되는 청결 물품은 수술부와 중앙공급부와 인접하여 배치시킬 경우 물품갱의실을 통과하지 않고 직접 리프트나 복도(예 : 청결홀형 수술실)로 수술부에 전달될 수 있다.

3) 회복실

회복실은 수술이 끝난 환자를 별도로 모아서 관찰하는 장소이다. 수술 직후에 나타날 수 있는 여러 가지 부정적인 증세에 대응하거나 마취로부터 신체 기능의 회복을 관찰하기 위한 장소이다. 증세가 좋지 않은 환자는 이곳에서 중환자실로 보내진다.

회복실에 필요한 병상 수는 일반적으로 수술실 수의 1~2배 정도이며, 침대와 침대 사이의 간격은 응급시 직원과 의료기기의 배치를 고려하여 1~2m 정도 확보한다. 회복실은 간호사들이 쉽게 시각적으로 관찰할 수 있어야 한다. 회복실은 수술이 모두 끝난 후에도 운영이 필요하므로, 가급적 갱의구역 근처에 배치하는 것이 바람직하다. 또한 이곳은 마취의사의 책임하에 있는 곳이므로 마취의사실과의 연관도 고려한다. 부속시설로는 간호사의 관찰과 간호 작업을 위한 작업대, 의약품 및 의료기기 등의 청결물 보관을 위한 창고, 세척을 위한 싱크대 등의 시설이 필요하다. 간호사 작업 장소는 회복실의 입구 근처에 두는 것이 바람직하며, 여기에서 모든 병상을 관찰할 수 있어야 한다. 모든 병상에는 조명, 전기, 가스 등의 설비시설이 설치되어야 한다.

3) 접수실, 간호대기실

이곳은 수술부 전체를 총괄 감시하고 관리하는 장소로서 수술부의 중앙에 위치하여 수술부 내의 모든 출입과 수술부 전체의 동선 흐름을 파악할 수 있어야 한다. 병원의 규모에 따라서 접수실과 간호대기실을 분리할 수도 있으나, 실제 간호 업무 및 직원 배치 등 운영상 불리하므로 하나의 실로 계획하는 것이 바람직하다. 접수의 측면에서 볼 때는 환자의 도착을 쉽게 알 수 있고 정보 전달에 용이한 입구 근처의 위치가 바람직하다. 또한, 이곳에서 회복실을 쉽게 관찰할 수 있고 실제 거리도 가까워야 한다.

간호사의 관리 및 기록 업무를 위한 작업대와 운영 스케줄을 정리해 놓는 벽면 및 중요한 기록과 약품들을 보관할 수 있는 선반 등의 시설이 필요하다.

4) 의사실

수술부의 전체적인 운영의 총괄은 일반적으로 마취의사들이 관할하고 있다. 외과의사 등 집도의들은 수술 계획에 따라 수술부를 사용하지만 마취의사는 수술부에 전담근무하고 있다. 따라서, 많은 병원에서는 마취의사실을 수술부 내에 두고 있는 것이 보통이다. 이와 같이 마취의사들의 근무 장소가 수술부 내에 위치하기 때문에 환자 보호자와의 상담이나 외부에서 찾아오는 방문객들이 수술부 내로 연결될 위험성이 있다. 오늘날 마취의사의 영역은 수술부 외에도 중환자실 및 외래까지 넓혀져 가고 있으므로, 배치시 기존의 수술부 중심적인 개념에서 탈피하여 외부에서 접근이 용이하도록 고려해야 할 것이다.

5) 의료기기 보관창고

수술중에 자주 사용되는 의료기기 등을 보다 청결하게 보관할 창고를 마련할 필요가 있다. 대부분의 기존 병원에서는 이러한 의료기기 창고를 고려하지 않아 수술중에 사용했던 기기들이 수술실 내부나 복도에 쌓여 있어 수술실 출입에 장애가 될 뿐 아니라 기기의 관리 및 청결 관리에까지도 문제시되고 있다. 이는 환자의 감염에도 직접적으로 영향을 끼칠 수 있는 사항이므로 계획시에는 기기 보관 장소를 충분히 확보해야 한다.

6) 의료기기 소독 및 준비실

작은 수술용품의 멸균은 중앙멸균공급실에서 하지만 마취기기나 인공심폐기 등과 같이 비교적 큰 의료기기를 소독하기 위해서는 수술부 내의 별도의 독립된 의료기기 소독준비실이 고려되어야 한다. 이러한 실은 우리나라에서는 아직 보편화되어 있지 않지만 감염의 경로가 의료기기를 통하여 이루어지는 것을 감안할 때 앞으로 꼭 필요한 공간이라 할 수 있다.

7) 청소도구실

수술실은 수술 직후 다음 수술을 위해 항시 깨끗이 청소되고 소독되어야 한다. 청소도구실은 수술 후 수술실의 청소를 위하여 필요한 청소도구 및 소독품, 세제를 보관하는 장소로서 수술실 근처에 배치되어져야 한다.

8) 직원휴식실(lounge)

수술 전후의 의사, 간호사들이 머물 수 있는 휴식을 위한 공간으로서 실의 크기는 수술부의 규모에 따라 결정된다. 보통 수술팀의 규모가 최대 6~8명까지 구성될 수 있다는 것을 고려하여 면적을 산정할 수 있다. 직원휴게실에는 충분한 의자와 선반, 세면대, 냉장고 등의 시설이 필요하다.

3. 오염구역

1) 세척실

세척실은 수술 후 오염된 도구를 세척하는 곳으로, 주로 소독간호사가 사용하고 있다. 이러한 수술도구의 세척 관계는 중앙공급부와의 운영방식 관계에서 검토되어야 할 사항이나, 아직까지 우리나라 병원에서는 대부분이 수술부 자체 내에서 세척 정리하여 멸균만을 중앙공급부에 의뢰하는 경우가 많으므로 이의 공정도 고려해서 계획하여야 할 것이다. 물론 중앙멸균공급부에서 모든 작업을 처리하는 방법도 있겠지만, 수술도구의 종류가 많고 이를 관리하기 위해서는 전문지식이 필요하므로, 이에 따른 인원 배치와 중앙에서 세척할 경우 기기의 수가 더 많아야 된다는 측면에서 보통 수술부 내에 세척실을 운영하고 있다. 비청결 상태인 세척실의 위치는 수술부의 청결유지를 위해 청결구역 내에서 배치되어서는 안되며 중앙멸균공급부와의 연관성을 고려해야 한다.

2) 오물처리실

오물처리실은 수술 후 폐기물을 수집하여 일단 보관하였다가 폐기물 처리실로 보내는 곳으로, 이곳에서 오염물질을 직접 처리하기도 한다. 따라서, 이곳은 폐기물을 분류하고 철저히 밀봉하여 청결구역을 통과하지 않고 처리할 수 있도록 계획되어야 하며, 액체 폐기물을 직접 처리할 수 있는 오물 처리 배관이 설치되어야 한다. 수술부 내에 오염복도가 있는 경우(오염복도분리형)에는 오염복도의 한 끝에 오물처리실을 설치하는 것이 바람직하다. 유럽형 수술부에는 오물처리실이 각 수술실에 전실로 배치되어 수술 직후 모든 폐기물을 이곳에서 정리함으로써 오염물의 동선이 수술부 전체에 연결되지 않도록 한다.

4. 비청결구역

1) 운반자(porter) 대기실

병동과 수술실, 회복실을 왕래하며 환자를 운반하는 운반자의 역할은 전체 수술 업무에 영향을 줄 수 있다. 즉, 스케줄에 따라 환자를 적절한 시간에 운반함으로써 수술 시간이 지연되는 것을 막을 수 있다. 운반자는 비청결구역인 병동을 수시로 왕복해야 하기 때문에 운반자 대기실은 수술부 출입구 쪽 가까이에 위치하는 것이 좋고 수술실-회복실-병동과의 원활한 연락을 위하여 적절한 통신 체계를 갖추어야 한다.

그림 6-39 수술실 설계의 예(삼성의료원)

2) 보호자 대기실

수술시 수술환자의 보호자들은 수술 상태의 궁금증으로 인하여

표 6-16 수술부의 공간계획

병원(병상수)		A(202병상)			B(420병상)			C(520병상)			D(572병상)			E(627병상)		
부분	실 명	실면적	실수	계	실면적	실수	계	실면적	실수	계	실면적	실수	계	실면적	실수	계
수술부	접수/사무실	12	1	12	15	1	15	6	1	6	18	1	18	18	1	18
	보호자실	18	1	18	20	1	20	12	1	12	22	1	22	22	1	22
	수술대기/준비실	36	1	36	40	1	40	44	1	44	18	3	54	18	3	54
	대수술실				60	2	120	72	2	144	54	2	108	54	4	216
	중수술실							56	8	448						
	수술실	44	4	176	40	4	160	44	3	132	44	8	352	44	12	528
	석고실				15	1	15	18	1	18						
	방광경실				20	1	20	18	1	18						
	동통치료실				20	1	20									
	스크럽공간							9	1	9	13	1	13	18	1	18
	소독실				30	1	30	6	1	6	6	3	18	18	1	18
수술부	세척실	9	1	9	10	1	10	6	7	42	36	1	36			
	오물처리실	9	1	9							13	2	26	13	2	26
	마취준비실	18	1	18	30	1	30	44	1	44	18	3	54	24	1	24
	마취과의국				30	1	30	36	1	36	36	1	36	36	1	36
	마취과장실	18	1	18							18	1	18	18	1	18
	의사실				15	2	30	18	5	90	12	3	36	12	4	48
	회의실							44	1	44	18	1	18	18	1	18
	갱의실	36	1	36	15/30	2/1	60	44/6	2/2	100	36	3	108	36	3	108
	의사휴게실	18	1	18	40	1	40	44	1	44	30	1	30	36	1	36
	직원휴게실										22	1	22	18	1	18
	수간호사실	12	1	12							12	1	12	12	1	12
	기기보관	18	1	18	20/10	1/1	30	18	3	54	22	2	44	33	2	66
	당직실				15	1	15	12	1	12						
	직원화장실				5	2	10									
	스트레처보관실				10	1	10	18	1	18	22	1	22	22	1	22
	소독물실				5	1	5				22	1	22	22	1	22
	린넨실	9	1	9							12	1	12	12	1	12
	암실										9	1	9	9	1	9
	일반창고	12	1	12	15	1	15	22	1	22	22	1	22	32	1	32
	청소도구실	9	1	9				4	1	4	4	1	4			
회복실	병실	36	1	36	30	1	30	12/18	1/1	30	120	1	120	12	14	168
	간호사실							12	1	12	12	1	12	18	1	18
	오물처리실				5	1	5	18	1	18	6	1	6	9	1	9
	스테이션							18	1	18				12	1	12
계(m²)				458			760			1,425			1,284			1,642

대개 수술부 입구에 와서 서성거리거나 출입하는 의료진에게 환자의 상태 등을 묻는 경우가 많다. 이와 같은 현상을 해소하기 위해 병원에 따라서는 보호자 대기실은 수술부 입구에 배치하고, 이곳에 현황판을 설치하여 수술환자의 수술중 혹은 수술 완료 후 회복실 체재 등의 이동 경로를 표시하기도 한다.

6-5 분만부

병원에서의 출산은 이상분만, 응급처치, 미숙아처치, 출산 후의 산모 진료, 신생아의 합리적 진료 등을 할 수 있는 반면에, 신생아들을 집단관리함으로써 신생아 상호간의 감염 문제나 인공영양의 보급으로 인한 저항력 저하 또는 신생아와 어머니 간의 피부 접촉을 못함으로써 생기는 정서상의 문제 등이 제기되고 있다. 분만은 병이 아니고 생리 현상이므로 질병의 치료와는 다른 개념에서 접근하려는 측면도 있다. 또한, 출산시에 가족이 분만실에 같이 있는 것을 자연스럽게 받아들이는 나라들도 많다.

이와 같은 개념들은 나라간의 문화적 배경에 따라 받아들여질 수 있는 정도가 다르기는 하지만, 앞으로 분만부의 운영과 설계에 많은 영향을 끼칠 것이다. 최근 우리나라에서도 신생아를 산모와 같은 방에 입원시키는 모자동실(母子同室) 시스템을 갖추는 것을 전제로 한 모유수유병원 지정제와 진통, 분만, 회복을 하나의 방에서 실시하는 LDR/P방식 등이 부분적으로 도입되고 있다.

또한, 분만부의 설계에 관계되는 사항으로서 제왕절개수술을 분만부에서 하는가, 수술실에서 하는가, 외래수술을 하는가, 한다면 어디에서 하는가, 진통, 분만시에 보호자의 참여를 어디까지 허용하는가 등에 대한 운영방식이 사전에 고려되어야 할 것이다.

6-5-1 위치

많은 분만을 처리하는 대규모 병원의 분만부에서는 분만부를 독립한 부서로 위치시키는 경우가 많고, 규모가 작은 병원에서는 산과병동의 한 부문으로 취급하는 경우도 있다. 분만부의 위치는 분만시의 응급상황에 대비하기 위한 수술부와의 관계와 산모와 신생아의 이동 동선 등이 고려되어야 할 것이다.

1) 수술부와의 관계

분만부 내에 제왕절개를 위한 수술실이 마련되어 있는 병원들이 상당수 있으나, 대부분 사용 단계에서 마취의와 장비 등의 부족으로 원래의 계획대로 쓰여지지 않고 수술부에서 하고 있다. 따라서, 산모를 급하게 수술실로 옮겨야 할 경우를 대비하여 수술부와의 관련을 고려할 필요가 있다. 비정상 분만의 경우 대부분의 병원에서 수술부로 분만팀이 이동하여 수술하고 있다. 예약된 경우는 임산부가 입원실(병동)에서 바로 수술부로 이동하지만, 정상 분만을 시도하다가 제왕절개를 해야 할 경우에는 분만실로부터 수술실까지 산모와 분만팀이 이동해야 하므로 그 연결 동선이 간단할수록 좋다.

인공중절의 시술 여부는 병원의 운영방침에 따르며, 시술하는 경우는 외래에서 하는 경우와 분만부에서 하는 경우가 있다. 이것은 병원의 규모, 운영방침 등과 관계되는 사항이다.

2) 신생아실, 산과병동과의 관계

분만부와 신생아실 간의 동선은 가급적 짧게 하고, 일반인의 동선과 겹치지 않게 하는 것이 바람직하다. 최근 출산 직후부터 분유 대신 엄마젖을 먹이도록 하는 모유수유병원 지정제도가 도입됨에 따라 모유수유병원으로 지정되려면 최소한 산모와 신생아가 같은 방에 입원할 수 있는 모자동실 시스템을 갖추는 것이 필수적이다. 이 경우 신생아실과 산과병동과의 관계는 더욱 긴밀해질 것이다.

6-5-2 규모

분만부의 규모는 병원의 타 부서와는 달리 병상 수에 따른 일정 비율의 비례로 규모가 크게 변하지 않는 특성이 있다. 이것은 오히려 병원이 위치한 지역주민의 인구, 인구 구성의 특성, 주변의 의료시설 분포 등에 많은 영향을 받게 된다.

따라서, 분만부의 규모 산정은 연간 분만 건수와 이를 처리할 수 있는 분만대 수와 분만실 수를 정하고, 이에 따른 진통실 수와 병상 수, 회복실 수와 병상 수를 각각 정한 다음, 이에 관계되는 제 실들을 정하는 방법이 일반적이다. 또한, 분만이 일정한 계획에 의하기

보다는 그때그때 일어나는 상황이기 때문에, 일반적으로 총량적 산정방식으로 분만대 수와 분만실 수를 산출하고 있다.

현재 우리나라 병원의 경우 대체로 1~3실 정도의 분만실을 갖추고 있다. 1,000병상급의 대규모 병원도 3실의 분만실이면 운영이 가능한 것으로 나타나고 있다. 이 중 1실 정도는 차후 운영방식의 변경 등으로 분만부 내에서 수술을 할 경우를 대비하여 수술실에 준하는 설계가 필요하다. 그리고, 분만실을 1실만 계획할 경우는 출산이 겹쳐질 것을 고려하여 분만대 수는 1실에 2대를 놓을 수 있는 공간적 배려가 필요하다. 초산부를 위해서는 1실 1대가 바람직하지만, 동시에 분만을 해야 할 경우 경제성과 인원 절감 등을 고려하여 1실의 경우 2대를 놓을 수 있는 계획이 필요하다.

분만부의 면적은 분만실 1실의 경우 100~200m^2, 2실의 경우 300~400m^2, 3실의 경우 400~500m^{2}의 규모가 대부분이며, 1,000병상급의 대규모 병원의 경우 800~1,000m^{2}의 면적을 가지고 있는 병원도 일부 있다.

표 6-17 국내종합병원의 분만부 면적구성 현황※

병원명	총병상	순면적(m²)			연간 분만건수	환자 진료공간의 규모			
		전체	분만부	비율(%)		분만실	진통실	회복실	격리실
1.BR	200	4,629	118	2.5	378	1(2)	2병상	2병상	-
2.JY	200	5,057	96	1.9	560	1(2)	3	2	-
3.SJ	300	6,163	68	1.1	938	2	6	6	-
4.DS	304	5,119	74	1.4	942	1(2)	4	-	-
5.WS	400	13,143	221	1.7	1,448	2(3)	8	4	-
6.DG	420	9,240	166	1.8	887	2	3	3	-
7.SV	443	15,502	285	1.9	985	3	6	2	-
8.CN	460	21,856	367	1.7	503	2(3)	5	5	-
9.KR	519	19,017	384	2.0	881	2	6	4	2병상
10.SM	525	21,340	286	1.3	1,595	2(3)	5	8	2
11.YN	605	23,176	344	1.6	1,006	3	7	3	-
12.SS	743	21,183	152	0.7	-	1(2)	3	2	2
13.JN	756	24,648	368	1.5	784	2(4)	4	6	-
14.YS	1,205	31,913	589	1.9	1,806	3	7	2	-
평균				1.5					

※ 황인걸 : 종합병원 LDR방식 분만부에 관한 건축계획적 연구, 한양대 산업대학원 석사학위논문, p. 38, 1997.
( ) 안은 분만대의 수.

6-5-3 분만부에서의 동선과 실 구성

1) 산모의 동선

환자가 분만부에 도착하는 과정은 주간이나 야간, 응급환자, 혹은 병원의 운영방식에 따라 조금씩 차이가 나고 있다. 주간에 오는 환자는 원무과에서 접수를 한 후 환자가 직접 분만부로 가는 경로와 병동을 거쳐 분만부로 가는 경로가 있다. 응급환자나 야간에 오는 경우는 응급실을 거쳐 분만부로 가는 경로와 병동을 거쳐 분만부로 가는 경로가 있다. 응급환자의 경우 대부분 응급실에서 직접 분만부로 가거나, 응급실을 거치지 않고 분만부로 직접 가는 경우도 있다.

(1) 정상분만의 경우, 분만부에 온 환자는 산전준비실 등에서 옷을 갈아입고, 기본검사를 위한 혈액 채취와 관장, 제모 등을 한다. 그 후 환자는 진통실에서 출산이 임박하면 분만실로 옮겨 분만에 들어가게 된다. 분만 후 산모는 산후처치를 한 후 회복실로 옮기어 일정 시간의 회복과 상태를 관찰한 후 병동으로 옮긴다. 신생아는 분만실에서 목욕, 점안, 이름표 달기 등의 처치 후 신생아실로 옮겨진다.

(2) 제왕절개를 위한 환자는 병동이나 응급실 등에서 곧바로 수술부로 가는 경우와, 분만부에서 수술 준비를 하여 수술부로 옮기는 경우, 또한 분만부에서 정상분만을 시도하다 안될 경우 수술부로 이동하는 경로가 있다.

2) 의료진의 동선

분만부 내에서의 의료진의 동선은 환자에 관계되는 진통실, 분만실, 회복실로 이어지는 경로가 주 동선이 된다. 의사는 주로 진통실에서의 환자 진찰과 분만실에서의 분만에 임하며, 간호사는 환자의 산전·산후의 상태 관찰, 환자 처치, 분만 작업, 물품관리 등 분만부 내의 전반적인 작업을 수행한다.

3) 진통실과 분만실의 위치

(1) 인접한 경우

연락이 간편하고 거리가 가까워서 이동이 편리하다. 분만실로부터 신음소리가 들려 대기하는 임산부에게 불안감을 줄 수 있다. 두 실간의 방음처리와 두 실간에 전실을 설치하여 문제점을 줄일 수 있다.

⑵ 분리되어 있으나 가까운 경우

진통실이 개실 혹은 칸막이 등으로 구획될 경우는 산모의 프라이버시를 보호할 수 있으면서 이동이 편리하다.

⑶ 분리되어 있으면서 먼 경우

동선이 길어져서 응급 대처에 어려움이 있으며, 진통실이 개실일 경우는 임산부의 프라이버시에 도움이 되지만 관찰이 용이하지 못하다.

4) 실 구성상의 고려사항

⑴ 동시에 많은 분만을 하여야 할 경우를 대비하여 일부 분만실에는 2대의 분만대를 설치할 수 있는 계획이 필요하다.

⑵ 진통실–분만실–회복실로 이어지는 산모의 동선을 원활하게 하고, 산과병동, 분만부, 신생아실을 하나의 간호대기소로 관리하는 곳에서는 간호대기소에서 진통실, 분만실, 회복실의 관찰 및 작업동선 등이 나빠질 우려가 많으므로 이 점에 특히 유의해야 한다.

⑶ 진통실, 회복실에 대한 간호대기소에서의 관찰과 접근성이중요하게 고려되어야 하고, 산모를 수치심으로부터 보호할 수 있는 칸막이 등의 설치도 요구되는 상충되는 특성이 있다.

⑷ 보호자의 출입을 어디까지 허용할 것인가. 보호자는 분만부 입구의 대기실에 대기하고 분만부 내에는 출입을 제한하는 경우가 일반적이기는 하나, 진통실까지 출입을 허용하는 병원들도 일부 있다. 대개는 분만부의 관리, 감염 등의 문제로 보호자를 분만부 내로 출입하는 것을 통제하고 있다. 그러나, 여러 외국에서는 산모에게 평안감, 안정감을 주는 이유 때문에 가족이 진통실, 분만실까지 동반하는 것이 허락되는 병원들이 많이 있다. 보호자가 진통실, 분만실, 회복실에 동반할 경우 실 계획의 변화와 함께 이에 대한 동선 계획 등이 같이 고려되어야 할 것이다.

6-5-4 각 실의 계획

1) 분만실

분만실의 산모는 병자가 아니고 건강인이므로 수술실과 같은 분위기보다는 오히려 안도감과 편안함을 줄 수 있는 분위기가 필요할 것이다.

분만실의 크기는 영국에서는 23.2~27.9m^2, 미국에서는 약 30m^2(29.2m^2)를 제안하고 있다. 일본에서는 분만대 1대를 위한 최소한의 크기로서 약 15.8m^2(3.5m×4.5m), 2대를 병렬로 놓을 경우 27.5m^2(5.0m×5.5m)를 제안하고 있다(미국에서는 최근 6.0m×6.0m의 36m^2의 크기가 제안되고 있다).

초산부를 의해서는 분만실 1실에 분만대 1대가 바람직하지만, 경제성, 인원 절감 등의 측면에서 특히 분만실을 1실만 둘 경우에는 출산이 겹쳐질 것 등에 대비하여 1실 2대를 설치할 수 있는 공간적 배려도 필요하다. 우리나라 병원의 경우 분만실의 크기는 20×36m^2의 범위로, 일반적으로 30m^2 전후에 많이 분포해 있다. 문 폭은 진통실의 병상을 이동하기 위해서 1.3m 정도가 필요하고, 천장고는 산과 수술등을 설치하기 위해 2.7m가 필요하다. 분만실의 설비는 보통 수술실에 준하여 하고 있다.

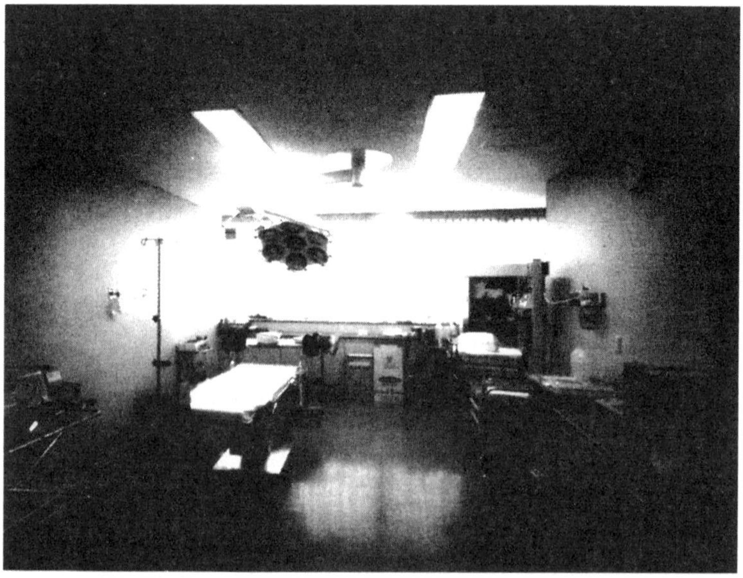

그림 6-40 분만실

2) 진통실

진통실은 기본적으로 간호대기소(작업대)에서 관찰이 용이하도록 개방적으로 계획하는 것이 요구되나, 지나친 개방감은 산모의 프라이버시를 침해하고 불안감을 조성할 우려가 있으므로 적절한 조절이 필요하다. 산모들의 연대감과 경과 관찰의 편리성 때문에 진통실을 개방(open)하는 것이 좋다는 의견도 있다. 그러나, 일부에서 행하는 출산에 남편을 참여시키는 방식을 전제한다면 개실이 원칙이다. 이곳은 산모의 특성 때문에 화장실이 필요하고, 화장실에는 세면내와 안전손잡이, 응급호출벨을 설치한다. 진통실의 각 침상에는 의료가스, 간호사호출장치(너스콜), 조명 등의 설비를 한다.

독일 등에서는 진통실이 없는 예도 많이 있다. 이 경우 산모는 직접 분만실로 들어간다. 고도의 위험환자를 위한 격리된 진통실(격리실)도 필요하다.

진통실의 크기는 영국에서는 $11m^2$, 미국은 $9.3m^2$, 하나의 실에 복수의 진통병상을 둘 경우 프라이버시 등을 위해 최소 1병상당 $7.5m^2$이 필요하다. 각 실간의 소음 차단 또한 필요하다.

3) 회복실

분만의 진료, 관찰, 휴식 등을 한다. 프라이버시가 어느 정도 유지되는 상태에서 가족(남편)이 엄마와 아기를 방문하는 것에 대한 배려도 필요하다.

4) LDR/P실

영국과 미국 등 여러 외국에서는 진통, 분만, 회복이 한 실에서 행해지는 다목적 정상분만실이 운영되고 있기도 하다. 이 경우에 산모는 진통실, 분만실, 회복실로의 이동이 없이 안정된 상태에서 분만을 하게 된다. 우리나라에서도 일부 병원에서 부분적으로 채택되고 있으며, 이러한 방식을 LDR/P방식이라 한다. LDR방식은 진통, 분만, 회복 등 일련의 분만과정을 실을 옮기지 않고 하나의 실에서 하는 방식이고, LDR/P방식은 여기에 산후조리까지 같은 실에서 하다가 퇴원하는 경우를 의미한다. 남편이 분만과정에 자연스럽게 참여하는 경우가 많다. 이 방식을 채택할 경우 병동과의 관계, 보호자들의 동선 등이 분만부 설계에 고려되어야 한다.

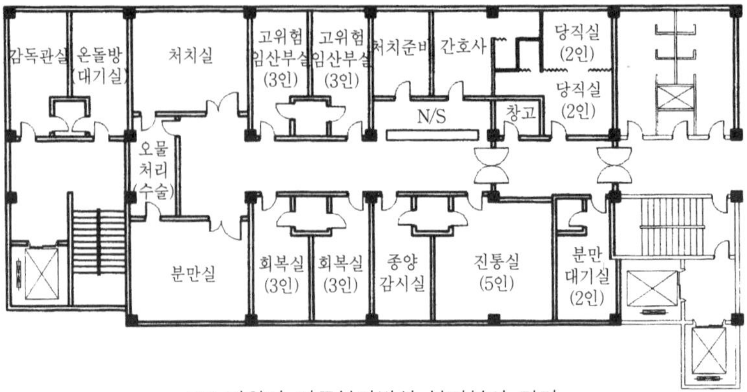

KM 병원의 기존분만방식 분만부의 평면

0 1M 3M 6M

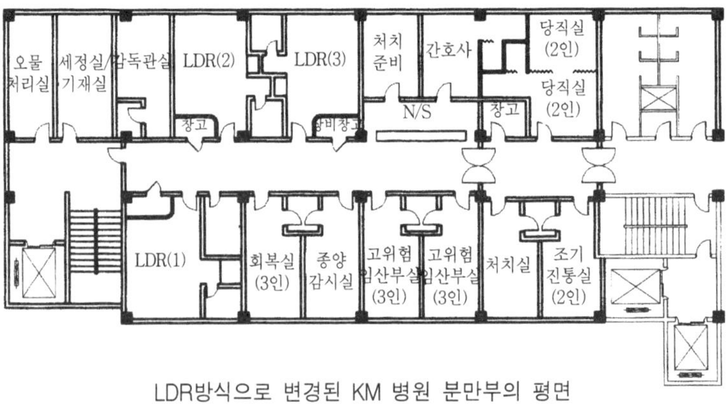

LDR방식으로 변경된 KM 병원 분만부의 평면

0 1M 3M 6M

그림 6-41 LDR/P방식이 채택된 분만부 설계 사례 (1)

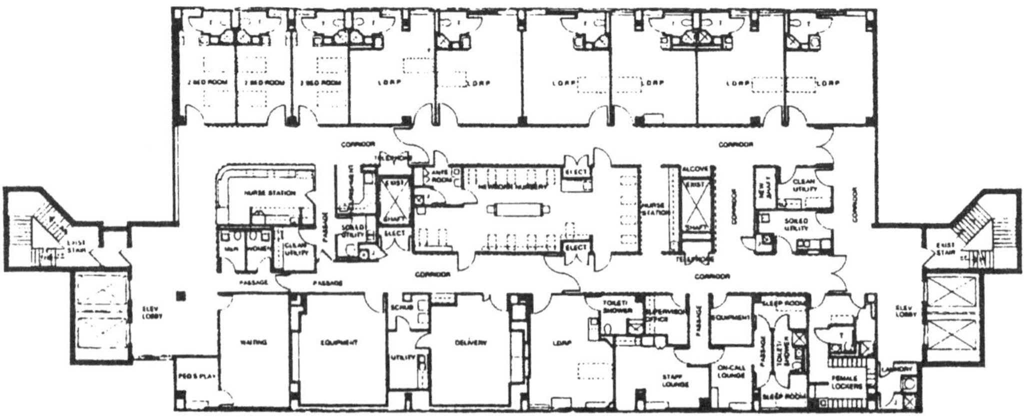

그림 6-39 LDR/P방식이 채택된 분만부 설계 사례 (2)

외국에서도 LDR/P방식이 부분적으로 실시되고 있고, 병실이 1인실 위주이고, 산모의 재원기간이 우리보다 빠른 점 등을 고려할 때 우리나라에서 전반적으로 실시되기에는 아직 어려움이 많다. 그러나 LDR/P방식의 근본 개념이 기능 중심에서 환자 중심, 가족 중심으로의 전환을 의미한다고 할 때 이러한 방식의 채택은 좀 더 확산될 것으로 보인다.

5) 산전 진찰, 접수실

산모의 샤워와 관장, 제모를 위한 시설이 필요하나. 환자에 따라 관장이 행해지지 않는 경우도 있다. 진찰대, 소규모검사대, 세면기 등이 필요하고 실은 약 17m^2 정도가 필요하다.

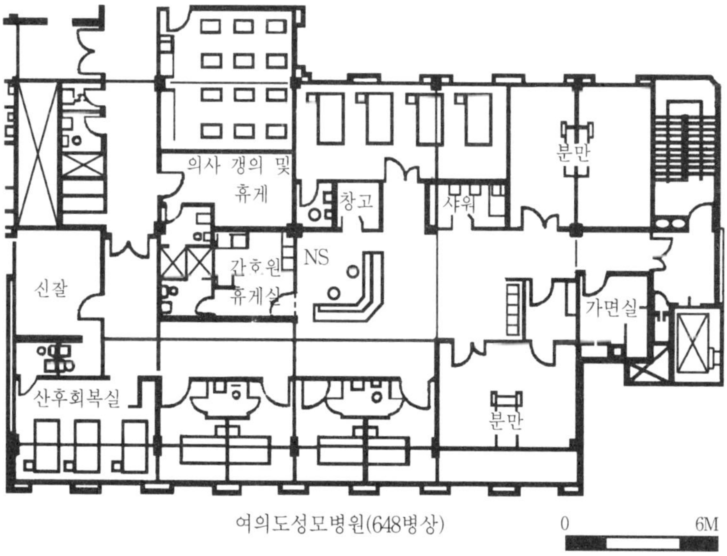

그림 6-42 분만부 평면 사례

6-6 재활의학부

재활(rehabilitation)은 심신에 장해가 있는 사람을 가능한 한 빨리 보통 상태의 생활을 할 수 있도록 회복, 복귀시키는 과정 전체를 의미하고 있다. 그 과정의 첫 단계가 진료의 초기부터 일관되게 행해지는 의료로서의 재활로서, 일반병원은 재활의 출발점이라고 할 수 있다. 이것은 발병 초기부터 재활의 관점에서 치료와 간호가 행해지지 않으면 이후의 회복에 큰 영향이 있기 때문이다. 따라서, 병원의 재활의학 부문은 단순한 의료의 부가적 서비스 부문으로서가 아니고, 새로운 의료 개념에 기초를 둔 진료 조직 체계의 중요한 부문으로서 위상을 정립시켜 가야 할 곳으로, 이것은 현대 의료가 요구하는 포괄적 의료와도 의미를 같이하는 것으로 볼 수 있다. 우리나라에서도 금후 의료시설은 단순히 병의 치유라는 1차적 의료목표를 추구하는 것에서 탈피하여, 병후의 장애로부터 사회복귀까지를 담당하는 재활의 요구에도 대응해 가야 할 것이다.

일반병원은 재활의학 전문병원에 비하여 수가 많기 때문에 많은 사람이 가까이에서 접근할 수 있는 큰 이점이 있다. 또한, 오랫동안 병원에 다녀야 할 경우 집에서 쉽게 다닐 수 있는 것이 환자 본인, 그리고 가족에게도 중요하다. 합병증의 경우에도 진료 타 과와 횡적 유대를 가지면서 진료를 할 수 있는 이점이 있다.

6-6-1 재활의학의 개념

재활의학은 선천성 장애, 뇌졸중 등의 뇌혈관 손상에 의한 중추신경 마비, 두부손상에 의한 마비, 관절증 및 류마티스 등에 의한 신체 부자유, 정신질환 후유증 등 거의 전 질환을 대상으로 한 광범위한 것으로, 재활의학이 대상으로 하는 것은 엄밀하게 말하면 "질환"이 아니고 "장애"로서, 다음과 같이 크게 세 가지로 나눌 수 있다.

1) 기능장애(impairment)에의 치료적 접근 : 마비, 고차기능장애의 회복 추진, 합병증의 예방 등 의학적 접근
2) 능력장애(disability)에의 적응적 접근 : 피할 수 없는 후유증을 어떻게 일상생활에 적응시킬 것인가? 라는 것으로 필요에 따라 휠체어 장구, 보조구 등 도구를 사용하여 일상생활 동작의 확대를 도모하는 접근
3) 사회적 장애(handicap)에의 환경개선적 접근 : 후유증에 의한 사회적 불리를 수용시키기 위한 환경개선으로 가옥 개조, 가족 지도로부터 직업적 불리함을 극복시켜 사회 복귀에 이르게 하는 접근

6-6-2 재활의학시설의 종류

병원에 있어서의 재활의학 부문의 설치 형태는 그 지역사회의 요구 및 병원의 성격에 따라 다양한 형태를 갖게 된다. 미국의 힐버튼법에 의한 재활의학시설의 종류는 다음의 네 가지로 규정되어 있다.

1) 병원에 부속되어 다종류의 기능장애자를 위한 시설
2) 독립하여 있으면서 외래, 입원의 부문을 가지고, 다종류의 기능장애자를 위해 만들어진 시설
3) 독립하여 있어서 외래부문만을 가지고, 다 종류의 기능장애자를 위한 시설
4) 단일 종류의 기능장애자만을 위한 시설

이 중에서 1)의 형태가 종합병원의 재활의학시설 부문으로 재활의학과에 속하며, 기타 정형외과 병원 등의 경우도 여기에 속한다. 2)는 재활의료센터 혹은 재활의학 전문병원으로 일반환자를 대상으로 한다. 3)은 통원 센터로 외래환자를 위주로 한 경증재활의학시설이다. 4)는 전문병원의 재활의학과, 특수질환의 재활의학센터로서 척추손상센터, 뇌성마비센터, 뇌졸중후유증 전문병원 등이 여기에 속하게 된다. 이들 시설은 환자의 증상에 따라 시설간의 환자 이동 및 시설간의 협력이 원활하게 행해질 수 있도록 시설의 배치 등이 조직되어야 한다.

6-6-3 재활의학부의 구성과 규모

재활의학시설의 기능으로는 물리치료(이학요법), 작업치료(작업요법), 일상생활동작훈련, 언어치료, 심리요법 등이 있다.

1) 물리치료(이학요법) : (1) 사지의 훈련 및 변형교정, 기계 기구를 이용한 운동을 통하여 기능의 회복 및 관절 움직임의 범위를 개선한다. 앉기, 서기, 보행 등의 기본 동작의 훈련을 행하는 운동요법, (2) 온수, 기포, 와류 등의 자극 및 물의 부력을 이용하여 물 속에서의 근육 및 관절의 기능 회복을 하는 수치료법, (3) (2)와 같은 목적에서 환부 및 주변에 온열자극을 주는 온열(전기)요법 등이 있다. 물리치료사가 담당한다.
2) 작업치료(작업요법) : 회화, 직물, 목공, 금공, 도예, 수예 등 여러 가지 작업을 통하여 근육 및 관절 회복을 목표로 함과 동시

에 물건을 만들거나 일을 하는 즐거움으로 심리면의 회복도 같이 의도한다. 작업치료사가 담당한다.

3) 일상생활동작훈련(ADL) : 재활의학의 첫째 목표는 일상생활에서 제 동작을 자기 스스로 하는 데 있다. ADL은 물리치료 및 작업치료의 성과를 더욱 발전시켜 옷 입기(착탈의), 식사, 입욕, 용변 등의 생활동작에 응용하는 훈련이다. 그 외 문 두드림(노크), 문 열기, 스위치의 조작 등 다양한 동작이 포함된다. 물리치료사와 작업치료사가 협력하여 작업을 담당한다.

4) 언어치료 : 뇌졸중 후 언어장애가 있는 경우와 청각장애가 겹친 언어장애가 있는 경우 등에 언어치료가 필요하다. 환자 개인을 대상으로 하는 개별훈련, 몇 명의 환자를 모아서 하는 집단훈련, 기계를 사용하여 혼자서 하는 방법 등이 있으며, 언어치료사가 지도한다.

5) 심리요법 : 장해로 인해 일어나는 심리상의 제 문제에 대하여 분석하고 지도한다. 임상심리사의 직능이 확립되어 있지 않은 상태에서 일부 병원에서만 행해지고 있다. 이들 시설은 병원의 규모, 특성에 따른 단계별 기능 설정에 따라 구성될 것이다. 기초재활의학시설만을 필요로 하는 병원의 경우는 물리치료실(PT)만을 설치하고, 충실한 재활의학을 실시하는 종합병원에서는 물리치료+일상생활훈련시설을 설치한다. 그리고 종합적인 재활의학을 실시하는 재활의학 전문병원과 뇌졸중 전문병원에는 마비장애와 언어장애가 복합된 환자가 치료와 훈련을 받기 위해서 거의 전 기능이 필요하다.

6-6-4 재활의학부의 평면

재활의료시설이 소규모일 때는 하나의 치료실에서 재활의료 중 가장 기본이 되는 물리치료만을 행하는 것이 일반적이고, 병원의 규모가 커지게 되면 자연히 재활의료시설의 규모 증가와 함께, 재활의료 프로그램이 다양하게 되어, 치료실들의 분화가 일어나게 된다. 또한 치료 공간을 보조하는 보조공간 및 근무 인원을 고려한 관리공간 등의 분화도 일어나게 된다.

1) 평면유형

공간의 분화 정도에 따라 일실형, 분할형, 중앙홀형 등으로 분류할 수 있다.

(1) 일실형

하나의 개방된 공간으로 구성된 가장 기본적이고 단순한 평면으로서 실 내부에 특별한 구획이 없이 접수, 대기, 사무, 치료 등의 행위가 하나의 개방된 공간에서 행해진다.

200~300병상 규모의 종합병원과 일반병원의 물리치료실이 이 형에 속한다.

(2) 분할형

일실형 평면이 분화된 유형으로서 하나의 개방공간 내에 내부 칸막이를 하여 공간을 구획한 평면이다. 치료의 성격상 혹은 환자의 프라이버시 등을 위하여 온열, 전기치료, 수치료 등을 위한 공간을 커튼이나 칸막이벽 등으로 구획하여 내부 공간을 분할한다. 진료 범위가 확대되어 단순한 물리치료에서 운동, 온열, 전기, 수치료 등으로 세분된다.

(3) 중앙홀형

이 형에는 내부의 여러 기능들을 연결하는 홀이나 연결복도가 있다. 면적이 200m^2 이상 되면 치료 공간을 보조하는 보조공간과 직원들을 위한 관리공간이 구획되고, 이들 여러 기능을 연결하는 내부 통행 공간이 필요하게 된다. 보통 400병상 이상의 종합병원 재활의학과의 평면 유형으로, 대부분 재활의학과로 독립되어 운영되며, 진료범위도 작업치료, 언어치료, 의지장구 등으로 확대된다.

2) 필요 실과 실간의 관계

재활의학부에서 갖추어야 할 실은 각 시설의 특성에 다르지만, 일반적인 우선순위는 ① 운동치료실, ② 온열전기치료실, ③ 수치료실, ④ 진료실, ⑤ 작업치료실, ⑥ 언어치료실, ⑦ 근전도실, ⑧ 보이타치료실, ⑨ 기사실, ⑪ 접수실, ⑫ 대기실, ⑬ 화장실, ⑭ 의국, ⑮ 창고 등으로서, 물리치료실 단계를 벗어난 병원의 재활의학 부문에서는 ①~ ⑤번까지는 기본적으로 필요한 실이고, 여기에 접수, 대기 및 화장실 등이 선택적으로 추가될 수 있다. 각 실의 상대적 인접도는 운동치료실, 온열전기치료실, 수치료실 등 물리치료실 상호간의 인접도가 매우 높으며, 진료실과 근전도실, 접수실과 대기공간의 인접도도 매우 높다. 작업치료실과 물리치료실들간의 인접도는 보통이며, 접수및 대기실과 물리치료실, 기사실과 치료실, 작업치료실간의 인접도도 보통이다. 그 밖의 실간의 인접도는 낮은 편이다.

6-6-5 각 실의 설계

1) 물리치료실

⑴ 운동요법실

운동요법실은 물리치료의 중심을 이루는 곳으로, 면적도 가장 크며 일정 높이 이상의 천장고도 필요하다. 이곳에서는 매트 및 치료용 침상에서의 맨손훈련, 평행봉을 이용한 보행훈련, 계단의 오르내림, 그리고 각종의 기계 기구를 이용한 훈련이 행해진다. 기계 기구중에는 벽 및 바닥에 고정시키는 것도 많기 때문에, 이의 배치를 위해 벽면의 확보와 채광면의 배치를 검토해야 한다. 바닥재료는 탄력성이 있는 것으로 선택한다.

⑵ 수치료실

수치료실에서는 물이 사용되기 때문에 타 실과는 명확히 구분된다. 바닥에 물이 흐르고 갱의를 필요로 하는 훈련용 풀 및 하바드탱크실과 부분욕실은 각기 별도로 구획하는 것이 좋다. 훈련용 풀은 경비가 많이 드는 반면 이용률이 낮기 때문에 이의 설치에는 신중한 검토가 필요하다. 보행훈련용의 세장형 풀과 다목적용의 넓은 풀을 설치하는 것이 보통이다. 수조에의 출입을 위해 승강장치와 계단(보통은 경사로)을 설치하고 풀 내에서도 손잡이를 당길 수 있게 한다. 하바드탱크실은 탱크 측면에 스트레처를 옆으로 놓을 수 있는 공간이 필요하다. 또한 환자를 물 속으로 옮기기 위한 승강장치가 필요하기 때문에 천장에 부착용 볼트를 설치한다.

⑶ 개별치료실

이 곳에서는 파라핀욕·핫팩 등의 온열요법, 저주파·초단파 등의 전기요법기기와 각각의 치료용 침상이 조합을 이룬다. 각각의 단위는 칸막이나 커튼 등으로 구분한다. 개별치료실은 수치료실과 운동요법실의 중간에 위치하는 것이 물리치료사의 일의 분담과 동선적인 측면에서 좋다. 또한 운동요법의 전 단계에서 온열전기요법을 행하는 때가 많고, 수치료 후의 환자 휴식에 치료용 침상이 일부 이용될 수 있다. 소규모 물리치료실에서는 운동요법실의 한 부분을 구획하는 정도가 좋다.

2) 작업치료실

작업치료실은 그림, 모자이크 등의 정적인 자업과 목공, 금공, 노예 등 소음 및 먼지를 내는 작업 부분으로 나누어진다. 각기 각 조의 도구 및 제작 도중의 작품을 보관하는 수납함이 필요하다.

3) 일상생활동작 훈련실

일상생활동작 훈련실은 훈련용 변소, 욕실, 부엌, 침실, 거실 등으로 구성된다. 각각은 휠체어 이용, 선 자세에서의 이용 등에 따라 높이가 달라지기 때문에 각각의 동작에 알맞는 설치를 하며, 높이를 자유롭게 변화시킬 수 있는 장치를 하면 더욱 좋다. 이와 같은 장치를 이용하여 퇴원 후의 환자의 주택 개조를 검토할 수 있다.

4) 언어치료실

언어치료실은 작은 실로 구성된다. 언어치료사와 환자가 1 : 1로 행하는 개별치료가 기본이 된다. 몇 명의 환자와 대화훈련을 하는 집단치료실, 기기를 이용하는 자습실 등이 첨가된다. 청능검사 및 교재의 녹음 등을 하는 실에는 차음 시설을 해야 한다.

5) 각 실 공통

환자는 휠체어 및 지팡이를 사용하는 경우가 많고, 더구나 이들은 행동 능력이 낮기 때문에 통로, 대기실 등을 포함해서 화장실, 갱의실 등의 작은 실도 휠체어와 부축하는 사람을 고려한 크기로 한다. 또한, 운동요법실 및 작업치료실의 가구 배치도 이를 위한 배려를 하고 통로에는 모두 손스침을 설치하고 휠체어의 발판으로부터 벽을 보호할 수 있는 설계도 검토할 필요가 있다. 재활의학의 목적에 따른 훈련 및 생활 공간은 환자에게 쾌적해야 한다. 그러나, 환자의 거주공간의 쾌적성을 중시하여 환자의 입원 전의 일상생활수준을 넘어선 환경 설비는 환자의 가정에로의 복귀를 고려한다면 환자에게 나쁜 영향을 줄 수도 있다. 병실, 훈련동 등 일상의 거주공간은 충분히 난방이 되어야 한다. 냉방의 경우 때로는 실내 온도를 과잉 냉각시켜 뇌졸중 재발을 일으키는 요인이 될 수 있으므로 이에 대한 검토도 필요하다.

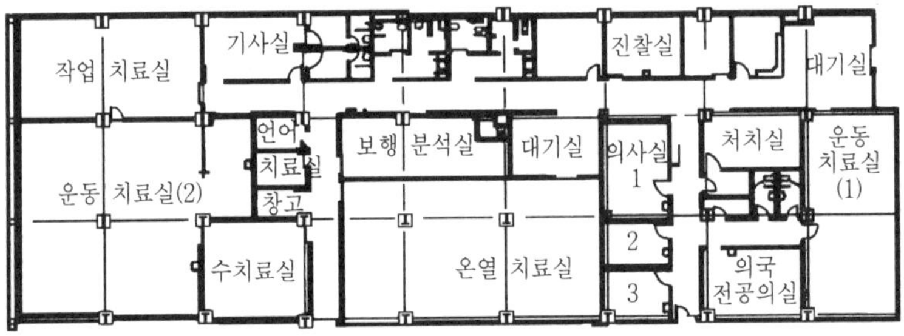

그림 6-43 재활의학부 평면 사례(서울삼성병원 1,100병상)

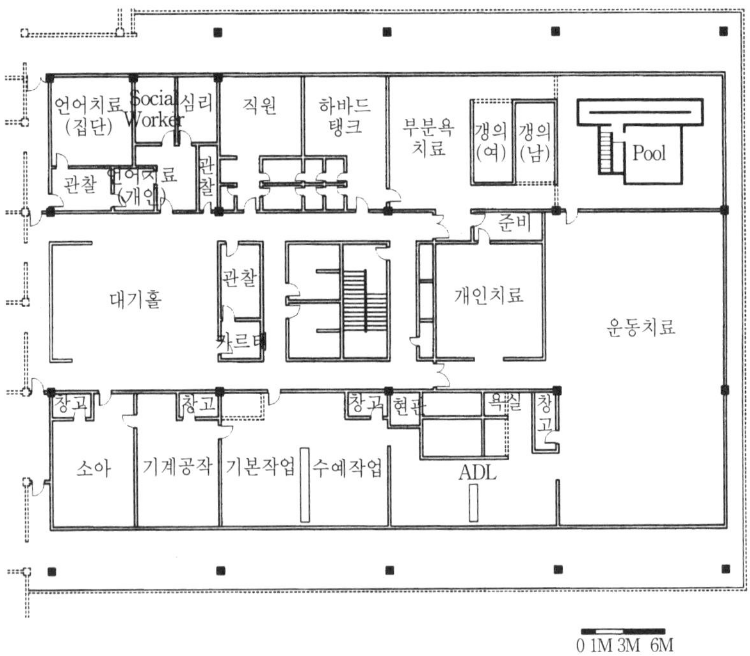

그림 6-44 재활의학부 평면 사례

6-7 인공신장실

말기 신부전증 환자의 치료방법으로는 혈액투석, 복막투석(CAPD), 신장이식 등이 이용되고 있다. 1991년 현재 우리나라에서는 말기 신부전증 환자로 등록된 환자는 인구 100만명당 149명이다. 이 숫자는 미국이나 유럽 나라들의 약 25% 정도로서, 우리나라에서도 말기 신부전증 환자의 치료 프로그램이 빠르게 퍼질 가능성과 잠재력을 갖고 있다. 실제로 의료보험의 혜택등으로 연도별 등록 환자 수는 매년 빠르게 증가하고 있다.

신부전증 환자는 배설, 조절, 합성 및 대사 장애 등에 의해 체내에 유기물질의 노폐물과, 기타 뇨독들의 축적으로 인하여 중독현상을 일으키게 된다. 따라서, 이들 환자는 신장의 기능을 대신한 혈액투석을 통해 체내의 노폐물을 제거하고, 수분, 염분 배설을 조절하며, 전해질과 산, 염기 평형을 유지하게 된다.

투석요법에는 체외에서 인공적인 반투막을 사용하여 수분과 노폐물을 제거하는 혈액투석과, 복강 내에 투석액을 주입시켜 복막을 통해 투석하는 복막투석의 방법이 있다. 이 중 현재 병원에서 일반적으로 사용되는 방법은 투석기를 이용한 혈액투석의 방법으로, 환자들은 일주일 평균 2~3회 인공신장실에 와서 혈액투석을 하고 있다.

6-6-1 위치와 규모

1) 위치

인공신장실의 이용 환자는 대부분 외래환자로서 1주일에 2~3회 정기적으로 인공신장실에서 투석을 받고 있다. 환자는 매우 피로한 상태에서 오기 때문에 외래환자들이 편리하게 이용할 수 있는 위치가 고려되어야 한다. 또한, 이곳은 환자가 장시간 거주하는 곳이기 때문에 채광과 조망이 좋은 위치를 선정하는 것이 바람직하다.

타 부서와의 관계에서는 응급환자의 발생 빈도가 높은 것을 고려하여, 응급실에서 쉽게 접근할 수 있는 위치를 고려하여야 한다.

2) 규모

인공신장실의 규모는 병원 규모와의 관계보다는 병원의 특성, 운영 등에 따라서 인공신장실의 병상 수를 운영하고 있다. 현재 우리

나라 조사 병원 인공신장실의 면적은 병상당 9.0~17.3m^{2}의 분포로 평균 12m^{2}로 나타나고 있다.

이것은 치료실과 부속 제 실의 면적이 모두 포함된 면적이다. 독일에서는 감염방지와 환자 침상에의 접근을 용이하게 하기 위해서 투석실의 경우 1병상당 8~10m^{2}의 공간을 제안하고 있다. 우리나라 병원의 경우 투석실의 면적은 그런대로 갖추고 있으나 이에 지원되는 부속실들이 매우 부족한 실정으로, 제반 실들을 갖추기 위해서는 1병상당 최소 15~20m^{2}의 면적이 필요하다.

표 6-18 인공신장실의 실 구성과 면적(m^2)

병원명	병상수(B)	투석실	복막투석실	대기실	갱의실	간호사실	정수실	의사실	준비실	물품창고	화장실		세척실	소독실	오물처리실	재생실	복도기타	계	1병상당 면적
											환자	직원							
A	38	255.6	12.9	12.9	11.7	13.0	15.0	12.9		13.5	2.3			5.5	4.3		40.6	400.0	10.3
B	31	204.9	6.6	24.7		14.6	16.8	9.5		17.3	1.0	1.9	8.3				67.5	973.0	12.0
C	26	254.4		24.9	19.2	9.9	10.2	20.5	13.2	7.9								360.3	14.0
D	23	201.6		32.4	30.8	18.0	16.4		12.6	36.0	9.9	1.5				12.6		371.7	16.0
E	20	126.0		18.0			13.5		13.5		9.0							180.0	9.0
F	19	169.5	7.2		12.6	12.6	18.0	37.8	6.3	14.4	3.2	3.2	4.9		3.2	10.8	24.3	327.9	17.0
G	13	108.0	7.2				9.0		10.8									135.0	10.3
H	12	90.0					9.9		8.1									108.0	9.0

자료 : 양금식 : 인공신장실에 관한 건축계획적 연구, 한양대 대학원, 1993.

6-7-2 평면 유형

인공신장실의 구성은 투석실과 그 부속 제 실로 구성된다. 부속 제 실은 환자 도입부의 갱의실, 대기실 공간과 직원들의 작업공간으로 구분되며, 이러한 실들은 보통 인공신장실의 입구 부근 등에 블록으로 형성되고 있다. 감염방지 등을 위하여 가급적 외부인이 투석실까지 들어오는 것을 방지하는 계획이 필요하다. 환자와 간호사가 대부분의 시간을 보내는 투석실 공간은 환자들에 대한 관찰의 용이성, 환자들간의 감염방지, 환자의 프라이버시, 작업의 편리성 등이 고려되어야 한다. 투석실의 유형은 간호작업대와 침상의 배치 형식에 따라 분류할 수 있다.

쉐리(Sherry)는 투석실의 공간구성 유형을 다음과 같이 5개로 분류하고 있다.

1. 평행형

병상을 평행하게 2~4줄, 혹은 6줄로 배치한 형으로, 우리나라에 일반적으로 많은 유형.

2. 풍차형

전기 및 배관 시설을 갖춘 기둥 주위에 바람개비의 날개와 같이 배치한 형식.

3. Bay형

카운터를 이용하여 4~6개의 작은 그룹으로 배치한 형식.

4. U자형(U-shaped)

3개의 벽면에 직각으로 병상을 배치하고 나머지 한 벽면에 간호 스테이션을 배치한 형식.

5. 외주형(perlphery)

네 개의 모든 벽면에 직각으로 병상을 배치하고 간호 스테이션을 중앙에 배치한 형식.

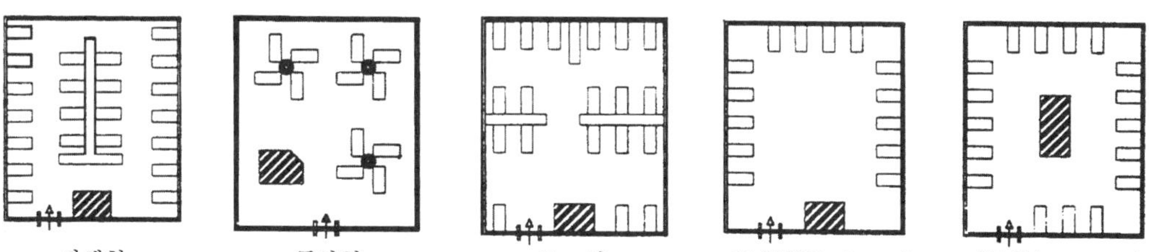

평행형 풍차형 Bay형 U자형(U-shaped) 외주형(periphery)

그림 6-45 인공신장투석실의 평면 유형

그림 6-46 인공신장투석실

6-7-3 각 실의 설계

1) 투석실

인공신장실의 주 공간으로, 환자 및 간호사가 가장 많은 시간을 보내는 장소이다. 실의 구성은 환자 간호와 처치의 중심이 되는 곳에 간호작업대를 위치시키는 것이 간호사의 작업 동선을 짧게 할 수 있는 장점이 있다. 침상과 간호작업대의 배치는 침상 수, 실의 모양 등에 따라 여러 유형이 있다. 환자의 관찰을 쉽게 하기 위하여 개방된 치료실이 요구된다. 환자의 독립성을 고려한 개인별 칸막이는 환자의 관찰과 긴급사고 발생시 신속히 대처하는 데 따른 어려움 등으로 설치하지 않고 있다. 독일에서는 환자의 프라이버시와 감염방지 등의 이유로 5병상마다 구획을 할 것을 주장하고 있기도 하다. 중환자나 감염환자 등의 격리를 위한 별도의 격리실은 반드시 필요하다.

2) 복막투석실

가정에서 투석을 하는 환자들이 1~2개월에 1번씩 정기검사 및 복막투석기기를 교체할 때 사용되고 있다. 혈액투석실의 일부를 이용하기도 하나 별도의 실로서 구획하는 것이 바람직하다.

3) 대기실

환자 및 동반하는 가족들이 대기하는 장소로써, 환자 및 가족 간의 병에 대한 대화의 장소이기도 하다. 투석환자에 대한 정보를 제시하기도 한다.

4) 갱의실

환자는 이곳에서 신발을 갈아 신고 옷을 갈아입는다. 남녀를 구분한다. 병상 수에 맞는 래커와 환자의 휴식 등을 위하여 긴 의자 등을 설치한다.

5) 간호사실

간호작업대와 따로 칸막이로 구획되며, 간호사 갱의, 식사, 휴식의 장소로서 사용된다. 수간호사실은 별도로 설치하는 것이 수간호사의 역할등으로 볼 때 바람직하다.

6) 정수실

유입된 수도물을 정수하여 투석기기로 보내주는 역할을 하는 곳이다. 수압펌프 등의 작동으로 인하여 소음이 많이 발생도므로 소음을 차단할 수 있는 실 배치나 설비상의 고려가 필요하다. 기계의 이상 유무를 수시로 간호사가 확인하여야 하므로, 간호작업대에서 너무 떨어진 곳에 위치하는 것은 좋지 않나.

7) 세척실

의약품을 담은 용기를 사용한 후 중앙소독실로 옮기기 전에 세척하는 장소로서 싱크 설비가 필요하다.

8) 오물처리실

인공신장실에서는 주로 혈액과 체액을 취급하기 때문에 감염의 우려가 매우 높은 곳이다. 따라서, 오물 처리는 별도의 실로서 구분하여 계획하는 것이 필요하다.

9) 창고

인공신장실에서는 투석기 등의 기기와 이에 필요한 소독액 등이 많이 사용되는 장소로서, 이들의 보관을 위한 장소가 필요하다. 인공신장실은 특히 감염을 고려하여 세정실, 오물처리실, 기계실 등을 수술실과 같이 청소를 쉽게 하기 위하여 벽에 붙어 있는 것이 많지 않게 설계하고, 소독 등을 쉽게 하기 위하여 색이 있는 타일 등을 사용하는 것이 좋다.

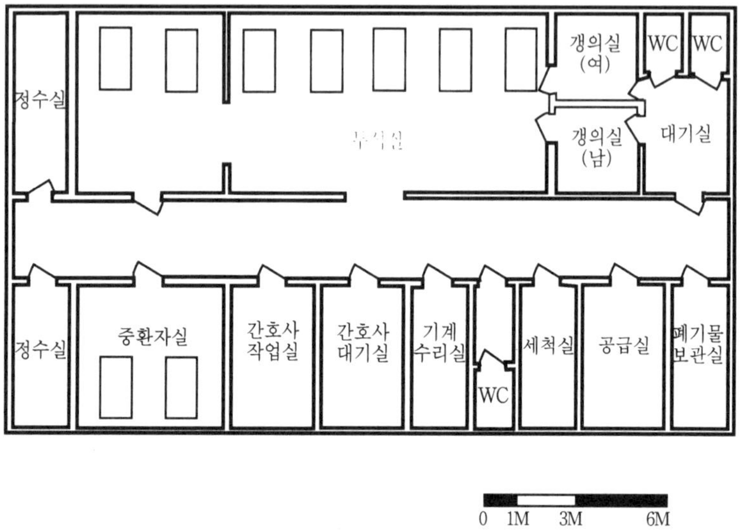

그림 6-49 독일의 인공신장실 평면 제안 예

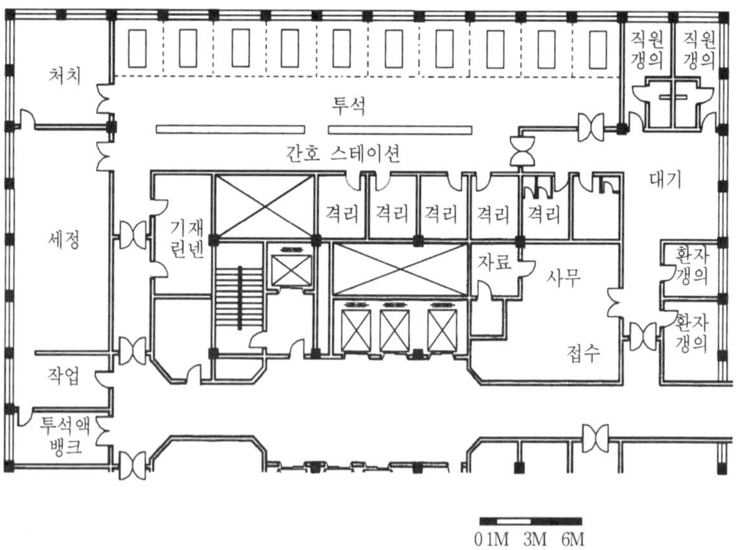

그림 6-50 인공신장실의 평면 예(일본)

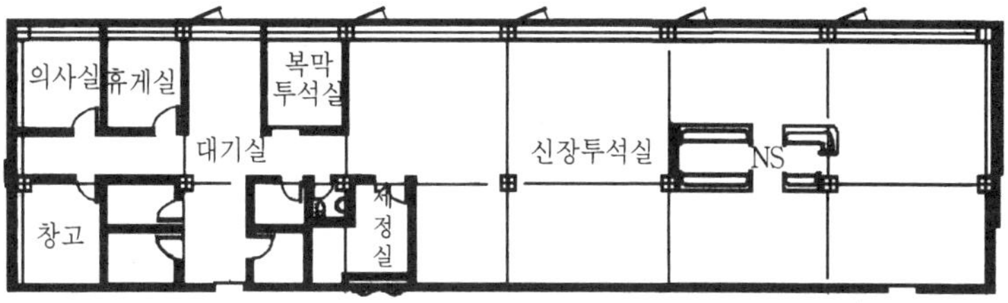

그림 6-48 인공신장실의 평면 예(서울삼성병원 1,100병상)

참 고 문 헌

1. 김광문 외 역, 병원건축-병원건축의 발전과 계획・설계, 기문당, 1994.
2. 김광문 외, 서울중앙병원 동관건립을 위한 현황조사 및 개선방안에 대한 연구 보고서, 한양대학교 산업과학연구소, 1993.
3. 박선홍, 종합병원 자기공명연상(MRI)진단실에 관한 건축계획적 연구, 석사학위논문, 한양대학교 산업대학원, 1992.
4. 서울대 무애건축연구실, 병원건축조사보고서, 1988.
5. 양금식, 인공신장실에 관한 건축계획적 연구, 석사학위논문, 한양대학교 산업대학원, 1993.
6. 양내원, 종합병원의 임상병리 검사부에 관한 건축계획적 연구, 석사학위논문 한양대학교 대학원, 1983.
7. 우창윤 외, 재활의료시설 건축계획에 관한 기초적 연구-종합병원 재활의학과의 평면 및 공간구성 분석을 중심으로-, 대한건축학회 학술발표회 논문집 9권 1호, 1989.
8. 유영민, 종합병원방사선진단부에 관한 건축계획적 연구, 박사학위논문, 한양대학교 대학원, 1985.
9. 이상목 외, 삼성의료원 설계지, 삼우설계, 1995.
10. 이장민, LDR/P 분만부에 관한 건축계획적 연구, 석사학위논문, 한양대학교 대학원, 1996.
11. 이특구 외, 삼성서울병원 공간이용평가에 관한 연구, 한국병원건축학회, 1995.
12. 이특구 외, 마산삼성병원 시설종합기본계획 추진을 위한 타당성연구보고서, 한국병원건축학회, 1995.
13. 정재욱, 우리나라 종합병원의 임상병리검사부 계획에 관한 연구, 석사학위논문, 고려대학교 대학원, 1998.
14. 차정만, 우리나라 종합병원의 수술부 건축계획에 관한 연구, 박사학위논문, 서울대학교 대학원, 1993.
15. 허은영 외, 종합병원의 분만부와 신생아부에 관한 연구, 대한건축학회 학술발표회 논문집 10권 2호, 1990.
16. 황인걸, 종합병원 LDR방식 분만부에 관한 건축계획적 연구, 석사학위논문, 한양대학교 산업대학원, 1997.

17. 伊藤 誠 外, 病院의 設計(新建築學大系 31), 彰國社, 1987.
18. Ervin Pűtsep, Modern Hospital, Lloyd-Luke Ltd., Sweden, 1981.
19. Jürgen Joedicke 외, Krankenhausbau auf neuen Wegen, Karl Krämer Stuttgart, 1995.
20. Labryga 외 3인, Krankenhausbau, Verlagsanstalt Alexander Koch, 1980.
21. Sigmund Rittter 외 1인 : Krankenhaus Sanierung, ecomed Verlag, 1988.
22. Werner Ruthenbeck, Die Förderung nach baulicher Flexibilität als Folge von Nutzungsverländerungen bei Allgemeinen Krankenhäusern, Berlin Technichen Univrsität, 1982.

제7장 공급부문

병원에서 진료활동을 전개하기 위해서는 모든 부분에서 매일 여러 가지 물품을 필요로 한다. 그것들은 크게 다음 4가지로 나눌 수 있다.[1)]

1) 약품, 소독재료, 수혈용 혈액을 비롯한 의료・간호 관계의 물품
2) 식사・린넨 등 환자의 생활에 관련된 물품
3) 각 부에서 사용되는 기타 일반 물품.
4) 냉열원・전기・가스 등의 에너지원

이들 물품을 각 부의 요구에 따라 필요한 때에 원활히 공급하는 곳이 공급 부문이다. 공급에 있어서는 사용 후의 회수처리 및 폐기의 문제가 따른다. 이들 회수 처리 및 폐기의 업무는 생각하기에 따라서는 마이너스의 공급이라고도 볼 수 있기 때문에, 이하 플러스의 공급과 겸해서 포괄적으로 공급 부문에서 생각하기로 한다.

7-1 물품 공급의 체계화와 공급 부문의 구성

7-1-1 물품 공급의 체계화

물품의 공급은 종래부터 여러 가지 유형으로 취급되어 왔다. 약품, 소독 재료, 수혈용 혈액 등의 의료, 간호 관계의 공급처럼 직접 진료에 이어지는 것으로부터, 이들의 담당 부문인 '중앙진료시설'에 포함되어 생활・에너지 관계의 공급을 하는 부문은 어느 것이나 진료활동을 지원하는 보이지 않는 부문으로서 '서비스 부문'에 들어가 있었다.

그러나 공급 물품의 종류와 양이 급격이 늘어, 반대로 그들을 옮기는 인력에 대한 제약이 심해짐에 따라 새로운 공급 태세의 시각이 강요되게 되었다. 약제부, 재료소독부, 수혈부를 '중앙진료시설'에서 분리시키고 '서비스부'를 해체하여 새로이 '공급부문'을 만들게 되는

1) 伊藤 誠 外 3人 : 新建築學大系 31, 病院の設計, 第1版, 彰國社, 東京, p.253, 1987. 이 책에서는 3)항을 제외한 3가지로 나누고 있다.

이유이다. 이것은 다음과 같은 목적을 가지고 있다.

1) 물품 관리를 보다 철저하게 한다

무엇을 어느 정도 구입하고, 무엇 때문에 어느 정도 사용했는가를 명확하게 하는 것이다. 종래 대로의 물품 관리 수법으로는 품목과 양의 증대에 따를 수 없게 되어졌다.

2) 반송의 체계화를 도모한다

과거에는 물품 반송의 문제가 각 부문에서 각각 처리되어, 전체적인 시각에서 체계화하려는 시도가 결여되어 있었다. 공급 물품에는 양이 많은 것, 공급 빈도가 높은 것, 긴급을 요하는 것 등 여러 가지가 있으며, 특히 대상의 중심이 환자인 이상, 그 용태에 따라서는 예측하지 못하는 수요가 자주 발생하는 등 반송 문제는 그리 단순한 것이 아니다. 공급 부문을 제안하는 이유로서는 단순히 물품을 정리하는 것만이 아니라, 그 것들을 원내 각 부서에 물품의 공급을 원활히 하고, 정량을 정시에 보내기 위하여 반송의 체계화가 절실히 요구되고 있기 때문이다.

3) 병원 내의 전체적인 동선을 정리한다.

입원과 외래 환자이외에 문병객과 보호자가 출입하고, 직원도 다양한 직종이 있어, 원내 동선의 처리는 '사람'만으로도 상당히 복잡하다. 여기에 '물품' 동선이 더해지기 때문에 각각을 개별적으로 생각하는 것만으로는 명쾌한 해결을 바랄 수 없다. 동선 계획의 면에서도 공급 전반에 걸친 종합적인 발상이 반드시 필요하게 된다.

따라서 공급 관계의 여러 기능을 하나로 묶어, 공급 부문으로 하여 물품 흐름을 체계화하는 것이 바람직하다.[2)]

7-1-2 공급 부문의 구성

물품의 공급을 담당하는 공급 부문은 재료소독부(중앙공급부), 세탁부, 보급부(중앙창고), 약제부(약국), 급식부, 수혈부, 에너지공급부, 폐기물처리부로 구성할 수 있다.

이 중 수혈부는 공급적 측면만을 고려할 때에는 공급 부문에서 취급하는 것이 옳으나, 운영 등 다른 측면을 고려할 때 검사부에서 취

2) Ibid., pp. 253~254.에서 수정 인용

급하는 것이 일반적이므로 여기에서는 제외한다.

설계 과정에서 각 부서의 면적 배분 비율을 종종 검토하여 볼 필요가 있으므로 각 부서별로 어떤 비율로 나누어져 구성되어 있는가를 살펴보기로 하자. 공급 부문의 면적 배분을 나타낸 것이 표 7-1이다. 이 수치는 그로스 수치(총 면적)이다. 또, 표 7-2는 1병상당 공급 각부의 면적을 나타낸 것이다.

표 7-1 공급 부문의 면적 배분[3]
(상단은 실면적 m^2, 하단은 병원 전체에 대한 비율 %)

병원 (병상 수)	약제부	재료 소독부	급식부	세탁부	보급부	에너지 공급 및 폐기물 처리부	계
세종 A(100)	146 (2.9)	138 (2.8)	247 (4.9)	90 (1.8)	50 (1.0)	473 (9.5)	1,140 (22.9)
신천 B(100)	203 (3.1)	119 (1.8)	356 (5.4)	101 (1.5)	55 (0.8)	859 (13.1)	1,693 (25.9)
반월 C(100)	129 (2.1)	146 (2.3)	337 (5.4)	174 (2.8)	323 (5.1)	880 (14.0)	1,989 (31.7)
대우 D(104)	134 (2.1)	90 (1.4)	352 (5.5)	117 (1.8)	271 (4.2)	800 (12.5)	1,764 (27.5)
온양종합 E(142)	204 (3.0)	197 (2.9)	257 (3.7)	81 (1.2)	25 (0.4)	580 (8.4)	1,344 (19.5)
성인종합 F(156)	123 (1.5)	270 (3.2)	648 (7.8)	183 (2.2)	71 (0.9)	657 (7.9)	1,952 (23.5)
강릉동인 G(177)	156 (2.0)	71 (0.9)	332 (4.3)	564 (7.3)	85 (1.1)	526 (6.9)	1,734 (22.6)
성분도 H(240)	365 (3.8)	108 (1.1)	387 (4.1)	- -	248 (2.6)	434 (4.5)	1,542 (16.2)
서울위생 I(250)	451 (3.5)	204 (1.6)	448 (3.5)	508 (4.0)	202 (1.6)	1,091 (8.5)	2,904 (22.6)
강남시립 J(270)	236 (2.3)	162 (1.6)	186 (1.8)	205 (2.0)	108 (1.1)	773 (7.6)	1,670 (16.4)
충남대학 K(405)	830 (2.8)	568 (1.9)	865 (2.9)	618 (2.1)	1,400 (4.7)	2,175 (7.2)	6,619 (22.0)
부산대학 L(444)	477 (2.4)	557 (2.9)	786 (3.9)	108 (0.6)	39 (0.2)	1,966 (10.1)	3,915 (20.0)
전북대학 M(496)	1,071 (3.3)	574 (1.8)	1,014 (3.2)	653 (2.0)	324 (1.0)	2,465 (7.7)	6,101 (19.0)
A~G평균 H~M평균	(2.4) (3.0)	(2.2) (1.8)	(5.3) (3.2)	(2.7) (2.1)	(1.9) (1.9)	(10.3) (7.6)	24.8 19.4

※ 이 표는 1983년에 조사한 것으로, 1980년 전후에 준공된 병원을 중심으로 분석한 것이다.

3) 이낙운 외 : "병원의 부문별 면적구성에 관한 연구", 건축(대한건축학회지), 제27권 제115호, 대한건축학회, p.48.을 재편집을 한 것임.

표 7-2 1병상당 공급 각 부의 면적(m^2/병상)[4)]

병원(병상 수)	약제부	재료 소독부	급식부	세탁부	보급부	에너지공급 및 폐기물 처리부	계
세종 A(100)	1.5	1.4	2.5	0.9	0.5	4.7	11.5
신천 B(100)	2.0	1.2	3.6	1.0	0.6	8.6	17.0
반월 C(100)	1.3	1.5	3.4	1.7	3.2	8.8	19.9
대우 D(104)	1.3	0.9	3.4	1.1	2.6	7.7	17.0
온양종합 E(142)	1.4	1.4	1.8	0.6	0.2	4.1	9.5
성인종합 F(156)	0.8	1.7	4.2	1.2	0.5	4.2	12.6
강릉동인 G(177)	0.9	0.4	1.9	3.2	0.5	3.0	9.9
성분도 H(240)	1.5	0.5	1.6	-	1.0	1.8	6.4
서울위생 I(250)	1.8	0.8	1.8	2.0	0.8	4.4	11.6
강남시립 J(270)	0.9	0.6	0.7	0.8	0.4	2.9	6.3
충남대학 K(405)	2.0	1.4	2.1	1.5	3.5	5.4	14.1
부산대학 L(444)	1.1	1.3	1.8	0.2	0.1	4.4	8.9
전북대학 M(496)	2.2	1.2	2.0	1.3	0.7	5.0	12.4
A~G 평균	1.3	1.2	3.0	1.4	1.2	5.9	13.9
H~M 평균	1.6	1.0	1.7	1.2	1.1	4.0	10.0

1) 약제부(약국)

2~4%의 범위에 분포되어 있다. 1병상당으로는 1~2m^2 사이에 놓여 있다. 2m^2 이상 병원도 3개나 되며, 평균치는 병상당 1.5m^2이다.

2) 재료소독부(중앙공급부)

1~3% 사이에 넓게 분포되어 있다. 평균치는 1.9%이다.

3) 급식부

급식부가 차지하는 면적 비율은 대개 3~6% 사이이며 200병상 이상에서는 3~4% 사이에 분포되어 있다. 전체 평균치는 4.3%이다. 1병상당 면적은 1.0~3.5m^2 사이에 있으며, 200병상 이상의 병원에서는 1~2m^2 사이이다.

4) 세탁부

1~3% 사이에 있으며 3%가 넘는 병원이 2개나 된다. 세탁부는 현재 자체에서 취급하기도 하고 외주를 주는 곳도 있으나, 앞으로는 원 외의 전문업자에게 위탁될 전망이 크다. 그리하여 병원 자체 내에서는 극히 일부분의 세탁만을 담당하게 될 것으로 본다.

2) Ibid., p. 48.을 재편집한 것임.

5) 보급부(중앙창고)

각종 물품을 관리하여 각 부에 공급기 위해서는 보급부를 중앙화하는 것이 바람직하다. 그러나 현실적으로는 그와 같은 것이 아직 명확히 조성되어 있지 않다. 면적 비율은 0.2~5.0%까지 다양하나 0.5~1.5% 사이에 주로 분포되어 있다.

6) 에너지공급 및 폐기물처리부

2~14%로 큰 차이를 보이고 있으나 주로 6~10% 사이에 분포되어 있고, 1병상당 면적은 평균 4.7m^{2}이다. 요즘에는 공기조화, 급배수, 방재 시설 등 설비의 급속한 고도화와 중장비화가 이루어져가고 있고, 또한 이들의 운전비, 유지비도 병원 경영에 상당한 영향을 미치고 있다.

7-2 재료소독부(중앙공급부)

7-2-1 재료소독부의 기능과 특성

재료소독부는 환사 신료에 필요한 의료용 기재 등을 살균 소독하여 청결한 물품을 병원의 각 부서에 공급하는 동시에, 각 부서에서 사용한 물품을 회수하여 재생시키는 역할을 하고 있어 사용 전의 청결 물품과 사용 후의 불결 물품을 같이 취급하고 있는 곳이다. 예전에는 소독 재생 업무가 병원의 여러 곳에서 분산되어 각각 이루어져 왔으나, 최근 살균기의 개발과 작업의 전문화 추세에 따라서 업무를 집중하여 독립된 부서로 중앙화해 가고 있다. 그러므로, 재료소독부(일반적으로 '중앙공급부', '중앙공급실'이라 부름)는 타 부서와 복합적인 관련성을 가지며, 또 업무 내용상 수술부와 연계성이 강하여 배치 계획 등 주의를 요한다.

7-2-2 처리물품의 종류와 흐름

1. 처리물품의 종류 및 작업내용

재료소독부는 물품의 재생 과정에 따라서 실을 배치해야 하고, 각

실에는 그곳에서 행해지는 작업 내용에 적합하게 가구나 재생용 도구가 설치되어야 한다. 재생 과정을 거치는 물품은 기계류, 유리류, 고무류 및 린넨류 등이 있으며, 재생 과정은 필요치 않으나 살균을 요하는 것으로 패드나 면 등이 있다. 이들 물품은 부서 내에서 손작업 등을 통해서 재사용이 가능해지므로, 작업 내용별로 적절히 공정계획을 하는 것도 중요하다.

2. 물품 종류별 작업 흐름

재생 과정을 거치는 물품에 대해서 행해지는 작업은 7가지로 대별하여 그림 7-1과 같이 표시할 수 있으며, 작업 흐름의 주요 순서는 다음과 같다.

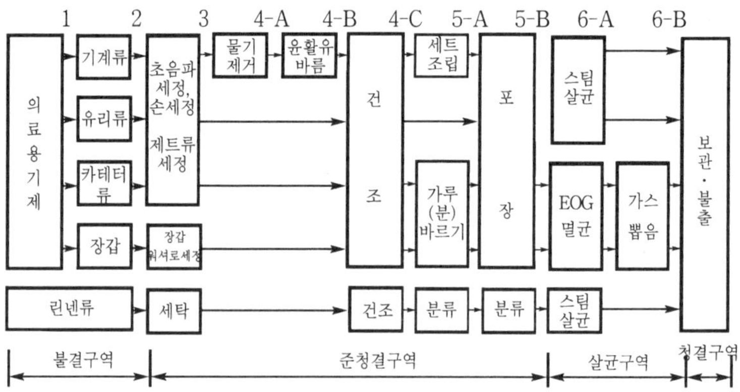

그림 7-1 물품 종류별 작업의 흐름[5)]

① 사용된 기재의 회수, 점검(기재의 수량 및 파손·고장의 유무 등)

② 종류별 마무리 및 분해(주사기 등 일부의 기재)

③ 세정

④ 건조(대부분은 자동세정기에 의하지만), 튜브류 등 다른 장치를 사용하는 것과 손으로 씻어야 하는 것도 있다.

⑤ 기계의 조립 및 세트 꾸미기(살균을 위한 형태로 천으로 싸고 봉투에 넣고, 금속함에 넣는다), 린넨 접기와 함에 넣기(세탁실에서 보내져 온 수술용의 가운 등을 일정 방식에 따라 접고, 살균함에 넣는다)

5) 정태우 : 종합병원 중앙 멸균재료공급부에 관한 건축계획적 연구, 석사학위 논문, 한양대 대학원, p. 42, 1986.에서 수정하여 인용함.

⑥ 살균(대부분은 오토크레이브에 넣지만 고무와 플라스틱 등 고열에 견디지 못하는 재료를 포함, 기계류는 산화에틸렌에 의한 가스살균기를 사용)
⑦ 정리, 보관, 반송(불출)[6]

7-2-3 타 부서와의 관계

재료소독부와 가장 관계가 깊은 사용부서는 수술부이다. 재료소독부는 병원의 분화가 덜 이루어진 시기에는 수술부 내에 속해 있있던 것이 일반적이었다. 그러나 작업이 점점 복잡 다양해지고 고도의 청결 유지 및 작업의 분화 필요성 때문에, 현재는 수술부 내에서 독립하여 중앙화된 재료소독부로서 운영되고 있다. 그러나 아직도 작업의 성질상 수술부와는 가장 밀접한 관련을 맺고 있다. 재료소독부와 수술부 간에는 작업 분담 혹은 작업 의뢰 범위에 따라서 운영방식이 다르게 나타난다. 작업 범위에 따른 운영방식은 다음과 같은 형이 있다.

1) 완전의존형

수술부 물품의 재생작업을 일괄적으로 재료소독부에서 행하는 형이다. 사용한 물품을 회수하여 오염된 상태로 혹은 일부 세척된 상태로 재료소독부로 보내면 재료소독부에서 공급 전까지의 전체 작업을 진행한다. 이곳에서는 수술부 물품과 병동 등 다른 부분의 물품을 함께 취급하므로 물품 관리가 어려운 점이 있으나, 한 곳에서 집중처리하므로 작업을 전문화할 수 있고 수술부 간호사의 업무를 덜 수 있는 이점이 있다. 소위 말하는 CSSD(Central Sterile Supply Department : 중앙재료소독공급부)가 이에 해당된다.

2) 일부의존형

린넨류 또는 수술부물품의 살균만 재료소독부에서 행하고 그 밖의 모든 작업은 수술부 내에서 처리하는 형이다. 실질적인 작업이 수술부 내에서 이루어지고 물품관리에 대한 책임도 수술부에 있으며, 재료소독부는 수술부 물품의 재생작업을 보조하는 역할을 한다.

6) 伊藤 誠 外 : op. cit., p.262.에서 수정 인용함.

3) 비의존형

재료소독부와 관계없이 수술부 물품은 수술부 내에서 모두 처리하는 형이다. 수술부 물품의 관리가 편하나 수술부 직원의 업무 부담이 과중되고 살균기의 이중설치 등으로 병원 경영상 불리하다. 수술부 내의 물품재생처리장소를 TSSU(Theater Sterile Supply Unit : 수술부전용재료소독실)라 한다. 점차 수술이 고도화됨으로 해서 기기도 복잡한 관계로 차츰 수술부 내에 전용 소독부를 두려는 움직임이 대규모 병원에서 나타나는 새로운 현상이다.

7-2-4 소요 공간

1. 필요실

재료소독부 내 여러 실의 기능 및 특성에 대해서 살펴보면 다음과 같다.

1) 회수공간(반납공간)

병동등 각 부문에서 사용한 불결한 물품이 재료소독부실 내로 회수된 것을 접수하는 장소이다.

2) 세척공간

불결한 물품을 세척하는 공간이다. 재래로부터 사용되어 온 세척 싱크와 최근에 세척, 세정용 기계가 새로 개발되어 설치되므로 성장, 변화가 심한 부분이다.

3) 건조공간

세척이 끝난 물품은 빠른 시간 내에 다음 작업에 들어갈 수 있도록 물품을 건조시키는 공간이다.

4) 장갑실

고무류를 재생하기 위한 살균 전 모든 작업을 하는 곳이다. 가루(분)바르기 작업이 주로 행해지며, 가루바르기시에 부유하는 가루가 타 실을 오염시키지 않도록 분리시킨 실이다.

5) 린넨실

세척 건조된 청결한 수술용 린넨을 꾸러미로 만드는 실이다. 운영방식에 따라서 설치 장소가 달라진다. 작업시에는 먼지가 심하게 발생하므로 환기에 각별히 유의하여야 한다.

6) 준비실

살균 전에 최종 마무리를 하는 곳으로 물품을 분류 조립하고, 포로 싸는 작업이 행해지는 장소이다. 소모품도 이곳에서 준비되므로 작업대가 공용되고, 오랜 작업이 행해진다.

7) 살균실

가입증기살균기(autoclave), EOG살균기를 설치하는 장소이다. 고온 스팀과 가스를 공급받아서 물품을 살균하기 때문에 살균기로부터 방출되는 열이 실온을 상승시켜 작업 환경을 해칠 우려가 있으므로 열배기와 배치 계획상 주의를 요한다.

8) 살균전실

물품 투입과 살균된 물품을 꺼내는 장소이다. 오토클레이브의 문 방식에 관계없이 이 공간을 확보해 주고, 살균기실과 함께 공조존을 구획하면 부문 전체를 차게 해야 하는 낭비를 줄일 수 있다.

9) 청결창고

살균된 물품을 무균 상태로 보관하는 장소이다. 청결창고로의 작업원 출입을 통제하여 보관되는 물품이 재오염되지 않도록 실을 배치할 필요가 있다.

10) 불출창구

살균된 물품을 청결창고에서 외부로 내보내는 공간이다.

11) 소모품창고

사무용품, 의료용 소모품 등을 보관하는 실이다. 병원 전체의 물품 관리방식에 따라서 소모되는 물품을 보관할 수 있는 공간을 확보해 주어야 한다.

12) 감독사무실

작업실 전체를 보면서 수간호사가 작업을 진행해 가는 상태를 수시로 점검할 수 있는 곳에 설치한다.

13) 후생, 관리실

샤워실, 갱의실, 화장실, 휴게실, 당직실 등으로 작업에 관련되는 실만 고려하다가 계획시에 누락시키는 경우가 많은데, 이러한 실은 작업 분위기와 직결되므로 절대 무시해서는 안된다.

2. 공간구획

불결한 물품은 작업을 거치면서 청결도가 높아지므로 그에 대응하는 공간을 구획하여 청결 관리한다. 이러한 공간의 구획은 세척과 살균을 중심으로 불결(오염)구역, 준청결(중간)구역, 청결구역, 살균구역으로 나눌 수 있다.

1) 불결(오염)구역

불결한 물품을 확인하며 회수하는 작업에서 분류, 약물 소독, 세척 작업이 행해지는 공간까지를 이 구역으로 볼 수 있다. 회수된 물품은 각 부문에서 보낸 그대로 불결한 상태이어서 작업대, 바닥, 작업원 등을 오염시키기 쉬우므로 회수에서 세척까지를 불결작업으로 정의하고 그에 대응하는 실을 불결(오염)구역이라 한다.

2) 준청결(중간)구역

세척을 끝낸 바로 이후의 작업에서 살균까지 작업이 행해지는 구역으로 볼 수 있다. 세척(세정)을 거치면서 이물질이 거의 제거된 상태의 물품과 린넨함, 창고 등에서 옮겨온 물품이 이 구역 내에서 취급된다. 이 구역은 불결구역 작업원이나 외부인이 출입하게 되면 바닥, 작업대 등이 오염되어 물품의 청결도가 떨어질 수 있으므로 불결구역과 구획하여 관리할 필요가 있다. 이 구역 내에서 행해지는 각 종의 작업을 준청결 작업으로 정의하고, 이에 대응하는 실과 후생관리실을 준청결(중간)구역이라 한다.

3) 살균구역

준청결(중간)구역과 청결구역에 걸쳐 있는 구역으로 살균 전에는 주청결(중간)구역의 성격을 띠다가 살균 후에는 청결구역의 성격을 띤다. 한쪽 문 가압증기살균기를 설치하면 청결도가 다른 물품의 교차가 불가피하고, 양쪽에 문이 달린 양쪽 문 가압증기살균기를 설치하면 청결물품과 불결물품의 교차는 전혀 없다.

4) 청결구역

살균된 물품을 보관하고 불출해 주는 작업등이 이루어지는 구역이라 할 수 있다. 무균 상태의 물품이 취급되어 철저한 청결 관리를 요하므로 불결구역에서의 직접 통행은 없도록 하고, 중간구역에서의 출입도 전임 작업자를 정하여 제한하는 것이 청결 관리상 유리하다.

표 7-3 각 구역별 실

구역	포함된 실
불결(오염)구역	회수공간(장구), 분류공간, 세척실, 카트세정실, 오염-덤웨이터
준청결(중간)구역	건조공간, 준비실, 린넨실, 장갑실, 창고, 사무실, 갱의실, 화장실, 샤워실, 휴게실
살균구역	살균실, 살균전실
청결구역	청결창고, 1회용 물품실, 불출창구, 청결 덤웨이터

3. 평면 유형

우리 나라 기존 병원의 재료소독부를 살균기 설치구역에 따라서 평면형을 분류하여 보면 다음과 같다.

1) 준정결실내부형

불결구역 내에 살균기를 설치한 형이다. 한쪽 문 가압증기살균기가 설치되며 살균된 물품은 불결구역을 거쳐서 청결창고로 옮겨진다. 청결 관리상 좋지 못하나, 작업중 수시로 살균기를 점검할 수 있다.

2) 청결실내부형

청결구역 내에 살균기를 설치한 형이다. 문 1개짜리 가압증기살균기가 설치되며 미살균 물품, 카트, 불결구역 작업원이 청결구역을 통과하게 되므로 청결실 내부가 오염되기 쉬우며 작업 중 살균 상태의 점검도 곤란하다.

3) 통과형

불결구역과 청결구역 중간에 가압증기살균기를 설치한 형이다. 청결과 불결구역 간의 구간 구분이 명확하고 청결 관리가 수월하다. 주로 양쪽 문 가압증기살균기가 설치되나 살균실과 살균전실로 따로 설치하여 한쪽 문 가압증기살균기가 설치된 것도 있다.

4) 일체형

살균실만 구획하고 나머지 실은 구분을 뚜렷이 두지 않는 형이다. 회수와 배출이 같은 실에서 이루어지며 살균을 제외한 모든 작업이 한 개의 실에서 행해진다.

그림 7-1 살균실

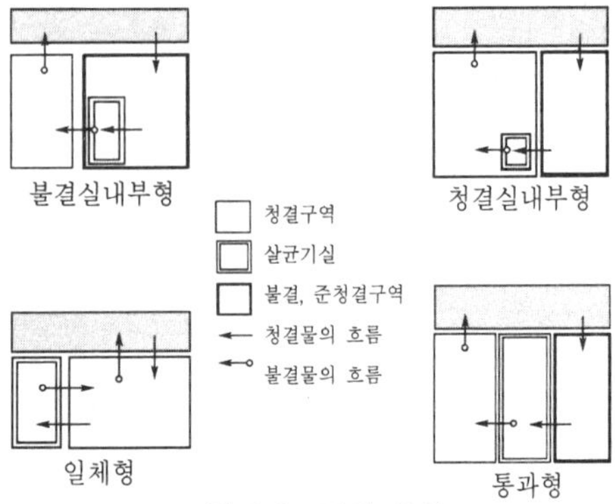

그림 7-2 평면 유형

7-2-5 재료 소독부의 설계 예[7)]

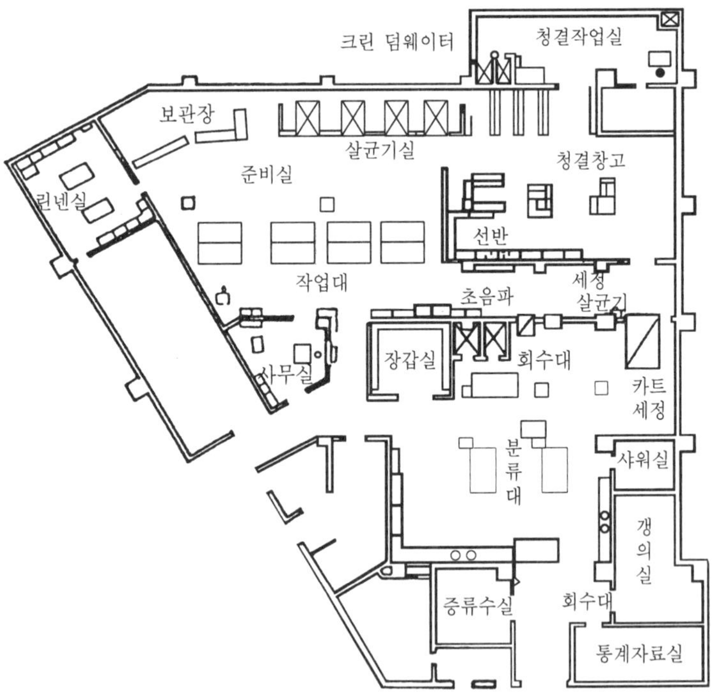

a) 완전의존형의 예(S병원 1,130병상)

7) 정태우 : op. cit, p. 39.

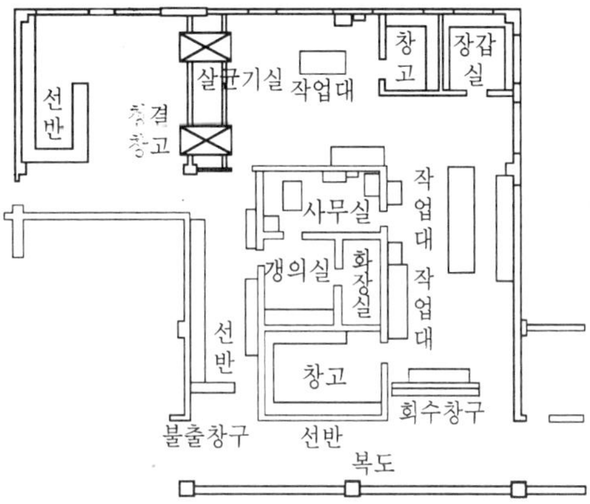

b) 일부의존형의 예(K병원, 454병상)

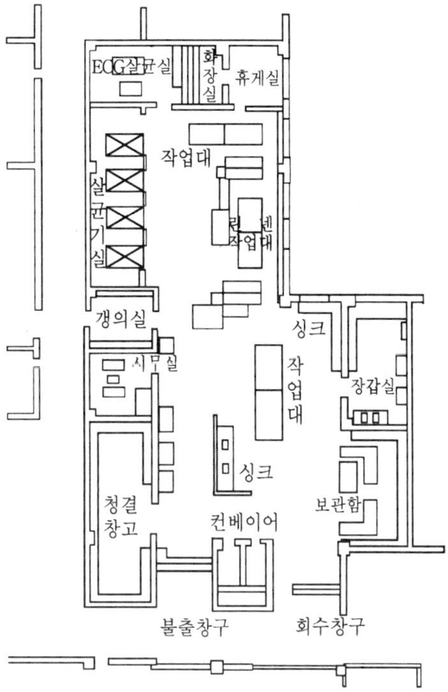

c) 비의존형의 예(C병원, 500병상)

그림 7-3 재료소독부의 설계 에

7-3 세탁부

7-3-1 세탁부의 기능과 특성

세탁부는 병원의 본래의 활동을 직접 지원하는 곳은 아니지만 각 부서에 필요한 린넨등의 세탁물을 제공한다. 이곳에서의 작업 내용은 의료용, 직원용, 환자용의 사용된 세탁물을 소독 폐기 공급하는 부서로서, 병원에 따라 재봉실을 두어 세탁물의 수선 및 제조도 한다. 이러한 작업을 처리하기 위하여 세탁기, 탈수기도 별도로 사용해야 한다. 그리고, 한 장짜리의 세탁물이 많으므로 세탁 마무리 작업의 기계화가 가능하다. 또, 세탁물의 종류와 양이 병원마다 일정하기 때문에 매일 세탁량의 계획 산정이 가능하고, 세탁 시설 및 설비 계획도 수량적이고 합리적인 방법을 모색할 수 있는 것이 병원 세탁의 중요한 특징들이다. 이러한 특징들 때문에 세탁부의 운영방식도 다양하게 나타나고 있다.

1) 개별세탁방식

사용자가 린넨을 처리하는 방식으로, 환자 세탁물은 보호자 또는 환자 자신이, 의사, 간호사, 직원 등도 각자 세탁하는 방법이다. 진찰, 처치, 수술 등의 린넨과 가구 커버, 커튼 등 병원 공통의 린넨은 병원 측에서 세탁한다. 이 방식은 일부 소규모 병원에서 볼 수 있고, 병원에서 지급하는 린넨의 부족으로 개인 소유물이 이 방식으로 이용된다.

2) 외주방식

병원에 세탁시설을 갖추지 않고 외부 세탁업자에게 위임하는 방식이다. 현재도 이 방식을 채택한 병원이 많고 앞으로 널리 보급될 전망이 높다.

3) 리스방식

외주방식에서 한 단계 더 발전한 것으로, 병원은 린넨을 구비하지 않고 세탁 설비 시설도 갖추지 않으며 세탁 서비스를 포함해 린넨을 빌려쓰는 방식이다.

4) 업무위탁방식

병원이 세탁시설을 갖추지만 관리 운영의 일체를 업자에게 용역을 주어 위탁하는 방식이다.

5) 직영방식

병원 자체가 시설을 갖추고 직영하는 방식으로, 대부분의 병원이 이 방식을 채택하고 있다.

6) 협동방식

몇 개의 병원이 공동으로 하나의 세탁시설을 갖추고 여기서 세탁, 공급하는 것으로, 구미의 의료선진국에서 널리 사용되고 있는 방식이다.

7) 종합세탁센터방식

일정 지역 내의 공동주택, 호텔, 여관, 공장, 레스토랑, 식당, 백화점 등 다른 시설과 공동으로 세탁시설을 갖고 여기서 세탁 공급 서비스를 하는 방식이다.

이상과 같은 각 방식의 검토에 의해서 금후의 세탁 서비스는 직영 방식에서 외주방식으로 변해 갈 것이고, 이 경우 공동화 실현의 속도는 각 병원의 사정에 따라서, 그리고 의료 체계 전체의 변화에 따라 변해 갈 것이다.

7-3-2 세탁물의 종류와 흐름

1. 세탁물의 종류

병원내 세탁물의 종류는 크게 의료용(진료, 간호용), 환자용, 직원용의 3부류로 나눌 수 있다. 구체적으로 ① 처치용으로 거즈, 붕대류, ② 수술, 분만용으로 수술복, 마스크, 모자, 환자덮개 등, ③ 외과, 병동 처치용, ④ 의사, 간호원 가운, ⑤ 직원 가운, 작업복류, ⑥ 커튼, 커버류, ⑦ 환자용 기저귀로 대인용, 소인용, ⑧ 환자용 사물, ⑨ 모포, 담요, ⑩ 메트리스 등으로 나눌 수 있다. 특히 세탁물의 재료는 담요를 제외하고는 거의 면직물이다.

2. 세탁작업의 흐름

세탁물이 세탁작업 과정을 거치면서 오염된 세탁물이 깨끗하게 재생되는 과정은 그림 7-4와 같으며, 작업 흐름의 주요 순서는 다음과 같다.

1) 수집, 분류 작업

각 부에서 회수된 린넨류를 점검하면서 종류, 오물의 정도, 색상 등에 의해 분류한다.

2) 세탁, 탈수 작업

세탁기에서 씻은 후 탈수기로 옮긴다. 세탁과 탈수를 겸하는 기계를 채용하면 옮기는 일손이 줄고, 또 바닥을 적시지 않고 끝낼 수 있다.

3) 건조, 풀먹이기 작업

건조기에 넣어 건조시킨다. 일부 시트, 흰옷 등은 건조시키지 않고 풀먹이기를 하는 것도 있다.

4) 마무리 작업

기계 또는 수작업의 다리미질에 의해 마무리된다.

5) 보수, 접기 및 보관(수납), 공급 작업

마무리의 과정으로 또는 그것이 끝난 곳에서 린넨을 점검하고, 상처(흠)가 보이면 보수한다.

린넨은 종류별로 일정한 형으로 접는다. 보관, 공급 작업은 청결한 린넨을 정리 보관하고, 각 부의 요구에 따라 공급한다.

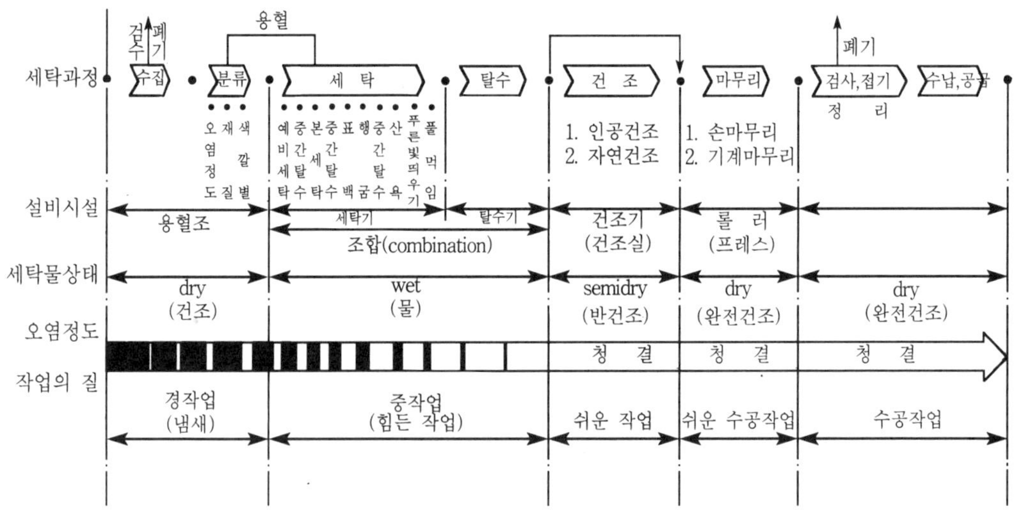

그림 7-4 세탁작업의 흐름8)

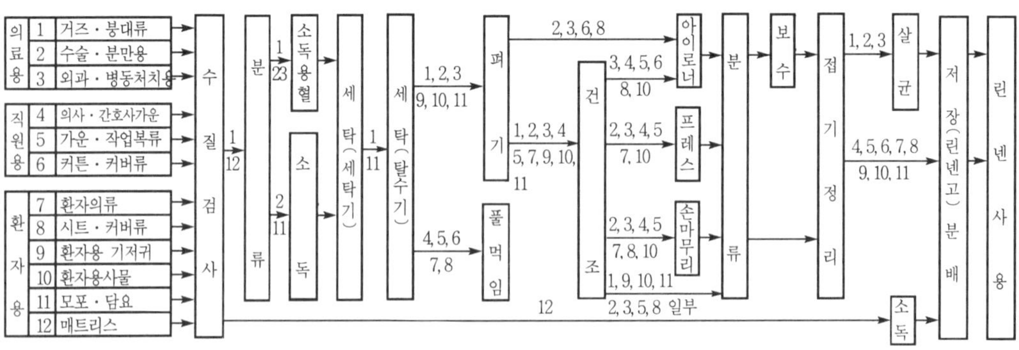

그림 7-5 세탁물의 종류별 처리 과정9)

8) 조순행 : 병원 세탁부의 건축계획을 위한 기초조사 연구, 석사학위논문, 강원대 대학원, p. 18, 1985.

9) Ibid., p. 18.

7-3-3 타 부서와의 관계

세탁부는 급식부처럼 1일 3회 공급하는 것이 아니라 주로 1일 1회 왕복하여 공급, 회수하므로 위치의 자유도는 비교적 높다.

병원의 각 부와의 관계와 세탁물의 흐름 과정을 알아보면 그림 7-6과 같다.

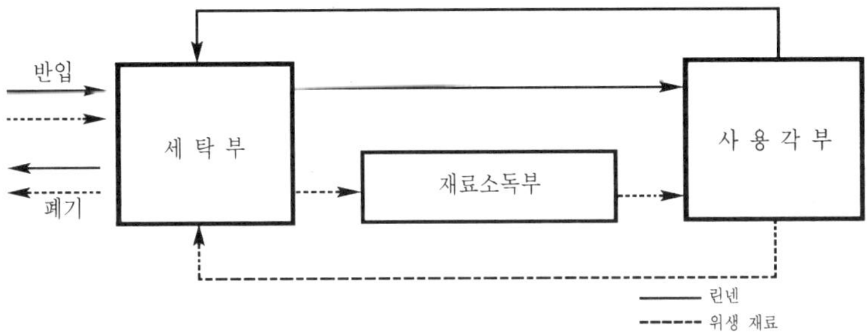

그림 7-6 세탁물의 흐름도

위 내용을 살펴보면,

1) 병동부는 세탁량이 제일 많고, 공급 빈도 수도 1일 1회이다.
2) 외래부는 양도 적을 뿐 아니라 린넨류의 교환 횟수가 1주 1~2회 교환되므로 공급 빈도는 그다지 문제가 되지 않는다. 린넨류의 대부분이 위생 재료이다.
3) 중앙진료부는 주로 수술, 분만부의 린넨류가 대부분이다. 그러므로 세탁부의 1일 세탁 부하를 좌우하는 중요 부서이다. 따라서 수술실, 분만실의 운용일과 세탁부의 운용일의 일치가 바람직하다.
4) 공급부와 관리부의 세탁량은 적을 뿐만 아니라 빈도 수도 적다.

이상과 같이 각 부와 세탁부와는 매우 밀접한 관계가 있다. 특히 세탁량이 많은 병동부, 수술부, 분만부와 관계가 깊다. 세탁부는 수술부, 분만부에서 오염 혹은 감염된 린넨 및 위생 재료를 세탁한 후 중앙재료부에서 수집하여 중앙재료실로 보내면 이것을 소독, 정리하여 수술부, 분만부 등에 보내게 된다. 린넨류는 각 부에서 수집하여 세탁부에 공급하는 경로를 거치게 된다.

수집방법은 세탁물 수거인이 각 부의 오물처리실에서 운반차를 이용해 수집하는 경우와 각 부의 린넨 슈트를 통하여 세탁부로 직접 낙하시키는 경우가 있으나, 최근에는 슈트를 사용하지 않고 설치도 하지 않는다. 공급의 경우 대부분 운반차를 이용하여 공급한다.

7-3-4 소요 공간

1. 필요 공간

1) 수집공간

(1) 현관 : 작업원이 각 부서에서 세탁물을 운반차에 싣고 분류실로 가지고 가는 전실이다.

(2) 분류실 : 오염된 세탁물을 분류하는 곳이기 때문에 매우 불결한 부분이므로 물리적인 공간 분리가 이루어져야 한다.

2) 세탁공간

(1) 세탁실 : 세탁실은 세탁 공정의 반 이상이 이루어지는 곳이며, 종업원의 대부분이 작업하는 공간이므로 능률적인 기계 배치와 환경상의 고려를 충분히 검토하여야 한다.
세탁물의 흐름에 따라 물을 쓰는 부분과 물을 쓰지 않는 부분을 구분하는 것이 좋다.

(2) 재료창고 : 주로 세탁세제와 정비도구 등을 저장하는 수납공간이다.

3) 린넨공간

(1) 정리실 : 마무리된 세탁물을 저장하거나 포장작업을 하는 공간이며, 세탁물의 출하가 이루어지는 곳이다.

(2) 린넨실 : 정리된 린넨을 린넨 선반에 넣어두는 곳으로, 세탁부의 가장 청결한 부분이므로 오염방지에 특히 고려하여야 한다.

4) 보수공간

세탁실에서 정리된 린넨을 검사 보수하는 곳이다.

5) 부속공간

(1) 사무실 : 대체로 하우스키핑의 사무실을 겸하는 곳이 많다. 전 지역을 시각적으로 쉽게 통제될 수 있는 곳이어야 하고, 린넨실과 직결되는 것이 바람직하다.

표 7-4 베드 메이킹 방식[10]

장 소	내 용	특 색
병동	· 병실에서 베드메이킹을 한다. · 우리 나라에서 가장 많이 사용하는 방법	· 베드는 원칙적으로 환자 수와 같다. · 입퇴원, 수술, 병상 변화 등에 의해 베드를 교환, 소독하기 곤란
베드센터	· 원내에 베드센터를 설치, 시설 내의 전 베드 배치 · 세탁시설과 근접 또는 인접 예가 많다. · 서구에서 많이 볼 수 있는 방식	· 환자의 입원, 수술, 병상변화 등에 따라 베드메이킹 끝난 베드를 적시 서비스할 수 있고 소독관리 · 다종류의 용도별 베드를 환자 수 이상 준비하여야 한다. 공간도 필요

(2) 작업원 갱의실 및 화장실 : 남녀 작업원이 작업 전후에 옷을 갈아입기 위한 분리된 방이 필요하며, 더불어 각 작업원의 사물함을 수용할 수 있는 충분한 공간이 확보되어야 한다. 후생시설로는 샤워실, 화장실 등의 시설도 필요하다.

2. 세탁 서비스 개선에 의한 소요 공간

병원 내 린넨은 주로 면직물이 대부분을 차지하지만 가운·제복 등 합성섬유의 증가 추세와 자연섬유(모지, 양모 제품)의 선호는 세탁시설의 변화를 초래하게 될 것이다.

이와 더불어 병원 린넨서비스의 본격화가 이루어지면 베드메이킹 센터가 필요하다. 이 경우 매우 넓은 공간을 필요로 한다. 원칙적으로는 입원시의 환자복과 사물을 보관하게 되며, 이러기 위해서는 보관 설비의 공간도 필요로 한다.

3. 평면 유형

세탁부의 작업 내용은 오염된 린넨의 수집 분류, 세탁 및 탈수, 건조, 마무리, 보수 및 보관, 공급의 과정을 거친다.

이러한 작업 동선은 병상 규모에 상관없이 행해지는 기본적인 행위로서 각 행위공간이 확보되어 있느냐, 없느냐에 따라서 세탁부의 공간 구성과 규모도 결정된다. 그림 7-7은 이러한 각 행위공간에서도 실의 분화가 이루어진 것은 실선으로, 개실화는 되지 않았지만

10) 일본건축학회편 : 건축설계자료집성 6 건축-생활, 건축공학연구회역, 초판, 건우사, 서울, p. 218, 1984.

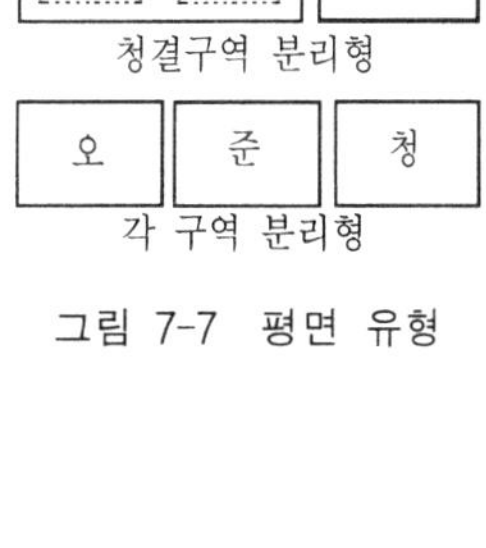

그림 7-7 평면 유형

일부 칸막이형식으로 분화된 곳은 점선으로 표시하였다.

각 작업공간의 분류는 청결도에 따라 분류가 되는데 수집·분류공간은 오염구역, 세탁·탈수공간은 준청결구역, 건조·마무리 및 수납공간은 청결구역으로 구분된다. 직원 및 사무 공간도 준청결지역에 포함되지만, 병원마다 차이가 심하기 때문에 평면 유형에서 제외하고 보면 ① 일체형, ② 오염구역 분리형, ③ 청결구역 분리형, ④ 각 구역 분리형 4가지로 분류를 할 수 있다.

일체형은 소규모 병원에서 보여지고 있는데, 오염 문제가 발생할 수 있어 소규모 병원일지라도 가능한 청결구역의 분리가 요망된다. 오염구역 분리형은 120병상 이상의 중규모 병원이 대부분 이 유형에 속하고 있다. 각 구역 분리형은 대병원에서 볼 수 있는 형이다.

결국 병상 규모가 커질수록 실도 다양하게 분화되기 때문에 각 작업구역에 따른 조닝이 가능한 반면, 중소 규모의 병원에서는 실분화도 적고 제약도 많기 때문에 일체형, 오염 또는 청결구역 분리형이 채택되고 있다고 판단된다. 따라서, 세탁부의 평면 계획상 중소 규모의 병원은 청결구역이나 오염구역을 분리한 오염 또는 청결분리형이 바람직하다고 볼 수 있지만, 각종 세탁 설비와 협소한 공간을 할당하여 세탁부를 겸비하는 것보다는 운영방식에서 서술한 외주처리방식도 고려해야 할 것이다.

7-3-5 세탁부의 설계 예

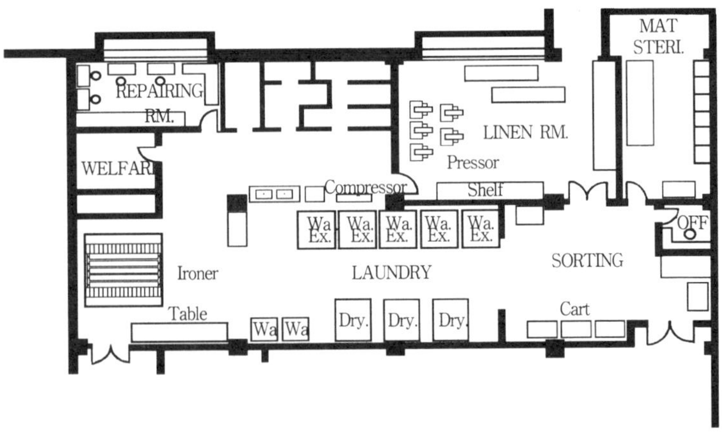

a) 국립의료원(538병상)

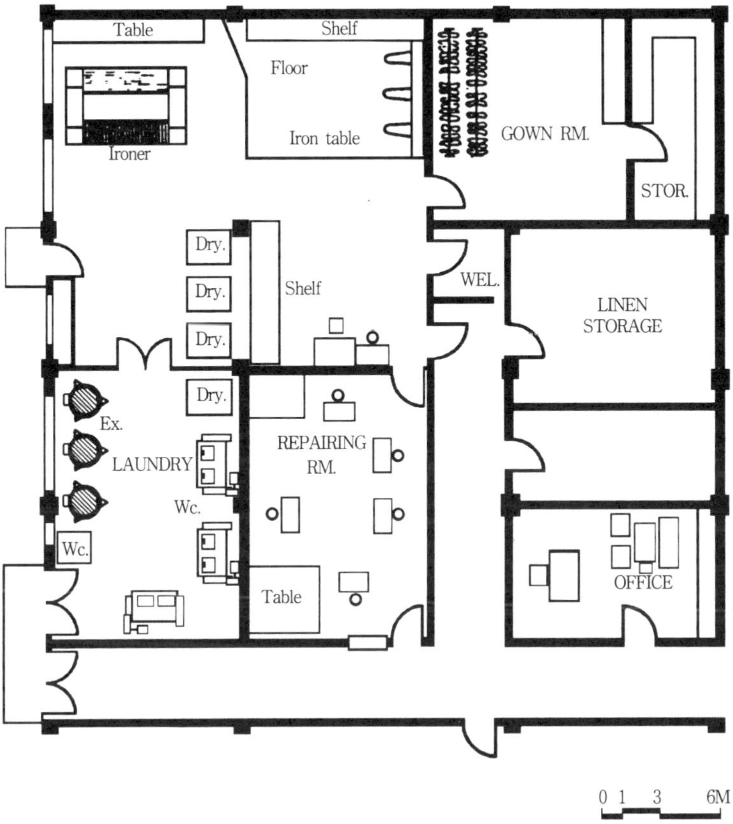

b) 서울위생병원(254병상)

그림 7-8 세탁부의 설계 예

7-4 보급부(중앙창고)

7-4-1 보급부(중앙창고)의 기능과 특성

보급부란 일반적으로 중앙창고라고도 부르며 일반 소모품, 비품, 인쇄물, 시설 자재 등을 관리하고 보급하는 부서로서 공급 부문의 중요한 한 부분이다.

보급부에서는 수납공간 내외부의 계획, 즉 수령과 저장, 공급 업무에 관련된 각각의 필요 공간과 그들과의 관계에 대한 합리적인 구성이 문제일 것이다.

7-4-2 보급 물품의 종류와 흐름

1. 보급 물품의 종류

보급부내의 물품창고에서 수납 보관하였다가 공급하는 물품의 종류는 다음과 같다.

1) 진료 재료 : 검사, 방사선, 치과, 수술, 위생 재료
2) 일반 저장품 : 사무용품, 수선용품, 기타 저장용품(청소용구 등)
3) 의료 소모품 : 의료 소모품, 의료 소모성 부품, 피복 침구 등
4) 의료 장비, 비품
5) 약품 : 약제부에서 관리하는 곳이 많으나 일반 약품은 보급부에 보관하기도 한다.
6) 급식 재료 : 접시, 그릇 등의 급식용구와 부패성 식품을 제외한 일부 물품을 보관하기도 한다.

2. 보급 물품의 흐름

보급부에서 창고 업무는 물품의 운송이 가장 중요하다. 그 다음이 저장, 그리고 대기의 순이다. 운송면에서는 각 공간요소의 기능적 배치, 저장면에서는 합리적인 수납, 그리고 대기면에서는 운송 설비의 효율화가 수납 부서 계획에서 중요하다. 물론 중앙수납의 경우에서는 공급 빈도가 분산수납보다 훨씬 증가하게 될 것이고, 그에 따른 운송 문제, 분배 센터의 세트조합 등으로 운송, 대기, 조작의 횟수가 더욱 증가할 것이므로 이들 계획에 대한 신중한 고려가 필요하다.

이러한 물품의 이동은 하역(하역장)→검수, 접수(하역장, 사무실)→수납(저장고)→수거(저장고)→불출조합(저장고내 불출 지역)→불출(불출지역)→운송(운송지역)'과 같은 유형으로 나타낼 수 있다.

직원의 동선은 사무실→하역장(하역, 검수)→운송(보조)→사무실(접수)→저장→사무실(청구서 분류와 사정)→수거(저장고)→불출조합(불출지역)→반송지역→사용지역으로 움직인다.

그리고 정보의 흐름은 사용 부서→사무실→구매과→물품 회사→사무실의 순이다.

7-4-3 타 부서와의 관계

보급부는 일반 소모품, 비품, 시설 자재, 인쇄물 등 원내 전 부서에 필요한 사무용품, 잡품(형광등 등)을 취급하였으나, 최근 소독재료를 중심으로 한 일회용품(포, 거즈, 붕대, 가위 등)이 증가하게 됨으로써 이전에 별 관계가 없던 소독재료부, 세탁부와 밀접한 관계를 맺게 되어 가고 있으며 점차 나머지 서비스 기능과도 관계가 높아지고 있다.

수술부, 분만부, 병동 등의 사용부서와도 이전에 일반 소모품을 위주로 접촉하던 것에서 일회용 진료 재료까지를 포함한 공급 관계를 추가하게 됨으로써 보급부의 성격과 비중이 '중앙창고'라는 전반적인 기능으로 발전해 나가고 있다.

7-4-4 소요 공간

보급부의 공간을 분류하면 다음 표 7-5와 같다.

1) 하역공간

하역공간이란 병원 내외로 물품을 적재, 적하하여 반입·반출하는 곳이다.

하역공간을 분류하면 주차장, 하역 주차, 하역도크(dock), 가수장, 검수장으로 나눌 수 있다. 물품은 하역도크→가수장→검수장 순으로 이동을 하게 되며 검수가 끝난 물품은 반환되거나, 창고 내부로 운반되어 저장된다. 따라서 하역 설비는 하역도크로의 적절한 차량 접근방식, 하역도크의 형식과 함께 서비스야드와 거기로 향하는 도로는 혼잡을 피하기 위하여 정지 차량과 이동 차량의 조절을 위해 충분한 면적과 구배, 그리고 충분한 회전공간과 주차장을 확보해야 할 것이다. 차량 진입이 대기시간 없이 신속히 물품을 적재, 적하하기 위해서는 물품별 하역권이 지정되어져야 하며, 또한 하역도크를 위해서 교차 동선을 줄이려면 각 물품의 하역권과 창고 내부의 물품 저장 구획과 물품 운송 동선이 일치하도록 한다.

표 7-5 보급부의 공간분류[11)]

공간분류	구성요소
하역공간	주차장, 하역장, 검수장
사무공간	접수와 대기실, 휴게실, 로커, 샤워실, 실험실, 컴퓨터실, 화장실
저장공간	물품적재지역(수납시설), 통로
반송공간	계단, 램프, 엘리베이터 등의 반송시설
기　타	비상대피시설 등

2) 사무공간

병원에서는 보면 구매를 별도로 관리하는 구매과와 각 공급부서에 소속되어 접수, 저장, 불출 행위를 하는 소속 사무실로 양분되어 있으며, 쌍방간에 구매와 재고 관리 등의 문제로 빈번한 접촉을 한다. 소속 사무실은 구매과나 종합사무부에 의해 통제되므로 사실상 이들은 명목상 분리되어 있을 뿐이며, 그들의 업무는 같은 것이다.

중앙화된 수납 시스템에서는 현재와 같이 분리된 체제가 아니라 린넨과 무균 공급물, 의약품 등과 부패할 수 있는 음식을 제외한 모든 물품을 공급 부서 직원이 유출하고 분배하여야 하며, 원내 공급 전달 서비스를 실행하여야 한다.

각 부서에 산재한 수납공간의 경향을 없애고 전문적인 보조체로서 중앙수납과 공급은 마치 도매 상점이나 백화점과 유사한 것이다. 어떠한 비용이나 물품의 훼손을 제거해야 한다. 즉, 어떤 항목이 사용한계에 있다면 그것은 폐기되어야 하며, 저장 가능성이 있다면 수선되고 청소되며, 적절히 포장되어 라벨이 붙여지고 공급을 위하여 수납되어야 한다.

현대의 컴퓨터는 모든 재고물품, 구입물품, 그리고 그들의 공급에 따른 모든 업무와 함께 최종 사용자를 연계시킬 수 있을 것이다. 따라서 이러한 업무를 관리하는 사무실은 저장지역과 인접함은 물론 하역장에서 발생하는 행위를 볼 수 있는 곳에 위치되어야 할 것이다. 이것은 물품회사의 판매원을 수용할 수 있는 대기 지역에 접수계와 그들을 위한 사무실로 구성되고, 물품 운송을 위한 로커와 샤워실 등이 갖추어지고 구매 기능까지를 통합한 종합적인 사무 처리

11) 최광석 : 종합병원 중앙수납부에 관한 건축계획적 연구, 한양대 대학원, 석사학위논문, p. 63, 1987.

를 할 수 있는 시설이 바람직할 것이다.

3) 저장공간

수납공간을 효과적으로 사용하기 위해서는 각 물품의 저장방식과 그에 따르는 수납 설비의 합리적인 배열과 구획을 하여야 한다. 그럼으로써 저장, 수거 업무의 신속성이나 재고 자체의 사장과 유출, 도난을 방지할 수 있다.

4) 반송공간

반송공간이란 엘리베이터나 기계적 장치에 의해 물품을 수평·수직으로 이동시켜 사용부서에 공급하는 지역을 말한다. 현재 물품과 사람의 반송시설이 거의 분리되지 않아 뒤섞이는 병원이 많고, 분리되어 있다 하더라도 불충분한 설비로 혼잡을 빚고 있는데, 이것들은 공급부서의 불출지역과 밀접한 관계를 맺고 있으므로 그와의 배치적 측면은 중요한 문제가 된다. 특히, 중앙공급시스템에서는 이 반송지역이 물품 공급의 중요 지역이 되므로 공급 부서의 불출지역과도 쉽게 도달될 수 있는 배치가 되도록 하여야 할 것이다.

그림 7-9 보급부(중앙창고)

7-4-5 보급부의 설계 예

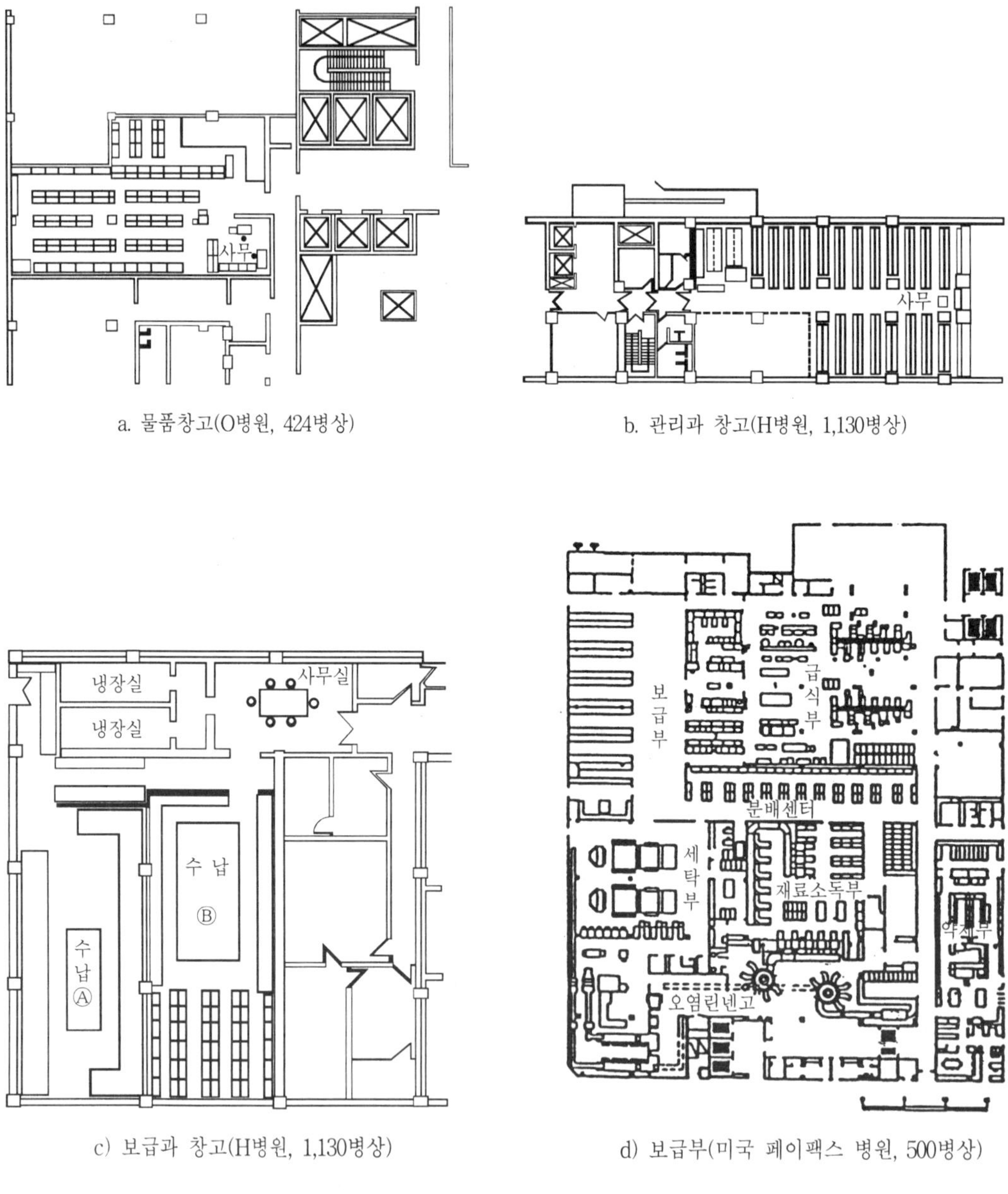

그림 7-10 보급부의 설계 예

7-5 약제부

7-5-1 약제부의 기능과 특성

약제부(일반적으로 '약국'이라고 부름)는 병원에서 사용하는 약제를 전문적으로 취급하여 병원의 기능에 기여하는 곳으로, 약사에 의해 운영 관리되는 부서이다.

그 기능은 업무의 성격을 중심으로 다음과 같이 구분한다.

1) 의약품의 관리와 원활한 보급
2) 의약품의 조제와 품질 확보
3) 의약품 정보의 제공
4) 원내 타 부문과의 협조
5) 병원 약국학의 교육과 연구

이것은 좋은 의약품을 구입하여 적절하게 관리 보관하여 필요한 때에 원활하게 보급하는 관리 및 보급 업무는 사무적 성격을 갖고 있으며, 특정한 환자에게 의사의 처방에 따라 조제를 하거나 불특정 다수의 환자를 위한 제제, 약품 시험을 통한 품질확보 등의 업무는 기술적 성격을 갖고 있다. 또 약학 대학생과 전공약사들에 대한 교육 및 현장 실습, 의사 및 다른 질문자에 대한 의약품 정보 제공 업무는 지도적 성격을 갖고 있다고 하겠다.[12] 위와 같은 기능을 수행하기 위한 약제부의 업무를 구분하고 그 내용을 정리하면 표 7-7과 같다.

표 7-7 약제부의 업무[13]

업무구분	업무내용
조 제	외래조제, 입원조제
제 제	일반제제 : 정제, 산재, 연고제, 좌제, 배액, 내용액제, 외용액제 등 무균제제 : 시판물이 없는 주사약, 특수 주사약, 점안제 등
약품관리	(구매) 각종 약품의 보관과 보급
약품정보	자료의 수집과 정리, 의약품집의 간행, 약품사용에 대한 지도·감독, 질문에 응답, 약학연구
약품시험	원내 제제약의 시험, 구입약품의 시험, 조재약, 주사제의 배합변화, 원내 타 부문의 의뢰에 의한 시험
관리·사무	각종 통계 자료 작성, 기타 사무

12) 조남춘 : "약제업무향상방안", 병원관리 종합학술대회연제집, 대한병원협회, p. 47, 1985.
13) 김봉식 : 병원 약제부에 관한 건축계획적 연구, 한양대 대학원, 석사학위 논문, p. 9, 1986.

7-5-2 약품의 종류와 흐름

1. 약품 종류와 공급 대상

약제부에서는 외래환자에 대한 투약은 그 자리에서 조제하여 건네주지 않으면 안 되는 점이 특이하다.

입원환자에 대한 투약은 각 간호단위마다 모아서 공급하는 것을 원칙으로 한다. 단지, 임시 처방에 대해서는 수시 조제, 공급이 된다.

개개의 환자에 대한 투약과는 별도로 병동의 각 간호단위, 외래부의 각 진료과 수술부, 분만부 등으로의 주사약, 수액, 소독약을 비롯한 각 약품이 보내진다.

검사부에서 사용되는 시약류와 방사선부에서 사용되는 조영제 등도 약국을 통해 공급하고 있는 병원이 많다. 치료용의 산소, 마취용의 가스 등도 넓은 의미로는 약제에 포함되지만, 근래에는 배관을 이용하여 공급하는 방법이 일반화되었다.

2. 약품의 흐름

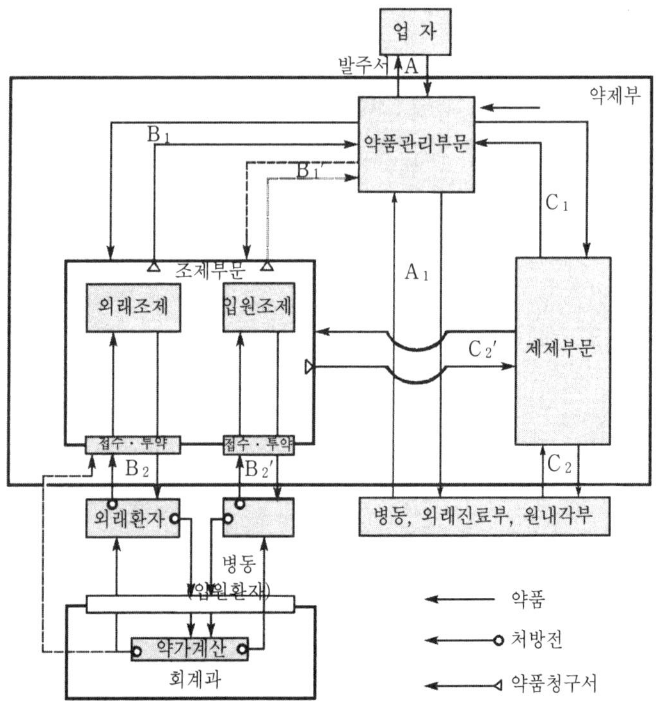

그림 7-11 약품의 흐름[14]

14) Ibid., p. 44.

약품의 흐름은 약품의 종류(조제용, 제제용, 주사약, 소독처치약, 마약 등), 공급 대상(외래환자, 병동, 조제실, 원내 각 부서 등), 공급 주기(정기, 임시, 수시 등), 공급방식(상자 인도, 비품제도 처방전에 의한 것 등), 운반방식(인력에 의한 것, 기계 설비에 의한 것 등)의 조합에 따라 여러 가지가 있다.

약품과 처방전 등의 이동 경로와 평면 구성과의 관계를 포괄적으로 나타내면 그림 7-11과 같다.

1) 반입(A)

반입은 주기의 빈도는 적지만 1회의 양이 많다. 빈도는 월 단위로 하고 있는 곳이 많고 모자라는 약품에 대해서 수시로 반입을 하고 있지만 회수와 양은 많지 않다. 창고가 협소한 병원에서는 약품을 복도 등에 쌓아두고 있어 통행에 지장을 주는 경우도 있다.

2) 공급(A_1)

각 부서로의 약품 공급은 주기가 주 단위 혹은 월 단위로 빈도가 적으며 1회의 양도 많지 않다.

3) 조제 보급(B_1, B_1')

조제 보급은 1회/일, 1~2회/주 등의 정기 보급 외에 필요에 따라 수시로 보충하므로 빈도가 많은 편이다. 정기 보급은 분량이 많다. 병원 중 외래조제실로의 보급(B_1)을 덤웨이터로 하고 있거나 나선 계단으로 연결되어 있는 예가 많다.

병동 약국으로의 보급(B_1')은 특히 주사제 등의 수제가 많아 무게가 무겁고 파손이 일어나기 쉬우므로 나선 계단만으로는 사용에 불편을 준다. 그러므로 이에 대한 고려를 하여야 할 것이다.

4) 투약(B_2, B_2')

외래환자에 대한 투약(B_2)은 빈도가 대단히 많고 각 환자가 약사와 직접 만남으로써 이루어진다. 근무시간 외의 투약도 있다. 입원환자에 대한 투약(B_2')은 1회/일의 정기 투약 외에도 수시로 투약하고 있으며 그 빈도도 많다. B_2'는 특히 주사제의 양이 많다. 각 병동별로 모아서 투약을 행하고 있음을 알 수 있었다. 간호조무사 등이 카트로 병동까지 약품을 운반하거나 수직 컨베이어로 운반한다.

5) 제제원료약 보급(C_1)

보급 주기는 필요할 때에 수시로 하는 경우가 많다. 1회의 양이 많지는 않다.

6) 제제약 공급(C_2)

공급 주기는 1회/일, 1회/주, 2회/월로 병원마다 다르다. 임시 공급은 없다. 이는 병원의 성격과 운반 방침에 따른 제제의 범위와 그 양에 따라 다르다. 운반은 주로 사람이 카트로 한다. 소독 처치약 및 증류수 등의 수제가 대부분이므로 이에 대한 고려가 필요하다.

7) 예제제 보급(C_2')

제제 부문에서 조제시의 능률을 위하여 미리 예제제를 만들어 조제 부문에 보급한다. 보급 빈도가 많아 1회/일 이상이다. 양은 병원에 따라 차이가 많다.

7-5-3 타 부서와의 관계

1. 외래 각 실

외래환자용의 약은 한 명씩 처방전에 따라 조제하고, 그 자리에서 건네주어야 하는 점이 운영상, 설계상 어려움이 많고, 환자는 진찰 후 의사로부터 건네 받은 처방전을 우선 회계의 창구에 내고, 요금 계산 지불을 마친 뒤에 약국의 창구에 접수한다. 여기에서 영수인이 찍힌 처방전을 회계에서 약국까지 환자가 가지고 가는 방식과 내부에서 전달하는 방식이 있다. 약국 측에서는 처방전의 내용을 확인하고, 환자마다의 약봉지를 작성하여 이것을 조제계에 보낸다. 다 지어진 약은 내용에 잘못이 없나 확인한 뒤에 순서대로 교부한다.

2. 병동

입원환자의 처방전은 각 간호단위마다에 일괄하여 전해지고 묶어서 조제한다. 공급이라는 관점에서는 조제된 약의 반송과 환자의 용태 변화에 따른 임시 처방과의 대응이 문제가 된다.

3. 기타

환자 개개인에 대한 투약 이외의 약품(예를 들면 처치약, 소독약 등)의 공급에 대해서는, 정수 비치해 두는 것이 일반화되어 가고 있다. 즉, 각 부서, 각 소비처마다 상비해야 할 약품의 양을 정해 두고 일정 기간 마다(주에 수회 또는 매일 1회) 소비한 분량을 보충해 가는 것이다. 줄어든 분량의 점검, 청구, 거기에 대한 보급에는 몇 가지 방식이 있다.

부서 중에는 병동에 공급하는 것이 가장 많고 양적으로 전체의 1/3에서 1/2을 차지하는 것이 보통이다. 또한 최근, 특히 병동에서의 수액(예를 들어 고칼로리 영양수액등)의 사용이 눈에 띄게 증가하고 있고, 또 중량도 많기 때문에 반송에 대해 특별한 배려가 필요하다.

7-5-4 소요 공간

약제부의 기능을 수행하기 위해 필요로 하는 실을 업무 구분에 따라 정리하면 표 7-8과 같다. 이들 각각의 내용에 대하여 설명하면 아래와 같다.

표 7-8 약제부의 소요 실[15)]

업무구분	소요 실	사용자
조 제 제 제	외래조제실 (접수, 투약창구 포함) 입원조제실 정제실, 산제실, 제제실, 세병실, 살균실, 무균실(불출실)	약사, 보조원 약사, 기사
약 품 관 리	약품창고, 냉장실, 특수창고	약사
정보・시험	DI실, 시험실	약사
사무・후생	약재부장실, 사무실, 회의실, 약사실, 갱의실, 숙직실, 샤워실 등	약재부장, 약사, 사무원

15) Ibid., p. 9.

1. 필요실

1) 조제

(1) 외래조제실

외래환자를 대상으로 처방전에 의하여 조제를 실시한다. 처방전이 접수되는 것으로 시작되어 약봉투 기입→분류→조제→분포·포장→검사→투약의 순서로 진행된다. 따라서, 조제실은 이와 같은 작업 과정을 충분히 고려하여 계획되어야 한다. 특히, 접수·투약창구의 위치가 나쁘면 조제실 내의 작업 흐름을 혼란하게 할 소지가 많으므로 각별한 주의가 필요하다. 또 접수 및 투약 창구는 약사가 환자를 직접 접할 수 있는 유일한 장소이므로 처방전 내용, 약 복용방법, 기타 환자의 질문에 응할 수 있도록 약사를 배치하는 것이 바람직하며, 시설 면에서도 이에 대한 충분한 고려를 하여야 한다.

대기중인 환자에게 투약을 알리기 위한 투약 표시방법은 환자의 이름을 호출하는 방법 또는 번호판 점등에 의한 방법을 사용한다. 조제실은 약진(약먼지)이 많으므로 이에 대한 설비를 충분히 갖추어야 한다. 특히 산제를 조제하는 부분에서는 부분집진을 할 필요가 있다.

외래조제실의 위치는 외래환자의 동선을 고려해 볼 때 수납계와 인접하는 것이 좋다. 대규모 병원에서 인접하여 배치하는 것이 곤란할 때는, 두 실을 연결하는 반송 설비를 설치하면 두 실간의 위치는 자유롭게 할 수 있다. 또한 약품을 보급받기 위한 약품창고와의 관계도 고려하여야 한다.

(2) 입원조제실

입원조제는 입원환자를 대상으로 하는 조제이다. 그 과정은 외래조제와 별로 다를 것이 없지만, 접수와 투약 방법에서 외래조제와는 달리 각 간호단위별로 모아서 행한다. 소규모 병원에서는 입원조제를 위한 별도의 실을 설치하지 않고 외래조제와 같은 장소에서 행하는 것이 인력과 설비를 유효하게 이용하는 점에서 좋다. 그러나 규모가 커지면 업무량도 늘어나며 특히, 주사제 처방에 대한 업무가 급격히 증가하므로 외래조제와 분리하여 별도의 실을 설치하는 것이 유리할 것으로 사료된다. 주사약의 교부를 실시하기 위한 창구는 이를 위한 충분한 넓이를 가져야 할 것이다.

2) 제제

병원에서 필요로 하는 모든 의약품이 시판되는 것은 아니며, 시판품이 있어도 배합을 변화시키든가 특수한 용도로의 사용, 조제를 위한 예비제의 준비 등 여러 가지 이유로 아무리 작은 병원에서라도 제제의 필요성은 있다. 그러나, 병원의 규모와 성격, 운영 방침에 따라 원내 제제를 행하는 양과 범위는 대단히 큰 차이를 보이고 있다. 소규모 병원에서는 거의 대부분이 제제를 위해 별도의 실을 설치하지 않고, 조제실 내에서 조제를 위한 예비제를 제제하는 것을 위주로 극히 간단한 제제 업무만을 행하고 있다. 그러나 병원의 규모가 커지면 제제의 작업 성질에 따라 실을 세분하고 있다.

(1) 일반제제실

제제는 크게 일반제제와 무균제제로 구분된다. 일반제제는 다시 건성제제와 습성제제로 분류되며, 건성제제는 산제를 정제로 만들거나 정제를 산제화하는 등의 고형제가 있고 습성제제에는 연고제, 좌제 등의 반고형제와 내용액제, 외용액제 등의 용액제가 있다. 각각은 별실에서 제조하는 것이 바람직하다. 각 실의 기기 배치는 작업공정을 검토하여 동선을 줄일 수 있는 배치를 하여야 하며, 건성제제를 행하는 실은 특히 약진에 대한 충분한 설비를 갖추어야 하고 소음과 진동에 대한 대책도 있어야 한다. 또한, 전동식의 기계가 많기 때문에 특히 아우트렛이 많이 필요하며, 가능한 한 동력 배선으로 하여야 한다.

습성제제실은 증류수를 사용하므로 이의 공급 경로에 대한 고려를 하여야 하며, 소독액 등의 제제도 있으므로 세병실과의 관계도 충분히 검토하여야 할 것이다.

(2) 무균 제제실

무균제제는 주로 주사제와 점안제의 제제를 행한다. 소규모 병원에서는 이런 업무를 행하지 않는 곳이 많지만, 점안제 등의 소규모 무균작업이 가능한 무균작업대를 설치하는 것이 좋으며, 중규모 이상의 병원은 꽤 많은 주사액 등을 취급하기 때문에 별도의 무균실을 설치하는 것이 좋다. 무균실을 설치할 때는 에어필터, 살균 등을 설치하도록 한다.

작업 과정상 세병실, 살균기(실)과의 관계를 고려하여야 할 것이다.

(3) 기 타

이 외에도 산제, 정제 등의 예제제의 프리패키징(pre-packaging), 병동에서 회수된 병 등의 세척, 제제약의 불출 업무, 통계 업무를 행하고 있으므로, 이에 대한 실을 병원의 규모에 따라 설치하도록 한다. 또한 제제 업무량에 따라 원료 약품, 병 종류 등의 보관도 중요한 문제가 되므로, 대규모 병원에서는 별도의 창고를 설치하는 것이 유리할 것으로 사료된다.

병을 세척하는 세병실에서는 특히 배수 설비에 신경을 써야하며, 별도의 불출실을 설치한다면 주요 보급 대상지인 조제실, 병동 등과의 위치 관계를 고려해야 할 것이다.

3) 약품관리실(약품창고)

병원에서의 약품관리는 구매 계획, 발주, 발주된 약품을 접수하는 구매관리와 검수된 약품을 입고, 정리하여 보관하는 재고관리, 소요부서의 청구에 따라 출고, 공급하는 공급관리, 공급된 약품이 사용부서에서 소비되고, 다시 청구될 때까지의 소비관리가 있다. 이 청구에 의하여 다시 구매 계획으로 반복된다. 이때 필요로 하는 실은 약품창고와 사무실이 있으나 병원의 규모와 사용약품의 종류, 양에 차이가 있으므로 별도의 사무실이 모든 병원에 필요한 것은 아니다.

약품은 일반 생필품이나 잡화와는 달리 인체에 섭취되어 약 효능이 보증되어야 하는 특수성이 있으므로, 그 보관에 특히 신중을 기해야 한다. 약품창고는 온도 변화가 적고 직사일광을 피하며 채광, 환기가 양호해야 하며, 위험약품고는 방화적, 방폭적인 시설이 되도록 한다. 약품의 종류에 따라 저온 보존을 해야 하는 경우도 있으므로 별도의 냉실, 저온냉장실(2~5℃)을 설치하는 것이 바람직하다. 또한 일반약품도 물론이지만 특히 마약, 독극약 등은 도난방지에도 유의하여야 한다.

약품창고는 외부로부터의 반입이 편리하여야 하며, 가능하면 외부에서 직접 반입할 수 있도록 하는 것이 좋다. 또한 조제실, 제제실과의 관계를 원활히 유지할 수 있어야 하며, 원내 각 부서로의 공급을 위한 통로도 고려하여야 할 것이다.

약품창고 내의 계획은 선반의 간격이 약품의 반입, 출고시에 카트의 통행에 지장이 없을 만큼 충분히 넓어야 한다. 선반의 깊이는 오히려 적당히 얕은 정도가 사용에 편리하며, 높이도 2m 정도까지가 사용하기 쉽다. 또한 빈 상자의 처리, 검수 등을 위한 공간도 확보되어야 할 것이다. 창고의 면적이 협소한 곳에서는 이동식 약품장을 설치하여 좁은 면적을 효율적으로 사용하기도 한다. 이와 같은 설비는 창고의 면적을 절약하는 데 많은 도움이 될 것으로 사료된다. 또 최근에는 약품 관리를 위한 컴퓨터가 도입되고 있으므로 이에 대한 동향을 주목해 둘 필요가 있다.

4) 약품 정보, 시험

(1) 약품정보실(DI실)

최근에 들어 의학, 약학의 발전과 약물 요법의 급격한 진보, 발전에 따라 약품의 종류도 현저하게 많아졌고 약품의 상호작용, 임상효과, 부작용 등 약품에 관한 정보량도 엄청나게 많아졌다. 따라서 의약품의 효율적인 사용을 위해 정보의 수집, 정리, 분류 등을 체계적, 조직적으로 행하는 것이 절실해졌다. 이에 부응하여 의료진에게 의약품에 대한 모든 정보를 제고하여 합리적인 약물 요법을 행할 수 있도록 전문적인 의견과 조언을 하는 데 정보 활동의 의의가 있다. 약품정보 업무의 내용은 약품에 관한 정보의 수집, 정리, 전문적인 평가뿐만 아니라 원내 의약품집의 간행, 약품 사용에 대한 지도 감독, 질문에 대한 정보 제공 등 업무 내용이 다양하다.

약품정보실(DI실)은 주로 사무적인 성격을 갖고 있다. 위치는 의사의 진료 업무를 함께 생각하여 가급적 의사의 이용에 편리한 위치에 두는 것이 바람직하다.

약품 정보 업무량이 늘어나고 그 중요성이 높아지고 있으므로 소규모의 병원에서도 약품 정보 활동을 위한 시설과 인력을 확보할 필요가 있다.

(2) 약품시험실

원내에서 사용되는 의약품의 품질 확보를 위한 업무가 약품 시험이다. 약품 시험의 업무 내용은 구입 약품의 시험, 제제약의 시험, 조제 약품의 분석, 주사제의 배합 변화의 예지, 원내 타 부서에서의 의뢰에 의한 시험 등이 있다. 이것이 조제, 제제약의 품질 확보 뿐만 아니라 환자가 복용하는 최종 단계까지, 어느 의미로는 약제부 업무의 전 과정이 약품 시험의 연속이라 할 수 있다. 약품시험실 업무의 성격상 DI실, 제제실과의 관계를 고려하여야 할 것이다.

모든 병원의 약제부가 별도의 시험실을 갖고 고가의 기기를 보유할 수 없기 때문에 병원의 규모와 성격을 고려하여 설치하여야 할 것이며, 고가의 기기는 다른 부서(임상검사부등)와 공용할 수 있는 방법을 모색해 보는 것도 바람직하다.

5) 사무 · 후생

약제부장실(약국장실), 사무실, 약사실은 실의 쾌적성을 위하여 가능하면 자연광과 환기를 취하도록 하는 것이 바람직하다. 작업성만을 중요시하여 약사실, 갱의실, 샤워실 등의 거주 환경을 소홀히 하는 경우가 흔히 있는데, 이러한 요구를 무시하면 다른 기능을 방해하는 요인이 될 수 있다는 점에 유의하여야 할 것이다. 또한, 제제 업무는 업무의 성격상 작업장의 청결 유지뿐만 아니라 작업원의 청결도 대단히 중요하므로 갱의실, 샤워실 등을 인접시키는 것이 바람직하다. 야간에 오는 환자 등의 동선을 고려하여 야간 업무를 어디서 할 것인가에 대한 방침이 결정되어야 하며, 이에 따라 숙직실의 위치도 결정되어야 한다.

2. 실의 보유 현황

실 구성 상태는 업무량과 그 범위에 따라 다양하므로, 이를 병상 수에 따라 현상을 파악해 보는 것은 앞으로의 계획, 설계에서 하나의 자료가 될 수 있을 것이다.

우리 나라 병원의 실의 보유 현황을 정리해 보면 표 7-9와 같다. 실 구성 상태는 주로 병상 수와 관계가 있는 것을 알 수 있다. 병상수별 특징을 보면, 100병상 미만의 병원에서는 주로 조제실만을 설치하고 있으며, 이 실 내에서 모든 업무를 수행하고 있다. 100병상 이상이 되면 약품창고를 별도의 실로 설치하며, 별도의 약국장실을 갖추기 시작한다. 300병상 이상이 되면 제제 업무를 위한 실이 설치되며 사무실도 갖추게 된다. 500병상 이상이 되면 제제 부문의 실들이 제제의 종류에 따라 세분되고 있으며 약품 정보, 시험 업무를 위한 공간을 갖추게 되며, 1,000병상 이상에서는 대부분의 소요실을 갖추는 것이 바람직할 것으로 사료된다. 계속적인 증축에 의하여 규모가 커진 병원의 경우에 조제부의 시설이 병원의 규모에 비하여 상대적으로 빈약하게 되어 있는 곳이 많다.

전반적으로 볼 때 약품 정보, 시험 부문과 후생 부문의 시설이 대단히 빈약함을 알 수 있다. 약품정보, 시험 업무의 중요성과 업무량의 증가를 고려한다면 앞으로 시급히 개선되어야 할 것이다. 최근 병원의 약품 처방에 대해 많은 논의를 하고 있어 병원에서의 약제부의 향방이 주목되고 있다. 조제 자동화와 전산화, 그리고 피크타임 관리 등의 조제 시간 단축 방안에 대한 연구도 활발하여 앞으로 조제 부문은 많은 변화가 있을 것이 예상된다.

16) Ibid., p. 20.

표 7-9 약제부의 실 보유현황[16)]

병원명	A	B	C	D	E	F	G	H	I	J	K	L	M	N	O	P	Q	R	S	T	U	V	W	X	Y	Z
실명 \ 병상 수	30	50	50	80	108	140	170	250	313	350	350	352	400	404	424	454	460	500	503	520	600	720	756	900	1100	1130
1. 외래조제실	○	○	○	○	○	○	○	○	○	○	○	○	○	○	○*	○	○	○	○*	○	○	○	○	○	○*	○
2. 입원조제실	①	①	①	①	①	①	①	①	①	①	①	①	①	①	①	○**	○	○	①	○	○	①	○	○	①	○
3. 제 제 실								○	⑩	○	○			○	○	○	○	○	○	○	○	○	○	○	○	○
4. 정 제 실																	○	○					○	○		○
5. 산 제 실										○	○	○					④							○		○
6. 세 병 실								○		○	③			○	○	③	○	○		○	○	○	○	○	○	○
7. 무 균 실															○	○	○	○		○	○	○	○		○	○
8. 살 균 실								○			③			○	○	③	○	○		○	○	○	○	③	○	△
9. 불 출 실																				○						○
10. 약품창고	○	○	△	○	△	○	○	○	○	○	○	○	○	○	○	○	○	○	○	○	○	○	○	○	○	○
11. 냉 장 실										○						○		○	○	⑩	○	○	○		○	○
12. 특수창고								○	⑩		○			⑩	○	⑩	○	○	○	⑩	○	○	○		○	○
13. D I 실																	⑳	○	○	⑯	○	⑮	⑭		○	○
14. 시 험 실																○			③		⑬		○			○
15. 약제부장실	①	①	①	○	○	○	①	○	○	○	○	○	○	○	○	○	○	○	①	○	○	○	⑯	○	○	○
16. 사 무 실				○						⑮					○	○	○	○		○	○	○	○	○	①	○
17. 숙 직 실					○	①	①	①	○	①	○	⑮	①	①	①	○	○	○	○	○	②	①	②	②	○	②
18. 약 사 실																										
19. 샤워실·갱의실					⑰						①				①	○		⑰	③	○		○	○	○	○	○
20. 회 의 실																	○									○

△ : 다른 부서와 공용　　○* : 투약창구 별도 설치
○** : 주사약 교부실 별도 설치　　① : 1실과 겸용

3. 평면 구성의 유형

앞에서 살펴본 바와 같이 약제부를 구성하는 실은 다양하며 업무의 양과 범위에 따라 평면 구성도 다양하다. 그 다양한 평면 구성의 유형을 보면 다음과 같다.

평면 구성의 유형은 업무 구분에 따른 구성 단위를 조제 부문, 제제 부문, 약품 부문의 세 부문으로 분류하여 본다.

각 평면 유형을 개념적으로 표시해 보면 그림 7-12와 같다.

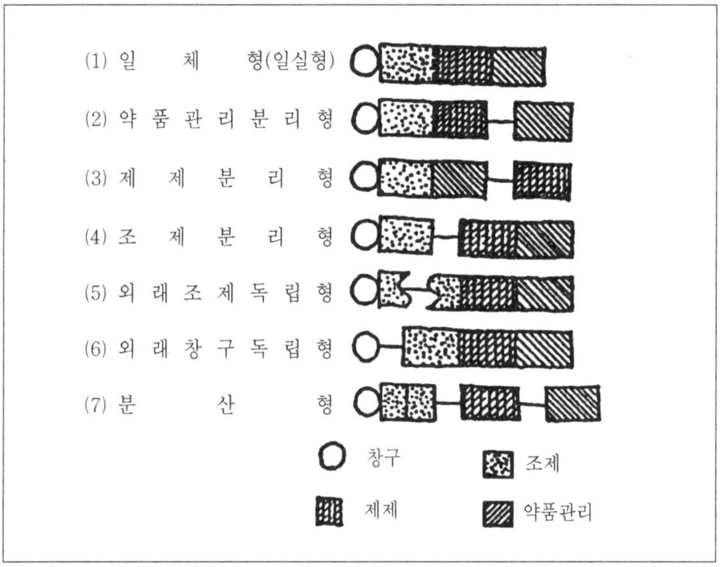

그림 7-12 평면 구성의 유형[17]

1) 일체형(일실형)

약제부의 전 부문이 한곳에 집중하고 있는 형이다. 이 형은 약제부 내의 각 실간의 교류가 원활하게 이루어질 수 있다. 그러나 실제는 실 구분이 명확하지 않으며 하나의 실내에서 모든 업무를 완수하고 있는 일실형인 경우가 많다. 이런 경우에 실내에서 업무에 따른 공간 구분을 명확하게 하지 않으면 오히려 능률이 떨어질 수도 있다.

약제부는 병원에서 1층 현관 부근에 위치하게 되므로 장래의 확장에 대한 여지를 갖기 어렵다. 또한 약품 반입이 불편해질 우려가 있으며 병동으로의 약품 공급이 불편해진다.

17) Ibid., p. 64.

2) 약품관리분리형

약품관리 부문(약품창고)만이 분리되어 별도의 장소에 위치하는 형을 말한다. 약품창고는 지하층에 있는 경우가 많다. 따라서 다른 서비스부와 반입구 및 공급 경로를 공동으로 사용할 수 있게 되어 유리한 점이 있다. 한편, 조 제부문과 약품창고가 분리되므로 다소 불편해진다. 그러나, 조제 부문과의 사이에 덤웨이터 등의 반송설비를 적절히 설치함으로써 그 문제는 해결될 수 있을 것이다.

3) 제제분리형

제제 부문만이 분리되어 별도의 장소에 위치하는 형이다. 1)형처럼 약품 반입과 병동으로서의 약품 공급이 불편해지며 조제 부문으로의 제제를 위한 예제제 등의 보급도 불편해진다.

4) 조제분리형

조제 부문만이 외래환자 출입구 부근에서 분리되어 남아 있고, 다른 부문은 주로 지하층에 위치하는 경우가 많다. 2)형처럼 약품 반입과 약품 공급 면에서 이점이 있다. 특히, 제제 부문에서의 약품공급도 다른 서비스부와 공급 경로를 공동으로 사용하게 되므로 이런 면에서는 2)형보다 유리한 점도 있다. 그러나, 약품 관리부문에서 조제실로의 조제 보급뿐만 아니라 제제 부문에서의 예제제 보급도 불편해지므로 조제 부문으로의 반송 설비가 더욱 충실해져야 할 것이다.

5) 외래조제독립형

조제 부문 중에서도 외래조제 부문(실)만이 병원의 현관 부근에 남아 있게 되는 형이다. 입원환자에 대한 투약도 다른 약품의 공급과 마찬가지로 다른 부서와 공동으로 공급 통로를 사용할 수 있게 된다. 또한 수제가 많은 입원조제실로의 약품 보급이 편리해지므로 조제 부문으로의 약품반송에 대한 부담이 적어진다. 그러나 조제부문의 인원이 분산되며 조제 부문에서의 약품의 중간 제고도 더욱 늘어난다.

6) 외래창구독립형

외래조제실의 접수 및 투약창구만이 분리되어 외래환자 출입구 부근에 남아 있는 형이다. 약제부 내의 교류를 원활하게 유지할 수 있다. 그리고 가장 빈도가 높고 시간 단축이 중요한 과제가 되고 있는 외래환자에 대한 투약시에 조제실에서 창구로 다시 한 번 옮겨야 되는 시간이 생김으로써 외래환자의 대기시간이 길어질 소지가 있다.

7) 분산형

약제부의 각 부문이 분산되어 있는 형으로, 대규모 병원에서 무계획적인 증축에 의해 나타난 형으로 생각된다. 약제부 내의 관계성을 유지하기 어렵고 인원이 분산되며 약품의 중간 재고도 늘어난다.

7-5-5 약제부의 설계 예

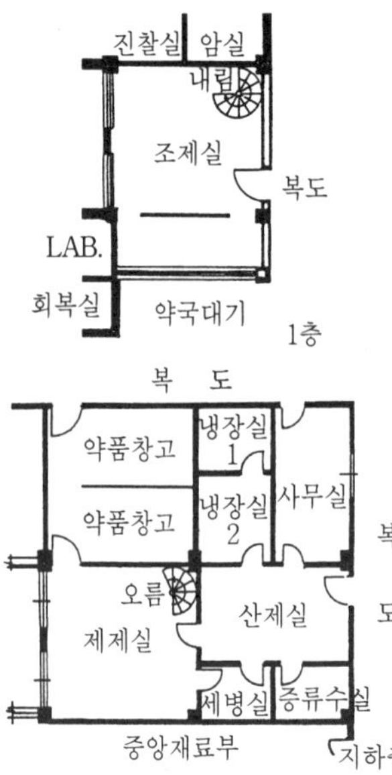

a) 조제분리형(포항성모병원, 350병상)

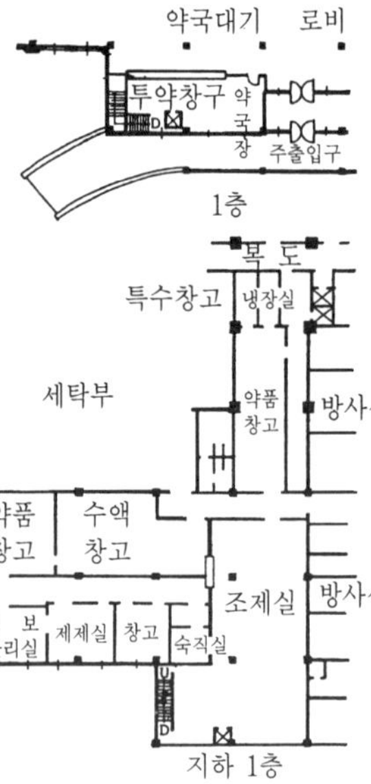

b) 외래창구독립형(영남대학병원, 503병상)

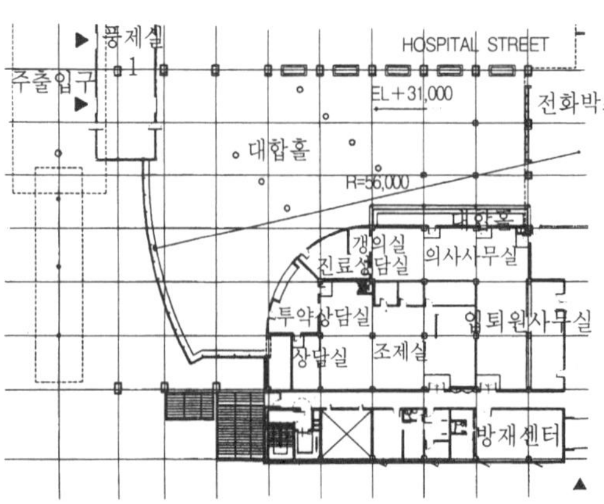

c) 조제분리형(삼성서울병원, 1,100병상)

▲ 그림 7-13 약제부의 설계 예

7-6 급식부

7-6-1 급식부의 기능과 특성

종래의 급식부가 병원 전체의 운영, 관리상 가지는 가치는 환자가 퇴원할 때까지의 체력을 현상유지시킬 수 있는 정도의 급식만을 고려할 뿐이었으나, 현대 의료에서는 환자의 회복을 촉진시키고, 건강을 증진시키기 위한 영양가와 칼로리를 충분하게 공급할 수 있는 '식이요법'으로서 병원 관리상의 급식부의 계획은 매우 중요한 의미를 내포하고 있다.

병원 급식의 특색을 알아보면 다음과 같다.

1) 급식 대상 인원의 구성이 다양하다 : 병원의 급식부에서 식사하는 사람의 구성은 보통 ⓐ 환자, ⓑ 의사, ⓒ 간호사(간호조무사 포함), 약사, 의료기사, ⓓ 사무원(관리, 행정직), ⓔ 종업원(일반직, 기능직, 고용원, 일용직), ⓕ 실습 학생(간호 학생 및 의과대학생), ⓖ 외래객, 방문객 및 문병객, 기타 등으로 구분할 수 있으며, 병원 계획시 급식 대상을 검토, 선정해야 한다. 병원은 급식 계획을 할 당초부터 장래의 병상 수의 변동, 의사, 간호사 및 직원 등의 증원을 고려하여 급식 수를 결정하여야 한다.
2) 환자는 아침, 점심, 저녁으로 정상적이나 직원식과 외래자 급식은 점심이 가장 많다. 직원식은 일반적으로 병상 수에 대해 의사는 10~15%, 간호사는 25~30%, 사무원은 50~70% 정도이다.[18]
3) 환자 급식은 일반식과 특별식(환자의 질병에 따라 특별한 의학적 배려를 한 개인식, 즉, 죽, 미음, 튜브식, 소염식, 고단백식과 같은 환자일반식을 제외한 모든 환자식을 의미함)으로 나누며, 우리 나라의 경우 특별 식수는 23.1%로 나타나고 있다. 그러나 의학의 발달에 따라 특별식도 점차 증가하는 경향이 있다.
4) 환자 급식은 대상이 병자이므로 일반적으로 식욕이 없다. 다양한 식단을 마련하여 적온, 적소, 적시의 급식을 한다.

7-6-2 식품의 종류와 흐름

급식작업은 하나의 정해진 흐름에 따라 진행되고 있다. 급식 서비스의 기본적인 과정은 그림 7-14와 같다.

18) 野村東太 : "病院の給食サ-ビスについて(續)", 日本建築學會論文 報告集, 第57-2號, p. 95, 1957.

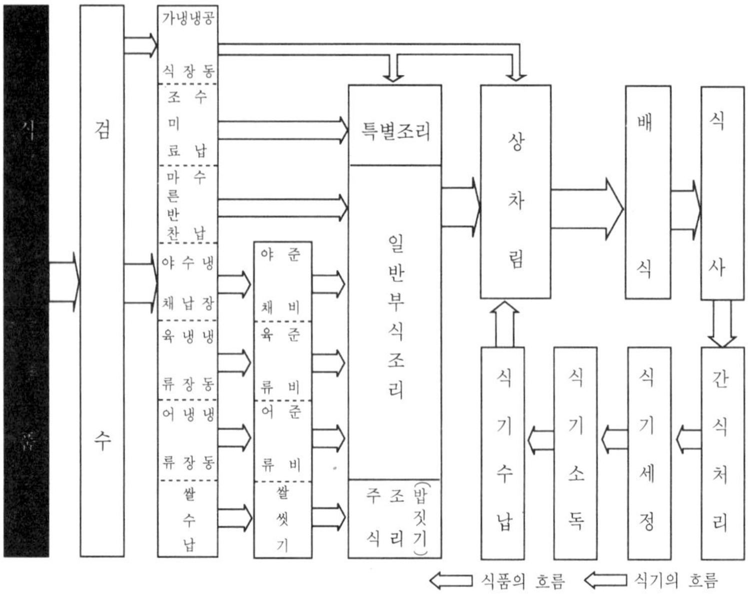

그림 7-14 급식 서비스의 기본적인 과정[19]

이 기본적 흐름을 각 식품별로 분해하여 보면, 여기에서 중심을 이루는 것은 야채, 생선, 육류, 쌀의 서로 다른 4가지의 흐름이다. 시간적, 양적, 질적으로 각각 별개로 반입, 검수, 밑다듬되는 이들 식품 중 야채, 어육은 조리 과정에서 비로소 서로 혼합하고, 조미료, 마른 식품, 유제품, 가공된 식품 등도 첨가되고 조리되어져 상차림 하기에 이른다. 주식(쌀)은 다른 것과 전혀 혼합되는 것 없이 작업 내용도 전혀 별도의 계통으로 상차리기에 이른다. 따라서, 평면계획상으로도 야채, 어육을 병렬시키는 것은 바람직하지만, 주식(쌀)은 전혀 다른 코스라도 좋다.

반입 시스템은 식품에 의한 대차는 없고, 보통 자동차에 의해 외부에서 운반된다. 따라서 차가 직접 반입구에 도달되지 않으면 안된다. 주방 담당자가 식품의 질과 양을 체크하고 검수한다. 수납은 보통 야채, 어류, 육류, 쌀, 마른 식품 및 조미료, 유제품, 빵, 기타의 8종류로 나누어 저장된다. 그 중 어육 및 우유를 포함한 유제품의 대부분과 야채의 일부는 냉장실(또는 냉동실)에 수납한다.

밑다듬은 시간적으로나 내용적으로 상당히 큰 과정이고, 물을 대량으로 쓰는 더러워지기 쉬운 작업이다. 종래 밑다듬 작업의 범위는 선별, 세정까지라고 생각하고, 절단은 조리작업이라 생각하는 것이

19) 일본건축학회 편 : op. cit., p. 217.

일반적이었다. 그러나, 작업의 내용도 상세히 검토하면 절단까지를 밑다듬에 포함하고, 조리는 혼합, 성형, 끓이거나 굽는 등의 주방쓰레기가 나오지 않고 또한 드라이한 작업에 한정하는 것이 바람직하다. 쌀의 밑다듬에 대해서는 쌀씻기, 묵히기까지를 밑다듬이라 생각하고 물가감, 밥짓기를 조리라 생각하는 것이 좋다. 야채, 어육, 쌀의 밑다듬은 식품은 물론 작업 내용, 설비도 달리하고 있다. 소규모 병원에서는 밑다듬 가공으로서 일괄하여 생각하기도 하지만 규모가 약간 크게 되면 건축적으로 어떤 칸막이를 하지 않으면 다른 종류의 밑다듬 내용이 혼합되 불결화, 혼잡화를 초래하기 쉽다. 최근에는 전처리되거나, 밑다듬된 가공된 식품이 증가하고 있지만, 현재는 밑다듬 작업이 차지하는 비중이 크므로 이 과정을 경시할 수는 없다.

7-6-3 타 부서와의 관계

병원 급식은 주로 직원식을 제외하고는 병동의 입원환자를 중심으로 이루어지므로 여기에서는 배선, 소독 시스템에 의한 병원 급식 시스템에 관하여 알아보기로 한다.

병원 급식의 경우, 식사의 상차림 배선과 식기 세정 소독의 방법에 따라 다음의 4가지의 시스템이 있다.

1. 중앙배선, 중앙소독 방식

주방에서 상차림 배선, 세정 소독의 일체를 행하는 방식이다. 식기는 주방과 병동의 사이를 순환한다. 현재에는 소·중 규모 병원에 그 예가 많다. 최근 급속히 일반화하고 있는 방식이다. 또한, 국만을 병동에서 상차리기 하는 예가 많다.

2. 중앙배선, 병동소독 방식

주방에서 상차림하고, 병동에서 세정 소독을 하는 방식이다. 식기 순환의 부자연스러움과 소독 관리의 우선 등의 이유로 인해 현재에는 실례가 거의 없다.

3. 병동배선, 중앙소독 방식

병동에서 상차림하고, 주방에서 세정 소독을 하는 방식이다. 식기 순환의 부자연스러움은 있지만, 소독 관리는 좋다. 실례는 적지만 중·대규모 병원에서 보여진다.

4. 병동배선, 병동소독 방식

병동에서 상차리고 세정 소독 일체를 행하는 방식이다. 식기는 병동에서 준비하지 않는다. 현재에는 중·대규모 병원에 예가 많다.

우리 나라의 경우 1987년 조사에서는 서울 지역의 29개 병원 중 일반식의 경우 55.2%가 중앙배선, 24.1%가 병동배선, 20.7%가 혼합 방식이었고, 특별식의 경우 82.9%가 중앙배선, 6.9%가 병동배선, 10.3%가 혼합방식이다. 이것을 보면 중앙배선 방식이 많음을 볼 수 있다.[20)]

앞의 1. 중앙배선, 중앙소독 방식과 4. 병동배선, 병동소독 방식의 장단점을 보완한 것이 3.의 병동배선, 중앙소독 방식이다. 그러나 종래와는 다른 새로운 병동 배선에 대한 적온 급식과 중앙 소독에 의한 소독 관리의 장점을 취한 것으로서 병동배선실에서 배선하는 종래의 방법에서는 인력을 동원하고, 손을 들여 작업하여도 보충하지 못한 식사의 냉각을 피하기 위해 보온배식차 위에서 상차리기 하면서 병동 내를 서비스하는 이른바 웨곤서비스 방식이 있다. 베드사이드서비스라고도 하는 이 방식은 극히 따뜻한 식사를 서비스할 수 있는 점에서 상당히 뛰어나다. 이를 위해서는 고도의 보온, 냉각설비를 가진 웨곤이 필요하지만, 이 방식의 경우는 종래의 병동배선실이 필요없게 되어 이것을 폐지하는 것이다. 또한 종래의 병동배선실에 대한 서비스 방법보다는 적온 급식면에서도, 또한 간호의 인력면에서도 뛰어나다.

우리 나라에서도 장래 이 방식이 발전하리라는 것은 구미의 보급 상황에서 보아 충분히 예상된다. 또 환자가 병동내에서 스스로 배식하는 카페테리아 방식도 금후 고려해 봐야 할 방식이다.

20) 박화련 : 병원 급식의 시설관리 실태조사 및 급식관리 개선을 위한 연구, 성신여자대 대학원, 석사학위논문, p. 14, 1987.

7-6-4 소요 공간

1. 검수실 · 창고

업자로부터 배달된 재료는 직원의 검수(품목 · 수량 · 품질 등의 점검)를 받은 다음, 각각의 창고에 수납된다. 여기서 반입구에는 직접 외부에서 차가 갖다 대는 것, 검수실은 급식 사무실에서 될 수 있는 한 가까울 것 등이 요구된다.

창고는 쌀 · 건물 · 조미료 · 냉장 · 냉동 · 기재 등 수납 품목에 따라서 나뉘어진다. 쌀의 창고에는 사일로가 있어, 사일로의 출구를 취사 코너에 직결한다.

냉장고의 이용도는 한 시대 전보다 꽤 높아지고 있기 때문에, 그 용량도 그 나름대로 크게 되지 않으면 안 된다. 어육과 야채는 따로 처리해야 한다. 또한, 일반적인 보존을 위한 냉장고 외에 밑다듬질실 전용의 냉장고가 요구된다. 밑다듬질 처리가 끝난 재료를 조리에 옮기기까지 사이에 보관해 두기 위해서이다.

냉동고의 이용은 앞으로 점점 더 많이 크게 늘어날 것으로 예상된다.

기재고에는 예비식기와 소모품 · 제잡품이 수납된다.

2. 밑다듬실

야채와 어육 등을 헹굼과 칼질 도마를 사용해서 밑다듬한다. 씻거나 자르기를 주로 하는 인력에 의한 작업이지만, 자르고 토막내기 위한 각종 기계도 있다. 또, 최근에는 잘라진 야채, 토막낸 생선 등 반가공 재료의 사용도 늘고 있다.

작업의 흐름은 냉장고에서 꺼낸다→밑다듬실을 한다→일시 보관(필요하면 냉장고에)→가열 조리 또는 직접 상차리기의 순서가 되지만, 어느 것이나 물을 많이 사용하는 장소이기 때문에 마른 부분과의 경계 바닥면에 칸막이가 필요하다. 이것과는 별개의 관점이 되지만, 조리부분을 보다 청결한 장소로 보아 일부러 준비실을 벽으로 구획하는 것이 요구되는 경우도 있다.

3. 가열조리공간

조리의 중심을 차지하는 부분으로, 일반조리와 특별조리로 나뉘어진다. 어느 것이나 굽고, 삶고, 볶고, 튀기기 등 열을 쓰는 작업이기에 연기와 냄새의 처리(후드에 의한다)와 열의 처리(공조에 의한다)가 중요하다.

1) 일반조리

국이든지, 그 외의 요리든지 대량으로 만드는 점이 특징이다. 따라서 조리기구도 대형이 된다. 설계는 이하의 기구에 조리대를 조합한 배열이 된다.

① 스팀케틀 : 내외 이중의 솥 사이에 증기를 불어넣어 스프와 익히는 것 등을 만든다.
② 스팀 : 밀폐 그릇 내에 식품을 넣고, 직접 증기를 불어넣어 조리한다.
③ 가스레인지 : 가정에서도 사용하고 있지만 각종의 조리에 많이 이용된다.
④ 튀김기(프라이어) : 볶는 것과 튀김에 사용된다.
⑤ 오븐 : 건열 조리에 사용된다.

2) 특별조리

특별식(치료식)의 비율은 최근에는 상당히 많아지고 있다(통상 약 40%). 병에 따라 다양한 조건이 나오기 때문에 필연적으로 소량 다종 생산의 조리가 된다.

4. 취사 코너

보통식과 죽으로 나뉘고, 여기에 유아용의 조유가 첨가된다.

1) 보통식

취사는 다음 순서로 된다.

① 사일로에서 자동계량기에 의해 일정량의 쌀을 꺼낸다.
② 세미기로 씻는다.
③ 물을 빼고 일정 시간 그대로 둔다.
④ 용기에 분배 물을 적당히 넣은 후 취사기(증기 또는 가스)에 넣어서 짓는다.
⑤ 다 지어진 것은 잠시 뜸들인다.

2) 죽

죽에도 중탕·반죽·완전죽 등의 종류가 있지만, 이들은 전체 성인 식사 수의 30% 정도를 차지하고 있다. 죽솥을 사용하지만 그 이전의 순서는 보통식과 다르지 않다.

3) 조유

조유는 반일분 또는 1일분을 한번에 만들어 소아병동과 산과병동으로 보낸다. 병원에서는 이것을 냉장고에 보관하고, 1일 6~8회 시간마다 데워서 유아에게 준다.

조유작업은 다음 2단계로 된다.

① 젖병의 세정·살균·소요 기계에는 브러시 세정기·헹굼씻기·오토클레이브가 있다.

② 분유를 적당량 더운 물에 녹여서 냉각한 후 젖병에 넣는다.

대규모 조유실(유아 100인이상 정도)에는 세정실과 조유실을 구분하고, 경계에 양쪽 문의 오토클레이브를 좁혀서 젖병의 일방통행을 도모한다. 청결구역으로서의 조유측으로는 전실에서 세면기·신갈이신기와 가운의 착용을 거쳐 출입한다.

규모가 작은 경우에는 방의 한 면을 세정·멸균, 반대측을 조유에 해당하노톡 하는 형으로, 양자를 그다지 확연하게 나누지 않는 방법이 실제적이다.

5. 상차리기·배선 스페이스

상차리기와 배선(식사 운반)은 적온 급식에 가장 크게 관계한다. 여러 가지 방법이 시도되어 왔지만, 현재 한층 평가를 얻고 있는 것은 콘베이어 방식과 보온 트레이 방식이다.

1) 컨베이어 방식

벨트컨베이어의 양측에 보온·보냉식합카트(탕용·국용·밥용·죽용 등)를 늘려서 실려 나오는 트레이 위의 식찰을 보면서 분업으로 손으로 빠르게 상차리고, 다 된 트레이는 말단에서 대기하는 배선고에 직접 쌓는다. 한꺼번에 집중해서 인력이 필요하지만 상차리기는 극히 단시간에 끝나고 말기 때문에 적온을 유지하기가 용이하고, 넓은 장소를 차지하는 상차리기대가 불필요하게 되는 등의 이점이 많다.

이 방식은 1회당의 배식 수가 300식 정도부터 성립한다고 한다.

2) 보온트레이

보온 성능이 우수한 트레이가 보급되고 있다. 뚜껑이 붙은 용기로 전체 단열재를 넣은 것이다. 내부는 국·밥·탕용 등 몇 가지로 칸막이되어 있고, 각각에도 단열되어 있다. 플라스틱제이기에 중량적으로도 크게 무겁지 않고 중소 병원을 포함하여 널리 채용될 가능성이 있다.

6. 식기세정실

1) 작업 과정

식기 세정의 순서는 다음과 같다.

① 오물을 제거한다 : 잔반 접수, 배수부착테이블
② 온수에 담가둔다 : 수조
③ 온수(50~55℃)로 씻는다 : 세정조
④ 헹군다 : 오버플로형 수조
⑤ 약액에 적시어 소독한다 : 소독조
⑥ 건조한다 : 건조보온선반

2) 자동세정기

자동세정기에서도 작업 내용은 변하지는 않지만, 장치에 넣기 전에 식기 분리라든가 쌓기를 분리한다. 또, 세정기로의 보내기와 꺼내어 마무리로의 이동에, 슬라이더 테이블과 롤러 테이블이 설치된다.

다만, 자동세정기에서는 세정과 동시에 소독(약액 사용)도 되기 때문에, 그 이상의 특별한 처치는 필요로 하지 않는다.

많은 병원에서는 세정된 식기를 보온 소독 선반에 옮기고 있지만, 수고를 더는 의미에서는 직접 식기용의 카트에 넣는 쪽이 유리하다. 특히 콘베이어 상차리기방식의 경우에는 그대로 상차리기 라인에 두면 되기 때문이다.

3) 잔반처리

모여진 잔반은 분쇄·탈수·압축하여(또는 그대로) 냉장 보관하고 즉시 처리한다.

7. 기 타

직접작업의 흐름에는 관계없는 실은 급식사무실 · 갱의실 · 휴게실(욕실 · 화장실) 등이 필요하다.[21]

7-6-5 급식부의 설계 예

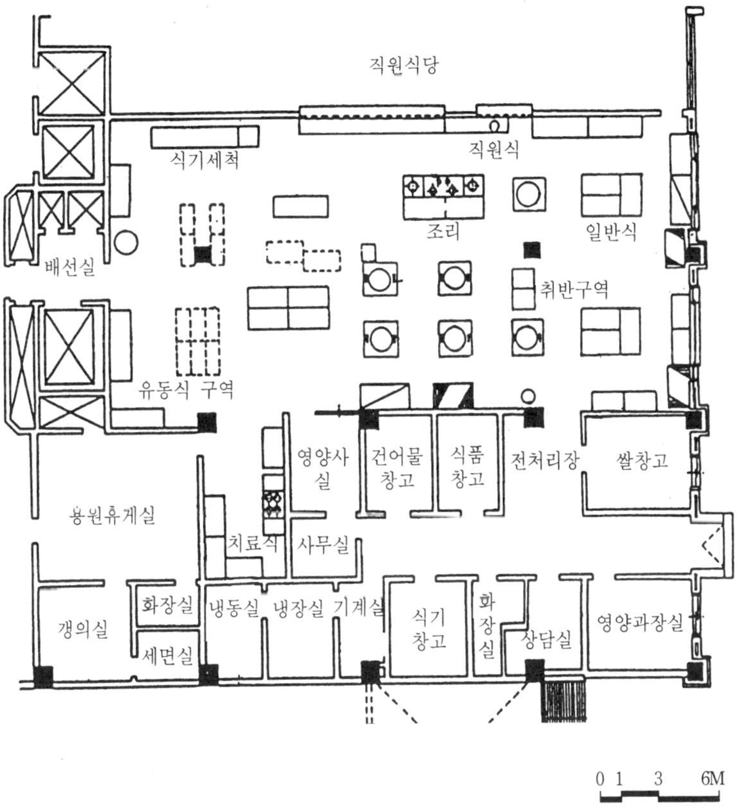

a) 고려대 구로병원(454병상)

21) 伊藤 誠 外 : op. cit., pp. 270~273.

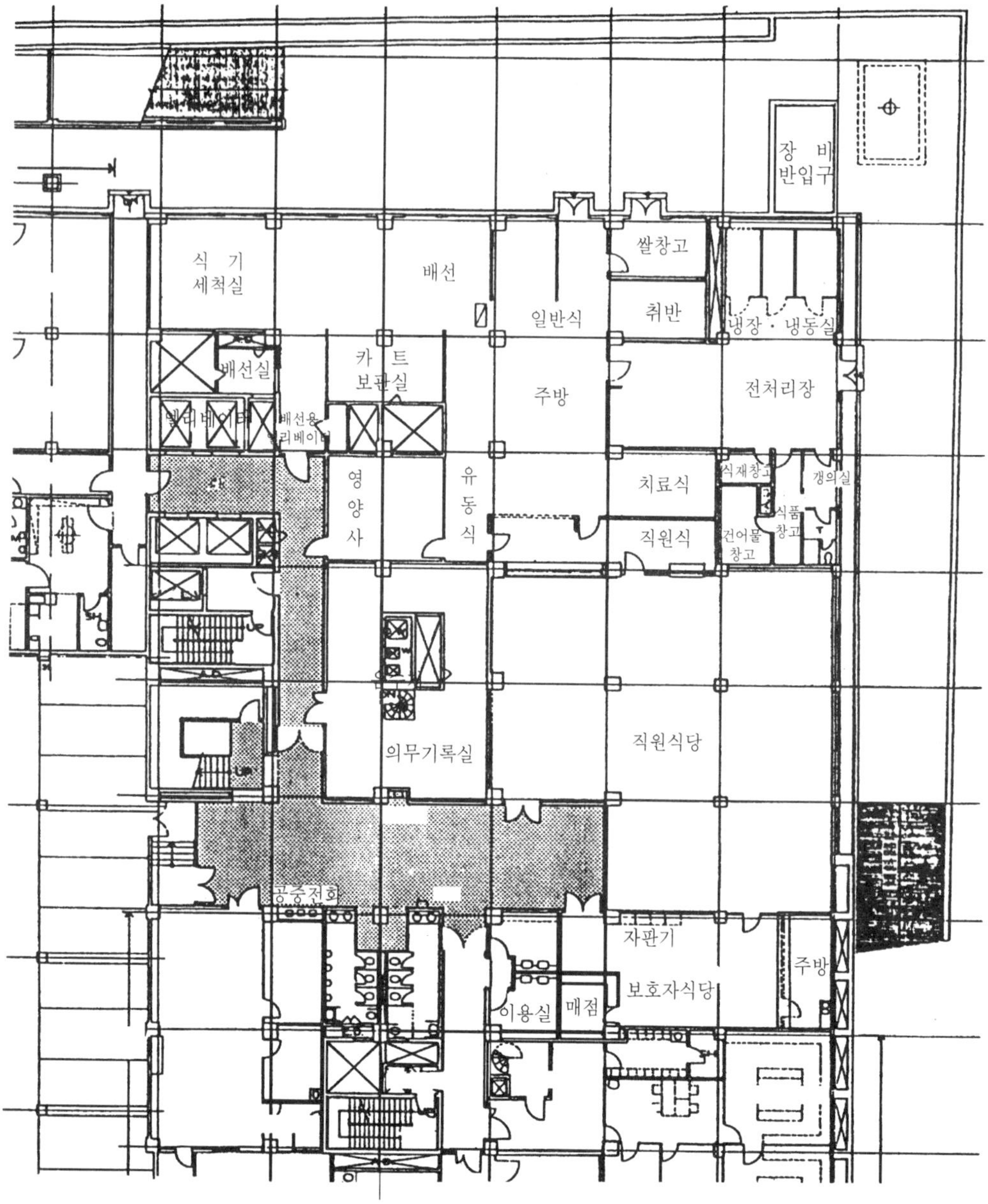

b) 상계백병원(600병상)

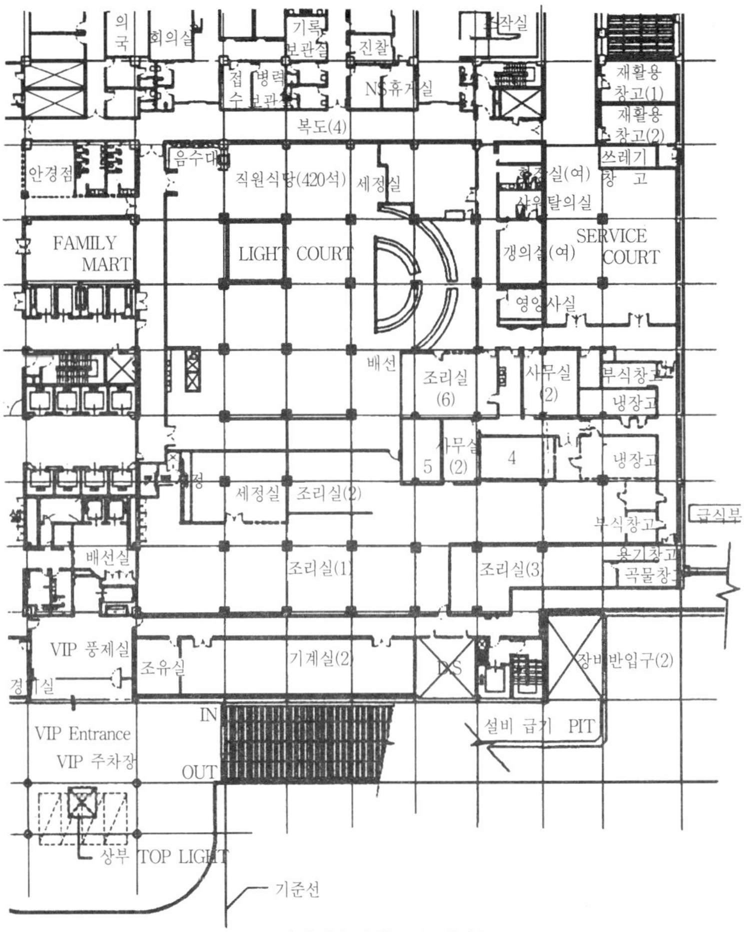

c) 삼성서울병원(1,100병상)

그림 7-15 급식부의 설계 예

7-7 에너지공급부

7-7-1 에너지공급부의 특성

에너지공급부의 주요 실은 전기실과 기계실이다. 엘리베이터 기계실 등도 있지만 이것은 그다지 큰 요소가 아니기 때문에 병원 전반에 대한 에너지의 공급원으로서 전기실·기계실에 대해서 우선 건축 계획에 관계되는 특성에 대해서 생각해 보자.

1) 설비는 모든 공급원에서 말단 각 부에 이르는 시스템으로서 성립되어 있다. 따라서, 그것이 원내에서 차지하는 공간으로서는

중앙의 전기실 · 기계실 외에 각 장소에 분산되는 이차(또는 삼차)의 분실과 각 부에 이르는 경로(덕트 · 배선 · 배관 스페이스 등)가 중요하다. 하물며 설비층과 설비복도를 설치하게 되면 경우에 따라서는 공급원보다도 경로가 차지하는 공간쪽이 크게 될 수도 있다. 전기실도 기계실도 시스템 속의 일부에 지나지 않는 것이다.

2) 기계실에 설치된 설비 기계의 일부는 작동에 따른 진동 · 소음· 열 등을 발생한다. 원내 타 부문 또는 인근에 폐를 끼치지 않도록 설계상 세심한 배려가 요구된다.

3) 기계류의 수명은 그것을 수용하는 건물에 비해 긴 것은 아니다. 따라서, 건설의 당초부터 미래의 수리 · 갱신에 대한 배려가 필요하게 된다.

4) 기계 중에는 보일러 · 냉동기 · 고압전원 등 조작에 일정한 지식과 기능(따라서 상응한 자격)을 요한다. 최근에는 그 운전에 상당한 고도의 자동제어방법이 도입되어 있다.[22]

7-7-2 에너지공급부의 위치

전기실 · 기계실의 위치에 대해서는 설계상 두 가지 방법, 즉 건축 본체의 속에 집어 넣는 방식과 이것을 별동으로 하는 방식이 있다. 건축 본체 속에 넣게 되면 에너지가 부하의 중심 가까이를 차지하게 되므로 공급경로에 있어 도중 손실도 작게 되고, 절약 관점에서도 유리하다. 반면, 진동 · 소음 · 열을 어떻게 처리하는가 하는 문제를 안게 된다. 또한, 건축 본체 속에 넣으면 갱신 · 증설에 대해 미리 준비하여야 하는 설비를 필요로 한다.

7-7-3 소요공간

1) 전기실

(1) 수변전

여기서는 전력회사로부터 고압전력을 공급받아 각 부의 사용 조건에 따라 변압하여 각각에 분배한다. 가능하면 전원이 상이한 2개의 전기 공급 체계를 보유하는 것이 바람직하다. 이는 돌발적인 정전에

22) 伊藤 誠 外 : op. cit., p. 277.

대비하기 위한 어떠한 설비보다도 장기적으로 경제성 및 유지관리의 용이성을 가지므로 지역적 상황을 고려하여 설치 여부를 결정한다. 설계시에는 방화에 대한 배려 외에, 상층 바닥에서 물이 샐 가능성이 있는 장소를 피해야 한다.

(2) 자가발전

병원에는 절대 정전이 되면 안되는 곳이 많다. 공급 전기의 정전과 재해시의 정전에 대비하여 비상전원설비가 필요하다. 예비전원설비로는 크게 발전기와 축전기(UPS)로 나누어 2차 back-up이 가능토록 한다. 비상용 발전기를 가능한 한 2개 설치하는 것이 바람직하다. 발전기의 운전에 따른 진동, 소음 처리에 특별히 주의가 필요하다.

2) 기계실

(1) 열원

보일러실은 환기와 상층에 대해 단열이 필요하다. 또한, 수요의 계절적, 시간적 변동에 대응하여 열의 유효 이용을 꾀하기 위한 설비들이 설치된다.

(2) 공조

공조에 관련해서는 냉동기 · 냉온수발생기 · 공조기 · 열교환기 · 냉각탑 · 냉온수펌프 등이 있다. 또, 급기 · 배기를 위해 각종 팬이 필요하다.

(3) 급수 · 급탕

주요 기기는 수조와 펌프이다. 저수조 및 급수조는 어느 것이나 그 주벽 · 천장면 · 바닥면의 보수 점검이 외측에서 용이하게 될 수 있도록 설치되지 않으면 안 된다.

(4) 의료가스

산소(호흡 관리 · 마취용) · 아산화질소(마취용) · 질소(뇌외과 · 정형외과 등의 수술 기계의 동력원) 등 의료용 가스를 배관에 의해 필요한 장소에 공급한다. 또한, 흡인(수술과 중병환자의 치료용)과 압축공기(마취 기타)의 배관도 각 부에 필요하다.

산소 · 이산화질소 · 질소의 공급실은 봄베운반차가 직접 접근할 수 있는 위치에 두고, 그것에서부터 각 실로 배관한다. 또한, 최근에는 산소의 소비량이 늘었기 때문에 봄베에 대신해 액체산소탱크를 두는 병원이 많게 되었다. 이 경우, 안전상 탱크의 위치(건물에서 거리)에 대해 가스사업법, 고압가스안전관리법 등 가스 취급 규정에 따른 제약이 있다.

이 외에 도시가스와 고압증기의 공급이 필요한 곳은 검사부·재료소독부·급식부·세탁부 등이다.

3) 감시실

기기류의 안전운전 상황을 보기 위해 감시실이 설치된다. 또한, 감시실에 접해서 가면실·욕실 등을 둔다. 경우에 따라 방재센터와의 관련을 검토할 필요가 있다.[23)]

7-7-4 에너지 공급부의 설계 예

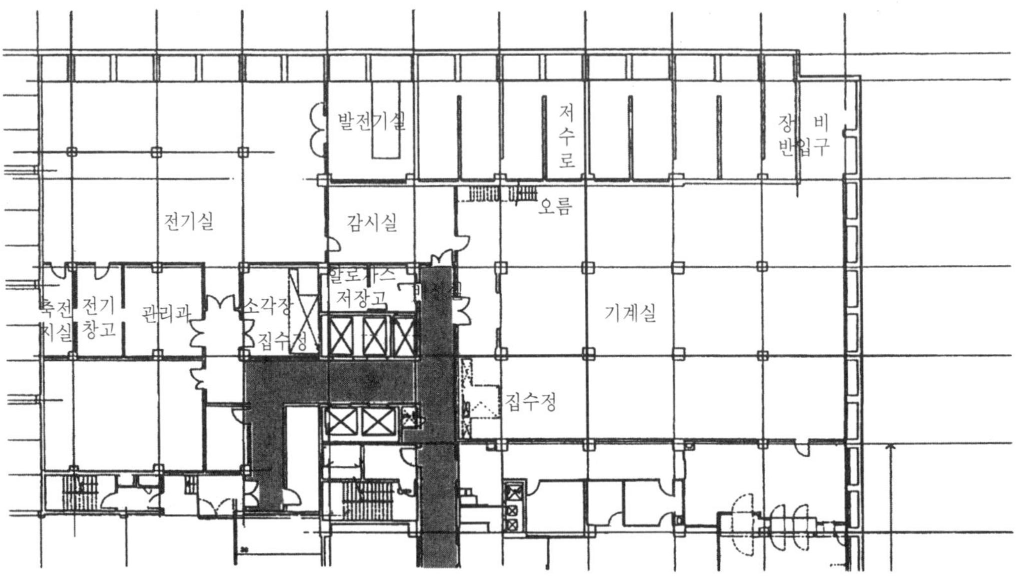

a) 상계백병원(600병상)

23) Ibid., pp. 278~280.

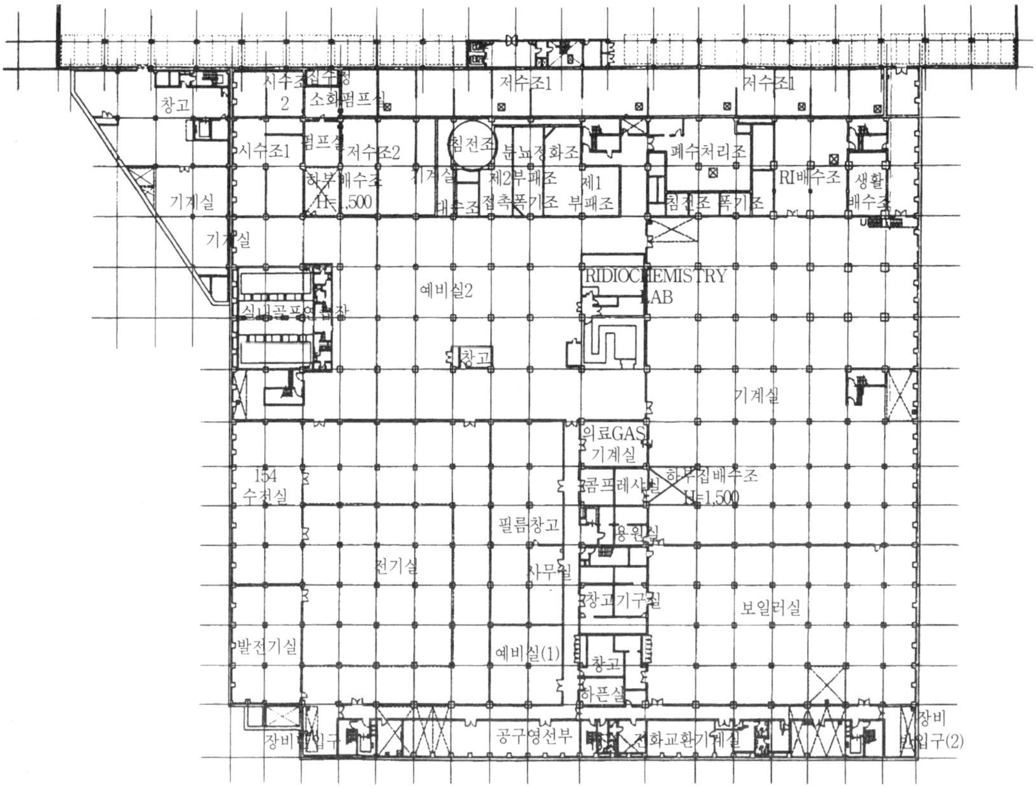

b) 삼성서울병원(1,100병상)

그림 7-16 에너지공급부의 설계 예

7-8 폐기물처리부

7-8-1 폐기물처리부의 기능과 특성

폐기물의 처리는 앞에서 말한 바와 같이 이른바 마이너스의 공급이다. 그 중요성에 대해서는 새삼스레 말할 것도 없지만, 이미 사용된 것에 대해서 일부러 인력과 경비를 들여야 한다는 것은 귀찮고, 자칫하면 적당히 처리하기 쉽다. 그러나, 요즈음 그렇게 하는 것은 허락되지 않는다. 폐기되어야 할 물건의 종류에 따라서 각각 적절한 대책이 세워져야 하는 것이다.

병원에서 나오는 폐기물에는 다음과 같은 특징이 있다.

1) 주사기 · 검체용기 · 수액세트 등 최근의 의용 재료에는 쓰고

버리는 제품이 많다. 그만큼 폐기물이 늘었을 뿐 아니라, 대부분이 플라스틱제이기에 처리방법에도 나름대로의 배려를 필요로 한다. 또한, 주사침 등은 위험성을 동반하기 때문에 따로 묶어서 처리해야 한다.

2) 폐기물 속에 병원균으로 오염된 것이 혼입되어 있으면 처리 담당자를 위험에 빠뜨리는 것이 된다. 오염물은 모든 발생 장소에서 직접 소독하고 나서 반출·폐기해야 한다.

3) 의료용 RI 폐기물과 독약·극약의 배출도 병원의 특유한 것이다. 각각은 엄격한 법적 규제가 있으므로 법에 따라서 처리되어야 한다.[24]

7-8-2 폐기물의 종류와 흐름

1. 폐기물의 종류

폐기물의 내용은 다양하지만 이것은 처리의 방법에 따라 분류하면 다음과 같이 된다.

1) 가연성 쓰레기 : 종이류, 가제, 탈지면 등

2) 불연성 쓰레기 : 유리(빈병·주사약 앰플), 금속(빈상자·주사침) 등

3) 거칠고 큰 쓰레기 : 의료기계 사무기기 등. 이것은 폐기처분을 위한 서류적 수속을 필요로 하는 것이 많다.

4) 소각 가능하지만 별도 처분하는 것 : 신문지·종이 박스(재생을 위한 업자가 회수한다), 고무·플라스틱류(자가소각에는 부적합), 병리표본(자가소각 부적합). 실험 동물의 시체(자가소각 부적합), 쓰레기·잔반(특정업자에 의해 회수), RI오염폐기물(방사선 장해 방지에 관련된 법적 규제가 있다) 등.

5) 폐액 : 병원의 공해원이 되는 것은 만에 하나라도 허락되지 않으므로 폐액 처리에 대해서는 특히 엄격해야 한다.

(1) 방사선 폐액 : 핵의학검사부에서의 방사성 폐액

(2) 검사실에서의 폐액 : 검사실에서의 유해폐액은 다음 3가지로 대별된다. 즉, 수은·크롬 등의 중금속과 시안·비소 등의 독물, 및 석탄산·크레졸 등의 유기화합물이다.

(3) 현상 폐액 : 진단방사선부에서 나오는 필름의 현상 폐액

24) Ibid., p. 280.

2. 폐기물의 흐름

1) 수집

폐기물은 발생 장소에서 분별 수집하는 것을 원칙으로 한다. 처리 방법이 다른 쓰레기를 일단 섞어 놓으면 수습이 되지 않기 때문이다. 예를 들면 발생량이 가장 많은 병동의 경우, 각 간호단위마다에 쓰레기장을 설치, 신문・잡지를 담는 상자와 가연・불연별의 쓰레기 상자(폴리버킷)를 두는 것이 이미 일반화되어 있다. 종이 상자와 유리병 등이 다량으로 나오는 약국에서는 미리 그들의 집적 장소를 고려해 줄 필요가 있다. 최근에는 급식부에 쓰레기・잔반을 위해 저온보관고(냉장고)를 설치한 병원도 적지 않다.

2) 반송

각 장소의 쓰레기를 모으러 오는 운반 수단으로서 가장 넓게 사용되고 있는 것은 손수레(밀차). 외국에서는 전기자동차도 사용하고 있다. 이때, 상하 교통은 엘리베이터에 의존해야 하기 때문에 중규모이상의 병원에서는 기타 용도를 겸해서 업무용 엘리베이터를 확보해야 한다.

각 부에 투입구를 설치, 진공반송에 의한 쓰레기를 중앙처리시설에 모으는 방식이 일부의 병원에서 채용되어 있다. 이 방법은 인력에 의한 반송 문제가 해소되기 때문에 인건비면 등에서 유리하지만, 설비비, 유지비 등도 고가이고 그다지 일반성이 있다고는 할 수 없다.

더스트슈트는 내면의 청결 유지가 곤란하고 해충 등의 발생원이 되기 쉽고, 동시에 오염 상승기류의 통로로서 각 부에 병원균과 냄새를 확산하게 된다. 더욱이 담배의 흡연 투입 등 부주의로 인해 화재 발생을 일으킨 예도 있어, 더스트슈트의 설치에 대해서는 부정적인 의견이 많으며, 최근에는 설치하지 않고 있다.

3) 집적

정돈된 쓰레기는 일단 소정의 장소에 집적된다. 분별 수집이 철저히 이루어지면 여기서 마무리를 하는 일이 적어진다. 그래도 대형용기에 옮긴다든지 중간 처리(종이류의 압축과 유리 분쇄)의 작업이 있기 때문에, 집적장은 직접 옥외작업을 위해 서비스야드에 이어지도록 하고 될수록 충분한 넓이를 확보해야 한다. 운영 면에서는 되

도록 반출횟수를 많이 해서 집적 시간의 단축을 꾀해야 한다.[25]

7-8-3 폐기물의 처리방법

병원 폐기물의 처리는 외부 처리업자에게 그대로 실어 내보내는 방안과 자체적으로 처리하는 두 가지 방안이 있다. 최근에 환경에 대한 경각심은 의료 폐기물로 인한 환경오염은 물론 취급지의 감염에 따른 규제상의 번거로움을 피하기 위하여 의료 폐기물을 외부에 내보내기 전에 병원 내부에서 일단 탈오염처리를 하여 일반쓰레기로 만들어 내보내는 경향이 경제적인 측면으로 보아서도 호응을 얻고 있는 형편이다.

1. 자가소각

이미 말한 바와 같이, 쓰레기 중 상당 부분이 가연성이다. 그러나 소각로도 일정 규모 이상이 되면 대기오염방지법의 규제를 받는다. 따라서, 매연처리장치의 병설이 절대조건이다. 그러나 이 장치가 상당히 고가여서, 현재에는 자가소각을 전혀 하지 않는 병원이 많다.

2. 업자위탁

폐기물의 종류에 따라 그것을 처리하는 업자도 다르다. 신문, 잡지류는 주지한 바와 같이 재생을 위해 전문 회수업자가 수거한다. 불연성 쓰레기와 거칠고 큰 쓰레기, 가연성이지만 연기가 문제가 되는 고무・플라스틱의 종류는 처리업자에게 위탁한다. 최근에는 가연성 쓰레기라도 외부에 위탁을 많이 한다.

수술실과 해부실에서 나온 병리표본에 대해서는 적출물 처리업자에게 위탁한다.

연구실을 가진 병원에서는 실험동물의 시체가 나오는데, 그 소각에 대해서도 외부 위탁이 많다.

주방 쓰레기・잔반은 수수료를 지불하고 위탁하는 것이 일반적이다.

핵의학검사실에서 사용한 시약병・사용한 주사기 등의 RI오염물은 폐기물저장실에 보관해 두었다가 전문 기관에게 처리를 맡긴다.[26]

25) Ibid., pp. 281~282.
26) Ibid., p. 281.에서 일부 수정 삭제 인용.

7-8-4 소요 공간

폐기물처리부는 크게 쓰레기 처리구역과 폐수처리 정화구역으로 나눌 수 있다. 쓰레기 처리는 최근에는 자가소각을 하지 않으므로, 여기에서는 탈오염 처리(주로 고온멸균처리함)하여 외주 처리하는 방식을 중심으로 기술한다.

1. 쓰레기 처리구역

1) 쓰레기 회수·분류 공간

각종 쓰레기가 엘리베이터 등을 통해 회수되면 여기에서 분류 구분하여 카트에 실려 운반한다.

2) 쓰레기 적재공간

쓰레기 적재함이 배치되어 일반쓰레기는 쌓이고, 적출물 등 멸균처리를 필요로 하는 쓰레기는 카트에 실려 멸균처리 대기공간으로 운반된다.

3) 멸균처리 대기 공간

적출물은 나오는 즉시 멸균처리된다. 멸균처리를 하기 위해 적출물 등을 담은 카트가 대기하는 공간이다.

4) 멸균처리공간

고온멸균기가 배치되어 있는 장소로서 악취가 매우 심하므로 집중적인 배기 시스템이 요구된다.

5) 폐기물 보관공간

멸균처리되어 부피가 현격히 줄어든 적출물 등 폐기물을 보관한다.

6) 재활용 쓰레기 보관 공간

재활용이 가능한 쓰레기를 종류별로 구분하여 보관하는 장소이다.

7) 특정폐기물 보관 공간

특정폐기물을 종류별로 구분하여 보관하는 장소이다.

8) 잔반 처리공간

급식부에서 나오는 잔반을 보관하는 장소이다.

9) 박스 보관공간

적출물용 박스 등 각종 박스를 보관하는 장소이다.

10) 사무실

쓰레기 처리 부서 직원의 사무 및 휴식 장소이다. 악취가 유입되지 않도록 하여야 한다.

2. 오폐수처리 정화구역

1) 오수정화공간

화장실 등에서 나오는 생활폐수를 정화하는 장소이다.

2) 일반폐수 처리공간

일반폐수를 처리하는 장소이다.

3) 중금속폐수 처리공간

핵의학과 등에서 배출되는 중금속폐수를 처리하는 장소이다.

7-8-5 폐기물처리부의 설계 예

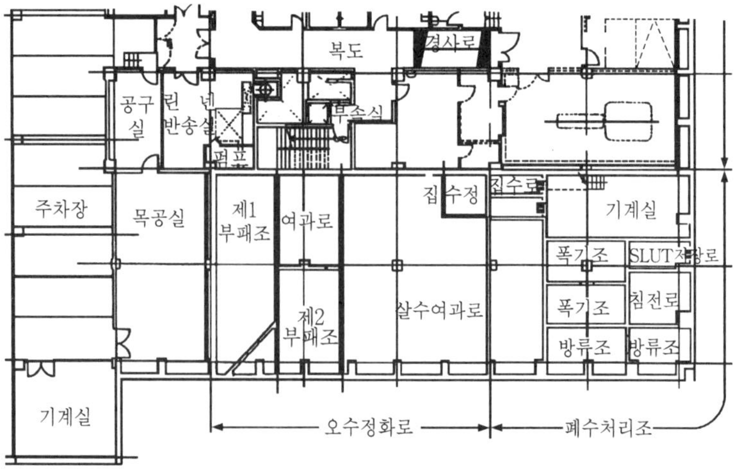

그림 7-17 폐기물처리부의 설계 예(상계백병원, 600병상)

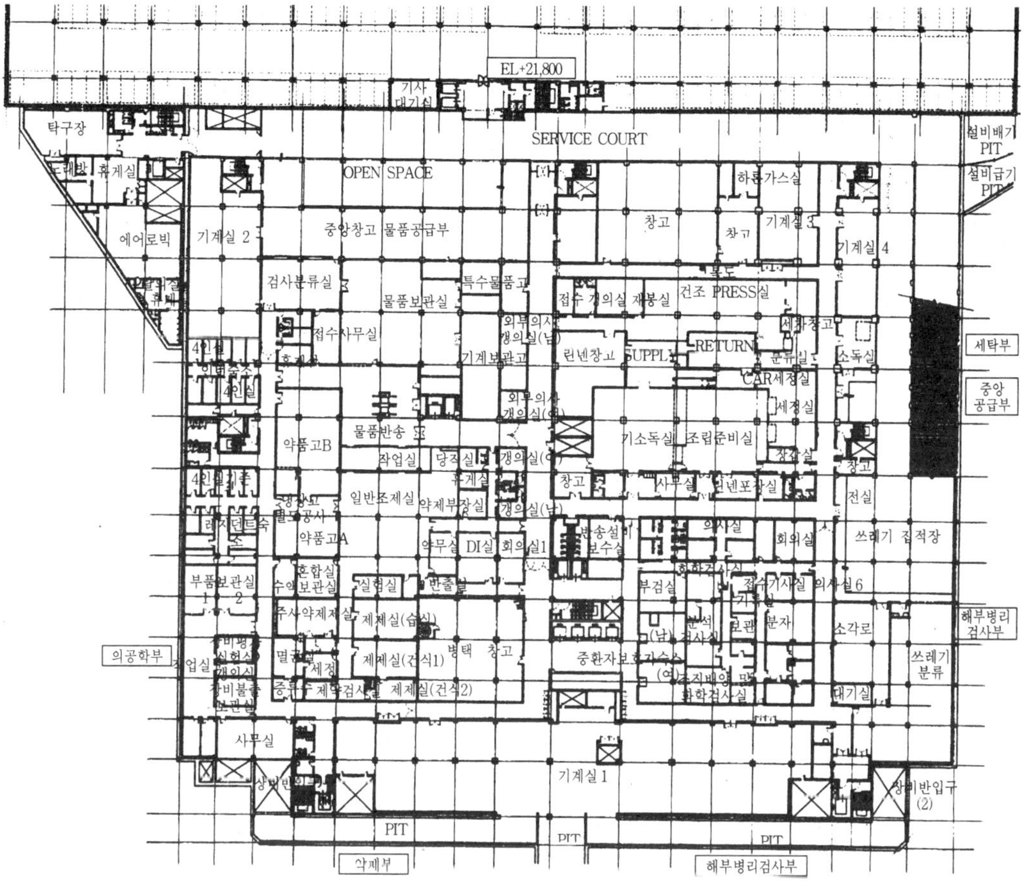

그림 7-18 공급 부문의 설계 예(삼성서울병원, 1,100병상)

7-9 물품공급센터와 물품 반송

7-9-1 물품공급센터

병원 근대화의 일환으로서 공급 부문의 성립과 그 발전을 들 수 있다. 그 발전 방향은 전체로서 서서히 작업의 표준화를 진행하여 가능한 범위 내에서 기계화, 자동화를 꾀하고, 이것을 통하여 고도의 청결관리와 정확한 공급 체제를 만들어 내야 할 것이다. 그러나 기본적인 문제는 '중앙화'는 어디까지 가능한가, 어떻게 가능한가 하는 것이며, 여기에서 가장 중심이 되는 것이 재료소독부이다. 그런데 재료소독부는 일반적으로 앞 절에서 본 바와 같이 살균업무와 각 부문으로의 살균된 기재 공급을 주로 하고, 여기에 약간의 위생재료류의 공급을 하고 있다. 그러나, 병원에 따라서 그 범위에는 상당한 차이가 있다. 여기서 공급 부문의 근대화를 추진하는 데 있어서 이러한 기본 문제를 정리해 보면 재료소독부의 기능은 크게 3가지로 생각할 수 있다.

1) 재료소독부의 기능을 살균 업무와 살균재료의 공급에 한정하고 여기에 중앙화를 극력 추진하려고 하는 것이다. 명칭은 중앙재료소독부로 하고, 원내에서의 살균을 필요로 하지 않는 의료기재의 공급을 일체 행하지 않는 방식이다. 이 경우 표 7-10에서 공급물품 취급에 따른 유형에는 A타입이 여기에 해당한다.
2) 살균 업무 및 원내 살균 기재의 공급을 중심으로 하면서도 반드시 여기에 구애받지 않고, 진료 간호에 필요한 재료, 기구류의 공급을 될 수 있는 한 광범위하게 이 부문에서 취급하는 방식이다. 전술한 공급물품 취급에 따른 유형으로는 BCD 타입이 여기에 해당하며, 이 경우 명칭도 살균이라는 용어에 구애받지 않고 중앙재료부라는 폭넓은 명칭을 사용한다. 이 경우 표 7-10과 같이 비살균성의 위생재료와 일회용(디스포저블) 제품, 여기에 체온계, 산소탱크, 흡입기, 모니터류 등과 넓게는 각종 의료기기류에 대해, 어디까지를 취급하는 것으로 해야 하는가가 문제가 된다. 재료소독부서의 기능을 확대시켜 가는 경우에는 환자 침대의 소독 문제도 생각할 필요가 있다. 침대의 불결함은 병원 감염과 청결 문제에서 많이 지적되듯이, 구미의 의료 선진국에서는 환자 교체 때마다 반드시 베드센터에서 소독이 행하여져 깨끗한 침상이 환자에게 제공된다. 우리 나라에서는 이 문제에 대해서 별로 신경을 쓰지 않는데 병원 감염 방지와 청결도 유지 면에서 생각하여야 할 것이다.

표 7-10 공급물품에 따른 기능 위의 유형

타 입	살 균 기 재		비 살 균 기 재	
	일회용 기재	원내 살균 기재	위생재료	사무용품
A		○		
B	○	○		
C		○	○	
D	○	○	○	
E	○	○	○	○

A : 원내에서 살균을 요하는 기재만을 취급하고 있는 타입
B : 일회용 제품을 포함, 살균 기재 모두를 취급하고 있는 타입
C : 일회용 제품을 포함하지 않고 의료용 기재 모두를 취급하는 타입
D : 일회용 제품을 포함, 의료용 기재 모두를 취급하는 타입
E : 의료용 기재에 한하지 않고 사무용품도 취급하는 타입
A : 중앙재료소독부　B : 중앙재료부
C : 중앙재료부　D : 중앙재료부
E : 중앙물품공급부(SPD : Supply, Processing and Distribution)

3) 둘째의 경우를 비약적으로 확장해서 모든 종류의 물품을 취급하는 중앙물품공급센터를 확립하고, 지금까지의 위의 두 가지 경우 중앙재료 부문을 이 속에 발전적으로 흡수시키는 방식이다. 구미의 새로운 예에서는 이것을 SPD(Supply, Processing & Distribution)라고 부르고 있다. 보급부, 세탁부, 약제부, 급식부를 포함하고, 또 살균 부문도 그 일부로서 편입되어 재료소독부는 처리, 재생 업무만을 분담하게 되며, 중심적인 역할을 담당한다. 모든 물품의 반입, 분류, 소독, 보관, 분배, 반송 등을 일원적으로 하고 철저히 집중시켜 이것을 물품의 흐름의 심장부로 하려는 것이다. 중앙물품공급센터를 확립하여 중앙재료부문을 중앙물품공급센터의 관리하에 두는 방식이다. 이와 같이 중앙재료부의 계획은 병원 건축의 기본 계획 구성에 매우 중요한 영향을 미친다. 이렇게 하는 것에 의해 원내 물품의 흐름을 집약적으로 제어하고 일원적인 재고 관리를 실현하는 것이며, 이것이 SPD이다.[27]

앞에서 말한 바와 같이 중앙물품공급센터를 구성하는 요소로서, 공급 부문에는 원내 처리보다 외주의 경향이 높아지는 세탁부, 점점 정제화되어 조제보다는 공급 업무의 비중이 높게 되어 가는 약제부, 공급 업무의 비중이 많은 급식부, 본래 그 기능이 처리, 재생인 베드

27) 中野 明 : "中央滅菌材料部の機能と建築計劃", 病院設備, 第26卷, 第141號, p. 11, 1984.

센터, 물품 보관과 공급이 주업무인 보급부 등 환자에게 직접 접하지 않는 몇 가지 부문이 고려되었다. 이들 각각의 부문에 있어 업무 내용과 물품 처리 동선을 나타내는 것과 함께 상호간의 업무상의 관계를 횡단적인 시점에서 구역을 구분하여 나타낸 것이 그림 7-19이다.

작업 구역에서 행해지는 업무 내용과 각각 다른 것이라 해도, 그 이외의 구역에서는 회수, 정화, 세정, 보관, 적재 업무 등은 각각의 장소에서 발생하고 있다. 그 때 이들 동종 업무를 기계화, 자동화의 기초로 일체화 하는 것은 곤란하다고 해도, 최근 구미의 SPD센터에서 보여지는 것 같이 회수, 정화구역과 보관, 적재구역의 집약화에 의한 재료소독부를 포함한 물품공급 부문의 중앙화 가능성은, 반송시스템의 관련 속에서 금후 병원의 존재 방식으로서 가능성이 점점 높아지고 있다.

또, 이러한 중앙물품공급센터를 추진하는 데는 관리 기구의 재편성도 필요하게 된다. 즉, 지금까지의 간호 부서나 수술부에 종속되어 있는 형에서 중앙재료부의 소독 업무를 비롯해서 병원의 물품 공급 및 관리 업무 전반을 장악하고, 이것을 관리하는 기구의 설치가 필요하다. 즉, 공급 부문의 독립된 센터로의 개편을 하지 않으면 안 된다.

S.P.D는 미국에서 프리젠(Gorden A. Friesen)이 재료의 처리 및 공급에 관한 산업화된 시스템을 병원에 성공적으로 적응시켰으며, 행정적인 측면에서 뿐 아니라 물리적인 측면에서도 물품의 수납 및 분배 과정을 합리화시켰다. 그리고 각종 물품들이 필요할 때 필요한 곳에 '자동화' 및 '시스템 통합화'란 수단을 이용하여 도달될 수 있도록 한 중앙공급 방식의 새로운 개념을 도입하였다.

이와 같은 물품 공급 체계가 합리화됨으로써 전문인력들은 그들의 전문적인 지식을 필요로 하지 않는 수많은 하찮은 일로부터 해방될 수 있게 되었으며, 결과적으로 직원들의 생산성은 크게 향상되게 되었다. 또한 물품 공급 체계의 합리화는 건축가들의 병원내 동선에 관심을 자연스럽게 유발시켰으며, 따라서 병원 내의 관련 부문간의 거리를 단축할 수 있도록 병원 건물을 가능한 긴밀하게(compact) 만드는 것이 병원 계획의 가장 중요한 과제중의 하나가 되었다.

이것을 기초로 하여 병원 건축의 구성도 그리고 설비도 큰 영향을 받는다. 물품 흐름을 중심으로 정리하여 SPD를 확립하는 것이 병원 구성의 열쇠가 된다.

SPD는 구미에서 비교적 많은 병원에서 채택하고 있으며, 일본에서도 경쟁적으로 도입되고 있다.

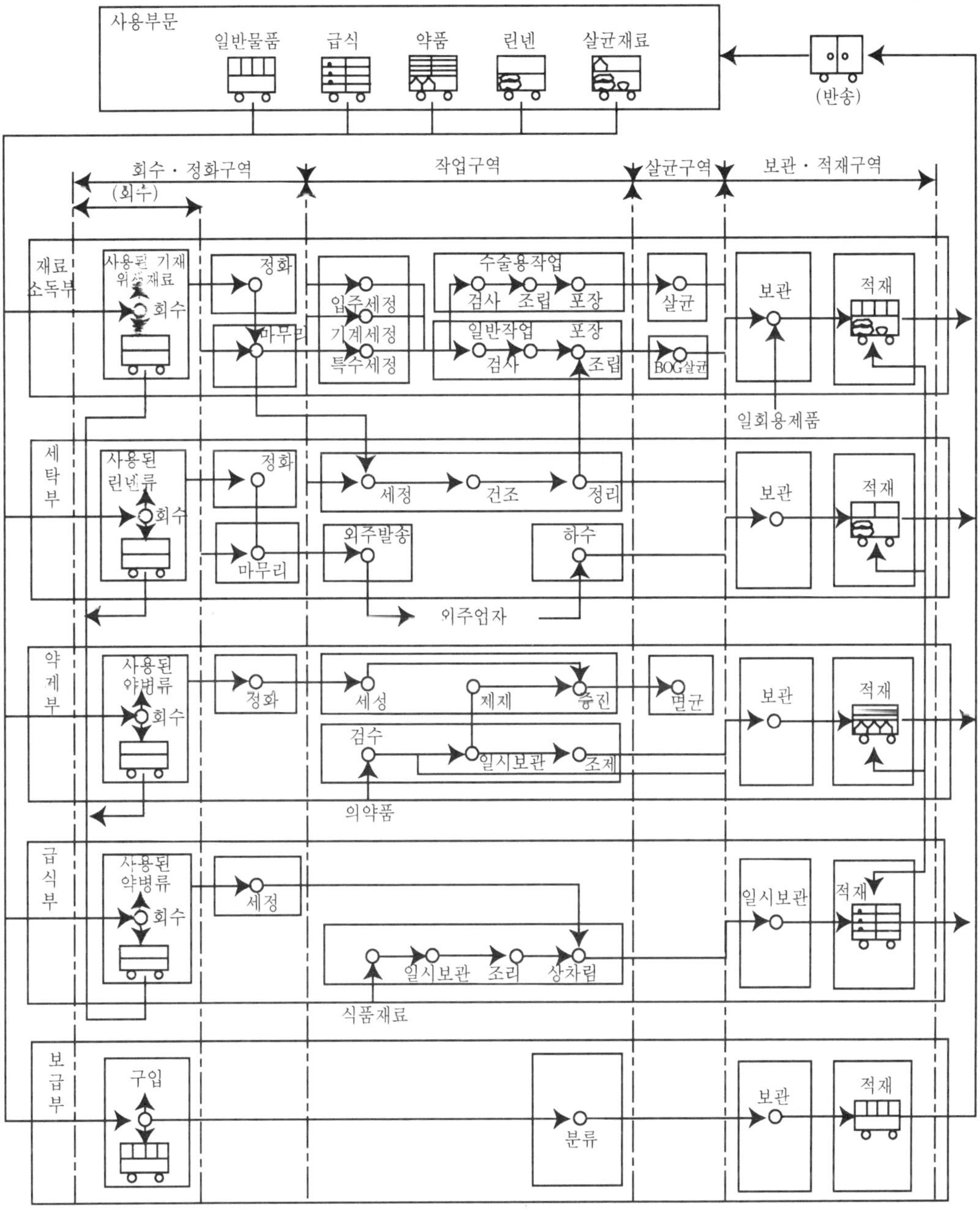

그림 7-19 SPD센터에서의 물품의 처리 동선과 구역 구분[28]

28) 中野 明 : "中央計劃からみだ中央化における中材部門の位置づけ", 病院設備, 第22巻, 第2號, p. 22, 1980. 그림을 참조하여 수정, 보완하여 재작성한 것임.

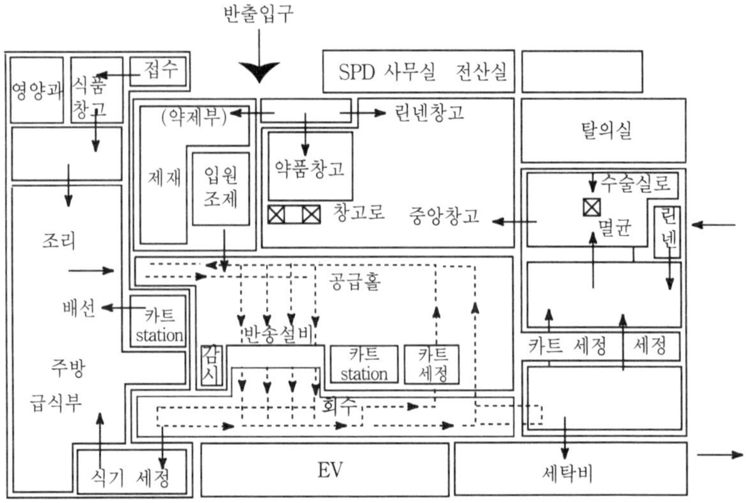

그림 7-20 일본 Y시립병원 SPD 부문 물류 개념도[29)]

7-9-2 물품반송

1. 반송의 조직화

1) 조직화의 의의

공급 부문의 업무에는 반송의 일이 포함되어 있다. 각 부에서 그 때마다 필요한 것을 가지러 오는 것은 각각의 업무가 원활하게는 운반되지 않는다든지, 또 그것은 최근의 전문업무 확립의 방향과 어울리지 않는다. 공급 센터를 중심으로 반송업무를 조직화하고, 필요한 것이 필요한 시에 도달되는 형태가 꼭 확립되어야 하는 것이다. 이것은 단순히 능률이라는 점에서 병원 기능의 향상에 이어지는 것뿐 아니라 물품관리의 철저라는 면에서 병원 경영의 합리화에도 직결된다.

2) 반송방식

(1) 정시 반송과 임시 반송

반송이 조직화된 경우, 모든 물품도 요일과 시간을 정해 보내게 된다. 반송 담당자의 근무 형태와 반송 설비의 가동시간으로 보아서도 당연하다. 그러나 그 이외의 약품과 소독 재료가 요구되는 것은 피할 수 없을 것이다.

29) 남상요 : "병원에서의 새로운 물품공급시스템 SPD", 대한병원 협회지, 제25권 제227호, p. 10, 1995에서 재인용.

정시 반송은 비교적 정리된 양이지만, 반드시 빠르게라는 형이 요구된다(실제에는 시간을 다투는 긴급의 요구는 극히 드물고 청구에 의한 추가 등이 많기는 하지만). 어려움은 일종의 반송 설비에 이 양방의 요구에 곤란을 겪게되는 것이다. 임시 청구에 대한 대응 여부가 공급부로서는 하나의 중요 과제가 된다.

임시 반송을 줄이는 데는 미리 충분한 여유를 갖고 여러 물품을 배포해 두면 좋지만, 그것은 공급부의 취지에 반하고 필연적으로 비경제에 연결된다. 계획을 면밀히 세우고, 물품의 배치량을 최소로 억제하면서 임시 반송을 될 수 있는 한 줄이는 방법을 연구해야 한다.

(2) 일괄 반송과 품목별 반송

반송처의 부문별로 각종 물품을 묶어서 1대(양이 많으면 수대)의 운반차에 싣는 일괄 반송 방식과, 품목마다 다른 반송 체계를 짜는 품목별 반송 방식이 있다. 전자는 미국 병원에서 보여지는 방식이고, 일본의 대부분의 병원은 후자를 따르고 있다. 반송을 조직화하고, 특히 기계 반송을 도입하려 하는 경우에도 어느 것을 택할까는 신중한 검토를 필요로 한다.

3) 공급 관계 이외의 반송

물품 공급 이외에도 반송이 문제가 되는 것이 있나. 진료 기록(병력) X선 필름, 처방전, 각종 전표 등 이른바 정보계의 것과 검사부로 보내는 검체이다. 이 장의 주제에서 멀어지지만, 어느 것이나 반송의 처리가 중요한 것이기 때문에 이하 설비에 대해서는 이들까지도 포함해서 말한다.[30]

2. 반송 수단과 반송 설비

1) 반송 수단

(1) 메신저 방식

인력에 의지한다고 해도 병동 각 간호 단위와 외래부의 각 과에서 간호사가 가지러 오는 방식은 최근에는 점점 적어지고 있다. 공급부 측에 전임 메신저를 두고, 스케줄에 따라 조직적인 반송을 하고 있다. 인력에 의한 반송이 융통성과 그 외의 점에서 기계 반송보다도 뛰어난 것은 새삼 말할 것도 없다.

30) 伊藤 誠 外 : op.cit., pp. 284~285.

운반용구로서는 일반적으로 손수레(밀차)가 주류를 차지하고 있지만, 운반량의 증가에 따라서 외국의 일부의 병원에서 사용되고 있는 전기자동차의 실적이 인정되게끔 되었다. 어느 경우에도 상하 교통은 엘리베이터에 의한다. 또한, 공급 센터에는 충분한 넓이의 운반차를 위한 주차장이 필요하다.

⑵ 기계반송

인력은 될 수 있는 한 절감하고, 기계에 알맞은 일은 되도록 기계에 맡기도록 하려고 하는 것이 일반적인 경향이다. 그러나 병원의 경우, 특히 대규모의 반송 설비를 도입하려고 하면 초기설비비 · 운전비 · 점검보수비 등 때문에 인건비와의 균형은 의외로 어렵게 된다. 더구나 기계화 했다고 해서 반송의 인력을 완전히 없애는 것은 아니다. 쌓기 · 송출 등의 작업이 있기 때문이다(의도하는 것이지만 단순히 직원의 정원 소멸만이라면 반송 업무의 외부 위탁이라는 방법도 있다).

⑶ 정보계와 검체 반송

진료기록 등 정보계의 반송에는 소형 반송기가 비교적 잘 사용되고 있지만, 이것도 금후에는 전산화되어 없어질 가능성이 많다.

검체에 대해서는 일부에서 반송기(박스컨베이어 등)가 활용되고 있지만, 총체적으로는 인력에 의한 반송이 주류를 차지하고 있다. 단, 수술부와 병리검사실 간에는 청결 관리상의 왕래에 제약이 가해지는 것도 있고, 기송관과 덤웨이터에 의한 검체 반송의 예가 비교적 많은 병원에서 볼 수 있다.

2) 반송 조건

공급 각 부분에서 송출되는 물품 중에서 식사를 제외한 주요한 물품에 관계한 조건을 정리해 둔다.

⑴ 물품의 크기와 중량

주요한 물품을 반송시의 상태(어떤 것은 포장인 채로, 또 린넨같이 여러 매로 묶어서 옮기는 것은 그 형체)는 의료 기계를 세트로 짜서 크게 포장한 소독 재료, 린넨 중 진찰의를 수 매씩 묶은 것, 일반소모품 중 특수한 것을 제외하면 대부분은 장변 50cm, 높이 20cm

의 범위에 든다. 큰 물품 중에는 원래의 형체로 반송해야 하는 것도 있지만, 포장을 풀면 작게 할 수 있는 것도 적지 않다.

각종의 물품에 대해 각 물품의 무게는 10kg을 넘는 정도의 것은 아주 드물고, 대부분이 5kg 이하로 봐도 좋다. 그 중에도 세트되어 있는 소독 재료를 제하면 더욱 분할해서 반송할 수 있는 것이 많다.

(2) 파손

파손이 문제가 되는 것은 약병과 주사기 등이다. 특히 주사기는 금속함에 넣어진 채 살균, 반송하기 때문에 파손의 책임이 명확하지 않고, 그것이 간혹 분쟁의 씨가 된다.

(3) 청결·오염

반송 물품에는 청결을 유지해야 하는 것과, 사용한 물품과 쓰레기통 같은 오염이 심한 것이 있다. 소독 재료는 말할 것도 없이 세심한 주의를 갖고 청결을 유지하지 않으면 안되고, 약품·위생 재료·의료용 소모품 등도 같다. 린넨류도 여기에 준한다.

사용한 의료 기계와 린넨은 회수의 과정에서 다른 것을 오염시키지 않도록 주의가 필요하다. 의료 기계는 많은 경우 사용한 부분에서 헹구어서 돌려보내고, 린넨류는 봉투에 넣어서 회수하고 있다.

(4) 취급상의 제약

냉소보존 약과 수혈용 혈액의 운반에는 보냉용기를 사용하는 것이 보통이다. 위험약과 마약은 반드시 책임있는 사람에게 맡기는 것이 원칙이다.[31]

3. 반송 설비

1) 소형반송기

보급도가 비교적 높은 설비를 표가 ① 벨트 컨베이어, ② 케이스 컨베이어, ③ 기송관, ④ 소형 자주차, ⑤ 수직 컨베이어이다. 이 중, ①, ②는 정보계의 반송에 쓰이고, ③, ④가 정보계 이외 작은 물품의 반송에도 사용되고 있고, 전용의 물품 반송 설비로서는 ⑤가 이용되고 있다.

31) Ibid., pp. 285~288.

2) 대형 반송기

대형의 반송기를 채용하고 있는 우리 나라 병원은 아직 극히 적다. 전술한 것과 같이 문제점을 품고 있는 것과, 대형 설비의 이점을 살릴 정도의 병원이 적은 것에 의한 것이라 생각된다. 결국, 품목이 다양한 데 비해 양은 그렇지도 않고, 철저히 기계화하는 데에도 주저하고 있기 때문이다. 어쨌든, 기존의 설비와 시스템이 있는 것은 아니기 때문에, 병원마다 조건에 맞춘 소프트웨어와도 함께 설계되어야 한다. 실지 운행되고 있는 시스템은 다음 방식의 조합이지만, 그들의 시점・종점・도중 접속점에도 적절히 사람의 손이 가게 할 수도 있다.

① 수평 방향 : 대형 반송용기(웨곤 혹은 컨테이너)를 매달아, 체인 컨베이어에 의해 옮긴다. 레일에 따라서 스스로 구동장치를 가진 차를 달리게 하여 거기에 대형 반송용기를 얹든지 또는 매단다. 모노레일과 비슷한 기구이다. 무선 유도에 의한 대형 자동차를 운행시킨다.

② 수직 방향 : 엘리베이터 또는 덤웨이터에 자동쌓기 송출장치를 설치, 각 반송용기를 각각의 목적층까지 운반한다.[32]

32) Ibid., pp. 288~289.

참 고 문 헌

1. 김광문, 김봉식, 이낙운 : "약제부의 평면구성－병원 약제부에 관한 건축계획적 연구 (1)"－, 대한건축학회 학술발표논문집, 제6권 제11집, 1986.
2. 김광문, 이낙운 : "우리나라 종합병원 주방의 면적구성에 관한 실태조사연구", 건축(대한건축학회지), 제19권 제64호, 1975.
3. 김광문, 이낙운, 유영민 : "병원의 부문별 면적구성에 관한 연구", 건축(대한건축학회지), 제27권 제115호, 1983.
4. 김봉식 : 병원약제부에 관한 건축계획적 연구, 석사학위논문, 한양대학교 대학원, 1986.
5. 김봉식, 이낙운 : "병원약제부의 건축계획에 관한 연구", 대한건축학회 논문집, 제3권 제12호, 1987.
6. 남상요 : "일본의 병원물류관리시스템", 한국의료복시설학회지, 제3권 제5호, 1997.
7. 이낙운 : 병원 공급부문의 건축계획에 관한 연구, 박사학위논문, 한양대학교 대학원, 1988.
8. 이낙운 : 종합병원 급식부에 관한 건축계획학적 연구, 석사학위논문, 한양대학교 대학원, 1974.
9. 이낙운 : "병원 주방계획에 대하여", 대한병원협회지, 제5권 제54호, 1976.
10. 이낙운 : "소규모 병원의 면적구성에 관한 분석 연구－순면적을 중심으로"－, 강원대학교 논문집, 제19집, 1984.
11. 이낙운, 정태우 : "중앙멸균재료부 건축계획－병원 SPD 부문의 확립을 위한 기초적 연구"－, 강원대학교 논문집, 제25집, 1987.
12. 일본건축학회 편 : 건축설계자료집성 6 건축-생활, 건축공학연구회 역, 초판, 건우사, 서울, 1984.
13. 정태우 : 종합병원 중앙멸균재료공급부에 관한 건축계획적 연구, 석사학위논문, 한양대학교 대학원, 1986.
14. 조남춘 : "약제업무향상방안", 병원관리 종합학술대회연제집, 대한병원협회, 1985.
15. 조순행 : 병원세탁부의 건축계획을 위한 기초조사 연구, 석사학위논문, 강원대학교 대학원, 1985.

16. 조순행, 이낙운 : "병원세탁부의 세탁물 처리시스템과 공간구성－병원세탁부에 관한 건축계획적 연구 (1)", 대한건축학회 학술발표논문집, 제5권 제9집, 1985.
17. 주진형 : 종합병원 급식부의 동선과 공간계획에 관한 연구, 석사학위논문, 한양대학교 산업대학원, 1991.
18. 최광석 : 종합병원 중앙수납부에 관한 건축계획적 연구, 석사학위논문, 한양대학교 대학원, 1987.
19. 橋本寬敏 : 病院管理大系 第6卷1, 建築・設備・醫療機械, 第1版, 醫學書院, 東京, 1974.
20. 伊藤 誠 外 3人 : 新建築學大系 31 病院の設計, 第1版, 彰國社, 東京, 1987.
21. James, W. P. and William Tatton-Brown : Hospitals-design and development-, 1st ed., The Architectural Press, London, 1986.

제8장 관리부문

병원에서 매일 행해지고 있는 의료, 간호, 서비스 업무를 위해서 많은 사람들이 여러 직종의 일을 병원 안에서 하고 있다. 병원관리를 하는 관리자, 사무적인 일을 하는 사무원, 의사, 시설물을 관리하는 직원 등이 있다. 이러한 사람들이 있는 곳이 관리 부문이다. 이것은 전체 병원에 걸쳐서 각 장소에 흩어져 있다. 관리 부문이라는 것은 원장이나 간부를 비롯하여 사무원의 활동 장소, 다시 말해서 병원관리상의 거점이 되는 부분을 건축적으로 일괄하여 관리부문이라고 칭하는 것이다.

8-1 병원관리의 이해

병원관리에 대해서 이해하기 위해서는 간부의 역할과 사무원, 시설 관리원의 역할이 무엇인가를 파악하고 병원 조직을 이해하여야 한다. 병원의 조직은 복잡하며 병원마다 조직의 구조가 다소 다르다. 병원의 조직을 충분히 이해하고 그 조직의 활동 내용과 기능을 알고, 그에 따라서 건축 계획하여야 한다.

8-1-1 병원의 조직

병원 조직을 이해하는데는 특정한 목적을 위해서 움직이는 사람들의 횡적조직 및 경영관리를 위한 원장을 필두로 한 종적조직이라는 두 방향에서 생각하는 것이 이해하기 쉽다. 다시 말해서, 직능군의 그룹으로서 이해하는 방향과 병원을 관리 조직체로서 이해하는 방향으로 나누어 볼 수 있다.

1. 직능군으로서의 이해(횡적 이해)

병원은 많은 직능이 고도로 분업화되어 있으면서 서로 협력하며 활동하고 있다. 직능군을 분류하면 세 가지의 직능군으로 분류할 수 있다.

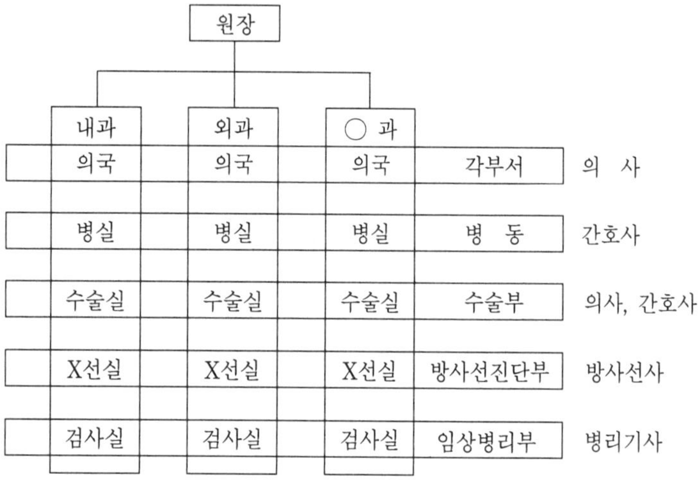

그림 8-1 병원조직의 종·횡적 구조

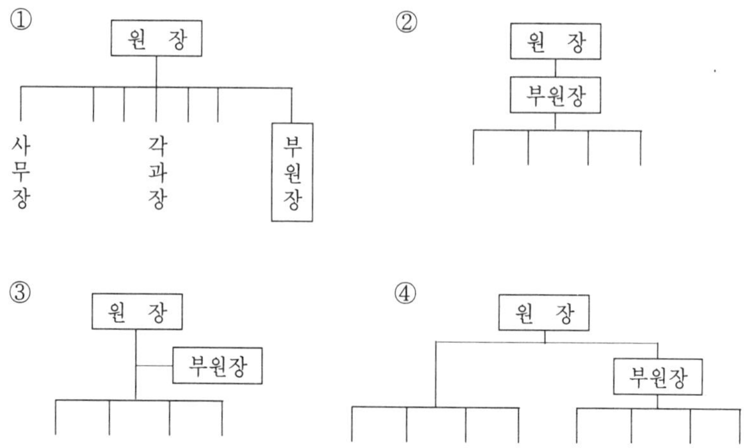

그림 8-2 병원의 최고경영자 조직유형

병원의 본질적인 기능인 의료 기능으로서 의사의 활동이 중심되는 진료기능과, 그에 협력하여 움직이는 간호사가 중심이 되는 간호기능으로 분류할 수 있다. 그 외에도 각 부서마다 의사가 환자를 진단하는 데 보조하는 진료 그룹으로서 각종 의료 기사군이 있다. 이러한 의료 기사군은 별개의 직능군으로서 각자가 독립적으로 전문성을 갖고 있으므로 환자 진료시에는 필수적으로 지원을 받아야 한다. 방사선진단부의 방사선사, 임상병리부의 병리기사, 약국의 약사 등이 그 예라고 할 수 있다.

2. 병원관리조직으로서 이해(종적인 이해)

전술한 각 직능군은 각각 별개의 과를 지원하는 군으로 세분할 수 있다. 이들 각 과는 과장이 있어 그 과를 관리하게 되고 그 위에도 계층적으로 각 과를 묶어서 관리하는 부서장이 있고, 최종적으로는 총체적으로 포괄 관리하는 병원장이 있게 되는 구조가 종적인 구조이다. 직능군마다 독자적으로 전문성을 가지고 있고 그에 대응하여 주어진 업무가 있기는 하지만, 완전히 독자적으로 모든 것을 행하는 것이 아니라 병원 전체를 구성하는 한 부분으로 원장의 포괄적인 관리하에 있는 것이다. 이러한 직능군간에 업무 협조, 업무 추진을 위해서 원장을 필두로 해서 부문별 총괄업무를 담당하는 중간관리자로서 진료조직에는 부원장(혹은 의료부장), 간호조직에는 간호부장(혹은 총부장), 사무부에는 사무부장(혹은 사무장)이 있고 이들 3인을 병원에서는 3역이라 칭한다.

병원 소유자와 관리자가 분리되어 있는 경우로써 법인제의 경우는 이사회가 별도로 있으며, 병원의 재산권, 직원 인사, 경영 기본방침 수립에 대해서 책임이사회가 관여를 하게 된다. 이사회, 원장, 3역으로부터 직능군에 이르기까지 경영 의지가 전달되도록 함으로써 병원은 통일된 활동을 하게 되고 지향하는 목표를 달성할 수 있게 된다. 원장은 병원과 이사회 사이에서 연결핀의 역할을 한다.

3. 원장과 3역의 특수한 관계

의료법에는 병원장은 의사가 아니면 안되게 되어 있다. 그래서 원장이 의사까지 감독하게 된다. 반면에 유럽에서는 병원장은 반드시 의사에 한하지 않고 관리자로서 충분한 인격, 식견, 역량을 갖고 있으면 누구나 할 수 있게 되어 있다. 따라서, 병원장의 의사에 대한 감독은 심하지 않다. 우리나라의 대표적인 병원의 최고 관리 조직은 원장과 3역이 있어, 이들이 서로 협력을 얼마나 원활히 하느냐에 따라서 병원경영이 좌우된다고 할 수 있다. 원장은 한 명의 경영인으로서 병원을 총괄관리하는 역할을 하게 된다. 사무부는 의료 업무,

원무, 병력, 의료 상담을 하게 된다. 병원에 따라서 3역의 역할이 다소 달라 병력, 의료 상담 및 급식(영양)이 부원장하에 있기도 한다. 부원장이 단순히 원장에게 문제가 발생하면 대행하기도 하나, 평소에는 진료부장으로서 활동을 하게 되고, 진료부를 총괄관리하게 되면서 원장과 협력 관계를 유지한다. 행정부서장은 주로 서무, 회계, 인사, 기획 등 사무 업무 외에 원무, 용도, 시설 업무는 물론, 급식 업무, 병력관리 및 의료사회사업까지 소관한다.

8-1-2 관리 부문과 병원 조직

이사회, 원장, 부원장, 사무부장, 간호부장은 관리의 수뇌부이다. 그들이 활동하는 장소는 관리 부문의 주체가 되는 것은 당연하다. 또 사무부에서 하는 총무적 사무인 서무, 회계, 인사, 기획은 원장의 관할하에 있어야 하므로 관리 수뇌부에 인접해 있어야 한다.

한편, 일부의 업무는 관리부서와 떨어져서 이루어진다. 다시 말해 급식, 청소, 세탁, 용도, 원무, 의료상담, 병력관리, 시설관리 등등이 그 예이다. 급식 및 세탁은 서비스부에 속해있다. 용도(조달, 창고, 배급 보충)와 원무(환자 접수, 외래병력관리, 외래진료일시의 예약, 의료보험 청구, 의사 통계 등)는 사무부에서 이루어진다. 이것은 관리 수뇌부 그룹에서 이루어지는 것이 아니고, 서로 다른 장소에서 이루어지므로 서로 다른 장소가 요구된다.

8-2 운영관리부

병원 운영의 중심이 되는 부서로서 병원 운영의 목표 및 이념을 구현하기 위한 총제적 업무를 행하는 부서이다. 직원 관리, 예산 편성, 예산집행, 의료 서비스 계획 및 실행에 필요한 총괄적 업무를 수행한다. 운영관리부는 직접 진료행위와 관계가 없지만, 병원 전체의 원활한 운영을 하는 데 있어서 중요한 역할을 수행한다. 기획, 경영지원, 홍보, 총무, 경리, 관리, 교육, 후생, 인사, 구매, 보험 등의 업무를 비롯하여 병원의 예산, 경영 계획 수립 등의 사무 업무를 담당하고 있다. 또한, 환자와 관련하여 입원 및 퇴원환자관리, 외래환자관리 등의 원무 업무를 수행하고 있다. 이와 관련한 각 실의 성격은 다음과 같다.

8-2-1 일반관리 제 실

1. 이사회실, 이사장실, 상무이사실

이 실들은 한편으로는 그 권위를 표현하는 것이므로 사회의 중역실에 준한다. 이사회 사무실은 일반사무실에 준한다.

표 8-1 운영 및 시설관계 관리 제 실

구 분		소요 실
운영관계	일반관리	이사회실, 이사장실, 상무이사실, 원장실, 응접실, 비서실, 부원장실, 사무부장실, 응접실, 사무실(서무, 경리, 인사, 용도, 기획, 가정 등), 간호부장실, 간호부사무실, 회의실
	원무관계	접수, 원무사무실(외래, 입퇴원사무), 의무기록실, 컴퓨터실
	기타 운영관계	의료상담실, 용도사무실, 창고
시설관계		청소사무실, 청소원실, 영선공작실, 의공학과

2. 원장실, 응접실, 비서실

병원을 대표하고 모든 관리의 정점이기 때문에 병원 각 부로부터 보고를 받고 결정을 하고 지시를 내리는 장소이다. 또, 이곳은 외부의 중요한 사람들도 응접하는 장소이다. 커다란 책상을 중심으로 응접용의자, 응접세트가 놓인다. 또 항상 구비하고 있어야 할 정보서류, 통계, 도서 등을 보관하는 책꽂이, 서류함을 비치한다. 특수한 방문자를 위한 응접실을 따로 고려하는 것도 좋으나 원장실에는 면회자가 많으므로 면회인 대기실을 가까이 인접한 실에 둔다. 비서실과 겸용시킨다. 책상에는 전화, 컴퓨터, 서류함이 갖추어진다. 한마디로 회사 사장을 생각해 보면 된다.

3. 부원장실, 사무부장실

부원장실은 원장실에 인접시켜 둘 필요가 있다. 그것의 구조와 설비는 원장실과 비슷하지만 크기는 조금 작다. 비서실, 면회인 대기실은 넓게 필요치는 않다. 사무부장은 기획, 총무, 인사, 시설을 총괄하는 업무를 수행하게 된다. 일부 병원에서는 행정부원장이라고 칭하기도 한다. 사무부장실은 병원의 방침에 따라서 원장실과 인접시킬 수도 있으며, 업무 파악과 지시를 위해서 사무 부서에 인접 배치하는 경우도 있다.

4. 간호부장실

사무부장실에 준하지만 인접실에 간호부 사무실을 두고, 인사, 업무, 교육을 보좌하게 한다. 소병원에서는 부장실과 겸하는 것이 있지만 간호직원의 이동이 많아 이러한 이동 직원의 면접을 위해서도 이용될 수 있게 부장실은 독립시키는 것이 좋다. 포괄 관리 보좌로서 원장실 가까운 것이 좋다. 병동으로의 출입이 편리한 위치를 고려하는 것이 좋다. 이 사무실은 일반사무실에 준 한다.

5. 사무부의 각 실

사무부는 업무 내용별로 서무계, 회계계, 인사계, 기획계, 경리계 등이 있지만 많게는 대규모의 사무실에 낮은 경량 칸막이를 설치하여 부서를 구분 배치하는 경향이 많아지고 있다. 이것은 업무 내용이 일반사무실과 별다른 것이 없고, 대형 개방 공간이 업무 협조를

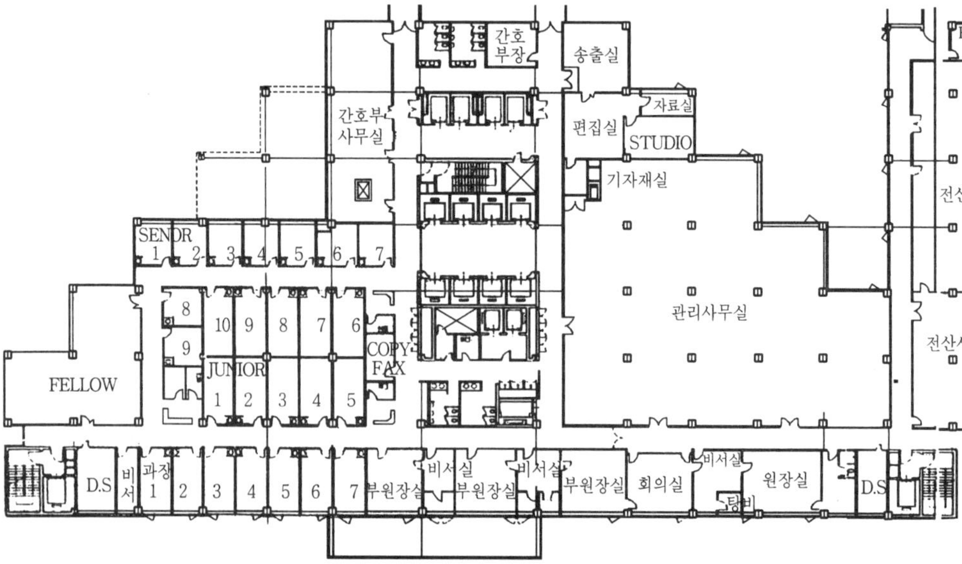

그림 8-3 운영 관계 제 실의 설치 예(삼성의료원)

위해서나 공간 이용에 있어 유리하기 때문이다. 한편, 인사, 기타 특별한 응접을 위한 공통의 응접실은 별도로 두는 것이 좋다. 외부방문자의 대기를 위해서 입구부근에 의자와 테이블을 배치하여, 별도의 대기공간을 설정해주는 것이 좋다.

6. 회의실

이 구역에는 반드시 회의실이 필요하다. 병원발전 위원회나 교육위원회 등 각종 위원회 회의가 열릴 수 있는 장소로서 뿐만 아니라 원장의 자문에 응할 수 있는 각종 모임을 개최할 수 있는 30~40명이 입실할 수 있을 정도의 중회의실이 필요하다.

8-2-2 원무관계실

의료관리 사무실군은 병력관리, 의료 상담, 의료 사무 등이 주된 업무로서, 사무적으로 환자 진료를 협력하게 되고 병원 경영자료를 제공하게 된다. 이 기능은 의료와 관리 사무가 복합된 성격을 가지고 있다.

1. 접수, 원무사무실

접수는 우선 입원환자 접수와 외래환자 접수가 있다. 입원환자는 입원 접수를 통해서 입원한다. 입원환자는 심리적으로 위축이 되어 있으므로 프라이버시와 친절한 대응이 필요하다. 그래서 그 대기실 및 접수구는 특별한 배려가 필요하다. 입원 입구에는 환자, 운반차 사용의 편리성을 고려해야 한다. 입원 접수에서는 입원 신청과 수속, 병동병실의 할당, 입원환자의 심적 안정, 환자의 병실로의 안내 등이 이루어진다. 퇴원시는 퇴원 수속을 입원 접수에서 하게 된다. 병력은 수속과 동시에 신환병력을 만들어 당해 병동에 보낸다. 입원 중에는 그 병동에 둔다. 입원비에 대해서는 일정일에 징수한다. 병상배당은 접수 담당원이 항상 전 병원 각 병실의 정보를 수집하여 빈 병상을 최대한 한 이용할 수 있게 하여 병상 이용의 효율적 관리를 한다. 또, 입원 접수는 입원환자 면회인을 관리해야 한다.

외래 접수는 초진 접수와 재진 접수로 나누어진다. 초진 접수는 진찰증과 초진자병력을 만들어 각 과로 보낸다. 진찰 후 요금정산은 각 층 수납 혹은 원무수납에서 하게 된다. 재진접수는 의무기록실에서 병력을 찾아 각 과로 보낸다.

이처럼 입원과 외래는 환자가 병원에 머무르게 되는 시간과 환자 수와 동선이 서로 다르다. 따라서, 각각 배치되지만 외래 접수는 자연 현관에서 가까운 외래부 입구에 위치하며, 입원 접수는 현관에서 들어가 병동으로 연결되는 곳에 배치하게 된다. 현관은 원래는 각각 따로 있어야 한다. 출입자 관리를 원활히 하기 위해서 출입구를 같이 두는 경우가 있으나 분리시켜 주는 것이 바람직하다.

원무는 의료보험사무라는 커다란 사무가 있고 그 외에 의료통계 업무가 있다. 입원환자 추이, 외래환자 추이, 진료 행위별 보수 등 경영정보를 만들어 회계과장, 사무부장, 원장에게 보고하여야 한다. 따라서 매일매일 의료 수입의 집계 및 분석을 한다. 따라서 병원마다 컴퓨터를 활용하게 된다. 접수카운터 후면에는 이러한 사무를 할 수 있는 공간을 설정한다.

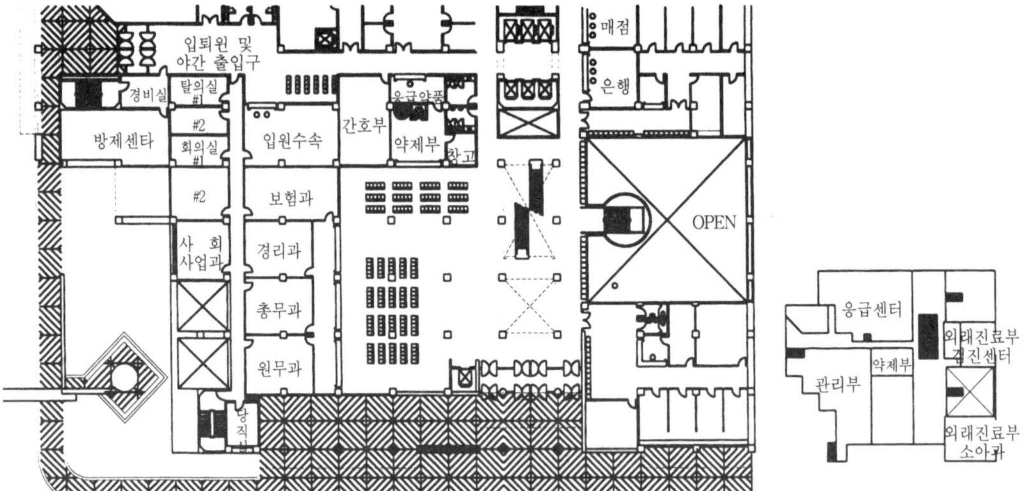

그림 8-4 건국대 민중병원(서울) 원무 및 관리 제 실(안)

2. 컴퓨터실

다른 많은 분야와 마찬가지로 병원에서도 전산기의 도입의 급속히 추진되고 있다. 적용 범위는 병원 관리면과 진료 업무면의 2가지로 대별할 수 있고 LAN을 구축하여 각 단말기에서 작업한 내용을 서로 공유할 수 있게 되고 있다. 전산화의 구체적인 활용의 예로서는 다음과 같은 것이 있다.

① 병원 관리면 : 외래, 입원의 환자 등록, 진찰, 검사, 입원의 예약, 의료보험 청구, 공급 부문관계의 청구, 공급과 물품 관리, 급여계산 및 경리 업무, 병원 운영에 대한 통계 처리

② 진료업무면 : 진료기록에서부터 병원내 의료정보의 관리, 검사, 진단, 치료

컴퓨터실은 종래의 PC를 쓰던 정도의 규모가 아니라 대형 컴퓨터를 도입할 수 있는 넓은 공간을 요구하게 되었다. 컴퓨터실은 실내 환경 조건도 항온항습할 수 있어야 하고 바닥은 많은 케이블이 설치되어야 하므로 access floor가 필요하게 된다. 신설 병원에서는 컴퓨터실에 대한 특별한 배려가 곧 그 병원의 수준을 의미하게 된 것이다.

8-2-3 기타 운영관계

1. 의료상담실

의료상담(medical social service)실은 의료사회사업가에 의해서 환자 각각에게 사회적, 경제적, 심리적인 문제를 상담해 준다. 그래서 입원환자나 외래환자 모두를 대상으로 하기 때문에 병동과 외래에 즉시 응할 수 있는 곳에 둔다.

의료사회사업은 medical social work의 직역으로, 의료사회사업은 의료상담실이라고 불리워지기도 한다. 여기서는 의료비의 지불에 관한 상담, 그것을 위한 가족 및 자원봉사자와 연결, 복지 관련기관의 연결 등 사무적인 일 외에 환자 및 가족의 심리적 경제적인 고민으로부터 여러 가지 문제에 대하여 상담하고 있다. 이것을 담당하는 것은 social worker(혹은 case worker)이다. 실은 상담실과 작은 사무실이 있으면 좋지만, 면접실에 대해서는 환자 및 가족의 프라이버시에 대한 배려가 중요하다. 장소로서는 의료사회사업실 가까이가 적당하다.

2. 용도사무실, 창고

용도는 배급, 보관, 보충 등 공급 업무를 담당하는 것으로, 용도사무실은 단순히 사무실이지만 문제는 창고이다. 많은 물품(즉, 약품과 식료품별)을 정리 보관해야 하므로 가능하다면 공간을 크게 한다. 그 가운데에는 각종의 물품을 분류하여 보관하는 책상이 필요하다. 물품의 원활한 흐름을 위해서 편리한 입고 통로와 출고 통로를 고려하고 각각 카운터 등을 준비한다. 창고는 재고품을 보호하기 위한 설비를 고려한다. 더우기 외부에서의 물품 반입시 차의 이용에 따른 하역구역, 화물검수 장소를 충분히 준비한다.

8-3 시설관리부

병원의 보일러실, 기계실, 공조실, 전기실과 정화조 관리에서부터 청소와 건물주변의 조경에 이르기까지 병원 내의 설비부문의 유지보수 및 효율적인 운영을 담당하고 있다.

1. 시설과 사무실

기계, 전기, .토목, 조경 등 시설 전반에 대해서 유지 관리하고, 증축 혹은 보수시에는 용역으로 외부에 발주하거나 도면작성도 직접 한다. 병원의 중추신경을 관리하는 역할을 한다.

2. 청소관계실

대규모 병원에서는 최근 노사 문제로 하여 청소를 외주하는 경향이 있다. 즉, 청소 전문업체가 청소원을 고용하여 병원 청소를 담당하게 하고, 병원측에서는 전문업체의 대표에게 모든 지시를 하는 방식을 채택하고 있다. 따라서 청소업체가 병원 안에서 업무를 보고 청소용구를 관리할 수 있도록 청소 대행업체 사무실이 설치되어야 한다.

청소는 병원 전체에 걸쳐서 행해지고 있고 청소원의 수도 많다. 또한 청소용구도 각 층 혹은 각 부서마다 비치하게 되는데, 그러한 청소도구는 함부로 방치할 수 없으므로 일정한 실을 두어 관리하는 것이 바람직하다.

3. 전화교환실, 수위실, 방제센터

전화교환실은 각각 기능에 관련된 위치와 구조, 설비가 있는 곳이면 아무데라도 좋다. 한편 종래 수위실의 개념은 주차관제소로 의미가 바뀌고 있으며 건물 내부 도난방지에 대해서는 외부 용역업체에 의뢰하여 원격관리하거나, 용역업체 직원이 파견되어 근무하는 형태로 변해 가고 있다. 방재센터는 법적으로 1층에는 아무데나 두어도 관계가 없으나 지하층에 둘 경우에는 피난용 직통계단에서 6m 거리 이내에 두도록 규정하고 있다. 또한, 최근에는 건물이 IBS(Intelligent Building System)화 함에 따라서 기계실, 전기실의 중앙감시실과 통합되어 병원 전체의 방재 및 안전관리를 모니터를 통해서 원격 자동제어할 수 있게 되었다.

4. 의공학부

의공학부는 대량의 의료장비가 도입되므로 해서 그 역할의 중요성이 증대되고 있다. 의공학부의 업무는 의료장비의 유지 보수 등 의료 지원 기능 수행, 의료장비 관리 및 사용자 교육, 중앙관리 장비의 대출, 의료기기 구입 요건에 따른 기기의 성능 평가, 의료기기의 손실처리 심의, 의료기기 활용 실태 조사 및 도입 후 평가 지원 등이 있다. 병원의 규모가 크게 되면 각 부서별로 담당하는 기술자를 배치하여 고장에 의한 진료의 중단을 최대한 막을 수 있도록 하고 있다. 실은 다용도작업실, 마공실, 매뉴얼보관실, 사무실, 장비불출보관실, 갱의실, 장비평가실험실, 부품보관실 등이 있으며, 부품보관실은 보관선반을 설치하여 많은 양의 부품을 체계적으로 분류하여 보관할 수 있게 하는 것이 좋다.

8-4 의무기록부

의무기록부는 각 진료 부서에서 작성된 각종 기록들을 효율적으로 관리하여 진료, 심사, 연구 등의 용도에 신속하게 이용될 수 있도록 기록의 내용을 분석하여 다양한 통계 자료를 산출함으로써 병원 및 보건 행정 자료, 의사의 연구 자료로 이용되도록 하여야 한다. 그 외에도 적정 진료 보장 활동을 위한 프로그램 개발 및 실무를 담당한다. 의무 기록의 보관 및 관리에 대해서는 의료법에서 엄격히 규정하고 있다. 즉, 의료인이 의료 행위를 하였으면 그 사항과 소견을 지체없이 각 해당되는 기록부에 기록하여야 하는 것으로, 이것은 환자를 진료한 모든 의사에게 적용되는 것이다. 의무기록부의 관련 부서로는 원무과와 차트의 대출 반납 등으로 외래와 병동 간호부와의 밀접한 관련을 가지고 있으며, 의사의 연구용 차트 준비 등으로 진료부와의 관계 및 보험과의 관계가 밀접한 편이다.

8-4-1 의무기록부의 업무

질병 및 수술 분류, 진료 기록의 분석, 진료 통계, 암등록, 전사 등의 업무는 의료기사법에 의해서 의무기록사가 행하게 되어 있고, 이 업무 외에도 정질량분석 업무, 색인작성 업무, 의학 연구를 위한 자료검색과 분석 업무 등이 의무기록실에서 행해지게 된다.

차트의 분석을 위주로 하는 전문적인 성격을 띤 분석 업무와 차트의 대출, 배열 등을 담당하는 관리 업무로 크게 나눌 수 있으며, 관리업무는 병동과 외래 업무로 나누어 질 수 있고, 하루 중 관리업무가 가장 많은 부분이 외래 업무이다.

8-4-2 의무기록차트의 흐름[1)]

1. 외래환자 차트의 흐름

재진환자인 외래환자가 오면 이미 이전에 작성한 의무기록이 있으므로 환자의 등록 사실이 의무기록실에 통보되면 의무기록실에서 의무기록을 해당 진찰실로 보내 준다. 환자가 예약되어 있는 경우에는 의무기록실에서 예약된 날 아침까지 의무기록을 해당 진찰실에 보낸다.

초진환자의 경우는 의무기록이 없으므로 접수실에서 두꺼운 종이로된 의무기록 표지를 만들어 일련 번호와 환자 등록번호, 환자 성명 등을 기재하고 여기에 외래 진료 기록지를 넣어서 해당 진찰실에 보내준다.

외래환자가 진찰을 받고 처방을 받으면 처방 내용이 의무기록차트에 기록되고, 임상병리검사보고서나 방사선 촬영 결과를 판독한

1) 유재권 : 종합병원 의무기록부의 건축계획에 관한 연구, 석사학위논문, 강원대대학원, pp. 17~20, 1997.

방사선 기록지 등이 의무기록차트에 첨부된다. 외래진료가 끝나면 환자의 의무기록은 의무기록실로 보내져서 보관된다.

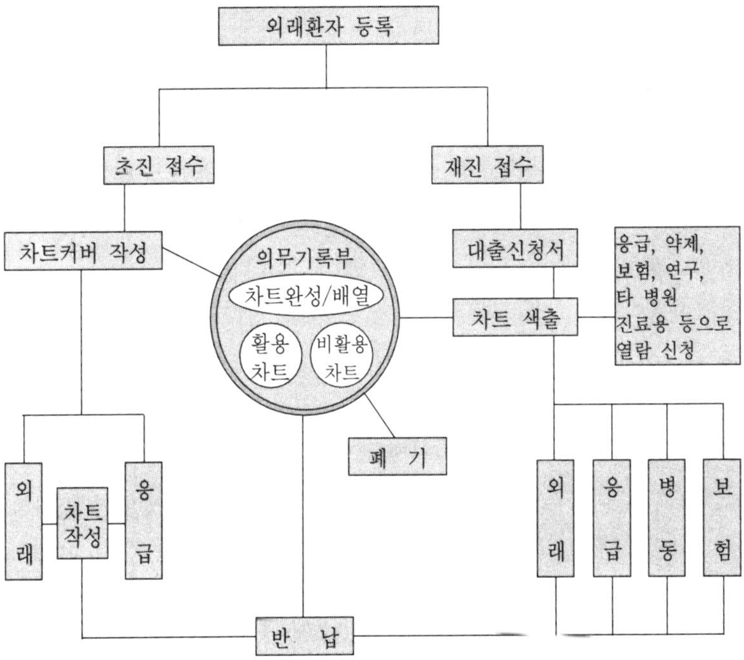

그림 8-5 외래의무기록차트의 작성 및 흐름

2. 입원환자 차트의 흐름

입원환자가 외래진료를 받은 예가 있거나, 과거에 입원했던 예가 있으면 의무기록이 있으므로 의무기록실에서는 해당 병동의 간호근무실로 보내준다. 입원 기간 동안 입원환자는 여러 가지 처방을 받으므로 그 내용은 외래환자의 예와 동일하게 의무기록차트에 기재되거나, 검사 결과나 촬영 결과를 나타내는 보고서, 수술기록지, 간호기록지, 의사의 지시기록지 등 수많은 의무기록이 첨부된다. 퇴원 결정이 나면 각 병동의 의사와 간호사는 의무기록을 보완하여 퇴원 결정서와 함께 입·퇴원수속실로 보낸다, 입·퇴원수속실, 보험과로 보내져 의무기록 내용이 참조되어 진료비 계산이 되어진다.

의무기록은 외래 및 입원환자의 진료 목적을 위해 쓰이는 외에도 미비 기록 정리 및 의학 연구용 열람 또는 대출, 집담회 용도 등으로 분산되어 이용된다.

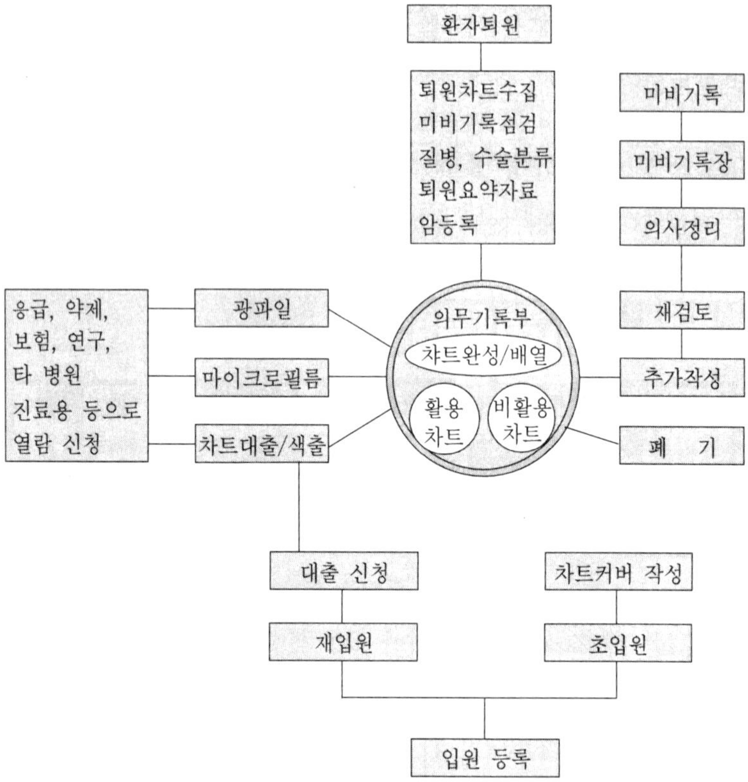

그림 8-6 입원의무기록 차트의 작성 및 흐름

8-4-3 의무기록 전산화

종래의 종이에 의한 의무기록이 양적으로 팽창을 하게 되어 일정 기간이 지나게 되면 보관이 커다란 문제점으로 대두되어 창고 공간 확보에 어려움을 겪게 되고, 활용 및 관리에 여러 가지 어려움이 있어서 최근 병원에서는 의무기록을 전산화하고 있다. 이러한 의무기록의 단계는 세 단계로 볼 수 있다. 첫째 단계는 병원 내 전산화 단계로, 의무기록을 완전히 키보드 입력이 어려운 점을 감안하여 수기한 문서를 스캐닝하여 병원 내에서 서로 공유할 수 있게 하는 것으로써 EPR(Electric Patient Record)이 있으며, 둘째 단계는 스캐닝 과정을 거치지 않고 바로 키보드나 버튼 입력을 하여 의무기록을 활용할 수 있도록 하는 EMR(Electronic Medical Record)이 있으며, 마지막 단계로써 각 병원간에 네크워크를 구축하여 병원간 의무기록을 공유할 수 있도록 하는 CPR(Computer Based Patient Record)

이 있다. 이러한 의무기록의 전산화는 정보통신의 발달로 급속히 발전하고 있어서 기존의 의무기록부에 커다란 영향을 미치고 있다. 예를 들면, 차트 보관 장소의 절감, 차트 반송 설비비의 절감, 인건비 절감, 홀더 및 서가비용절감, 외래 대기 시간 단축, 재원 일수 절감, 진료비 누수 방지, 물류 비용의 절감 등 여러 가지 장점이 있다. 그러나, 하드웨어 및 소프트웨어의 고가, 기존 의료진의 부적응, 고장시 대응 방안 등 여러 가지 문제점을 안고 있으나, 이러한 문제는 시간이 갈수록 커다란 문제가 되지 못하여 신설병원이나 기존병원에서 앞다투어 의무기록을 전산화하고 있다.

8-4-4 위치

하루 중 차트 이동량이 가장 많은 곳이 외래이다. 외래로 전달되는 차트는 예약에 의하기 때문에 의무기록실에서는 예약 시간대에 맞추어 차트를 모아서 특정 시간대에 전달하게 된다. 예약에 의하지 아니하고 외래진료를 받으러 온 환자의 경우에는 차트 전달을 원활히 할 수가 없어서 상당히 긴 시간 동안 기다려야 한다. 이러한 문제를 해결하기 위해서 의무기록관리를 분산관리하게 된다. 이러한 분산관리를 하게 되면, 중앙에 일괄 모아서 관리하는 것보다 배달에 유리한 장점은 있으나 일괄적으로 보관관리가 어려운 단점이 있다. 이러한 관리방식에 따라서 의무기록부의 보관 기능이 각 과로 분산되기도 한다.

의무기록을 중앙관리하고 종래의 전달방식으로 하는 경우에는 병동과 외래 가운데 위치하는 것이 바람직하나, 전산화가 진전이 되는 경우에는 프로그램의 활용, 전산장비의 관리 등등의 이유로 오히려 전산센터에 인접시켜 주는 것이 바람직하다.

8-4-5 실 구성

의무기록실은 차트 보관창고 정도로만 생각하기 쉬우나 사무 업무, 분석 업무 등 몇몇 업무가 이루어지므로, 그 업무 내용에 대응하여 공간이 나누어진다. 크게 보관공간, 사무공간, 미비기록정리 및 열람, 광파일실, 전사실, 마이크로 필름실, 대출 및 접수실, 갱의 및 휴게실, 과장실 등이나, 최근에는 전산화가 진행되면서 전산 관련실들이 많이 설치되고 있다.

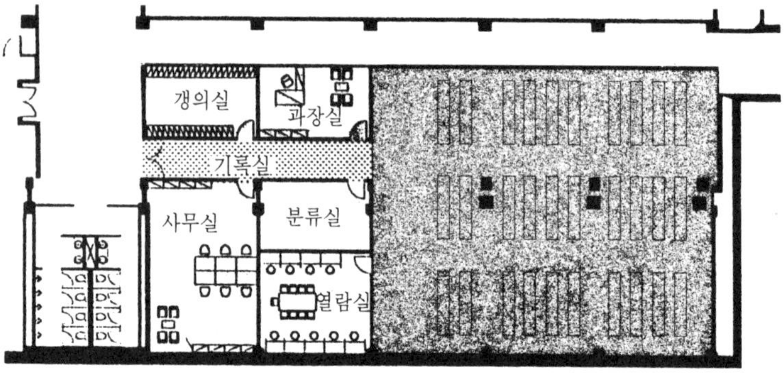

그림 8-7 경북대병원 의무기록부 마스터플랜 평면(안)

참 고 문 헌

1. 吉武泰水 외 7인 : 病院管理大系 제1권, 醫學書院, 東京, 1980.
2. 伊藤誠 외 3인 : 新建築學 大系 31, 彰國社, 東京, 1987.
3. 유재권 : 종합병원 의무기록부의 건축계획에 관한 연구, 석사 학위논문, 강원대학교 대학원, 1997.

제9장 교육연구부문

대학부속병원의 경우에는 진료, 교육, 연구라는 3가지 목표를 달성하는 것이 일반적이다. 따라서 3가지 행위가 이루어질 수 있도록 공간 계획이 이루어져야 한다. 대학부속병원이 아닌 경우로서 교육병원으로 지정이 된 경우에는 수련의를 채용하게 되므로, 진료, 교육의 2가지 목표는 최소한 달성이 될 수 있어야 한다. 이 외에도 교육은 간호사의 정기교육, 간호실습생의 교육, 의료진의 자체 세미나, 사무직원의 교육 등 갖가지 교육이 병원 안에서 이루어지게 된다. 한편, 대학부속병원의 경우에는 이러한 교육의 기능 외에도 교수들이 중심이 되는 연구 기능이 추가된다. 따라서, 이러한 활동이 원만히 이루어질 수 있도록 교육연구 부문이 구성이 되어야 한다.

9-1 교육부

교육의 내용은 세 가지 영역으로 구분해 볼 수 있다. 병원 내 교육은 수련의를 대상으로 하는 영역, 간호사나 간호실습생을 대상으로 하는 영역, 일반 직원을 대상으로 하는 영역이 있게 된다. 교육의 내용이 각각 다르고, 교육 대상이 각각 다르다. 각 부서별로 소규모로 행해지는 교육을 위해서는 별도의 공간을 각각 확보해 주어야 할 것이나, 단체교육의 경우에는 중·대 강의실이나, 대강당을 같이 사용할 수 있게 하는 것이 바람직하다.

9-1-1 의국

교육병원으로 지정된 병원은 수련의를 두게 되어 있다. 수련의는 인턴과 레지던트들로써 이들은 일정 기간 동안 실무적인 수련을 쌓으면서 병원 진료를 보조를 하게 된다. 인턴은 모든 부서에 걸쳐서 수련을 받게 되고, 레지던트는 특정 과에서 머물면서 해당과에 대한 전공을 하게 된다. 이들은 일정 기간의 수련이 종료될 때까지 병원 내에서 24시간 근무하게 된다. 24시간 동안에 병원 내에서 교수로부터 교육을 받고, 스스로 연구하고, 진료 보조를 하고, 틈이 생기면 수면을 취하게 된다. 교육과 연구와 휴식을 위해서 의국의 공간이 설정이 된다. 병동, 외래, 중앙진료부 등 환자 진료 및 치료가 행해지는 곳은 거의 모든 곳에 있다. 즉, 진료와 교육이 이루어지는 곳에는 가까운 곳에 의국이 있어서 수련의들이 쉽게 이용할 수 있게 하여야 한다. 의국에서 교육과 연구, 수면이 동시에 이루어지는 경우가 많다. 수면은 충분히 휴식을 취한 후에 교육과 연구를 할 수 있도록 숙소를 별도로 모아서 설치해 주는 것이 좋다. 별도의 숙소가 없는 경우에는 각 부서에 당직실을 의국과 분리 설치하여 숙소로 사용하게 된다. 즉, 숙소의 분산화라고 할 수 있다.

9-1-2 레지던트 숙소

레지던트는 수련 과정이 4년이고 연차별로 모집하게 되어 있다. 모집 정원은 병원 규모와 설치된 과에 따라서 정해지므로 병원에 따라서 다르다. 레지던트는 전공과가 정해지므로 과별로 근무 위치가 정해지게 된다. 연차별도 수련받는 내용과 활동 내용이 다소 다르다. 1, 2년차의 경우는 대체로 병원에서 야간 근무를 하게 되며, 병동이나 응급실에서 근무를 하게 된다. 반면에 3, 4년차의 경우는 외래진료를 부분적으로 담당하게 된다. 따라서, 4년차의 경우는 출퇴근을 하거나 별도의 중앙화된 숙소(겸 의국)에서 연구를 하게 된다. 병원에서 별도로 숙소가 확보가 안된 경우에는 병원 부담으로 주변의 아파트를 빌려서 숙소를 대신하게 하는 경우가 발생하므로 병원 내에 숙소를 설치해 주는 것이 바람직하다. 레지던트 숙소는 의국과 겸용하는 경우가 많다. 레지던트 숙소, 샤워실, 화장실을 모아서 설치하거나 각 의국에 부속하여 설치해 주어야 한다.

9-1-3 인턴 숙소

인턴은 레지던트와 달리 수련 과정이 1년이고, 모든 과에 걸쳐서 수련을 받게 된다. 따라서 인턴은 숙소를 집중시켜서 설치를 한다. 인턴의 모집 정원은 레지던트와 마찬가지로 병원에 따라서 다르다.

수련의의 숫자를 고려하여 숙소 규모를 정해야 하고, 남녀 구분은 반드시 해 주어야 하며, 여성이 약 20% 정도가 된다. 인턴 숙소는 레지던트 숙소와 달리 과 구분이 없이 남녀 구분만 하여 한곳에 모아서 설치한다. 인턴 숙소에는 샤워실, 화장실, 로커, 라운지를 인접하여 설치해 주어야 한다.

9-1-4 회의실

회의실은 300~400명 규모의 대회의실, 100명 전후 규모의 중회의실, 10명 전후 규모의 소회의실로 구분하여 교육 인원에 따라 지나치게 넓거나 지나치게 비좁지 않은 공간에서 교육을 할 수 있도록 규모별로 회의실을 확보해 주는 것이 바람직하다. 대회의실은 의사들의 각종 강연회 외에 간호학생들의 교육장으로도 사용할 수 있다. 소회의실은 인턴이나 레지던트를 소수의 집단으로 나누어 수시로 교육할 수 있다. 소회의실은 병동의 경우 2개의 간호 단위마다 1개소씩, 외래진료부는 1,000병상 병원의 경우 3개소 정도 확보를 하여야 하고, 임상병리부, 방사선진단부, 수술부, 생리기능검사부, 중환자부 등 각 부서별로 1개소의 소회의실을 확보해 주는 것이 바람직하다.

9-1-5 강당

강당은 연수회, 연구회, 강연회, 기타 병원 의식에도 이용하는 것도 있다. 각각의 기능에 대응한 구조, 설비를 고려할 수 있다. 강당을 외부에 개방하여 인근한 주민들의 여러 가지 사회적 모임에 이용할 수 있게 하여 강당을 효율적으로 이용하고, 지역 주민과 병원 간에 긴밀한 관계를 가질 수 있게 한다.

강당의 위치는 장스팬을 지붕에 설치하여야 한다는 한계 때문에 그 위치가 상부에 더 이상의 층이 없는 저층부 최상층이나, 지하층에 두되, 1층에 중정을 설치하는 부분의 하부에 두어야 하는 한계가 있어 배치시에 여러 가지 어려움이 있으나, 사용시는 이용자가 집중한다는 점을 감안하여 주변 기능에 나쁜 영향을 주지 않는 위치에 배치하여야 한다.

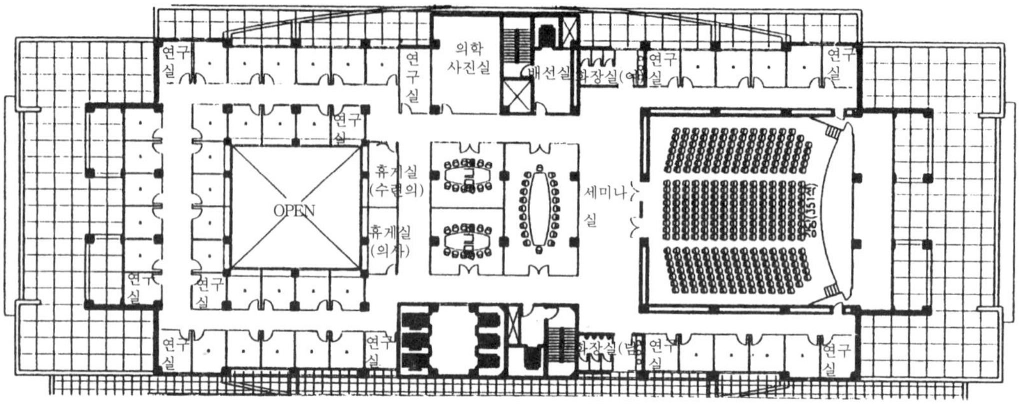

그림 9-1 건국대 민중병원(서울) 교육연구부(안)

9-1-6 행정부 사무실[1]

인턴, 레지던트들을 수용하고 교육프로그램을 작성하고 각종 지원을 위한 행정요원들을 위한 공간이다. 행정부 사무실은 타 부서와는 달리 시험생들을 관리하고 매년 실시되는 연수생들의 수험 안내 등 기밀을 요하는 부문이기도 하다. 행정부 사무실은 별도의 공간이 확보되지 않을 경우에는 운영관리부 안에 두기도 하나, 기밀 유지가 어려우므로 별도의 공간을 확보하는 것이 바람직하다.

9-1-7 간호부서 교육장

간호사들의 교육은 매우 중요하고, 정기적으로 실시가 된다. 병동 근무 간호사들은 매주 수회에 걸쳐 회의를 하여야 하기 때문에 그들을 위한 장소가 2병동당 1개소씩 있어야 한다. 또한, 매년 일정 기간마다 50~100명 정도를 대상으로 한 교육이 있게 되므로, 이 정도 규모의 교육을 실시할 수 있는 공간이 설정되어 주어야 한다.

9-1-8 간호학생들의 실습교육장

간호학생 교육프로그램을 둘 경우 임상실습을 매년 실시하게 된다. 이 교육장에는 모형으로 된 각종 인체기구를 세팅시킨 곳, O_2, 흡인장치 등이 필요하다. 이들 실습생을 위한 갱의실, 휴게실도 부속되어야 한다. 규모는 프로그램에 따르나 일반적으로 100명 전후

1) 김광문 외 : 삼성서울병원 공간 이용 평가에 관한 연구, 한국병원건축학회, pp. 679~680.

로 수용할 수 있는 규모이다.

9-2 연구부

연구부는 대학부속병원의 경우에는 연구부를 별도로 확보를 한다. 연구부는 교수연구실이 중심이 되며, 주중 진료시간 및 강의시간 외에 연구실에서 조용히 연구를 할 수 있도록 한다. 대학부속병원은 연구의 정도가 곧 그 병원의 수준을 의미하게 되므로, 교수들이 연구에 전념할 수 있도록 지원을 해 주어야 할 것이다. 연구부를 지원하는 곳은 의학도서실이 되며, 이곳에서는 각종의 의학 정보를 신속히 수집하여 연구를 지원할 수 있도록 하여야 할 것이다.

9-2-1 교수연구실

교수연구실은 환자의 통행이 없는 조용한 곳으로 하고 가능한 한 곳으로 모은다. 종래에는 교수연구실과 외래진찰실을 같이 사용하는 형태를 취하고 있어서, 의사마다 진찰실을 하나씩 배정을 하다 보니, 외래진찰실의 효율이 떨어져 항상 문제되어 왔다. 최근에 시어지는 병원은 외래진찰실과 연구실을 별도로 분리한 표준진찰실을 도입하여, 진료시간이 다른 여러 의사가 공동으로 한 진찰실을 같이 사용할 수 있도록 하고 있다. 이에 따라서 각 의사마다 별도의 연구실을 확보해 주어야 하는 문제가 생기게 된다. 이것은 더 넓은 공간을 별도로 마련해야 하는 부담을 안게 되어 병원마다 연구실 확보에 여러 가지 방안을 내놓고 있다. 그 예가 다음 표와 같다. 이 예는 여러 부서에 분산되어 있는 교수연구실을 한곳에 모으는 재배치 과정에서 확보 공간의 한계로 인하여 배정된 예로, 신축의 경우에는 교수 수에 맞게 연구실 수를 확보해 주어 교수가 진료 외의 시간에 연구를 할 수 있도록 해 주는 것이 좋다.

표 9-1 경북대학교 병원 교수연구실 재배치 계획(안)

직 위	인원 수	배정실 수	실 수
교수, 부교수	76	1인 1실	76실
조교수, 전임강사	29	1인 0.5실	15실
전임의사	17	1인 0.3실	6실
합 계	122		97실

9-2-2 도서실, 서고

자료를 이용하는 의사 측에서 본다면, 도서실과 병력은 공통의 성격을 가진 시설이다. 따라서, 건축적으로 양자는 매우 가깝다. 그러나 의국에서 편리한 장소를 선택한다. 도서실은 사서의 관리하에 있어 내부는 병력실과 같이 정리 사무, 열람, 보관의 3부분이 된다. 도서실은 서고가 가장 큰 면적을 점하고, 그래서 서적을 세밀하게 분류하여 정리 보관하기 위한 수대의 책상이 준비되어 있다. 재고가 많을 때는 이동 서가가 사용된다. 그래서 열람실을 준비하여 사서의 집무실이 설치된다. 다시 말해서 소도서관과 유사하다.

참 고 문 헌

1. 김광문 외 : 삼성서울병원 공간이용평가에 관한 연구, 한국병원건축학회, 1995. 11.
2. 변용 외 : 경북대학교병원 정비계획 마스터플랜, 경북대학교병원, 1997.

제10장 부대시설

진료와는 상관없는 부서로서 예전에는 병원에 없어도 되었던 부분이었으나 최근에는 그 중요성이 높아져서 병원마다 다투어 면적을 늘리는 부분이다. 환자는 대부분의 경우에 보호자를 동반하고 병원에 오게 되고, 친척이나 친지가 입원을 하게 되면 병문안을 가는 것이 예절로 되어 있으므로 문안객이 병원에 많이 오게 된다. 이러한 병원 이용자들이 편리하게 이용할 수 있는 공간을 최근 병원에서는 설정하고 있다. 또한, 병원경영자는 최근 노사 문제가 불거지면서 직원에 대한 배려가 곧 병원 서비스의 질을 좌우하게 된다는 마인드가 확산되면서 직원의 편의를 위한 새로운 시설을 설치하거나 면적을 늘려가고 있는 실정이다. 편의시설의 과감한 도입으로 병원을 병원같지 않은 분위기로 바꾸어 간다는 기치까지 등장하게 되었다. 한편, 주거문화가 공동주택 위주로 바뀌면서, 병원 내 장례부를 많이 이용하게 되어 장례부 면적도 증가하게 되고, 병원 이용자 중 차량 이용자가 많아지면서 주차장 면적이 증가하게 되었다.

10-1 편의시설

10-1-1 일반식당

외래환자 및 방문객, 그밖의 내방자를 위한 식당, 다방이 필요하다. 양식당과 한식당, 스낵바 등이 있으며 각각 주방이 부속되어야 한다. 직원식당과는 분리하여 경영을 외부에 위탁하는 것이 많다.

10-1-2 매점

일용품 일반을 취급하는 매점은 부근에 가까운 상점이 없는 경우 취급 품목도 증가시키고, 면적도 꽤 크게 된다. 또, 자동판매기에 대해서는 사전에 설치장소를 결정하여 주변이 혼란하지 않도록 해야 한다. 하이퍼마트나 패밀리마트 규모가 적당하다.

직원이 퇴근시에 다른 곳에 들르지 않고 병원 내 매점에서 쇼핑을 하여 바로 귀가할 수 있도록 하는 것도 직원을 배려한 것이라 할 수 있다.

10-1-3 꽃가게

일부 병원에서는 꽃을 들고 병문안 가는 것을 통제하고 있으나, 일부 병원에서는 권장하고 있다. 꽃가루에 대한 알레르기 반응이나, 꽃이시들었을 경우 발생하는 먼지 발생, 세균 발생 등을 이유로 반입을 금지하였으나, 최근에는 심리적인 즐거움 등 여러 가지 장점이 있다고 하여 허용하고 있다. 특히 화분의 경우는 시들거나 먼지 발생이 없으므로 더욱 권장되고 있다.

꽃가게는 보기에도 아름답고, 취급업자도 다르므로 일용품의 매점과는 다르게 입퇴원 및 방문자의 출입구 부근에 두는 것이 좋다.

10-1-4 안경점

병원 내 이비인후과에서 시력검사나 안과적 처치를 받고 연계하여 안경을 제작하여 착용할 경우 환자에게 여러 가지로 편리하므로 안경점을 두는 경우가 있다.

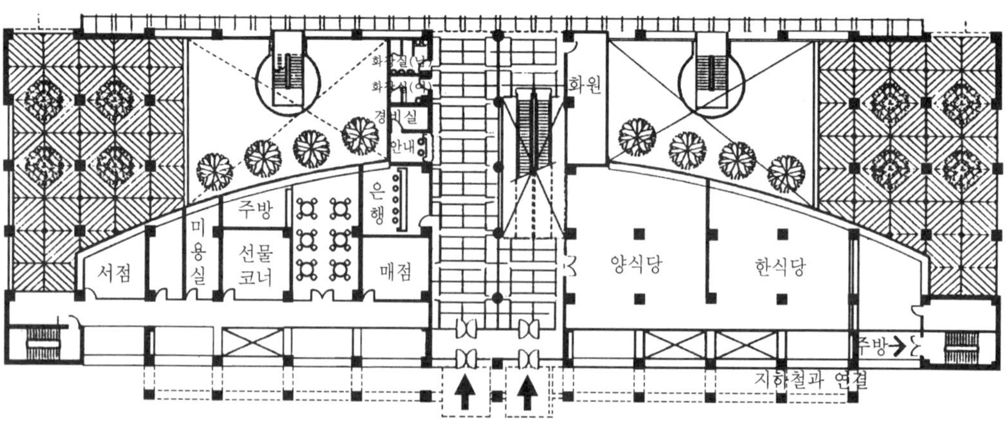

그림 10-1 건국대 민중병원(서울) 편의시설(안)

10-1-5 간이약국

우리나라 병원의 경우 환자 1인에 보호자가 반드시 1~2인이 동반하게 된다. 이러한 보호자들이 이용할 수 있는 약국을 두는 경우가 있다. 이 경우는 의사처방 없이 사 먹을 수 있는 약을 취급한다. 습관적으로 처방없이 사 먹게 되는 피로회복제나, 소화제, 간단한 감기약이 그 예다.

10-2 직원편의시설

10-2-1 간호사 갱의실

간호부는 사람이 많고, 옷 갈아입기도 전신적으로 되므로 충분한 넓이를 가진 전용의 갱의실을 설계한다. 직원 출입구에 가까이에 두어 접근이 쉽고 도난방지를 위해서 감시가 좋은 장소를 선택한다.

갱의실에 인접하여 수면실을 둔다. 삼교대 근무에 의해서 출퇴근 시각이 심야가 되기 때문이다. 요즘은 직원 갱의실은 각 부서 안에 두어 옷을 갈아입기 위해서 별도의 중앙 갱의실로 이동하는 것은 바람직하지 않다. 또한, 갱의실을 중앙화해 놓을 경우 도난 발생의 우려가 높다. 따라서, 근무위치 부근에 갱의실을 두고 항상 각 개인의 사복을 가까이서 관리할 수 있게 하는 것이 좋다.

10-2-2 간호사 기숙사

병동에는 환자가 24시간 입원해 있으므로 항상 간호를 요하게 된다. 그래서 병동간호사의 밤근무는 필수적이다. 병원마다 야근간호사의 근무 일정은 다소 다르나, 일반간호사는 반드시 밤근무를 하게 되므로, 낮근무 간호사들도 일정 기간이 지나면 밤근무를 해야 한다. 따라서, 간호사들의 생활은 주기적으로 바뀌기 때문에 집에서 출퇴근하면 다소 어려움이 따르므로, 일반적으로 병원 대지 안에 간호사 기숙사를 두어 간호사가 생활할 수 있도록 하고 있다. 간호사 기숙사는 병동부의 일부층을 사용하기도 하고 별동으로 짓기도 한다.

취사, 목욕, 세탁, 식사, 휴게 등 주거와 관련된 모든 일들이 기숙사 안에서 이루어 질 수 있도록 설비를 하는 것이 좋으며, 각 개인의 영역을 확보할 수 있는 로커 및 개인용 책상, 화장대, 침대 등을 비치하여 간호 활동이 끝난 후에 충분한 휴식을 취할 수 있는 공간을 만드는 것이 중요하다. 가능하면 개실로 하여 각 개인이 각각의 실을 관리하고 각각의 공간을 사용할 수 있도록 하는 것이 좋다.

10-2-3 직원식당

병원 직원의 일은 일반 직장에 비해 긴장을 요하는 경우가 많고, 정신적인 스트레스도 크기 때문에 식사 시간 정도는 해방되어 편안하게 식사할 수 있도록 해 주는 장소가 필요하다. 예를 들면, 최상층 혹은 별동으로 하여 쾌적한 환경을 만든다. 지하층에 두더라도 채광이 될 수 있도록 중정을 설치하여 식재를 하여 자연채광을 받는 중정을 내다보면 즐거운 식사시간을 가질 수 있도록 하는 것이 좋다.

10-2-4 어린이집

아이를 가진 직원을 위해 어린이집을 둔 병원이 증가하고 있다. 병원 본관 가까운 곳에 둔 경우, 직원 출입구 부근에 둔 경우, 인접부지에 독립시켜서 건립한 예 등 여러 가지지만, 가능하면 옥외 보육도 가능한 정원이 좋다.

10-2-5 기타 후생시설

이용실 및 미장원, 경우에 따라서는 우체국 및 은행출장소도 둔다. 병원에는 외래환자에 의한 유아 감염을 방지하기 위해서 별도 유아실을 두는 것이 좋다.

10-3 장례부

10-3-1 역할의 중요성

종래에는 장례식부는 영안실, 근조부 등으로 명명되어 오다가 최근에는 장례부, 장례식장 혹은 복지관으로 그 명칭이 다르게 사용되곤 한다. 병원에서 외부인이나 입원한 환자 중 사망자에게 장례서비스를 제공한다는 의미에서 장례부라고 명칭을 변경하여 사용하는 추세이다. 도시의 아파트 지역이나 다세대 밀집지역에서는 문상객 접대 공간의 부족, 소음 발생, 주차 문제 등으로 병원 장례부를 이용하는 경향이 증가하고 있다. 이와 같이 이용객이 증가하면서 장례부에 대한 인식이 종래의 단순한 부속시설로서가 아닌 독립된 장례식장을 갖추어 보다 고급화해 가는 경향을 보이고 있다.

10-3-2 빈소와 조객대기실

장례부의 기능을 내부에서 행해지는 내용에 따라서 분류해 보면, 장례의식 기능, 사체처리보관 기능, 사무관리 기능, 서비스 기능으로 대별된다. 장례의식의 절차는 분향, 조객맞이, 영결식으로 이루어진다. 이에 대응하여 빈소, 조객대기실, 영결식장이 실치된다. 특히, 빈소와 조객대기실은 병원마다 여러 가지 형태로 인접 혹은 분리되어 배치되고 있다. 빈소 · 대기실 통합, 빈소 · 대기실 분리, 빈소 분리 · 대기실 통합, 빈소 통합 · 대기실 분리, 빈소 분리 · 대기실 분리 등의 유형이 그러한 예이다. 최근에 지어지는 병원의 빈소는 기본적으로 각각 빈소마다 분리를 하고, 대기실은 대공간을 가변 칸막이를 설치하여 조객 수에 맞추어 대기실 크기를 늘릴 수 있는 배치 형식을 취하고 있나. 이러한 배치 방식은 조객맞이를 원활히 할 수 있게 하기 위해서이다. 최근에 지어지는 병원은 조객 대기실에서 행해지는 서비스 내용도 바꾸어서 종래의 갖가지 제공하던 음식을 가벼운 다과 정도로 제한을 하고, 식사는 식권을 발행하여 식당에서 할 수 있도록 별도의 식당을 설치하고 있다.

10-3-3 사체와 영결식장

병원 내에서 발생하는 사체는 눈에 띄지 않는 경로를 거쳐서 장례부까지 도달할 수 있도록 각별히 유의하여야 한다.

장례부가 별동으로 되어 있는 경우에는 지하통로를 설치하되, 통로가 자연채광이 되거나, 조명을 충분히 설치하여 조도를 적정히 유지할 수 있어야 한다. 지상으로 사체를 운반할 경우에는 앰뷸런스를 이용하는 것이 편리하다. 사체의 보관은 안치실에서 하고, 필요에 따라서는 부검을 하게 되며, 영결식 전에 입관을 하게 된다. 입관식은 종교에 따라서 각각 서로 다르다. 입관식은 가족과 친지, 교우들

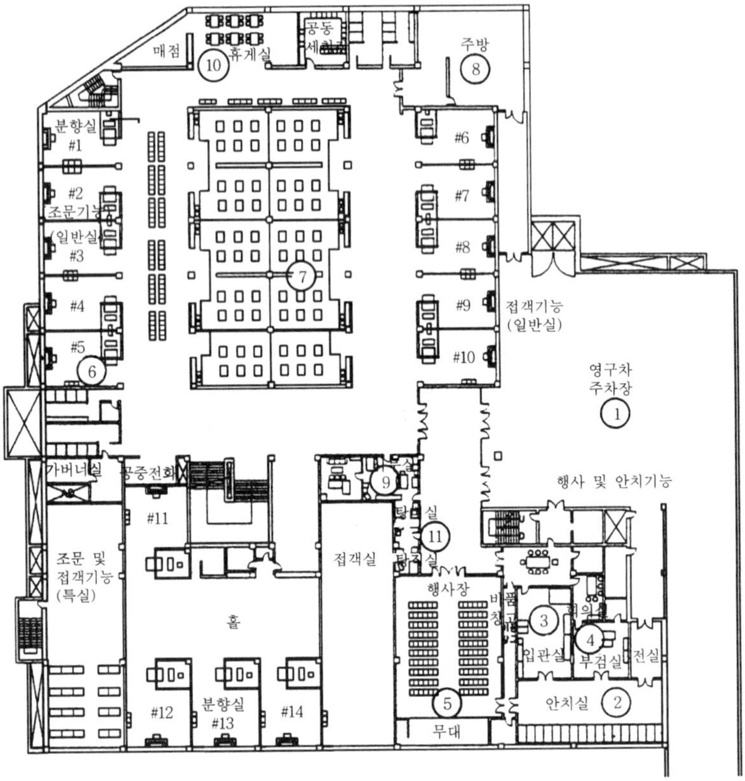

그림 10-2 삼성의료원 장례부

이 참관을 하므로, 충분한 공간을 확보하도록 해 주는 것이 좋다. 입관실을 안치실과 분리하여 설치를 하고, 입관대기실을 별도로 설치해 주는 것이 바람직하다. 입관실에 인접하여 영결식장을 설치하고, 장례차가 영결식장 가까이 접근할 수 있도록 하여 장례차가 노출 안 되게 해 주는 것이 좋다.

10-4 주차장

최근 환자 및 직원 외에 방문객의 차량이 급증하고 있는 추세가 있어서 주차장 설치 및 관리가 새로운 문제로 등장하고 있다. 종래에는 현관 앞의 공지나 도로를 이용하여 주차하곤 했으나 환자의 상당수가 택시나 승용차로 내원하고, 의사 및 직원의 승용차 출퇴근 수가 많아짐에 따라 주차 수요가 급증하여, 주차에 따른 설비 및 시설확충을 강력히 요구하게 되었다. 최근 병원마다 주차 수요에 대응하기 위해서 주차 건물을 짓든지 신축 병원의 경우에는 지하를 주차

전용 공간으로 이용하는 경우가 많아지고 있다.

10-4-1 주차장의 구분

주차장은 외래객이 사용하는 외래 주차장과 직원 주차장을 별도로 분리하여 설치한다. 즉, 직원 주차장은 차량의 이동이 심하지 않으므로 주 진입구에서 떨어진 부분에 설치하고 외래객 주차장은 주 진입구 및 건물 주 현관에 인접하여 설치한다. 또한, 장례부 주차장과 응급부 주차장, 대형 차량 주차장은 별도로 설치하여 다른 차량들과 섞이지 않도록 한다. 장애자용은 지상에 설치하되 현관 부근에 설치하고 전체 주차 대수의 1%를 확보한다.

10-4-2 주차 대수

법정 주차 대수는 병상 수에 의하여 설치하는 경우 2~3병상당 1대씩 설치하도록 하고 있으며, 연면적에 의해서 설치하는 경우는 120~150m^{2}당 1대씩 설치하도록 하고 있는데, 설치하여야 할 주차 대수는 병상 수와 연면적 중 많은 쪽의 대수를 설치하여야 한다. 도심에 지어지는 종합병원의 경우는 대개가 교통영향평가 대상이 되므로 실제는 법정 주차 대수보다 더 많이 설치하도록 당국에서 요구를 한다. 또한, 실제 차량 이용자 수를 감안하여 주차 대수를 충분히 확보해 주어야 직원이든 외래객이든 이용에 불편이 없게 된다.

종합병원 계획시 직원 수(주간)에 병상 수를 합한 대수를 주차 대수로 추천하는데, 이는 미국의 경우 모든 생활이 자동차 중심이기 때문에 이를 한국에 바로 적용하기에는 곤란하다.[1)]

10-4-3 주차장 차량 동선

주차장은 택시 같은 통과 차량의 통행로와 인접하되 분리하여 설치하는 것이 좋다. 즉, 주차장의 차로를 통해서 통과 차량이 지나치게 할 경우 사고와 혼잡을 초래하게 된다. 승용차는 내원환자를 주 현관에 하차하고 짧은 동선으로 주차장으로 입구를 진행할 수 있게 하고, 또한 주차장 출구에서 진행하여 주 현관에서 환자를 탑승시켜 병원 외부로 나아갈 수 있도록 주차장의 출구와 입구를 건물 주 현

1) 한국의료관리연구원 : 의료보험 관리공단 일산병원 건축설계지침, p. 301, 1994.

관과 관련하여 동선의 꼬임이 없도록 배치하여야 한다.

주차장의 차로는 차량이 일방통행할 수 있도록 해 주는 것이 좋다. 주차장의 차로 중 자동차가 회전하는 부분에는 충분한 회전반경(최소내경 5m)을 확보할 수 있도록 하여야 한다.

10-4-4 주차방식

주차방식은 자주식과 기계식이 있다. 자주식 주차방식은 운전자가 직접 운전하여 주차하는 방식으로, 안전하고 수월하다. 자주식 주차방식은 건물 연면적을 증가시켜서, 초기건설비를 증가시키게 되는 원인이 되기도 하나, 가장 안전한 주차방식이다. 한편, 도심지에 병원을 건립하는 경우에 주차장법이 강화되어 좁은 대지에 많은 주차 대수를 확보해야 하는 문제가 자주 있게 된다. 이러한 경우 좁은 공간에 많은 주차가 가능한 기계식 주차방식을 채택하게 된다. 기계식 주차방식은 주차에 소요되는 시간이 많이 걸리고, 차량 손상을 초래하기도 하며, 별도의 관리원이 주차장 내부에 있어야 하고, 운전에 익숙하지 않은 사람은 거부감을 가지게 되는 등 여러 가지 문제가 있다. 그럼에도 불구하고, 주차 대수 확보라는 법적인 문제로 해서 거액을 들여서 설치를 해 놓고 실제 사용하지 않는 경우가 허다하다.

10-4-5 주차장 관리

차량 이용자의 증가로 병원마다 주차난이 심각한 상태에 도달하여, 주차장 이용자를 통제하거나 주차장 증축 비용을 확보하기 위해서 주차장을 유료화하는 병원이 늘어나고 있다. 주차장 관리를 위해서 주차장 입구에 주차관제소를 설치하여 들어오는 차량에게 주차증을 발급하고 나가는 차량에게 요금을 징수하게 된다. 주차관제소는 한 군데 설치하여 출입통제관리를 일원화시킬 수 있도록 한다.

10-4-6 주차장 면적

주차구획과 차로, 진입램프, 팬룸, 계단실 등을 포함하여 주차장 면적을 산출하게 된다. 주차장법에서 규정하고 있는 주차구획은 5.0

×2.3m, 장애자용 주차구획은 5.0×3.3m, 평행주차의 경우는 2.0×6.0m(주거지역 보차 구분 없는 도로 2.0×5.0m) 이상으로 규정하고 있다[2]. 차로의 너비는 주차 형식에 따라 서로 다르게 규정하고 있으며 다음 표와 같다.[3]

표 10-1 주차형식별 차로너비

주차 형식	차로의 너비(m)	
	출입구가 2개 이상	출입구 1개
평행주차	3.3	5.0
직각주차	6.0	6.0
60° 대향주차	4.5	5.5
45° 대향주차	3.5	5.0
교차주차	3.5	5.0

대향주차로서 출입구가 1개인 경우 차로 너비가 직각주차(6.0m)에 비해서 좁게(5.5m, 4.5m) 설정된 것은 주차 대수 확보가 어려운 좁은 대지에서 주차장 확보를 할 수 있게 완화한 경우로서, 차로를 통한 차량의 신출은 후진한다는 전제에서 좁게 규정한 것으로 사료된다. 넓은 주차장에서 대향주차를 하는 경우에는 6.0m 이상 충분한 차로 폭을 확보해 주는 것이 바람직하다. 자주식 지하주차장의 경우에는 진출입 램프를 설치하여야 하므로 진출입 램프 면적을 바닥면적에 산입하여야 한다. 진출입 램프는 내경을 최소한 5.0m 이상 확보를 하여야 하며, 램프의 너비는 직선인 경우 3.3m(2차로의 경우 6.0m 이상), 곡선인 경우 3.6m(2차로의 경우 6.5m 이상) 이상 확보하여야 한다. 이 외에도 차량 이용자의 계단, 배기가스 배출을 위한 팬룸 등을 합하면 주차장 1대당 요구되는 바닥면적의 개략치는 10평 내외이다.

2) 주차장법시행규칙 제3조 ①항
3) 주차장법시행규칙 제6조 ①항 3호

참 고 문 헌

1. 김진룡 : 종합병원 근조부에 관한 연구, 석사학위논문, 강원대학교 대학원, 1992.
2. 한국의료관연구원 : 의료보험관리공단 일산병원 건축설계지침, 1994.
3. 전경배 외 1인 : 건축법규해설, 세진사, 1998.

찾아보기

『ㅂ』

『ㅅ』

『ㅊ』

『ㅋ』

『ㅌ』

『ㅍ』

❑ 집필진 ❑

• 김광문 한양대학교 건축공학부 교수, 공학박사
한국의료복지시설학회 명예회장(제1장~제3장)

• 이특구 서울시립대학교 건축도시조경학부 교수, 공학박사
한국의료시설학회장(제5장)

• 이낙운 강원대학교 건축·소경학부 교수, 공학박사
한국의료복지시설학회 부회장(제7장)

• 유영민 경남대학교 건축공학과 교수, 공학박사
한국의료복지시설학회 이사(제6장)

• 양내원 한양대학교 건축공학과 부교수, 공학박사
한국의료복지시설학회 이사(제6장)

• 정태우 ㈜종합건축사무소 원도시 건축, 실장,
공학박사(제8장~제10장)

• 최공석 대불대학교 건축공학과, 전임강사, 공학박사(제4장)

• 김길채 청운대학교 건축공학과, 전임강사, 공학박사(제4장)

病院建築 정가 25,000원

저 자	김 광 문	판 권
발행인	문 형 진	검 인

1999년 8월 20일 제1판 제1인쇄 발행
2012년 2월 20일 제1판 제2인쇄 발행

발행처 도서출판 세 진 사

136-087 서울특별시 성북구 보문동 7가 112-8(세진빌딩)
TEL : 922-6371~3, 923-3422·7224 / FAX : 927-2462
〈1976. 9. 21 / 등록·서울 제6-28호 / 등록번호〉